TULIAO PEIFANG
SHEJI 6BU

李桂林　苏春海　编著

涂料
配方设计

化学工业出版社

·北京·

涂料配方设计是生产的前提，在涂料行业中占有重要的地位。本书充分利用涂料各基元组分的本质特性、基本原理、优势技术、预测规律、操作规则及合理的设计思路，以理论加案例的形式，全面讲解了如何以模块化的理念进行涂料配方设计，包括涂料成膜物体系设计、涂料颜填料体系设计、涂料助剂体系技术、涂料溶剂体系设计、涂料配方组成体系设计、涂料配方应用体系设计等6步设计方法。每一步都包括设计原理、设计关注点、原料选择、注意事项以及设计举例等内容。本书带给读者全面、宏观、新颖、实用的涂料配方设计与剖析方法，并提供了常用的参数、配合比例等。

本书理念新颖、理论系统、内容全面、实例丰富，可供涂料研制、开发和生产等领域的专业技术人员以及高校精细化工、高分子材料等专业的师生参考，也可作为企业涂料配方研发人员的培训教材。

图书在版编目（CIP）数据

涂料配方设计6步/李桂林，苏春海编著. —北京：化学工业出版社，2014.10（2023.11重印）
ISBN 978-7-122-21444-7

Ⅰ. ①涂…　Ⅱ. ①李…②苏…　Ⅲ. ①涂料-配方-设计　Ⅳ.①TQ630.6

中国版本图书馆 CIP 数据核字（2014）第 168159 号

责任编辑：傅聪智　　　　　　　　文字编辑：糜家铃
责任校对：宋　玮　　　　　　　　装帧设计：王晓宇

出版发行：化学工业出版社（北京市东城区青年湖南街 13 号　邮政编码 100011）
印　　装：北京虎彩文化传播有限公司
850mm×1168mm　1/32　印张 13　字数　371 千字
2023 年 11 月北京第 1 版第 11 次印刷

购书咨询：010-64518888　　　　　　售后服务：010-64518899
网　　址：http://www.cip.com.cn
凡购买本书，如有缺损质量问题，本社销售中心负责调换。

定　　价：69.00 元　　　　　　　　　　　　版权所有　违者必究

21 世纪以来，涂料配方设计技术快速发展，涂料新品种不断涌现，应用范围迅速扩展，逐步满足市场需求，用新产品代替、否定或淘汰过时产品，为涂料产品升级换代与涂料产业持续健康有序发展注入新动力。"十二五"起步年（2011年），中国涂料总产量达1137万吨，在涂料发展史上创造了奇迹，跨入到涂料年产千万吨的新时代。紧跟时代步伐，适应涂料行业的新变化、新特点和新需求，必须全面提升涂料工业整体质量与水平。涂料产品从数量增长过渡到品质提高是赢得竞争主动权的途径，涂料品种向环境友好型转变是涂料发展的航向标，涂料类型的专用（个性）化、功能化、系列化、配套化、多元化和涂料组分绿色化是涂料开发应用的切入点，涂料配方设计的实用化与科学化成为市场开拓的主流与主旋律。

《涂料配方设计6步》采用市场"出题目"，配方设计制造者"做答卷"的方式，充分利用涂料各基元组分本质特性、基本原理、优势技术、预测规律、操作规则及合理的设计思路，激发创造活力，提升涂料配方设计档次及水平，得到各具特色、接地气、有生命力的涂料产品；在涂料配方组分、组成选择试验中，剖析涂料各组分间相互依存、互为因果的非线性关系，探寻涂料配方设计的预示性与规律性；吸取同行专家的相关论述，系统整理笔者的实践与感悟、成功经验与操作技巧，以市场为导向，将涂料配方组分及组成设计、涂料制造技术、涂料涂装技术和性能检测融为一体，解决并回答了涂料产业的热点问题及实际问题。

涂料配方设计涉及内容丰富多彩、形式开放多样，为涂料配方设计者及读者保留着深入探讨创新与施展才华的空间，涂料市场需求无止境，涂料配方设计无终点，总有创新梦想要实现。

本书由涂料配方设计概述、涂料配方组分、涂料配方组成和涂料配方应用构成，提出涂料配方设计的创新理念、思维方法及相关案例，展现涂料配方设计的概括性、可操作性、指导性和规律性。限于作者的学识水平，不妥及遗漏之处难免，敬请读者不吝指教。

李桂林　苏春海

2014 年 4 月于江苏常州

CONTENTS **目 录**

第五章　涂料溶剂体系设计　　　　　　　241

涂料配方设计概述

涂膜服役环境及使用寿命是涂料配方设计的唯一依据。明确涂料配方设计的目的、要求、路线、内容、方法、通则及性能分析评价等基本要素，以成膜物结构更新技术、协同增效技术、复配改性技术、助剂匹配技术、纳米复合技术及涂装技术为涂料配方设计的技术支撑。涂料配方设计6步概括了涂料配方组分、组成及应用设计的全部内容。

第一节 涂料配方设计要点

一、涂料配方设计的目的与措施

1. 涂料配方设计的目的

涂料配方设计是一种具有创新性和挑战性的研发工作，任何一种涂料产品都必须满足特定的服役环境和使用寿命。涂料配方设计是采用多种基元组分、物理化学作用、产生叠加、协同增效等交互影响与渗透，使涂料产品达到预想的应用效果；涂料配方设计应以成膜物化学结构和成膜机理为依据，预测涂料性能并确定成膜条件与方式；涂料配方设计应以熟知成膜物和颜填料基本特性为基础，充分考虑助剂和溶剂（包括水）的功效，确定涂料的基本组成；在保证涂料应用性能的前提下，还应受到成本的制约。总之，理论与实践相结合，设计出适宜性价比、最适用的涂料新品种。

2. 涂料配方设计的基本措施

开发设计涂料配方时，应合理分工、优化整合；突出重点、逐步减少挥发性有机化合物（VOC）的含量；抓住科技创新、注重开拓市场、保证企业活力与后劲；坚持重在质量和环保理念、注意速度与效益协调增长。特别注重涂料基元组分的低污染化、无毒化及绿色化。如采用无污染、无毒害的混合溶剂体系，溶剂的绿色化，开发无毒性颜料，选择环境友好型助剂等措施，是涂料开发应用的基本保障措施。促使我国涂料工业与国际接轨，及时掌握发达国家涂料的新方向、新动向，确定我国涂料研发的高起点、高目标。为此应加强国际间信息交流与合作，同时加强国内同行业间的交流，建立资料信息库，瞄准世界先进水平，缩短与先进国家间的差距。

二、服役环境对涂料配方设计的要求

环境因素在涂料的选择上非常重要，是干燥还是潮湿，是一般工业还是重工业，是室内还是室外，是腐蚀环境还是通常的大气环境下使用，是南方气候（光照充足、多雨）还是北方气候使用等，均直接影响涂料应用的选择。

涂料配方设计者应将涂料使用环境作为选择涂料品种的依据之一，否则会导致配方设计失败。除上述环境因素外，还应关注如下参数：涂膜使用温度、湿度、接触化学药品（酸雾、酸、碱、溶剂、油等）、辐射、生物污染（生物侵蚀、霉等）。

关注涂膜服役环境，根据环境条件确定涂料配方组成路线和涂料品种，是保障涂料应用性的核心。下面以海洋环境为例分析海洋中的腐蚀状况及对涂料使用的要求。

1. 海洋环境腐蚀类型

（1）大气中的腐蚀　海洋大气环境中，由于存在着 NaCl，同时在金属表面湿度较大，很容易形成一层腐蚀性的水膜，加上氧在水膜中的溶解，可形成一层电解液，导致电化学腐蚀。

（2）干湿交替区的腐蚀　干湿交替区是一个特殊区域，对于舰船来说，除了在大气中发生的腐蚀外，在海水中的腐蚀也会同时体现在其身上，因此腐蚀特别严重。金属表面受到海水的周期性润湿、海浪的冲击，最易形成电解液膜，加上表面供氧速度在海水冲击等机械作用下大大提高，加快了金属腐蚀的阴极过程，导致腐蚀加快。

（3）海水中的腐蚀　海水中的腐蚀受多种因素影响，最主要的因素是海水中的 NaCl、$MgCl_2$、$MgSO_4$ 等盐分，它们使海水成为一种天然的电解质溶液，同时海水中还存在大量浮游生物、悬浮的泥沙、由于人类活动和其他自然因素产生的各种杂物和废弃物，这些因素的综合作用影响了金属在海水中的腐蚀程度。

2. 舰船不同部位腐蚀状况

舰船在海洋中航行，根据其所暴露在海洋环境中的位置，主要分为：水线以下船壳、水线区、水线以上船壳、上层建筑、甲板和舰船内舱等。不同部位的腐蚀情况也各不相同。水线以下船壳部位是完全浸泡在海水中的，因此其腐蚀情况就是上面所述的海水中的腐蚀情况；水线区域在舰船空载和满载时暴露在海水中的情况有所变化，是一种干湿交替区，其腐蚀情况与金属在干湿交替区的腐蚀情况相同；水线以上船壳部位主要是暴露在海洋大气环境中，其腐蚀情况与金属在海洋大气环境中的腐蚀情况相同。

3. 对舰船涂料应用性能的要求

（1）舰船涂料的作用　舰船涂料的作用用一句话概括就是：提高舰船在海洋环境中的抗腐蚀性能，保护舰船的基体材料免受海洋环境的腐蚀，提高舰船的在航率，延长舰船的使用寿命，同时还可以减少舰船的维护次数，节约维修经费。

（2）对船底防锈涂料的要求　船底防锈涂料由于长期浸泡在海水中，其性能要求与大气环境中的防锈涂料有较大的不同，其主要要求如下：

① 具有优异的耐水性，可防止海水渗透进漆膜，阻止海水与金属底材起化学作用而腐蚀底材；

② 具有良好的耐碱性，舰船通常在使用涂料保护的同时还加上阴极保护，因此整个船体部位会存在过量的 OH^- 而呈碱性，要求涂料还应有良好的耐碱性；

③ 与底材有优良的附着力，舰船航行在大海中，经受着海水和海水中各种介质的冲刷，为了有很好的保护作用，漆膜与底材须

有优良的附着力；

④ 干燥快，在一年4个季节中，都要有一个良好的干燥速度，以缩短涂装间隔时间，减少船坞占坞时间，节约建造和维修费用。

目前舰船所用的船底防锈涂料技术指标要求如下：小型舰船的船底防锈涂料的防护期效≥3a，大型舰船的船底防锈漆的防护期效≥5a。

（3）对中间层涂料的要求

① 中间层涂料的主要作用　中间层涂料的主要作用是在底涂层和面涂层之间起到过渡作用，同时兼有防锈、防腐蚀的功能，目前舰船船底漆一般采用环氧沥青或纯环氧涂料作防锈、防腐蚀底漆，而面漆在船底漆中一般为防污漆，最常用的是沥青类涂料，现在新出现的防污漆有自抛光丙烯酸类防污漆及各种低表面能防污漆（常为有机氟树脂基料），面漆与底漆之间存在着严格的配套性问题，因此使用中涂层起一个桥梁作用，使面漆与底漆能很好地结合在一起，发挥它们各自的作用。

② 中间层涂料的技术指标要求

a. 与底漆、面漆都有很好的附着力。涂料的配套问题主要是"硬性"涂层与"软性"涂层不能很好地结合在一起，因此中层涂料要与底面漆都有很好的相容性，才能起到桥梁的作用。

b. 中层漆对底漆不能产生"咬底"现象，即中层漆所用的溶剂系统应比底漆所用的溶剂系统弱，如果中层漆所用溶剂能溶解底漆，则会破坏底漆，产生"咬底"现象。

（4）防污涂料的作用及技术要求

① 防污涂料的作用

a. 节约耗油量。由于使用防污涂料，减少了船底海生物的附着，特别是现代高性能自抛光防污涂料，不但防污性能好，而且涂层表面光滑，具有降阻作用。因此，对减少阻力、节约燃料具有重要作用。

b. 延长坞修间隔。由于使用现代高性能防污涂料，船舶的坞修间隔延长到5a，减少了船舶坞修费用。特别是采用高性能长效船底防锈涂料与自抛光防污涂料配套体系，随着自抛光防污涂料的不断溶解，到第一个5年进坞维修时，防污涂层基本耗尽，而防锈底漆仍然完好，因此，不用进行喷砂处理便可涂装新的防污材料，既减少坞修期，又节约表面处理费及对废涂层的处理费，经济效益非常可观。

c. 防止生物腐蚀。生物污损往往与生物腐蚀紧密联系在一起。附着生物的代谢腐蚀介质对钢底材腐蚀性很强。

d. 保持舰船性能。军舰的航速是其机动性和战斗力的基础。一艘海生物严重污损的舰船，航速可从 18 节（1 节＝1.852km/h）降到 13 节。因此，减少舰船船底污损，特别是声呐罩、海底门及海水管路部位的污损对保证舰船在航率和战斗力具有重要意义。

防污涂料的作用，从本质上讲就是提供一种在规定的有效期内无生物附着的涂层表面。可以采用不同的防污技术，目前最实用、最有效的方法还是通过使用有效的防污剂，并控制有效防污剂的释放浓度，达到长期防止海生物附着的目的。

② 防污涂料的技术指标要求

外观	平整，有规定颜色
细度	＜80μm
黏度	符合专用产品技术要求
相对密度	符合专用产品技术要求
干燥时间	表干＜8h，实干＜21h
耐划水实验	符合特定要求
减阻实验	符合特定要求
耐干湿交替实验	符合特定要求
防污性能	在规定期效内，污损物小于 5% 为合格产品

防污期效是相对概念，主要由使用要求来定。例如，大中型船舶的坞修期一般为 3～5a，普通近海型运输船和渔船为 2a，而小型渔船一般半年至一年上岸一次。因此，对防污涂料的要求可粗略地分为 5a、3a、2a、1a。其中舰船一般要求采用 3a 以上防污涂料品种。

三、涂料应用要求与检测标准

1. 掌握涂料应用要求

涂料配方设计应坚持以涂料产品应用技术指标为切入点，以满足应用要求为目的。在从事涂料配方设计时，必须牢记涂料产品应用性能，采取达到应用性能的措施，如深入用户单位调查、交流；有的放矢地确定涂料应用技术指标；了解涂料性能指标间相互影响（如高耐磨性涂膜应采用降低涂膜表面摩擦系数与提升涂膜硬度相结合；涂膜的丰满度不同于涂膜的光泽度等）；被保护底材和涂料固化条件、涂装技术及施工方法等都是涂料应用要求的内容。

2. 涂料检测标准与产品确认

当决定开发涂料新产品时，提出开发新产品者与涂料配方设计者应共同确定涂料检测标准、产品验收方法并确定产品达到要求的应用指标，作为新产品验收考证依据。当涂料检测标准无法与实际应用性能相吻合或标准中的指标与应用性能无关联时，应与供应商、使用单位协商修订验收指标和方法；也可采用已知的使用涂料产品做参比实验，最终确定新开发产品是否符合预测应用技术要求。不同应用单位对涂料产品应用性能或质量要求存在差异，新开发的涂料产品最终由供应商、生产单位和应用单位联合确认。必要时，新开发的涂料产品要通过现场应用的使用考核，合格后再正式推向市场。

四、涂料配方设计路线与内容

1. 涂料配方设计路线

用户提出开发任务时，可能包括多个应用技术指标，配方设计者应将全部应用技术指标认真分析、分清主次、确定主要指标（通常对完成配方设计起关键作用）。涂料产品应用性能的主要指标是涂料配方设计路线的关键点。同时应关照次要应用技术指标，避免影响涂料整体功效。特别要正确处理和解决相互矛盾或影响的应用技术指标，如涂膜的交联密度与柔韧性、涂膜的亲水性与防水性、涂膜的耐蚀性与装饰性等都是配方设计技术路线应考虑的技术关键。在制定配方技术时，应注意以下两点。

（1）确定成膜物及固化体系　成膜物是涂膜网络结构的基础构架，应根据涂料应用性能、服役环境及寿命，确定可供选择的成膜物类型与品种；根据保护涂装底材特性与涂装要求，确定涂料固化体系及成膜方式。

（2）确定主要技术措施　选择涂料组成要素；确定合理的颜填料体积分数；验证各组分对涂料性能的贡献，强化主要应用技术指标；对配方组成进行优化调整，突出涂料特性，增加服役本领；模拟现场应用环境，全面考核涂料应用性能。

2. 涂料配方设计的内容

通常，色漆配方设计的主要内容有基料类型选择、颜填料品种选择及 PVC 值确定、助剂匹配、溶剂确定、基本配方和生产配方确定等。涂料配方设计还应注意以下内容。

（1）改进、提升现有产品性能　现有涂料产品是经实用考验的产品，但随着使用环境变更及对性能提出新要求，需要进行改进，赋予原产品某些新性能。涂料配方设计者应在保留原产品已有性能的基础上进行再创造，使涂料增长新本领。值得提示的是：在改进现有涂料配方设计中，应避免同质竞争、墨守成规；冲破旧框架，开辟新途径，实现产品创新。

（2）开发适应性配套化涂料　不同应用领域及不同的被保护部位需要采用不同的涂料品种及不同的保护方法，因此在实际上不可能任何领域及被保护部位都能采用同一涂料品种。涂料配方设计者应开发适应性好的配套系列化产品，防止在应用中出现"张冠李戴"现象。目前，涂料应用领域内迫切需求适应性好、质量优的涂料品种，配方设计者应广泛搜集涂料需求信息、积累配方设计资源，为开发适应性配套化涂料产品提供成功保障。

（3）开发具有自主知识产权涂料　涂料配方设计的关键是开拓创新，避免仿造和"克隆"模式。

首先，涂料产品性能突破应以创新理念和创新技术为先导，新的成膜物、颜填料的发现与应用研究、助剂开发利用等是开发新型涂料品种的前提与基础，是涂料产品创新的源泉。配方设计者应树立创新思维，采用创新技术，启动灵感与智慧，创造出具有自主知识产权的产品。

其次，以开发环境友好涂料作为涂料行业发展的推动力，不断提升高性能环境友好品种的市场占有率。

最后，把握成功要素。利用先进理论、涂料产品创新技术、先进技术设备和扎实的实践经验是涂料配方设计成功的基本要素。

五、涂料配方设计方法

1. 创造性思维方法

创造是人类社会一个真正永恒的主题。人类社会的发展就是在人类不断的创造中实现的，创造性思维是人类创造性活动的灵魂和核心。

所谓创造性思维就是人类的抽象思维、形象思维和灵感（顿悟）思维形式的系统应用。科学实践证明：凡是有科学价值和社会意义的新观点、新观念、新理论、新发现、新技术都不是靠单一思维实现的，其中灵感思维以其独特的突破性、创新作用居于创造性思维过程的重要位置。灵感思维是非逻辑思维方式，有跃迁性。离开灵感思维形式，就难以获得创新和突破。科学家钱学森指出："凡有创造经验的同志都知道，光靠形象思维和抽象思维不能创造，不能突破；要创造要突破得有灵感。"灵感才能成为千年不败、万年不衰的智慧之花。

在从事研发过程中，有时会观察到异常特性、性能突变和非常规现象，不应感到困惑，而应探寻偶然中的必然，通过反复试验和创造性思维解谜。若能呈现类似的循环，正是科学理论的特征和胚胎。往往根据非常规现象呈现的效应可以打破陈旧的框架，确定新的概念。这也是涂料创立新理论、创造新产品的良机。

2. 具体操作方法

（1）分步法　分步法是传统的涂料配方设计方法，通常是按基料、交联（固化）剂、活性稀释剂、溶剂、颜填料和助剂的顺序进行筛选试验；确定上述组成后，进行条件试验和确证试验；由实验室提供确证涂料配方和制造工艺，进行中试生产，产品由用户单位试用合格后，进行批量生产。

（2）优选法　20世纪60年代，我国数学家华罗庚提出优选法，在治理环境污染等方面取得良好效果。笔者等人采用优选法设计"905烧蚀隔热涂料"等品种，可缩短科研时间、提高工作效率，获得了满意的应用效果。

（3）预测法　涂料性能预测法是一种采用计算涂膜某种性能对成膜物进行筛选的方法。如通过对成膜物形成涂膜的有效交联密度和渗透指数（PI）等参数计算，预测涂膜防腐蚀性介质渗透能力，确定成膜物品种、配比和固化体系，减少试验次数，提升配方设计水准。笔者采用预测法设计电阻器用高固体分涂料等品种，取得满意效果。

（4）参比法　涂料配方设计的参比法（也称对比方法）是对现有涂料产品进行改性时经常采用的方法。将改性前、后的两种涂料进行性能对比试验，当新改性的涂料具有符合应用要求的新性能时，配方设计成功。值得提示的是：对现有涂料产品的改进、提高，是一种创新过程，需要配方设计者运用创造性思维和创新技术才能达到满意的效果。

（5）逆向法　逆向法也称倒置法，本法的特点是直接面对涂料使用性能，不对涂料组分做选择性试验。涂料配方设计者利用基础理论知识、产品创新技术和实践经验，对新开发涂料品种性能进行综合全面分析后，确定预选涂料配方（可推荐 2～3 个配方）并进行全性能检测；根据检测结果，对较好的配方优化加工，再进行确证试验。逆向法可在短时间内取得成效。

（6）计算机法　采用计算机辅助设计涂料配方及流程控制主要涉及以下 4 个方面内容。

① 试验设计与优化　包括随机分组试验设计法（随机性及试验方法）、拉丁方试验设计法、多因素试验设计法、分级多因素设计法、Box-BenhenKen 试验设计法和正交试验设计法等。

② 混合物试验设计法　三组分混合物和四组分混合物试验设计法。

③ 涂料配方理论和数学模型　涂料配方设计者利用酸碱理论、絮凝理论、流变学理论、涂料基元组分与涂料性能相关技术、涂料各组分相互作用及性能叠加等涂料配方基础知识，研究涂料配方理论和涂料性能预测规律，并建立数学模型。

④ 计算机在涂料中的应用　涂料生产流程控制、涂料配色、涂料及涂装软件系统和涂料配方程序软件（原料文档、配方文档、配方计算文档和更新配方设计程序）等。

（7）经验法　涂料配方设计者根据涂料制造及涂膜使用要求，利用实践经验，确定配方设计路线、试验方案及涂料基本组成，经试验比对考量，再进一步调整，优化确定满足应用的涂料配方。有时，对涂料生产中出现的异常现象，有针对性地对相关组分进行调整。

六、涂料配方设计通则

我国涂料配方已受到涂料科研、生产及应用单位的普遍关注重视，在实践中提出了涂料配方设计的新思路、新方法和新途径。以应用实效为切入点，以创新产品为目标，开发出市场欢迎的涂料品种，促进了涂料工业健康发展。现提出涂料配方设计通则如下。

（1）需要性与可行性　随着国民经济和人民生活水平的提高，对涂料要求产生新变化，迫切需求高性能、低污染的涂料品种，这种社会需求成为开发涂料新品种的根本推动力；根据我国国情及技术实力，具有开发新产品的可行性和把握性，从实际出发，选好突破口，合理选题，就能开发出性能优异的涂料品种。同时，在涂料配方设计时，要打破旧框架，确立新理念、创建新理论和开发新产品。

（2）协调有序开发　应采取有限目标、突出重点规划；保持一定超前性，克服短期行为。在涂料配方设计过程中，都要遵循量变、质变交替规律，应经过科学设计与实践，通过实践—认识—再实践的过程，完成设计、制造全新性能的涂料产品。

（3）融合多组分本质特性　涂料是由基料、颜填料、助剂和溶剂（水）组配成的"复合材料"，采用科学有效措施，保障涂料各组分间相互融合并保持各组分的本质特性，是涂料配方设计的技术关键。应注意了解物理学、化学、物理化学、生物学、医学、仿生学、机械学、材料学和气象学等学科的基础知识，运用开发涂料的应用技术，充分发挥涂料体系的正效应，保障涂料的应用效能。

（4）重视协同效应与复配技术　涂料配方设计者应特别重视交联（固化）剂、基料、助剂、颜填料等组分的协同效应和复配技术，为开发新产品、提升传统涂料品质和服役效果提供技术支撑与保障。

（5）涂料性能分析与评价　根据涂膜服役环境及使用寿命要求，涂料配方设计者应对涂料应用性能进行综合分析与评价，确定解决主要性能的对策，提出具体方案，如需选择涂料类型及品种、可满足应用要求及技术路线；涂料的配套性（底材与涂料的适应性，底、中、面各层间的配合性，涂料与施工方法的可行性等）；提供试样进行实用性考核等。

（6）确定合理的涂料成本　在确保涂料应用性能的前提下，应采用更适用的各基元组分搭配，开发出适宜性价比且满足应用需求的涂料产品，达到涂料配方设计的实用效果。

（7）技术创新　将具有同类、同系反应性官能团置于同种涂料配方设计中，或将物理成膜基料与化学成膜基料相复配，都应注重涂料中各基元组分的交融，运用新技术和横向思维方式，开启心智，跳出旧轨，为涂料配方设计理念创新提供平台，拓宽涂料配方设计思路。

涂料配方设计技术创新、涂料制造技术创新和涂装（涂膜制造）技术创新是涂料工业发展的持续助推器。

（8）具体操作规则　涂料配方设计的具体操作规则也称针对性规则。溶剂型涂料、水性涂料、粉末涂料、辐照固化涂料、无溶剂涂料和高固体分涂料等涂料，由于它们的成膜物结构及品种、成膜机理与方式、涂膜特性及服役对象等存在明显差异，配方设计者必须采用不同的针对性规则。

如醇酸高固体分涂料的配方设计应遵循以下针对性规则。

① 合理地确定成膜物　醇酸高固体分涂料的成膜物包括高固体分醇酸树脂（或低聚物）、活性稀释剂和交联剂，这些成膜物通过科学选择、合理匹配，会呈现好的复配效果，是设计满足使用要求的醇酸高固体分涂料的技术关键。

② 良好的相容性和施工性　醇酸高固体分涂料中成膜物、颜填料、助剂、溶剂等组分之间的相容性与协调性可很好地体现涂料的整体性，同时应采取措施确保涂料施工的优良流平性和抗流挂现象。

③ 涂料的干性和均一性　在设计含有活性稀释剂的醇酸高固体分涂料配方时，应使高固体分醇酸树脂与活性稀释剂具有同步固化性，以保证涂膜的均一性、完整性，获得优异的应用效果。

④ 涂料的储存稳定性　高固体分涂料体系比传统型涂料体系

含有大量的交联剂和催化剂等组分，不利于储存稳定。设计配方时，应采取保证涂料储存稳定的技术措施。

⑤ 涂料无毒性　配方设计时，应保证涂料在制造、运输、涂装、固化和涂膜应用过程中无任何有毒害物质产生，避免涂料的挥发物对环境的污染性。

第二节　涂料配方设计应用技术

一、成膜物结构更新技术

涂料的成膜物（树脂、交联剂、固化剂和活性稀释剂等）对形成涂膜结构及性能起着关键作用，更新成膜物结构是涂料配方设计及涂料产品创新的原动力。

1. 开发新型成膜物

由于涂料组成的复杂性与性能要求的多样性，配方设计时一定要掌握成膜物结构与涂膜性能间的影响规律，开发应用新型聚合物，是成膜物结构更新和涂料产品创新的前提与基础。成膜物结构更新的示例如下。

（1）液晶树脂的开发应用　液晶分子介于理想液体和晶体之间，保持取向有序和各向异性，通常在液晶分子中央部位引进双键或三键，形成共轭体，获得线状结构。当将介晶单元用反应性官能团封端后，可制成功能性液晶分子，根据其官能团结构，可得到液晶环氧、液晶双马来酰亚胺和液晶氰酸酯等功能性化合物。

热固性液晶高分子是一类优秀的结构和功能性材料，具有高强度、高模量、耐高温及线膨胀系数小等特点。在航空、航天、电子、化工和医疗等领域有重要的潜在应用价值，液晶树脂作为涂料的基料，前景可观。目前，用液晶树脂制造复合材料、特种功能涂料、电子元器件包封料和非线性光学材料等备受关注。

（2）新的合成方法　制造互穿聚合物网络（IPN），改进涂膜的力学性能；合成触变性树脂，为设计高固体分涂料提供基料；采用新方法制备特性低聚物，开发具有自由知识产权的产品；制造与利用新型活性稀释剂、固化型、交联剂等，更新涂料组成和涂膜的交联结构，提升涂料技术水平和产品精细化率。

2. 含特种元素的成膜物

近年来人们将氟、溴、硅、钛、锆、铝、磷和硼等元素引入成膜物分子中，制造新型结构成膜物，为涂料产品创新扮演重要角色。

（1）氟碳树脂及含氟聚合物　实践证明：氟碳树脂比醇酸树脂、丙烯酸树脂和有机硅树脂等有更优异的耐久性，比有机硅聚氨酯和丙烯酸聚氨酯涂层的光泽保持率更突出。另外，氟化环氧树脂具有优良的疏水性、耐湿性、热稳定性、耐老化性、阻燃性、韧性、介电性、摩擦系数小、表面张力低、粘接强度高等特性，可用作胶黏剂、涂料、浇注料和复合材料。

（2）有机钛改性环氧树脂　由正酞酸丁酯与低分子双酚A型环氧树脂的仲羟基进行脱醇反应，产生有机钛改性环氧树脂。另外，正钛酸丁酯的4个丁氧基可与环氧树脂羟基全部反应，生成钛原子螯合物，可作为塑料和涂料的基料。

（3）含硅低聚物　丙烯酸低聚物中羟基是交联用的官能基，极性大，使低聚物黏度提高。为降低树脂极性，采用三甲基氯硅烷预先封闭（甲基）丙烯酸单体中的羟基：

$$
\begin{array}{c}
CH_2{=}CCH_3 \\
| \\
C{-}O \\
| \\
OC_2H_4OH
\end{array}
+Cl{-}Si(CH_3)_3
\xrightarrow{N(C_2H_5)_3}
\begin{array}{c}
CH_2{=}CCH_3 \\
| \\
C{-}O \\
| \\
O{-}C_2H_4OSi(CH_3)_3
\end{array}
$$

甲基丙烯酸羟乙酯　　三甲基氯硅烷　　　　TMSEMA(甲基丙烯酸三甲基硅氧乙基酯)

$$+ NH(C_2H_5)_3Cl \tag{1-1}$$

TMSEMA 是一种含有封闭羟基的甲基丙烯酸酯单体（以下用B—OH 代表）。它可与其他丙烯酸酯、乙烯基单体共聚制成含硅的丙烯酸酯低聚物。

检测结果证实，B—OH/NCO 交联、混杂化交联体系的施工黏度下非挥发分比氨基丙烯酸要高 44% 以上，耐酸雨性优，抗摩擦性也高于传统氨基丙烯酸清漆。

用硅氧烷封闭羟基，使丙烯酸低聚物极性大大降低，使施工黏度下的涂料固体分大为提高（80% 以上）。取代传统氨基丙烯酸涂料，涂膜抗酸雨等性能好。封闭羟基的技术路线为开发耐酸雨侵蚀的高固体分丙烯酸涂料提出了新的思路。B—OH/环氧/酸酐混杂化交联的涂膜交联密度高，抵抗环境腐蚀性强。

（4）含硼低聚物　采用硼元素改性酚醛树脂可得到醇溶性（水可稀释）硼酚醛树脂，该树脂具有优异的抗烧蚀隔热性，可制作耐热抗酸涂料，主要用于金属基材表面防护、烧蚀隔热涂料。

3. 聚苯胺等功能树脂

聚苯胺（PANI）是导电高聚物材料中最有发展潜力的品种之一。通过溶液共混法，可制备性能优异的透明导电涂层，透光率达80%，而表面电阻仅为192Ω，可做导电玻璃；采用原位复合方法可使PANI在很低含量下得到较高的电导率；PANI可制造导静电、电磁屏蔽、导电防腐等功能性涂料；利用PANI吸收微波特性，制作伪装隐身材料，如用PANI、聚吡咯、聚噻吩等本征导电聚合物研制成隐形潜艇；PANI可以用于生物传感器、清除空间电子雾、酶的固定等，为PANI应用提供了新途径和新领域。近年来，水性导电聚苯胺等开发应用已成为研究的热点。聚苯胺可以发生黄色、绿色、暗蓝色、黑色间的颜色互变，可制作电致变色涂料，用于计算机、录像、印刷和信息系统。

二、协同增效技术

协同增效技术也称协同效应或增效作用。协同效应的特征是采用两种或两种以上原料配合时会呈现出比单独一种原料更优异的某种性质，即1+1>2（或1+2>3）的效果。涂料配方设计及其产品创新，应充分利用协同增效技术。

1. 合成树脂的协同效应

聚氨酯（PU）、环氧树脂（EP）、丙烯酸树脂（BP）等在形成IPN后，会产生协同效应，呈现某种性能突变。在一定组成范围内，IPN的力学性能可以超过其任何一组分，这种协同增效规律对开发高性能材料有重要的指导意义。另外，由聚硅氧烷-聚丁二烯-丙烯腈构成的IPN，同样可获得高于原各单一组分聚合物的拉伸强度和相对伸长率。

2. 颜填料的协同效应

（1）颜填料的配合与处理　选择涂料组分的颜填料时，在考虑颜填料本身结构与性能前提下，应注意不同品种颜填料间的相互增效作用。如惰性防锈颜填料与活性防锈颜填料的协同效应，会使涂膜呈现更优异的防腐效果。当采用铝、硅、锆、钛联合包膜处理 TiO_2 时，比单独用一种元素处理 TiO_2 具有更好的耐久性和保光性。合成云母氧化铁与活性防锈颜料配合使用，会产生良好的协同效应。

（2）水性涂料颜填料　苯丙乳液与不同的颜填料体系匹配，其防腐效果不一样，其中以铁红-磷酸锌-锌黄-氧化锌-硫酸钡-滑石粉的颜填料体系较好。锌黄属钝化型防锈颜料，适当的锌黄溶解度一方面能起钝化作用，阻止产生电化学腐蚀，另一方面又具有缓慢释放的长期防腐作用。磷酸锌在水性体系中能形成碱式络合物，这种络合物可以与涂料的极性基团（羟基和羧基）进一步络合，生成稳定的交联络合物，以增强涂膜的耐水性和附着力，同时它与 Fe^{2+} 形成络合物，抑制锈蚀的形成和发展。由铁红-磷酸锌-锌黄-氧化锌-硫酸钡-滑石粉构成的颜填料体系的各组分间发挥较好的协同增效作用，形成涂膜后展示良好的耐蚀效果。

3. 固化剂的协同效应

在环氧树脂/间苯二酚/二氰二胺组成的固化体系中，间苯二酚与二氰二胺呈现出明显的固化协同效应。在固化体系中酚羟基的摩尔分数为 $30\% \sim 95\%$ 时，协同效应显著，而少量的二氰二胺（$1\% \sim 2\%$）即可显著降低固化反应温度。固化物的环氧树脂交联密度取决于固化体系中间苯二酚与二氰二胺的配比，调整二者的比例可获得具有良好力学性能和耐热性能的材料。

二氰二胺-间苯二酚固化环氧树脂的反应受酚羟基与环氧基的反应以及二氰二胺的氨基与环氧基的加成反应的影响。由于二氰二胺是一种较强的有机碱，可以进攻间苯二酚形成酚氧负离子，从而促进与环氧基的反应。而间苯二酚对二氰二胺与环氧树脂反应的促进作用主要有物理和化学两方面的作用。首先间苯二酚的加入可增强树脂体系的极性，从而有利于二氰二胺在树脂中的溶解；而化学方面的因素更为重要，即间苯二酚作为亲电试剂促进氨基与环氧基的加成。这种亲电试剂作用是由间苯二酚的酸性所致的。

在二氰二胺与环氧树脂的反应后期，会发生氰基与环氧树脂上羟基的加成重排反应，进一步生成分子内或分子间的网络结构。在FTIR研究中发现：间苯二酚的加入可促进氰基与环氧树脂上羟基的加成重排反应。

三、复配改性技术

复配改性技术也称复合改性技术。复配改性技术的特征是参与复配改性的基元材料间交叉渗透、特性叠加、改善性能、创新产品。实践表明：复配改性技术更新了涂料的应用理念，增添了涂料产品技术含量，拓展了涂料应用市场空间。

1. 树脂的复配改性

（1）物理方法　用物理方法复配的树脂体系很多，如环氧树脂-氨基树脂-丙烯酸树脂复配、气干性醇酸与丙烯酸水分散体复配、液态分散体与气干型醇酸乳液复配、聚氨酯乳液与聚丙烯酸酯（PA）乳液复配、环氧树脂与其他树脂复配等，都取得良好的应用效果。

（2）化学方法　常用的化学方法复配改性有互穿聚合物网络（IPN）、接枝共聚、缩聚和共聚等。

① IPN　取环氧树脂：聚氨酯＝90：10（质量比）相复配制成环氧-聚氨酯互穿聚合物网络，将它用作导电涂料的基料，加入400目镀银铜粉制备的导电涂料，其涂膜的导电性及使用性优良。采用不同设计方案，制成性能各异的环氧-聚氨酯的IPN产物，为环氧树脂系统产品应用开拓了新领域。

② 丙烯酸缩水甘油酯与丙烯酸酯单体共聚　轻工、家电、小五金行业要求电泳漆有高着色力、高装饰性、高耐候性等特性。为开发彩色耐候性阴极电泳漆，采用甲基丙烯酸缩水甘油酯（GMA）与丙烯酸酯单体共聚（碳碳双键间加成共聚），在聚合物分子中引入环氧基。将共聚物中的环氧基与胺进行开环反应，接着用有机酸中和，得到阳离子型树脂，用它制成阴极电泳清漆，形成的涂膜外观平整光滑、无色透明、物理力学性能好，有一定的防腐性及耐候性。在清漆中加入染料制成透明色漆，满足阴极电泳漆彩色化

要求。

2. 颜填料的复配改性

了解并掌握颜填料（着色颜料和体质颜料）组成结构与性能的关系，是颜填料复配改性技术的基本依据。将参与复配的颜填料各自的特性叠加，使涂料满足应用性能，是颜填料复配改性之目的。

（1）颜填料化学组成 化学组成是区分颜填料的主要标志，化学组成及其结构决定了颜填料的化学性质。如铁红的主要成分是三氧化二铁，必然有很高的化学稳定性、耐酸碱性和耐候性；锌黄分子中含有大量的铬酸锌，遇水分离出铬酸根离子，使金属表面钝化，起防锈作用；云母组成成分为 $K_2O \cdot 3Al_2O_3 \cdot 6SiO_2 \cdot H_2O$，片状结构，可防止涂膜破裂、阻滞粉化，赋予涂膜良好的柔韧性、耐蚀性、耐候性、耐化学药性和耐热性等；滑石粉组成为 $3MgO \cdot 4SiO_2 \cdot H_2O$，颗粒构型羽毛状，有特殊的纤维状结构，能增加涂膜强度、提高附着力，可与涂料中极性基团形成氢键，使涂料有一定的触变性，防止沉降，涂膜的耐沸水性突出；铁酸锌（或钙）能与基料形成金属皂而增加碱性，可提升涂膜的抗氧性和水渗透能力。另外，同一着色颜料由于晶型或晶格不同，其耐光性和耐候性差别很大。如金红石型钛白和锐钛型钛白同属于正方晶系，但二者晶格不同，则前者比后者抗粉化能力强。有些颜料还有绝缘性和导电性等电性能；保温、阻燃和烧蚀隔热等热性能；吸收（反射）红外线波、吸收太阳能和标志颜色等光学性能；防滑、自润滑等物理性能。

（2）颜填料复配示例 色漆包括底漆和面漆，有时采用底面合一配方，通常底漆与面漆采用颜填料品种及复配方式有差别。根据颜填料组成结构、性能及构成涂膜使用要求，将颜填料进行优化选择、复配，达到预想效果。现列举部分涂料品种中颜填料复配体系（复配比例为质量比）示例，供读者参考。

① 醇酸铁红底漆 在醇酸树脂等为基料的底漆中，可采用颜填料复配体系为氧化铁红：锌铬黄：沉淀硫酸钡＝3.9：1.0：2.0或氧化铁红：浅铬黄：滑石粉＝2.3：1.0：1.0。应调整PVC值为42％左右。

② 高固体分包封料 电容器用高固体分包封料的颜填料复配

体系为钛白粉：酞菁绿：柠檬黄：滑石粉＝7.0：0.5：1.0：8.1。

③ 无溶剂防腐蚀涂料　单包装无溶剂环氧防腐蚀涂料的颜填料复配体系为氧化铁红：活性防锈颜料：WD-D-500：滑石粉：氧化锌＝10.0：4.0：8.9：5.6：0.7。

④ 管道重防腐粉末涂料　以环氧树脂为基料的管道重防腐粉末涂料颜填料复配体系为氧化铁红：钛白：沉淀硫酸钡＝2.5：1.0：1.5 或钛白：活性硅微粉：沉淀硫酸钡：氧化铁红＝1.0：4.0：2.0：0.01。

3. 交联（固化）剂的复配改性

(1) 混杂固化体系　在高固体分聚酯涂料配方设计时，采用 HMMM 和异氰酸酯封闭物与羟基聚酯组成混杂固化体系。固化反应过程中，HMMM 中的甲氧基（—OCH$_3$）与羟基聚酯中的羟基（—OH）发生共缩聚固化反应；异氰酸酯封闭物解封产生异氰基（—NCO）会与体系内的羟基进行加成固化反应。这样，由混杂固化体系形成的涂膜内既含有醚键又含有氨酯键，该涂膜同时呈现出氨基-聚酯和聚酯-聚氨酯两种特性。

将含环氧基的乙烯基酯、丙烯酸酯单体，光引发性 Irgacure 184 和 2-甲基咪唑配成混杂固化体系，经 UV 固化后，再在 120℃/30min 条件下进行热固化，得到固化涂膜的物理力学性能明显提高，由于环氧固化物体积收缩小及热固化清除自由基固化时产生的内应力，因此涂膜具有良好的黏结性能。这种混杂（或双重）固化体系可用于电子元器件的封装和厚涂膜的交联固化。

(2) 聚酰胺与酚醛树脂复配　由 E-20 环氧树脂、氧化铁红、滑石粉、助剂和溶剂等制成特种防腐涂料主剂；由 300 号聚酰胺与 DPA-1 专用酚醛树脂配成复合固化剂。取主剂：复合固化剂＝100：45（质量比）充分混合均匀，采用喷涂施工，经 140℃/30min 固化后，涂膜耐盐雾性达 1000h 以上，实用效果良好。

总之复配改性技术已在涂料配方设计及涂料产品创新中取得成功效果。复配改性技术涉及内容丰富、渗透领域（涂料、电子电气、复合材料、胶黏剂和新型材料等）广泛、应用效果突出、开发应用前景可观。复配改性技术是涂料配方设计和涂料产品创新的重要应用技术之一。

四、助剂匹配技术

1. 涂料对匹配助剂的需求

随着我国涂料的发展与涂装技术的进步，对涂料助剂的研究、开发与应用日益为涂料行业所关注。涂料助剂可改进涂料制造工艺、改善涂料施工性能、提升涂料质量，有时赋予涂料特殊功能，是涂料不可缺少的重要组成部分。涂料助剂匹配技术已成为衡量涂料制造与应用水平的主要保障条件之一。

涂料助剂匹配技术可更新助剂应用理念、增添涂料产品技术含量、拓展涂料科技开发应用的新思路。

以助剂结构与性能为切入点，合理运用助剂敏感性、选择性、凸显效应、协同效应和特性叠加效应，通过实验确定匹配助剂组成。

2. 匹配助剂组成示例

经试验或实用考量后，推荐可供选用的匹配助剂体系如下。

（1）防垢耐蚀涂料匹配助剂

① 底漆 触变剂∶流平剂∶导电剂 P∶消泡剂＝13∶8∶5∶1（质量比），用量为 2.0％～2.5％。

② 面漆 触变剂∶流平剂∶导电剂 F∶消泡剂＝8∶6∶3∶1（质量比），用量为 2.5％～3.0％。

（2）石油钻杆涂料用匹配助剂 435 流平剂∶有机膨润土∶分散剂（EFKA 4570）∶消泡剂（6800）＝8.0∶16.0∶2.0∶0.5∶（质量比），用量为 2.5％～3.0％。

（3）水性环氧地坪涂料用匹配助剂 润湿分散剂∶流平剂∶增稠剂∶消泡剂＝8∶6∶10∶3（质量比），用量为 1.9％～2.6％。

3. 匹配助剂的发展

自 20 世纪 90 年代以来，涂料的自动氧化聚合用催干剂及催化聚合用固化促进剂的匹配技术已在生产中取得满意效果。大部分匹配助剂体系的开发应用研究正处在起步阶段，尚有许多工作要做，还需提升对助剂匹配技术的认知度，保障匹配助剂体系持续显现优异特性。对传统助剂的改性、新型助剂的开发、助剂匹配技术的利用，已引起涂料界的关注。助剂匹配技术不是几种助剂的机械掺混，而是在掌握助剂组成结构与性能的基础上，充分发掘并利用助剂的敏感性、选择性、凸显效应、协同效应和特性叠加效应等应用特性，通过助剂品种、用量、相互制约作用的综合考证后，才确定的匹配助剂体系。这种匹配助剂体系是一种展示综合性能的新型助剂品种，是助剂应用理念的创新与实践，是涂料产品创新的战术途径之一。

五、纳米复合技术

1. 纳米复合涂料

（1）纳米复合涂料定义　一般地讲，纳米复合涂料是由纳米粒子与有机聚合物（或无机聚合物）复合而成。也就是说，纳米复合涂料是由纳米粒子与传统涂料组成的诸组分复合而成。准确的定义是：纳米复合涂料（nanocomposite coating）是一种复合材料，必须满足两个条件，一是纳米材料以纳米尺寸（$\leqslant 100nm$）均匀地分散于涂料体系内；二是由于纳米相的存在而使涂料性能明显提高或赋予新功能。值得提示的是：不是加入纳米材料的涂料都一定为纳米复合涂料；也不是性能突出的涂料就一定是纳米复合涂料；只有确实满足了纳米复合涂料两个条件，才称为纳米复合涂料。不可将纳米复合涂料随意称为纳米涂料。

（2）纳米助剂在涂料中的作用　纳米材料、离子或组分用于涂料的改性时统称为"特效助剂"或纳米助剂。在涂料组分中添加某种纳米助剂的主要目的是提升和改进涂料性能，条件具备时创新涂料品种。涂料行业的学者、专家们的任务是将纳米粒子作为"特效助剂"加入传统涂料中，为突显纳米材料的奇异功效，才将含纳米材料的涂料品种命名为纳米复合涂料或纳米改性涂料。提升、改善传统涂料的性能和涂料品种创新才是纳米复合涂料最重要的标准。

纳米助剂在涂料中的作用概述如下。

① 施工性能的改善　利用粒径对流变性的影响，如将纳米SiO_2用于建筑涂料，防止涂料的流挂。

② 增加耐候性　利用纳米粒子对紫外线的吸收性，如纳米TiO_2、SiO_2可制得耐候性建筑外墙涂料、汽车面漆。

③ 物理力学性能的提升　利用纳米粒子与树脂之间强大的界

面结合力，提高涂膜的强度、硬度、耐磨性、耐刮伤性等。

④ 专用功能性涂料的开发应用 如采用纳米粒子制备功能性纳米复合涂料是纳米助剂在涂料领域极其重要的开发应用切入点。已经在军事隐身涂料、静电屏蔽涂料、隔热涂料、抗菌涂料、界面涂料、自修补涂料、大气净化涂料、高介电绝缘涂料、磁性涂料等专用功能涂料中取得应用效果。

目前，利用纳米复合技术设计并制造出的水性纳米复合涂料、高固体分纳米复合涂料、UV 固化纳米复合涂料、功能性纳米复合粉末涂料、纳米复合颜填料和纳米粒子-合成树脂原位反应产品等相继问世，纳米复合涂料开发应用已初露曙光。

2. 纳米复合颜填料

纳米复合颜填料是由纳米粒子与颜填料复合而成的，通常采用颜填料作载体，将纳米粒子复合在其表面上。纳米复合颜填料已经在涂料中正式应用，从某种意义上讲，纳米复合颜填料是纳米复合涂料的组成部分，拓展了涂料的开发应用领域，提升了应用效果。

下面介绍云母系珠光颜料和复合铁钛防锈颜料。

（1）云母系珠光颜料 随角异色效应颜料简称为效应颜料。效应颜料中的云母系珠光颜料是美化人们生活的一种重要的纳米复合颜料，它是由在规定的三维几何尺寸（径厚比约为 50）下的透明云母片上沉积一层或多层具有高折射率并呈透明态的珠光膜而制成的。透明珠光膜为纳米金属氧化物（如 $TiO_2 Fe_2O_3$、TiO_2-Fe_2O_3、TiO_2-Cr_2O_3 等）、无机盐（如 $FeTiO_3$、$CoTiO_4$ 等）、有机染料（颜料）及炭黑等。这些透明膜大部分由纳米粒子致密排列而成，正是这种组成决定了珠光颜料所呈现的颜色特性。

云母系珠光颜料分散性好。由于耐水，可分散于水性系统中，由于其薄片状结构的特点，分散时要避免时间过长和剪切力过高。云母系珠光颜料主要的应用领域是涂料、塑料和印刷油墨。化妆品也是一个重要应用领域。

（2）纳米复合铁钛防锈颜料 以四氧化三铁为载体，复合多种纳米材料而成，牌号有 WD-A-325 和 WD-A-500。以聚磷酸铁（钛）为载体，复合纳米材料而成，牌号有 WD-D-325 和 WD-D-500。

复合铁钛新型防锈颜料在防锈性能上优于红丹粉，在价格上低于红丹粉，在耐候性上也要优于红丹粉。此外，在应用时工艺性好，使用方便，易分散、不分层，可采用喷涂或刷涂等方法施工。

六、涂装技术

从应用意义上讲，涂料并不是最终产品，只有按科学合理的涂装技术制成涂膜，才形成涂料的最终产品，因此涂装技术是涂料技术至关重要的组成部分。没有涂装技术，就无法实现涂料的应用。采用科学的涂装技术是展示涂料性能、实现理想应用效果的基本保障环节。

涂装技术包括被涂物件表面处理技术、涂装管理技术、涂装工艺控制技术、解决异常现象技术和涂装设备更新改造等内容。

在涂料行业，应加大对涂料涂装技术研究力度，充分利用合理的涂装技术，提升涂料的应用质量。

1. 被涂物件表面处理技术

为了获取优质的涂膜，在涂装前对被涂物件（底材）表面进行的修整或清理等工作均称为涂装前表面处理。被涂物件的表面处理是保证涂装质量的基础，对涂膜质量产生重大影响。

被涂物件表面处理在影响涂膜质量的诸因素中所占比例最大（表 1-1）。

表 1-1　影响涂膜质量的因素所占比例

影响因素	所占比例%	影响因素	所占比例%
材质表面处理的质量	49.0	涂装方法和涂装技术	20.0
涂膜层次和厚度	19.0	环境条件	7.0
选用同类涂料品种的质量差异	5.0		

2. 涂装工艺

涂膜的性能不仅取决于涂料本身的质量，更大程度上取决于形成涂膜的工艺过程与控制条件。良好的表面处理会提升涂膜的附着力、防护性能并延长涂膜使用寿命。若涂装不合理、不规范，会使涂膜产生弊病，很难发挥应有的性能。若涂装设备和涂装环境不规范，同样无法获得理想的涂膜。

涂装工艺管理是确保涂装工艺试验、涂膜质量及达到涂装目的的手段。涂装工艺管理主要包括涂装人员组织分工、明确岗位责任、关键工序的工艺参数控制、涂装质量监测记录、对产量质量问题分析研究并提出解决问题方案、对操作人员培训等内容。

3. 涂装质量

根据被涂物件的要求，制订涂料施工的各个工序和涂装质量标准。在每一道工序完成后，都严格检查与控制，以免影响涂装质量。

（1）涂装质量控制

① 涂装前表面处理的质量控制 应按被涂物件表面处理要求，采用合理的表面处理方法，除去被涂物件表面的油垢、锈蚀及杂质等不利物质，保证被涂物件表面有一定粗糙度，清洁、干燥。

② 施工过程中的质量控制 有的被涂物件表面需刮腻子，一定要刮的较薄，待彻底干燥后，才可打磨。涂底漆时要薄而匀，应按规定施工；涂膜不应有露底、针孔、粗粒和气泡等弊病。涂膜表面应平整光滑，不得有肉眼可见的机械杂质、刷痕及色调不匀等缺点。施工每个阶段都要严格控制湿膜或干膜的厚度，保证涂膜防护质量要求。

③ 最终质量监测 涂料施工程序全部结束后，要按质量标准规定进行全面质检。需检测涂膜的硬度、厚度、附着性、表面状态、光泽等质量指标。

（2）常见弊病及防治措施 为保证产品的实用质量，必须熟悉涂装技术。涂装过程中某些操作不当会造成涂膜各种病态或出现异常现象。产生涂膜病态有诸多因素相关联，一种病态可能由几种因素引起。

第三节 涂料配方设计 6 步概述

涂料配方组分（成膜物、颜填料、助剂和溶剂）、组成及应用，是涂料配方设计的基本骨架。

涂料成膜物体系、颜填料体系、助剂体系、溶剂体系、配方组成体系和配方应用体系是涂料配方设计的 6 个模块，构成涂料配方设计 6 步。涂料配方设计 6 步间相互关联、融为一体，其每步的操作技术又各存差异、各具特色；涂料配方设计 6 步，展现涂料配方设计的概括性、可操作性及指导性，勾画出涂料配方设计的架构理念，提出启发式的思路。涂料配方设计 6 步及其关键词见表1-2。

表 1-2　涂料配方设计 6 步及其关键词

设计步骤	设计项目名称	关键词
1	涂料成膜物体系设计	转化型树脂、非转化型树脂、水性基料、活性稀释剂、交联剂、固化剂、固化促进剂、固化反应、成膜方式、固化体系、复合固化体系、固化体系组成规则、配比计量、选择试验、应用举例、关注点、安全措施
2	涂料颜填料体系设计	着色颜料、防锈颜料、无机填料、有机填料、本质特性、专用性、功能性、反应性、表面处理、PVC、CPVC、P/B、颜填料参数、润湿分散、润湿分散效率、复配颜填料、选择规则、选择试验、涂料用颜填料体系
3	涂料助剂体系设计	助剂品种、助剂类型、助剂用途、作用机理、结构与性能、敏感性、选择性、凸显效应、特性叠加效应、协同效应、正面效应、负面效应、匹配规则、匹配助剂体系、选用助剂原则、使用方法、加入方式、涂料用助剂选择、解决涂料及涂膜弊病
4	涂料溶剂体系设计	溶解力、挥发性、表面张力、电性能、黏度、蒸馏范围、水及助溶剂、应用特性、反应性、专用性、选择溶剂、安全性、低污染、绿色化、环境友好溶剂
5	涂料配方组成体系设计	基元组分、组分用量、配方组成、设计要求与程序、配方优化、配套化、系列化、超标试验、常规涂料配方、专用涂料配方、功能涂料配方、水性涂料品种
6	涂料配方应用体系设计	涂料制造、涂料设备、涂料工艺、操作要点、安全技术、涂料涂装、表面处理、涂料配套体系、涂装工艺、涂装质量、涂装管理、涂装举例、性能检测、检测项目、检测内容、检测方法、检测标准、配方设计创新、效率思考

第二章 >>> ▶▶▶ Chapter 02
涂料成膜物体系设计

由非转化型成膜物构成物理成膜的涂料成膜物体系，由转化型成膜物构成化学成膜的涂料成膜物体系，从成膜物固化反应及成膜方式入手，以成膜物及其涂膜结构与性能为基础，运用成膜物的固化体系组成规则、创新技术、组分配比计量及选择试验等设计要点，展示不同成膜物固化体系特征，是现代涂料成膜物体系设计的核心。

第一节　成膜物品种与用途

涂料中的成膜物包括基料（合成或天然树脂、高分子聚合物）、活性稀释剂、交联剂和固化剂等参与成膜的物质。

一、成膜物性能简介

1. 成膜物类型与性能

成膜物的类型、化学结构、成膜机理和涂膜网络结构等都影响并决定涂料的应用性能。如由酚醛树脂形成的涂膜坚韧光亮、耐水和耐化学介质好，但泛黄严重；醇酸树脂形成的涂膜的附着力和耐久性较佳，但耐水和耐碱性差；双酚 A 型环氧树脂形成的涂膜的附着力和防介质渗透性优，但外用易粉化；丙烯酸树脂与氨基树脂（或异氰酸酯加成物）形成涂膜的保光性和保色性好；氟碳树脂由于含 C—F 键，不容易被紫外线破坏，表现出超常的耐候性；有机硅树脂含有 Si—O 键，形成涂膜的耐温性优异等。另外，由于成膜物的类型不同，其成膜方式和涂装方法存在差别。如乙烯基酯树脂和活性稀释剂组成的涂料应采用自由基引发聚合固化或 UV 固化成膜，其涂装时可采用刷涂、辊涂、喷涂等方法；以气干型醇酸树脂及活性稀释剂为成膜物的涂料应采用自动氧化聚合固化成膜，涂装时可用喷涂、刷涂等方法；羟基聚酯树脂与氨基树脂为成膜物的涂料应在烘烤条件下进行缩聚固化成膜，涂装时可用喷涂等方法。总之，不同类型的成膜物以不同的成膜方式成膜，其涂装方法不完全相同，这是配方设计应该牢记的。

2. 成膜物对涂膜应用性能贡献

① 光学性能　涂膜颜色、透明性、光泽、丰满度、紫外线屏蔽性等。

② 耐化学介质性　耐水、耐油、耐酸碱、耐溶剂、耐化学品、耐盐水、防霉菌等。

③ 物理力学性能　附着力、柔韧性、冲击强度、硬度、伸长率、弹性、模量、拉伸强度等。

④ 耐老化性　保光性、保色性及户外耐久性等。

⑤ 功能性　耐温性、亲水性、阻燃性、抗烧蚀性、阻尼性、耐辐射性、导电性等。

欲使涂料达到应用要求，涂料配方设计者掌握成膜物形成涂膜性能至关重要，更要注意的是，有的涂料应用性能需要将涂料各组分科学搭配才会实现。

二、基料类型与用途

1. 非转化型树脂

非转化型树脂及聚合物包括硝酸纤维素、醋丁纤维素、过氯乙烯树脂、氯醋共聚树脂、聚乙烯醇缩丁醛、高氯化聚乙烯、氯化橡胶、热塑性丙烯酸树脂、热塑性氟树脂、聚乙烯和聚丙烯等。由非转化型树脂为基料制造的非转化型涂料通称热塑性涂料。热塑性涂料体系在成膜过程中基料不发生化学反应，如含溶剂的热塑性涂料只要溶剂挥发后即能形成与基料相同化学结构的涂膜，故也称为挥发性涂料。部分非转化型树脂的性能与用途列于表 2-1。

表 2-1　部分非转化型树脂性能与用途

树脂名称	性能	用途
过氯乙烯树脂	耐化学腐蚀、耐候、阻燃、防潮、防盐雾、防霉、耐寒、电绝缘、不耐热、附着力差	制造化学防腐漆、外用漆和防火漆等。用于电机设备、车辆、医疗器械、管道和建筑机械等领域
硝酸纤维素	涂膜快干、平整、光亮、坚韧，可用醋抛光，与多种合成树脂并用，改进它的涂膜丰富度、耐候性和附着力等不足	制造木器漆、饰品漆、皮革亮光漆、油墨、底漆、腻子等。用于木材、纸张、汽车修补等
醋丁纤维素	优良的抗老化性、耐热性、防潮性、化学稳定性，对金属、塑料、木材和纸张等的附着性较好，与其他树脂有好的混溶性。可作涂料助剂，改进流动性、改善耐久性、提升附着力、增加柔韧性等	与热塑性丙烯酸树脂复配制造轻金属罩光清漆、木器漆、塑料漆和汽车修补漆等
高氯化聚乙烯树脂（HCPE）	有良好的溶解性和流动性；耐候、耐臭氧、耐油和耐化学药品；与颜填料有好的相容性，与醇酸树脂和热塑性丙烯酸树脂有良好的混拼性；涂料施工方便、干燥快，涂膜层间结合好，防霉、阻燃、耐酸碱、防腐蚀等	制造重防腐涂料、船舶涂料、集装箱涂料、防火涂料、路面标志涂料、油罐外防腐涂料，用于防腐蚀领域
氯化橡胶	天然橡胶改性物，有较好的耐水性、耐酸、碱、盐介质渗透性，良好的耐候、防霉、阻燃性，防水和氧气渗透能力强。涂料干燥快，不受气温限制，易厚涂，施工方便。涂膜有优良的耐久性、防蚀性，耐多种腐蚀介质，阻燃，绝缘性好	可作为钢铁结构用涂料、外墙用涂料、特种涂料。广泛用于造船、建筑、化工、防腐、道路、防火和防污染等领域
热塑性丙烯酸树脂	有优良的耐候性、保光性、保色性、良好的耐化学药品性、耐水性、耐酸碱性、抗洗涤剂和抛光性等，但涂料固体分偏低，对温度敏感性强，涂膜内溶剂释放性较差，不易与合成树脂并用，需要采取改进措施	制造汽车面漆及修补漆、铝材用涂料、航空涂料、塑料用涂料、建筑物及钢结构物涂料、金属管道外防护涂料等
聚乙烯树脂	有优良的耐水、耐酸碱、耐化学药品性；良好的耐热和电绝缘性；优异的耐冲击性、耐低温性和柔韧性	制造粉末涂料，用于仪器仪表、自行车网篮、电缆、贮槽防腐衬里等；制造石油输送管道外壁防腐、塑胶层等

树脂名称	性能	用途
聚氯乙烯树脂	优良的耐候性、耐蚀性和耐醇类、汽油、芳烃类等化学介质。涂膜具有可挠性、电绝缘性等优异特性	制造粉末涂料等产品，用于高速公路护栏、路灯支架、汽车零部件、电器产品、玩具和体育用品等领域
石油树脂	一种混合共聚烃类树脂，可制成脆性固体和黏稠液体；与许多树脂混溶性好，有良好的抗水性、耐酸碱性；涂膜附着力和机械强度较差	通常不单独用于制造涂料，可与其他树脂并用提高涂膜的抗水性和耐酸碱性
热塑性氟树脂	氟烃或氟烃与其他烃的共聚产物。如四氟乙烯与六氟丙烯的共聚体(FEP)有优良的机械强度、化学稳定性、电绝缘性、润滑性、耐磨性、抗沾污性、耐老化性、不燃性等；聚氟乙烯长期使用温度为 $-100 \sim 150^{\circ}C$，不受油脂、有机溶剂、酸、碱、盐雾的侵蚀，有优异的耐候性、耐暴晒性、电绝缘性、耐磨性、抗气体渗透性和"三防性"；聚偏氟乙烯(PVDF)具有优异的户外耐久性、耐酸雨、耐大气污染、耐腐蚀、抗沾污、耐霉菌等特性	制造抗渗透性和电绝缘性涂料、超耐候性涂料、化工防腐涂料、输油管道涂料、建筑涂料等高性能品种。广泛用于海底电缆防护，抗盐雾的电气仪表零件涂装，食品包装容器、铝(钢)材等涂装，建筑外墙、幕墙、屋顶等部位涂装，超耐候性等苛刻环境的涂装保护等新领域

除表 2-1 中列出的氯化烯烃树脂，还有常用于非转化型涂料的氯化烯烃树脂如下。

① 氯磺化聚乙烯（SCPE）　由氯和二氧化硫混合气体对聚乙烯进行氯化和磺化而制得。具有耐臭氧、耐候性和抗老化性能。耐酸碱性优良，物理机械性能良好，耐水耐油性好；抗寒耐湿热，耐化学品性能很好。但是因为固体含量低，在 30% 以内，单道成膜只有 $10 \sim 20 \mu m$，需多道施工才能达到规定膜厚。

② 氯乙烯/醋酸乙烯共聚物　即氯醋三元共聚树脂，在氯乙烯、醋酸乙烯共聚时引入含羟基或含羧基的物质进行共聚而成。目前这一类涂料有着较多的应用。以氯醋三元共聚树脂为主要成膜物的涂料有着优良的防蚀性，柔韧性好，抗水性好，但其溶解性差，需酮类等强溶剂才能溶解。

③ 氯醚（LaloflexMP） 氯醚树脂由德国的 BASF 公司开发，是由氯乙烯和叔丁基乙烯醚共聚产生的聚合物，在欧洲已有 20 多年的使用历史。由于在聚合物结构中存在着叔丁基软段，有自增塑作用。氯醚可以成为氯化橡胶的替代产品。

2. 转化型树脂

转化型树脂及聚合物包括油溶性酚醛树脂、醇酸树脂、溶剂型环氧酯树脂、饱和聚酯树脂、环氧树脂、呋喃树脂、有机硅树脂和热固性氟树脂等。以转换型树脂为基料制造的转换型涂料通称热固性涂料。

（1）饱和聚酯树脂

① 端羟基聚酯树脂 包括端羟基聚酯树脂和高固体分羟基聚酯树脂。

② 端羧基聚酯树脂 端羧基聚酯树脂是由过量的二元酸以及适量的偏苯三酸酐与二元醇制得的以羧基为终端的聚酯树脂，有一定的活泼官能度，有不同的酸值。端羧基聚酯树脂是粉末涂料用的主要树脂品种，高酸值的端羧基聚酯树脂在溶剂型环氧涂料中作交联剂。

（2）不饱和聚酯树脂 不饱和聚酯树脂分子中含有不饱和双键，是线型结构的树脂。用作涂料的不饱和聚酯树脂品种与用作塑料的不饱和聚酯树脂品种不同。不饱和聚酯树脂可分为反应固化型、改性型和辐照固化型三类。

（3）丙烯酸树脂

① 丙烯酸树脂对涂膜性能的贡献 丙烯酸树脂（或低聚物）对光的主吸收峰在太阳光谱范围之外，用作涂料的成膜物时对涂膜性能的贡献如下：

a. 色浅、水白、透明；

b. 耐光、耐候性佳，耐紫外光照射不分解、不变黄，长期保持原有光泽及色泽；

c. 耐热、耐过热烘烤；

d. 耐腐蚀、耐化学品的沾污；

e. 通过变换单体品种、调整分子量和交联体系等，可制成多种不同性能和用途的树脂。

② 丙烯酸树脂涂膜的应用稳定性　丙烯酸类树脂中存在 α-H，甲基丙烯酸类树脂无 α-H，因此，前者的耐 UV 性和耐氧化性较后者差，甲基丙烯酸类树脂耐 UV 性和耐氧化性可与聚四氟乙烯相媲美。由于丙烯酸树脂主链为 C—C 键，因而其耐水解性、耐酸碱性、耐氧化剂及耐其他化学腐蚀性十分优异。

③ 丙烯酸树脂涂料　丙烯酸树脂通常是由以丙烯酸酯或甲基丙烯酸酯，以及苯乙烯为主的乙烯系单体共聚而成的。它可以单独作为主要成膜物质制成各种各样的涂料，也可用来对醇酸树脂、氯化橡胶、聚氨酯、环氧树脂、乙烯树脂等进行改进，构成许多类型的改良型涂料。

丙烯酸涂料由于其优异的性能，在车辆、机械、家用电器以及仪表设备等各种行业有着广泛的应用。

(4) 环氧树脂　环氧树脂是泛指在分子结构中含有两个或两个以上环氧基，以脂环族、芳香族等有机化合物为骨架的一类热固性树脂。根据采用的原料、生成环氧基的方法以及应用目的的不同，所得到的环氧树脂的种类也不相同，其中最重要的是双酚 A 型环氧树脂，约占环氧树脂总产量的 90%，其次还有双酚 F 型环氧树脂和线型酚醛环氧树脂。双酚 A 型环氧树脂结构式及各结构单元的作用如下：

(式中，n 为平均聚合度，常温下 $n<2$，为液体树脂)

环氧树脂具有优良的工艺性能、力学性能和物理性能，除主要应用于涂料领域外，还应用在胶黏剂、玻璃钢、工程塑料等领域，其中涂料行业用环氧树脂要占环氧树脂消费总量的一半以上。

环氧树脂分子结构中含有的环氧基、醚键、羟基以及苯环结构等特征基团对涂膜的最终性能起着重要的作用，因此环氧树脂具有以下性能特点。

① 优良的附着力　环氧树脂分子结构中具有环氧基、羟基及醚键等极性基团，这些基团的存在使环氧树脂分子与相邻界面产生磁吸附或化学键作用，因此环氧树脂涂料涂膜与金属、木材、混凝土等基材表面能产生很强的黏结力。

② 良好的耐化学腐蚀性能　环氧树脂固化成膜后，由于分子结构中含有稳定的苯环和醚键，分子结构又较为紧密，因此对化学介质有较好的稳定性。

③ 涂料品种的多样性与广泛的适应性　环氧树脂与环氧固化剂的品种都很多，可以通过改变配方以适应于不同的施工条件与应用环境，使环氧树脂涂料表现出品种的多样性与应用的灵活性。

（5）聚氨酯及聚脲

① 聚氨酯涂料　聚氨基甲酸酯涂料简称聚氨酯涂料，是指涂料中含有相当数量的氨酯键（—N—C—O—，其中 N 上有 H，C 上有 O）的涂料。聚氨酯涂料的树脂（基料）是由多异氰酸（主要是二异氰酸酯）与多元醇合成的，所以异氰酸酯是聚氨酯涂料的基础材料。在制造聚氨酯涂料时，选择含异氰基（—NCO）的组分作固化剂，含羟基等（可与异氰基反应）活性基团的组分作主剂。

聚氨酯漆在国防、基建、化工防腐、车辆、飞机、木器、电气绝缘等各方面都得到广泛的应用。

② 聚脲弹性体　聚脲弹性体涂层是新型无溶剂涂料，它无论是物理化学性能、成膜固化还是施工方面，均与常规的涂层材料有着很大的不同。聚脲弹性体（polyurea）是异氰酸酯（isocyanate）与胺（amine）反应而合成的；聚氨酯（polyurethane）由异氰酸酯与羟基化合物的羟基（hydroxyl）反应而合成的。

聚脲弹性体涂层有以下很多优点。

a. 固化速度快。在垂直面不会产生流挂，固化速度在 2～6s，

6~9s 可以达到不粘手的程度，30s 就可以行走，30min 即可以投入使用。

b. 对温度和湿度不敏感。高温度和低温对聚脲弹性体的涂层性能的影响相当小。

c. 100% 的固体分数。双组分涂料，单道涂层系统，喷涂一次就可以达到 2000μm 以上，不含溶剂，零 VOC。

d. 突出的物理性能。拉伸强度 14~21MPa，拉伸 240%~520% 之间。

e. 耐热性能。热稳定性能达 177℃（350℉）。

f. 与颜料的相容性好。可进行颜色的调节。

g. 配方可调整性。从软到硬的各种聚合体涂层。

h. 可以增强。在喷涂过程中可以加入玻璃纤维进行增强。

聚脲弹性体涂层可以喷涂在混凝土、木材以及喷射处理的钢材表面，表现出很好的附着力。由于它固化速度太快，对底材的润湿性和机械吻合力差。聚脲弹性体的物理力学性能相当好，当它从底材上拉开时，都是整块整片的，要求在施工中有很好的附着力。

国内对喷涂聚脲弹性体研究多年，已开发出防水耐磨、防滑铺地、阻燃装饰、道具保护、耐磨里衬、柔性防撞等多种系列产品材料，使用 Gusmer 的喷涂系统。

(6) 含硅聚合物

① 含硅聚合物的特性

a. 低表面张力。聚硅氧烷的内聚能密度低，分子间作用力小，分子处于高的柔顺态，因而导致其表面张力低。由于硅氧烷的溶解度参数远低于其他化合物及材料，因而硅树脂具有明显的不相容性，显示出优良的防粘性。

b. 热稳定性。硅树脂的耐热性远优于一般的有机树脂，它可在 200~250℃ 下长期使用而不分解或变色，短时间可耐 300℃，若配合耐热颜填料，则硅树脂涂料能耐更高温度。有机硅分子是易绕曲的螺旋状结构，当温度升高时，一方面增加了平均分子间的距离，另一方面螺旋扩展降低了分子间的距离，螺旋的伸展与收缩可以缓解温度的影响，从而具有优异的耐温变性。

c. 耐候性。硅树脂耐候性好的原因有两个：一是硅树脂中

Si—O 键很稳定，难以产生由紫外线引起的自由基反应，也不易发生氧化反应；二是硅树脂对太阳光不敏感。甲基硅氧烷对紫外线几乎不吸收，故太阳光对硅树脂的影响较小，这是硅树脂涂料耐候性优良的主要原因。

d. 耐水性。在硅树脂的分子结构中，其有机基团如甲基等向外排列，且不含极性基团，因而硅树脂吸水率低，具有优良的憎水性。一般说，它对冷水的抵抗力强，对沸水的抵抗力较弱；对水蒸气特别是高压蒸汽的抵抗力很差。

e. 电绝缘性。在宽广的温度和频率范围内均能保持良好的电绝缘性能，又由于耐热性高，硅树脂在高温下电气特性降低很少，高频特性随频率变化也极小。

f. 透气性。含硅聚合物的分子间作用弱，自有空间大，故透气性高。如含硅聚合物的氧气透过率相当大，聚二甲基硅氧烷（含10％填料）氧气渗透系数是聚乙烯的 210 倍。

② 生物性能　从生理学的观点，聚硅氧烷化合物是最无活性的化合物之一，与动物机体无排异反应。它的经口毒性、皮肤、眼睛刺激和吸收实验、吸入实验、胃吸收和代谢功能影响、遗传基因试验及环境影响均未发现异常。硅氧烷结构中有机官能团的结构和特性对其生物活性和毒性有一定影响。

③ 有机硅树脂　涂料用有机硅树脂一般以甲基三氯硅烷（$C_6H_5SiCl_3$）、二苯基二氯硅烷［$(C_6H_5)_2SiCl_2$］及甲基苯基二氯硅烷［$CH_3C_6H_5SiCl_2$］等为原料进行水解缩聚而制得。单体结构、官能团数目及比例对涂层性能的影响很大。硅原子上连接的有机基团种类对树脂的性能也有影响，不同的有机基团可使有机硅树脂表现出不同的性能。例如，当有机基团为甲基时，可赋予有机硅树脂热稳定性、脱模性、憎水性、耐电弧性；为苯基时，赋予有机硅树脂氧化稳定性，在一定范围内可破坏高聚物的结晶性；为乙烯基时，可改善有机硅树脂的固化特性，并带来偶联性；为苯基乙基时，可改善有机硅树脂与有机物的共混性。引入亚苯基、二苯醚亚基、联苯亚基等芳亚基及硅碳硼高聚物时，耐辐射性强，耐高温可达300～500℃；主链结构为 Si—N 键的有机硅高聚物，其热稳定性在400℃以上。在实际应用中，可根据需要选用不同的有机硅单体，

在有机硅树脂中引入不同的有机基团。

有机硅树脂制成的涂料一般在 200℃的高温下才能固化，固化后，具有良好的耐水性、耐候性、保色性，耐化学品、耐矿物油和动植物油。经常用作耐高温涂料，加入铝粉可耐 600℃。

在丙烯酸树脂的合成中引入一定量的有机硅官能团，对丙烯酸树脂进行改性，其耐候性能优于脂肪族聚氨酯涂料。有机硅改性丙烯酸树脂涂料具有优良的耐候性。保光保色性好，不易粉化，光泽好。

用有机硅对环氧树脂进行改性，既可降低环氧树脂的内应力，又能增加环氧树脂韧性，提高其耐热性。

④ 聚硅氧烷　聚硅氧烷是由烷氧基硅烷水解缩聚而成的，烷氧基硅烷与超过 1 个的烷氧基团作用，就形成了聚硅氧烷聚合体。

聚硅氧烷的关键性能是无机的主链上含有替代的硅和氧原子 Si—O—Si—O—Si—，Si—O 键与那些高温材料具有相同的牢固键合，如石英、玻璃、陶瓷和石英砂。高键能的 Si—O 键相比与典型的 C—C 键更有耐久性和热稳定性。

环氧聚硅氧烷涂料，有突出的物理和化学性能，如耐蚀性、保色保光性、长效性、很好的成膜性能，对溶剂的挥发控制方面也有突出的表现。

(7) 醇酸树脂　醇酸树脂是用油料、多元醇（如甘油和季戊四醇等）、多元酸（如苯二甲酸酐等）制备而成的一种聚酯，但它不同于单纯用多元酸和多元醇制成的聚酯。

根据脂肪酸的不饱和程度，植物油可以分为干性油，碘值大于 140，如桐油、亚麻仁油、梓油、苏籽油等；半干性油，碘值为 125~140，如豆油和葵花籽油等；碘值小于 125 的为不干性油，如棉籽油、蓖麻油、椰子油等。

不饱和程度越高，干燥速率越快。树脂颜色则是，不饱和程度越低，颜色越浅。

醇酸树脂涂料的性能与脂肪酸含量（油度）有很大关系，按油度可以分为以下 3 类：短油度——含油 40% 以下；中油度——含油 40%~60%；长油度——含油 60% 以上。

短油度醇酸树脂主要和氨基树脂一道用于工业烘干面漆，如自行车、金属、家具等。

中油度醇酸主要用于烘烤干燥或者气干性的机械涂料和工业涂料，也可用于汽车、火车等的修补涂料。

长油度醇酸树脂主要通过豆油改性，用于防腐蚀涂料和建筑色漆。

经过改良后的醇酸树脂可增加许多优点，但同时也会带来一些缺陷。

异氰酸酯改性：提高了干燥性和硬度，以及耐水性，可以制成厚膜型涂料。

甲基丙烯酸酯改性：干燥快、硬度高、涂膜弹性好、耐磨性高，保光保色性能增加，提高了耐候性。可用作光泽装饰涂料，具有良好的力学性能和耐洗涤性能。苯乙烯改性：干燥快，耐化学药品性能和耐水性提高，但耐溶剂性及耐候性下降，主要作底漆使用。

有机硅改性：提高了耐候性、耐久性、保色保光性、耐热性等，特别可以用作强烈阳光下的面漆，但是耐溶剂性下降。

（8）酚醛树脂　酚醛树脂是酚和醛在催化剂存在下所缩合得到的产物。合成酚醛树脂所用的酚类主要有：苯酚、甲酚、二甲酚、对叔丁酚、对苯基苯酚及双酚基丙烷等。醛类以甲醛为主，也有个别产品使用糠醛。该类涂料具有良好的耐水性、耐酸性，但机械强度低，对金属附着力差。

酚醛树脂作为交联剂，常与环氧树脂、聚乙烯醇缩丁醛等配制成耐蚀好的烘漆，用于桶罐或管道的内壁衬里。

以油和松香改性酚醛树脂为主体的酚醛防腐蚀涂料，通常称为耐酸漆。

常用的防锈漆有红丹防锈漆、锌黄防锈漆和铁红防锈漆。在船舶涂料中，常用酚醛水线涂料和酚醛甲板涂料。

（9）含氟聚合物　含氟聚合物也称氟树脂或氟碳树脂。含氟聚合物的应用特性及含氟涂料简述如下。

① 耐候性　氟是所有元素中电负性最高的元素，而原子半径是除氢外最小的，而且原子极化率最低；氟原子和碳原子形成的单键的键能与碳原子和其他原子形成的单键的键能相比是最高的，且

键长较短,氟原子和碳原子能够形成非常牢固的共价键,一些主要有机化合物的化学键能见表 2-2。

表 2-2　一些主要的有机化合物的化学键能

化学键	键能/（kJ/mol）	化学键	键能/（kJ/mol）
C—H	410	Si—O	422
C—C	368	C—Si	318
C—F	451～485		

含氟聚合物结构上的特点,使得以其制得的涂料具有优良的耐久性和耐候性,其中,物理性能优良、熔点低、加工性能好、涂层质量好的聚二偏氟乙烯（PVDF）目前在涂料的制备中应用最为广泛。

含氟聚合物涂料有良好的耐候性,风吹、日晒、雨淋均不变质,有着其他户外建筑涂料无法比拟的耐久性,随着现代高层建筑的兴起,对建筑涂料的耐候性、抗污染要求也逐渐提高。含氟聚合物涂料能为建筑提供优良的、长久的保护,至少 20a 时间不必清洗和重涂,减少了人力和财力的浪费。

② 耐化学性药品性　在含氟聚合物分子中,氢原子替换成氟原子,由于氟原子上的负电性比较集中,电负性大（相对电负性为4.0）,相邻氟原子之间相互排斥,使得含氟烷烃中的氟原子不在同一平面内（使分子键中的 C—C—C 键由 112°变为 107°）,而是沿着碳碳键做螺旋分布,碳链周围被一系列性质稳定的氟原子所包围,形成高度立体屏蔽,就像给碳链穿上一件合适的外套,使碳链不易受到外界的侵扰,对 C—C 键起着保护作用。

而氟原子的共价半径非常小,两个氟原子的范德华半径之和是 2.7×10^{-10} m,两个氟原子正好把两个碳原子之间的空隙（两个碳原子之间距离为 2.54×10^{-10} m）填满,这种几乎无空隙的空间屏障使任何原子或基团都不能进入而破坏 C—C 键,因而具有极好的耐化学性。

③ 耐沾污性　在含氟聚合物涂料中,由于电负性极强的氟取代了氢的位置,大大降低了表面能,电子被紧紧地吸附在氟原子核周围,不易极化,屏蔽了原子核;而氟原子的半径小、C—F 键的

极化率小，两者的联合作用致使其分子内部结构致密，显示非凡的耐沾污性、憎水憎油等特殊的表面性能，可以起到很好的防污作用。

④ 电绝缘性 氟原子核对其核外电子及成键电子云的束缚作用较强，C—F 键的可极化性低，在分子中对称分布，整个分子是非极性的，含氟聚合物的介电常数和损耗因子均很小，其聚合物是高度绝缘的，在化学上突出的表现是高温稳定性和化学惰性。

⑤ 憎水憎油性 表面自由能低是含氟聚合物的又一特性，一般有机物的表面自由能为 $11\sim80MJ/m^2$，而含有氟烷基侧链的聚合物具有较低的表面自由能，一般在 $11\sim39MJ/m^2$ 之间，含氟聚合物使得其表面难以浸润，具有憎水憎油的特性。另外，由于含氟聚合物分子间的作用力较低，如聚四氟乙烯（PTFE）的分子间作用力仅为 $3.2kJ/mol$，而大多数聚合物分子间的作用力在 $4\sim40kJ/mol$ 之间，因此含氟聚合物具有优异的憎水憎油的表面性能，对水的接触角在 $90°$ 以上。

⑥ 耐盐雾性 日本旭硝子公司生产的低温干燥型含氟面漆耐盐雾试验可达 3000h 不起泡、不脱落。而我国研制的飞机蒙皮含氟涂料经 2500h 耐盐雾试验，涂膜基本无变化。

⑦ 其他性能 全氟分子由于有一层密集的氟原子包围，低温下分子间也是滑动的，无填料物时是柔软的。在 300℃ 熔化，不抗热，有可塑性；低温时分子呈螺旋状，高温时松开。

分子间吸引力小，易滑动，摩擦系数小，有润滑性，附着在物体表面上，能形成一层润滑的膜，可在航空航天工业及机械工业中作为润滑涂层。

⑧ 含氟涂料及其应用 含氟涂料按照成膜过程来区分主要有 3 种涂料：烧结型氟树脂涂料、橡胶型含氟涂料和共聚体含氟涂料。

含氟聚氨酯涂料在耐候性、耐化学药品性、耐高温性和高装饰性方面具有其他涂料无法比拟的综合优点。可以广泛用于航空航天、船舶防腐蚀和化工建筑等领域，作为铝材、钢材、塑料、水泥和木材表面的防护和装饰涂料。

（10）MR 150 气干型树脂 笔者近年开发生产的 MR 150 气干型树脂，其分子中含有碳碳双键、少量的酯键和羟基，与其他树脂的混容性好。用于制造单包装清漆、色漆、底漆和腻子等气干型涂料。涂膜对铁、铝金属基材有很好的附着力，涂膜坚韧，耐冲击及耐腐蚀性好。采用 MR 150 气干型树脂制造底漆比环氧酯底漆的成本低、干燥快、与面漆配套性好，广泛用于各种底漆、绝缘浸漆、管道外防护涂料、化工设备等防腐涂料，是一种受市场欢迎的基料品种。

（11）转化型树脂可反应官能团特性与用途 热固性涂料体系在成膜过程中，基料中可反应官能团发生交联固化反应，形成交联固化涂膜。主要转化型树脂的可反应官能团、特性与用途见表 2-3。

表 2-3 主要转化型树脂的可反应官能团、特性与用途

树脂名称	可反应官能团	特性	用途
油溶性酚醛树脂	羟甲基（—CH$_2$OH）、丁氧基（—OC$_4$H$_9$）、酚羟基等	酚醛树脂的羟甲基可进行自缩聚反应或与氨基树脂、含羟基树脂进行共缩聚反应；丁氧基可与环氧树脂的仲羟基共缩聚反应，酚羟基可与环氧基起自催化聚合反应等。酚醛树脂涂膜坚硬光亮，有优异的耐水性、耐酸碱性和耐化学药品性等	制造耐化学药品腐蚀和抗海水侵蚀等涂料，丁醇醚化酚醛树脂可用于制造电绝缘涂料、食品罐头涂料、石油钻杆涂料、耐烧蚀隔热涂料等品种
气干型醇酸树脂	碳碳双键、少量羟基（—OH）等	有均衡的光泽、柔韧性、硬度、耐油性、附着力、耐候性和抗水性等	制成涂料可用于汽车、玩具、机械部件、建筑和一般防护等领域
烘干型醇酸树脂	羟基（—OH）、羧基（—COOH）	中、短油度醇酸树脂与交联剂经烘烤交联固化成涂膜，有良好的保光、保色、耐酸碱、耐油、光泽和硬度等特性	用氨基树脂作交联剂制造单包装氨基-醇酸涂料；用异氰酸酯低聚物作固化剂制造双包装聚氨酯-醇酸涂料

续表

树脂名称	可反应官能团	特性	用途
溶剂型环氧酯树脂	碳碳双键、羟基（—OH）	分为气干型和烘干型两种。与其他树脂混溶性好，对颜料填料适应性强。涂膜对金属底材有良好的附着力、耐冲击性和耐腐蚀性；涂料储存稳定性好，施工方便，需进一步改进其耐酸类介质性能	制造各种金属底漆，电绝缘涂料，化工设备防腐涂料，汽车、拖拉机及其他设备打底防护等领域
饱和聚酯树脂	羟基（—OH）、羧基（—COOH）	饱和聚酯树脂的耐候、不泛黄、耐溶剂、耐热等性能很好，涂膜有光泽、耐过烘烤，柔韧性、机械性和耐腐蚀性等良好。涂料有良好的施工性和配套适应性	制造氨基聚酯涂料、食品罐头涂料、粉末涂料、耐油涂料、地板涂料和防腐涂料等产品
热固性丙烯酸树脂	羟基（—OH）、羧基（—COOH）	热固性丙烯酸树脂有良好的耐光、耐候和耐热性，有较好的耐酸碱盐、耐油脂、耐洗涤剂等化学药品性；与其他树脂并用性好。含羟基和羧基丙烯酸树脂可与氨基树脂交联固化，含羟基丙烯酸树脂可与异氰酸酯化合物加成固化	制造丙烯酸-聚氨酯涂料、丙烯酸-氨基涂料、丙烯酸弹性涂料，丙烯酸粉末涂料等。广泛用于轿车、轻工、家电、塑料制品、木制品和造纸等领域
环氧树脂	环氧基（ —CH—CH$_2$ ＼O／ ）羟基（—OH）	环氧树脂包括双酚A型环氧树脂、脂族环氧树脂、缩水甘油胺型环氧树脂、杂环型环氧树脂、柔韧性环氧树脂等类型，还有有机硅、有机钛、尼龙和氟化等改性环氧树脂。涂膜有优异的粘接性、耐化学药品性、防介质渗透性、耐蚀性、防水性、电绝缘性和抗烧蚀性等优点。元素改性的环氧树脂可提升耐热性、耐候性和柔韧性等应用性能。与多种树脂复配改性后，提升环氧树脂体系产品质量	制造防腐蚀涂料、舰船涂料、电绝缘涂料、食品罐头内壁涂料、粉末涂料、石油钻杆内防护涂料和输油管道防腐涂料等。广泛用于钢材、饮水系统、电机设备、油轮、船壳、浸渍电机、电子元器件、饮料瓶内壁防护、地下储藏罐防腐、防渗漏、阻燃防火、耐核辐射、家用电器、电机工业、石油化工和汽车零部件等领域

树脂名称	可反应官能团	特性	用途
呋喃树脂	羟甲基（—CH₂OH）、活性氢（在呋喃环上）、醛基（—CHO）等	以糠醇或糠醛为主原料制造的分子内含呋喃环的树脂。主要品种有糠醛、糠醇、糠酮、糠脲、糠酮环氧和糠醛苯酚等合成树脂。能与多数增塑剂、合成树脂混合。耐水性、耐热性、耐化学药品性、电绝缘性等优异，但存在脆性大及附着力差等不足之处	制造绝缘涂料、防腐涂料、耐酸胶泥、防水及耐水涂料。用于化工设备防腐（在120～130℃下使用）、储罐衬里防腐；由糠醇改性脲醛树脂制得的清漆用于浸渍纸张和石棉等作层压制品，在常温下交联固化
有机硅树脂	硅羟基（—Si—OH）、烷氧基（—OR，R为—CH₃或—C₂H₅）	有机硅树脂分子中同时存在Si—O键和Si—C键。具有无机物的耐热性、难燃性和坚硬性，有机物的可溶性、热塑性和绝缘性等特性。甲基含量高的有机树脂固化速度快，涂膜柔韧性、耐电弧性、耐水性、保光性、耐UV性、耐热冲击性和耐化学药品性等均好；苯基含量最高的有机硅树脂与其他合成树脂相容性好、热塑性大、坚韧性好、热稳定性优，有优良的抗氧化性、储存稳定性和耐溶剂性。有机硅树脂的突出特点是耐温性和耐候性，可作为非成碳材料的黏合剂	有机硅耐热涂料广泛用于钢铁烟囱、高温管道、高温炉、高温设备、军工设施等；有机硅绝缘涂料满足电气工业的高温、高绝缘特殊要求，具有耐潮、耐酸碱、耐辐射、耐臭氧、耐电晕、耐燃和无毒等特性；有机硅耐候涂料在户外长期暴晒，无失光、无粉化变色；另外，有机硅防黏涂料、防水涂料、耐磨增硬涂料、塑料保护涂料、有机硅改性涂料等也取得应用效果

续表

树脂名称	可反应官能团	特性	用途
热固性氟树脂	羟基（—OH）、羧基（—COOH）、羰基（$C=O$）	氟烯烃与乙烯基醚或乙烯基酯共聚树脂（FEVE）提供了含氟树脂在有机溶剂中的溶解性。FEVE 可与封闭异氰酸酯或 HMMM 制成单包装涂料（180℃/20min 固化）；也可与 HDI 缩二脲或三聚体制成双包装涂料。含氟树脂形成的涂膜有超常的耐候性，突出的耐蚀性，优异的耐化学药品性，良好的抗沾污性、耐冲洗性及涂料施工性等。制造 FEVE 时，可与氟烯烃共聚的单体有环己基乙烯基醚、羟丁基乙烯基醚、含羧基烯烃、烷基乙烯基醚或乙烯基酯等	制造航空航天飞行器用涂料、钢结构防腐涂料、高耐候性装饰性涂料、建筑外墙及屋顶涂料、耐酸碱等化学介质涂料、抗沾污涂料、文物保护涂料、舰船涂料、特种专用涂料，军事设施涂料

（12）无溶剂及高固体分树脂可反应官能团特性与用途　由无溶剂及高固体分树脂作基料可制造无溶剂涂料、高固体分涂料和辐照固化涂料。部分无溶剂及高固体分树脂的可反应官能团、特性和用途列于表 2-4。

表 2-4　部分无溶剂及高固体分树脂的可反应官能团、特性与用途

树脂名称	可反应官能团	特性	用途
不饱和聚酯树脂	碳碳双键	具有丰满度、装饰性，良好的耐水、耐磨、耐溶剂、耐化学药品性；与多种引发剂、促进剂进行交联聚合反应，可在室温下固化成膜，采用活性单体可制得无溶剂涂料，应进一步改进固化成膜时收缩性大、又影响附着力的缺欠	从底漆腻子到罩光漆、从木器涂料到汽车涂料都有其应用份额。辐照固化型不饱和聚酯可制成室温固化双包装涂料、绝缘涂料和特种耐温涂料等；改性型不饱和聚酯主要制造防腐蚀涂料

续表

树脂名称	可反应官能团	特性	用途
乙烯基酯树脂	碳碳双键、羟基（—OH）	兼有环氧树脂与不饱和聚酯树脂的结构特点。涂膜具有优良的物理力学性能、电绝缘性、黏结性、耐热性、耐腐蚀性和坚韧性等特性。配制涂料时，有优良的加工性；施工时，有优良的涂装性、配套性和应用性。是一种新型的复配改性树脂品种之一	采用过氧化物引发剂、促进剂、活性稀释剂和乙烯基醚树脂等制造无溶剂涂料；用于耐腐蚀玻璃钢、混凝土槽衬里、电视机零部件、酸碱防蚀、汽车结构件、舰船制造、造纸业、复合材料及电子元器件包封等领域
聚醚树脂	羟基（—OH）、氨基（—NH₂）	聚醚树脂分子主链结构含醚键（—O—）。耐碱、耐水解，柔性好、耐低温等，在涂料中多用作异氰酸酯加成物（低聚物）的羟基母体，制造柔性环氧树脂的骨架结构，端氨基聚醚可作为聚脲涂料的交联固化剂和环氧涂料的柔性固化剂	采用聚醚与异氰酸酯的加成物作固化剂，选择不同结构的羟基树脂组分，可制造溶剂型、高固体分聚氨酯涂料。在工业、民用、建筑和军事等相关领域应用
低黏度环氧树脂（低分子环氧树脂）	环氧基（—CH—CH₂—O—）、羟基（—OH）	高固体分（含无溶剂）环氧涂料用树脂有E-56D、E-54（616）、E-51（618）、CYD-127、CYD-128、0164、6180、6458（双酚F型）、低分子脂肪族、脂环族和杂环族环氧树脂等。形成的涂膜有优异的粘接性、耐蚀性、抗介质渗透能力、电绝缘性、耐水性、耐烧蚀性和耐核辐射性等	制造无溶剂和高固体分环氧涂料。用于饮水舱、舰船、管道防腐、电绝缘、电子元器件包装、耐酸碱介质、建筑物地坪、饰品保护、烧蚀隔热、地下设施防腐和防渗漏等领域

续表

树脂名称	可反应官能团	特性	用途
羟基和羧基丙烯酸低聚物（活性丙烯酸低聚物）	羟基（—OH）、羧基（—COOH）	形成涂膜耐光、耐候、保光、保色，有良好的过烘烤性、抗沾污性、耐水解性、耐氧化剂、耐冲击性、耐磨性和耐擦伤性等。与其他树脂复配改性后，呈现出优异的综合特性，拓展高固体分涂料应用空间	采用异氰酸酯预聚物和封闭物作交联剂制造工业涂料和装饰涂料等。广泛用于汽车、轿车、卷材、家具、家电、电气等涂装保护
低黏度醇酸树脂（醇酸树脂低聚物）	碳碳双键、羟基（—OH）、羧基（—COOH）、封闭羟基等	采用分步法、基团封闭法和胶体树脂制备法等得到含羟基和羧基的高固体分醇酸树脂；采取提高油度、降低分散度（D）、采用IPN新工艺、减少树脂极性、选配良溶剂和制备防流挂树脂等措施，也可得到高固体分醇酸树脂。选择与普通醇酸树脂相同的固化方法，可得到相近于普通醇酸树脂涂膜的应用性能。利用高固体分醇酸树脂与其他树脂改性，可展示出新性能	利用催干剂、固化剂和交联剂、活性稀释剂与高固体分醇酸树脂构成不同类型的固化体系，制造出高固体分涂料。用于钢铁结构物件涂料、工业机械涂料、建筑涂料、汽车修补漆、家具漆、卷材涂料、仪器仪表漆和锤纹漆等
低黏度饱和聚酯树脂（聚酯树脂低聚物）	羟基（—OH）、羧基（—COOH）	形成的涂膜丰满，综合性能好。同时具有较高的硬度，较好的耐热、耐碱、耐磨、耐冲击、附着力、柔韧、耐候及耐酸耐盐等性能。丙烯酸改性的高固体分涂料具有优异的耐候性和装饰保护性	可制造聚酯-聚氨酯涂料、聚酯-氨基涂料、丙烯酸-聚酯涂料等产品。用于汽车、摩托车、家电、家居和轻工等领域

树脂名称	可反应官能团	特性	用途
非水分散丙烯酸树脂	不含或含羟基（—OH）等活性基团	非水分散（non-aqueous dis-persion，NAD）丙烯酸树脂通常是接枝共聚物，如将丙烯酸异辛酯接枝到聚甲基丙烯酸甲酯（PMMA）上或将PMMA接枝到丙烯酸异辛酯上，使共聚物一端溶入溶剂中，而另一端不溶。溶解端分布在胶粒表面、不溶端向凝集中心定向。分散聚合物和溶剂体系确定后，分散体系稳定性的关键是确定适合的稳定剂。非水分散丙烯酸树脂具有低污染、省资源及涂装方便等特点。非水分散树脂有热塑性和热固性两种类型，它们在制造上无特殊差别，热固性（氨基树脂交联）用量较多	非水分散丙烯酸涂料具有与溶剂型丙烯酸涂料相似的性能。由于相对分子质量高，则耐候性和力学性能较好，其涂料黏度低。主要用于汽车工业、自行车和摩托车等，也可以制造卷材涂料、混凝土涂料、纺织品处理涂料等。非水分散涂料可采用喷涂、浸涂、刷漆和辊涂等施工方法进行涂装

3. 水性基料

将水性树脂分为水稀释性树脂（粒径$<0.001\mu m$）、水分散胶体（粒径$0.001\sim0.1\mu m$）和水分散乳液（粒径$>0.1\mu m$），三种水性树脂的基本特性列于表 2-5。用水性树脂作基料制造的涂料称为水性涂料，水性涂料包括水性稀释性涂料和水分散型涂料。

值得提示的是：过去将用胺（氨）中和或一元酸中和的含盐基的聚合物（树脂）误称为水溶性树脂，实际上它们的有机溶剂胺盐溶液经过水稀释后形成相当稳定的聚合物体系的分散液。应将用水稀释溶剂中的含盐基树脂、形成树脂在水中的分散体称为水稀释性树脂（或水稀释树脂）。水稀释树脂还包括那些含亲水基团分散在水中的低聚物。采用水稀释树脂作为基料制造的涂料称为水稀释涂料（如以阴、阳离子树脂为基料制造的电泳涂料等）。

表 2-5　三种水性树脂的基本特性

项目	水稀释性	水分散胶体型	水分散乳液型
外观	透明	半透明	白浊
树脂颗粒直径/μm	<0.001	0.001~0.1	>0.1
有机溶剂含量/%	10~40	0~10	0~5
相对分子质量	$1.5\times10^3\sim5\times10^4$	$5\times10^3\sim1\times10^5$	>1×10^5
黏度	与分子量成正比	不一定与分子量成比例	与分子量几乎无关系
结构黏度	小	中	大
涂装时固定含量	比较低	比较高	高

（1）水稀释性基料　包括水稀释性醇酸树脂（气干型和烘干型）、水稀释性聚酯树脂、阴离子型环氧酯树脂、阴离子型酚醛树脂、阴离子型聚丁二烯树脂、阴离子型丙烯酸树脂、阳离子型环氧酯树脂、丙烯酸环氧自交联阳离子型树脂、水稀释性丙烯酸树脂等。

（2）水分散型基料　包括丙烯酸酯系乳液、聚氨酯水分散体、水乳化型环氧树脂、水乳型有机氟聚合物、水乳型有机硅树脂、硅溶胶、水乳型醇酸树脂等。

（3）部分水性基料特性及应用（表 2-6）

表 2-6　部分水性基料特性及应用

水性基料名称	化学键或官能团	成膜特性及应用
水性丙烯酸酯及双丙酮丙烯酰胺等改性聚氨酯系列	—OH、 —CH＝CH—、 —N(H)—C(O)—OR、 —N(H)—C(O)—N(H)—R、 —C(O)—OH、 —CH—C(O)—CH—等	分子中引入甲基丙烯酸羟乙酯和双丙酮丙烯酰胺等活性官能团，可实现分子内、外双重或多重交联，有快干、耐水、耐沾污、抗化学药品性等，可制造水性木器涂料等品种

续表

水性基料名称	化学键或官能团	成膜特性及应用
水性气干型丙烯酸改性聚氨酯	$-\overset{H}{N}-\overset{O}{C}-OR$、$-OH$、$-\overset{O}{C}-OH$、$-O-\overset{R}{\underset{}{Si}}-R$等	分子中有封端接枝和互穿网络结构，实现水性涂料室温固化，提升耐水、耐候等性能
水稀释环氧丙烯酸阳离子树脂	$-OH$、$-N(R)_2$、$-CH_2-\overset{R'}{\underset{R'}{N^+}}\cdot H\cdot O^-COR$、$-\overset{O}{C}-OH$等	用作阴极电泳涂料基料，提升涂膜附着力和耐蚀性等
水稀释酚醛环氧树脂	$-OH$、$-CH-CH_2$、$-N(R)_2$、$-CH_2-\overset{R'}{\underset{R'}{N^+}}\cdot H\cdot O^-COR$等	涂膜致密性高，防介质渗透能力强，耐蚀性好，用于单（或双）组分防腐蚀涂料
水性UV固化聚酯树脂	$-OH$、$-CH=CH-$、$-CH-\overset{O}{C}-O^-\cdot \overset{H}{N^+}-(R)_3$等	采用适当的光引发剂制造水性UV固化材料
水性UV固化改性环氧树脂	$-OH$、$-O-\overset{O}{C}-$、$-CH=CH-$、$-CH-\overset{O}{C}-O^-\cdot \overset{H}{N^+}-(R)_3$等	采用E-51环氧树脂与顺酐反应后，用胺中和，水稀释，UV固化涂膜硬度2H，附着力1级

续表

水性基料名称	化学键或官能团	成膜特性及应用
零 VOC 和改性丙烯酸系列乳液	$-F$、$-Si-O-$、$-OH$、$-\overset{O}{\overset{\|}{C}}-OH$、$-\overset{O}{\overset{\|}{C}}-NH_2$、乳化剂活性基团等	制造耐候、耐温、耐磨、抗沾污等性能的自交联或聚合物粒子凝聚成膜的乳胶涂料
环氧树脂乳液系列	$-\overset{O}{\overset{\diagdown\diagup}{CH-CH_2}}$、$-OH$、$-O-$、乳化剂活性基团等	与水性胺类交联固化，涂膜附着力优、耐蚀性好，制造双组分水性防腐及地坪涂料等
环氧丙烯酸酯改性聚氨酯乳液	$-OH$、$-\overset{O}{\overset{\|}{C}}-OH$、$-NH-\overset{O}{\overset{\|}{C}}-OR$、$-CH=CH_2$等	分子中有部分网状结构，其稳定性优异，克服了水性聚氨酯涂膜硬度低、耐化学药品及耐水性差的缺陷，用于制造水性 UV 固化材料
纳米复合丙烯酸酯乳液	$-Si-O-$、$-Si-OH$、$-\overset{O}{\overset{\|}{C}}-OH$、$-O-\overset{O}{\overset{\|}{C}}-CH_2-$、$-\overset{O}{\overset{\|}{C}}-OR$等	由不饱和硅酸酯与丙烯酸酯单体合成乳液，用纳米 SiO_2 与乳液制造纳米复合丙烯酸酯乳液，提高涂膜的耐溶剂性和耐热性等
硅树脂乳液	$-Si-O-Si-$、$-Si-OH$、$-\overset{O}{\overset{\|}{C}}-OH$等	乳液中含有 42% 活性物质，在纯丙及苯丙乳液中加入硅树脂乳液后，明显改善涂膜的透气性、抗沾污性、耐水和耐碱性

续表

水性基料名称	化学键或官能团	成膜特性及应用
有机硅-丙烯酸酯弹性乳液	$-Si-O-$、 $-Si-OH$、 $-\overset{\displaystyle O}{\overset{\|}{C}}-OH$、 $-O-\overset{\displaystyle O}{\overset{\|}{C}}-CH_2-$、 $-\overset{\displaystyle O}{\overset{\|}{C}}-OH$等	用乙烯基环四硅氧烷与丙烯酸酯单体制造弹性乳液，涂膜有良好的抗沾污性和耐水性，作为制作内外墙涂料的基料

三、交联固化剂品种及应用

1. 水性交联固化剂品种、反应特性及应用

热固性涂料通常需要基料与交联剂、固化剂、固化促进剂、催干剂和引发剂等构成固化体系，在适宜条件下交联固化成涂膜。作为成膜物的交联固化剂主要品种有氨基树脂、酚醛树脂、脲醛树脂、异氰酸酯加成物（或封闭物）、含羧基树脂、酸酐及其衍生物、含活泼氢化合物及其复配改性物、偶联剂等。常用的交联固化剂品种、反应特性与应用见表 2-7。

表 2-7 常用的交联固化剂品种、反应特性与应用

交联、固化剂名称	交联固化反应特性	应用
氨基树脂	氨基树脂分子中含有羟甲基、烷氧基和亚氨基可反应基团。与涂料体系中羟基、羟甲基、烷氧基、羧基和环氧基等活性官能团发生共缩聚、醚化、酯化、醚交换、水解和加成等交联固化反应，形成交联网络涂膜。值得注意的是，应防止氨基树脂分子中发生自缩聚反应	可用于制造以氨基树脂作交联剂的烘干型涂料，如卷材涂料、氨基-醇酸涂料、氨基-聚酯涂料、氨基-丙烯酸涂料、氨基-醇酸-环氧涂料等。广泛用于家具、汽车、自行车、塑料、食品罐头及容器防护、纸张和装饰等领域

续表

交联、固化剂名称	交联固化反应特性	应用
酚醛树脂	酚醛树脂分子中的羟甲基和烷氧基与涂料中基料的羟基、羟甲基、羧基和环氧基等发生共缩聚、醚化、酯化、加成等交联固化反应；酚醛树脂分子中的酚羟基会在环氧涂料体系中起催化固化反应；与胺类固化的复配型固化剂可延长涂料适用期、改进涂料应用性能	制造单包装液态防腐蚀涂料、防腐蚀粉末涂料，制造特种防蚀涂料、食品储藏耐蚀涂料、石油钻杆涂料、输油（气）管道内防腐涂料、耐酸碱涂料、火箭发动机耐烧蚀隔热涂层等
含羧基聚合物	含羧基聚合物包括羧基聚酯树脂、羧基丙烯酸树脂和酸酐类化合物等，作为固化剂可称为含质子给予体化合物。它们与基料的羟基和环氧基等发生加成、酯化缩聚反应	作为粉末涂料和卷尺涂料的固化剂。广泛用于电绝缘、装饰、电子、电机、电器、仪表防护；变压器、互感器、电视机电源变压器等浇注；制造原油输送管、兵器及宇航部件等
含活泼氢化合物[①]	含活泼氢化合物主要用作环氧树脂的固化剂，如胺类、硫醇类和酚类等，它们与环氧基进行加成等固化反应，形成网络结构涂膜，是环氧涂料的主要固化剂品种	作为环氧涂料的固化剂，可制造防腐蚀涂料、舰船涂料、饮水及食品防护涂料、阻燃防火涂料、电绝缘及电子元器件涂料等产品
异氰酸酯加成物	异氰酸酯加成物含有异氰酸酯基（—NCO）和氨酯键。—NCO与含羟基化合物产生聚氨酯键涂膜的反应，—NCO与含氨基化合物产生聚脲键涂膜的反应，构成异氰酸酯化合物的特征反应。异氰酸酯封闭物解封产生—NCO，再与活泼氢树脂反应，为制造单包装聚氨酯涂料创造了条件。另外，脲、氨基甲酸酯、含羧基树脂、酰胺等与—NCO反应；环氧树脂的环氧基与—NCO反应生成噁唑烷；氨酯键与—NCO反应热裂解、水解及转化成脲键等反应，呈现出氨酯键的特性	以异氰酸酯加成物或封闭物作固化剂可制造聚氨酯系列涂料产品，如溶剂型聚氨酯涂料、聚氨酯粉末涂料、无溶剂聚氨酯涂料、高固体分聚氨酯涂料及复配改性聚氨酯涂料等。利用—NCO与活性官能团反应特性设计出不同用途的产品，可用于地板、电器、防石击、卷材、防腐、汽车、飞机、舰船、塑料、金属、建筑、装饰、石油化工、海洋工程及军事设施等领域

续表

交联、固化剂 名称	交联固化反应特性	应用
硅偶联剂、 $(R_n SiX_{4-n})$ 和钛偶联剂 $[R_n Ti(OX)_{4-n}]$	硅偶联剂结构中的 R 为可反应基团，含有氨基、环氧基、巯基、乙烯基、甲基丙烯酰氧基、磷酸酯基和羟基等；两种偶联剂分子中的 X 或 OX 是可水解基团；钛偶联剂中的 R 为不能水解的可反应官能团、长链脂肪酸酯基或磷酸酯基等。两种偶联剂的基本特征是：它们的一端与基料发生化学反应，而另一端通过水解产生羟基与无机表面发生化学或物理反应，实现交联固化和牢固黏附之目的。它们是有效的颜填料表面处理剂，同时参与交联固化反应。钛酸酯偶联剂 24 和 TC-4 也可用于水性涂料。KH 550 硅偶联剂与乙酰基丙酮铝[2]配合使用作为有机硅树脂的交联固化剂	以环氧树脂、酚醛树脂、聚酯树脂、丙烯酸树脂、羟基树脂、有机硅树脂、氟碳树脂、乙烯基酯树脂和水性基料等制造的涂料都可以选择偶联剂作交联固化型助剂。偶联剂用于涂料可赋予涂膜新特性，是涂料配方设计不可忽视的素材之一

① 包括胺-醛-酚类缩合物（如 T-31 等）和胺-醛-腰果酚醛缩合物（如卡德莱公司的 NX-2007、2040 固化剂及常州杰美新高分子科技公司生产的不同活泼氢当量的此类固化剂）等各类改性胺化合物；常州市马蹄莲树脂有限公司生产的 Lycure A-100 潜伏聚胺固化剂（在 80～100 ℃快速固化）和 M-10 潜伏咪唑固化剂均作为单包装、快干型环氧材料的固化剂。

② 乙酰基丙酮铝的结构如下：

$$\left[\begin{array}{c} CH_3 \\ | \\ C=O \cdots\cdots Al \\ | \quad \ \ | \\ CH \quad O \\ \| \\ C \\ | \\ CH_3 \end{array} \right]_3$$

2. 水性交联固化剂及应用

（1）水性聚氨酯用固化剂

① 非封闭型水性多异氰酸酯　采用对水不敏感的己二异氰酸

酯（HDI）、四甲基苯亚甲基二异氰酸酯（

TMXDI）制造非封闭的水乳型固化剂。这种固化剂先制成无溶剂或少溶剂形式，然后再与水性羟基组分机械混合形成乳化体系。

②封闭型水性多异氰酸酯　在制备异氰酸酯预聚物时，植入亲水链段，然后封闭—NCO，进行乳化，得到水乳型固化剂。

水性封闭异氰酸酯固化剂解封产生的—NCO与涂料体系的—OH进行加成反应，可作为单包装水性聚氨酯涂料固化剂，其品种有WT1000和WT1200等。

（2）水性环氧树脂用固化剂（表2-8）

表2-8　部分水性环氧固化剂特性及应用

固化剂名称	特性及应用
水性含磷环氧固化剂	环氧树脂-二乙烯二胺加成物与氯磷二苯酯、E-10封端成盐，得到水性含磷自乳型环氧固化剂，制备的涂膜有优良的综合性能，在600℃时焦炭残余量达到18.04%
水乳型固化剂（AB-HGF及AB-HGA）	具有优异的储存稳定及固化成膜效果，用于制造水乳型环氧涂料，取得用户认可
水性多胺类固化剂	用于制造双包装水稀释环氧涂料和水乳型环氧系列涂料
水性聚醚改性环氧固化剂	在环氧-胺加成物分子内引入聚醚-环氧树脂合成的改性聚醚链段，得到水性固化剂，提升涂膜的柔韧性、附着力和光泽等物理性能
自乳化型环氧固化剂	有良好的乳化液体环氧树脂的功能，可制造双包装室温固化环氧涂料，形成的涂膜有良好的柔韧性和耐冲击性

（3）水性缩聚成膜涂料用交联剂　由含有羧基（—COOH）或羟基（—OH）基料制造水性涂料时，可选用氨基树脂（如氨基-757等）、酚醛树脂、脲醛树脂、苯代三聚氰胺甲醛树脂等水性交联剂。

四、活性稀释剂品种与用途

涂料中加入活性稀释剂的主要功效是降低涂料黏度、提升固体含量、便于涂料制造与涂装；活性稀释剂与基料、交联（固化）剂等组成参与交联固化成膜反应，是涂料辅助成膜物。在设计无溶剂、高固体分和辐射固化涂料配方时，经常采用活性稀释剂。

1. 自动氧化聚合成膜涂料用活性稀释剂

（1）烯丙基醚化合物　由脂肪醇和烯丙醇醚化制得，如用多元醇可制得多元醇多烯丙基醚。烯丙基醚化合物的通式：CH_2＝CH CH$_2$ OR，分子中 α 碳原子上电子云密度最大。

共轭效应使烯丙基醚化合物分子内的电子云均一化并向 α 碳原子上偏移，导致 α 碳原子上电子云密度最大（即负电位绝对值最大）、最活泼，易受空气中带正电荷的氧原子攻击，形成过氧化氢基，进一步分解成自由基，引发氧化聚合反应，构成自动氧化聚合反应基础。

（2）双环戊二烯衍生物　双环戊二烯（DCPD）是石油裂解制乙烯和丙烯时的重要副产物，具有许多宝贵性质，许多国家都在积极开发它的用途。DCPD 衍生物包括羟基二氢双环戊二烯和由甲基丙烯酸制得的双环戊二烯甲基丙烯酸酯。它们都具有自动氧化特性，可作醇酸树脂的活性稀释剂，但易挥发，具有刺激性气味。

采用双环戊二烯的羟基乙氧基单体与甲基丙烯酸可制成甲基丙烯酸双环戊二烯乙氧基酯（DPOMA），DPOMA 具备活性稀释条件，爱尔夫化学公司有正式产品出售，是一类有开发应用前景的活性稀释剂，已取得良好的应用效果。DPOMA 的典型物理性能列于表 2-9。

表 2-9　DPOMA 的典型物理性能

物　性	指标	物　性	指标
外观	透明液体	闪点/℃	＞93
颜色（APHA）[①]	100～300	固化膜硬度（KHN）	15
黏度/Pa·s	0.015～0.019	固体收缩/%	8.7
折射率（22℃）	1.496	玻璃化温度（均聚物）/℃	40～50
密度（25℃）/（g/cm³）	1.064	抑制剂（氢醌）/×10⁻⁶	50
沸点（101.3kPa）/℃	350	毒性	无毒
溶解度参数/（J/cm³）$^{1/2}$	36		

① APHA：美国公共卫生协会的色度标准。

2. 自由基引发聚合成膜涂料用活性稀释剂

乙烯基苯类活性稀释剂主要用于不饱和树脂和乙烯基酯室温固化体系的稀释剂。其品种如下：苯乙烯、二乙烯基苯、乙烯甲基苯、氯苯乙烯、α-甲基苯乙烯、叔丁基苯乙烯等。

3. UV 固化涂料用活性稀释剂

（1）丙烯酸酯类活性稀释剂　除上述的 DPOMA 外，还有双环戊二烯丙烯酸酯、丙烯酸-β-羟丙酯、新戊二醇二丙烯酸酯和三羟甲基丙烷三丙烯酸酯等。丙烯酸酯类活性稀释剂在 UV 固化涂料中具有十分重要的作用，它不仅调节涂料黏度、改善施工性，而且参与固化反应，直接影响涂膜性能。

提示：在实际应用中采用复合活性稀释剂体系。4 种活性稀释剂及其复合活性稀释剂体系对 UV 固化涂料性能影响见表 2-10 和表 2-11。

表 2-10　4 种活性稀释剂对涂料性能的影响

稀释剂品种	固化时间/min	附着力/级	柔韧性/mm	冲击强度/J
A　三羟甲基丙烷三丙烯酸酯	4	3		2
B　季戊四醇四丙烯酸酯	3	5		3.9
C　丙烯酸羟乙酯	8	3	2	2.9
D　甲基丙烯酸甲酯	7	4	2	

表 2-11　4 种复合活性稀释剂对涂料性能的影响

稀释剂品种	固化时间/min	附着力/级	柔韧性/mm	冲击强度/J
A+C	1	1	1	4.9
B+D	2	1	2	3.9
A+D	3	2	1	4.9
A+D	2	3	3	2.9

注：A—三羟甲基丙烷三丙烯酸酯；B—季戊四醇四丙烯酸酯；C—丙烯酸羟乙酯；D—甲基丙烯酸甲酯。

在复合稀释剂中，单官能丙烯酸酯因为黏度低，可提高体系对光引发剂的溶解能力，充分发挥引发剂的效果，缓解多官能丙烯酸酯因黏度大而带来的光引发剂不易溶解的问题，提高了体系的固化速度，而且单官能丙烯酸酯收缩力很小，均衡了多官能丙烯收缩力过大的因素，使最终的涂层附着力，柔韧性均达到了较理想的效果。

因此，合理配比的复合稀释剂不但能提高固化速度，还可以改善涂层的最终性能。

（2）乙烯基醚类活性稀释剂　三乙二醇二乙烯基醚（DVE-3）、1,4-环己基二甲醇二乙烯基醚（CHVE）、4-羟丁基乙烯基醚（HBVE）、十二烷基乙烯基醚（DDVE）和碳酸丙烯酯烯丙基醚（PEPC）等。

（3）TAIC 和有机硅改性活性稀释剂

① TAIC 多功能活性稀释剂　TAIC 的名称为 1,3,5-三烯丙基均三嗪-2,4,6-三酮，又名三烯丙基异氰脲酸酯（triallyisocyanurate，TAIC）或三烯丙基三聚异氰酸酯，是一种含杂环的多官能烯烃单体。

TAIC 是环状分子结构，刚性较强，其三官能度可增加涂膜的交联密度，TAIC 在 UV 固化涂料中能提高固化膜的硬度，使固化膜的热稳定性得到显著提高。虽然固化速率及固化膜对马口铁的附着力有所下降，但仍是一种可供选择的多功能活性稀释剂。

② 有机硅改性活性稀释剂　有机硅改性活性稀释剂可改善 UV 固化涂料的流平、消泡等施工性；提升涂膜的耐候和耐水性。有机硅改性活性稀释剂省去了三乙醇胺，避免了商品涂膜经过日晒后泛黑的问题。

试验证明：随着有机硅改性活性稀释剂在 UV 固化涂料中用量的增加，涂料的流平性随之改善、消泡效果随之提升、涂膜表面张力随之降低。当涂膜含有有机硅 2.13% 时，其表面张力比未加有机硅涂膜低 2mN/m。在设计 UV 固化涂料配方时，采用 Si—C 键连接方式的有机硅改性活性稀释剂提供了产品创新值得探寻的途径。

4. 环氧涂料用活性稀释剂

环氧化物活性稀释剂是一种较低分子量、低黏度、能参与交联固化成膜的含环氧基化合物。一元醇水甘油醚和一元酸缩水甘油酯等是单官能度活性稀释剂；二元醇水甘油醚和二元酸缩水甘油酯等是双官能度活性稀释剂；三元醇水甘油醚是三官能度活性稀释剂。它们主要用于高固体分（或无溶剂）环氧涂料和阳离子光固化体系等。

无溶剂环氧涂料中，单官能活性稀释剂用量不超过环氧树脂的15％，多官能活性稀释剂用量可达到 20％～25％。但用量太多，会降低固化物的性能。例如，不加活性稀释剂的双酚 A 型环氧涂层和含 501（环氧丙烷丁基醚）活性稀释剂的双酚 A 型环氧涂层在10％硫酸水溶液中浸泡 30d 后，涂层增重分别是 2.11％和 4.18％；在甲醇中浸泡 30d 后，涂层增重分别是 2.67％和 13.5％。

活性稀释剂一般有毒，在使用过程中必须注意，长期接触往往会引起皮肤过敏，严重的甚至会发生溃烂。

单环氧化物的稀释效果比较好，脂肪族型比芳香族型有更好的稀释效果。使用芳香族型活性稀释剂的固化产物耐酸碱性变化不大，但耐溶性却有所下降。

5. 聚氨酯涂料用活性稀释剂

低分子量二元醇或多元醇、受阻胺、醛亚胺、酮亚胺、噁唑烷等都可以作聚氨酯高固体分涂料的活性稀释剂，以醛亚胺和噁唑烷效果较优。

牌号为 Zoldine RD-20 和 Zoldine RD-4 的化合物符合聚氨酯涂料活性稀释剂的要求。

第二节 成膜物固化及固化体系

一、固化促进剂品种和应用

在化学成膜涂料体系中，采用的自由基引发剂、光引发剂、催干剂、亲核试剂、亲电试剂、金属盐类、催化剂、促进剂等引发或促成连锁聚合反应成膜和逐步聚合反应成膜的助剂，统称为固化促进剂。

1. 连锁聚合固化反应用固化促进剂

（1）催干剂

① 催干剂的组成　催干剂组成通式为 $(RCOO)_x M$，中性皂

时，x 等于金属 M 的化学价。催干剂分子中的脂肪酸阴离子部分作用是把金属离子送进涂料体系中，金属离子对自动氧化聚合反应起催化效能。催化体系一般由两种以上催干剂品种构成，获得所要求的干燥性能。

② 催干剂的功能与作用机理　催干剂的功能与作用机理见表2-12。

表 2-12　催干剂的功能与作用机理

功能	作用机理
缩短诱导期	在干性油中含有少量生育酚、棉酚等天然抗氧物，能阻碍干性油与氧结合。而催干剂能与天然抗氧物发生反应形成络合物，破坏了它的阻氧作用，缩短了干性油达到开始吸氧所需的时间
使吸氧速度加快，减小活化能	钴盐、铅盐能使吸氧速度加快。据 Girand 等介绍：钴催干剂能与不饱和聚酯生成各种过渡态络合物，使吸氧速度加快，使吸氧所需活化能降到原来的 1/10
促进过氧化物的形成和分解，降低聚合时的氧需求量	催干剂存在时，干性油脂肪酸的吸氧速度、过氧化物的生成、分解及自由基的聚合速度都会加快。钴盐能加快过氧化物的生成。锰盐能促进过氧化物的分解。钙、锌、铈盐则促进聚合反应的进行。锆催干剂是配位型聚合催干剂，能与树脂中的极性基团络合，生成更大分子量的配位络合物，它对其他催干剂还有强烈的促催干作用。在气干及烘干型涂料中采用锆催干剂，能全面提高涂膜性能

③ 主催干剂和助催干剂　催干剂主要是某些金属（铅、锰、钴等）的有机酸皂类，它们是氧化聚合反应的催化剂，可促进固化、缩短固化反应时间。起催化固化作用的金属在催干过程中可分为主催干剂和助催干剂。

钴、锰、铅为主催干剂，在固化过程中起着催化功能。钴有利于催化生成过氧化氢基，锰可有效地促进过氧化氢基的分裂，这两种催干剂都具有较大的吸氧能力，促使涂膜表层固化，故常将它们称为氧化型催干剂。从氧化固化能力看，钴的能力比锰强。铅金属可增加吸氧速度，但对过氧化氢基的破裂无效，所以固化较慢，不会产生表层封闭而起皱的弊病。铁金属需在高温下才会发挥类似铅金属的作用。通常将铅和铁两种催干金属称为聚合型催干剂。

助催干剂单独使用时不起催干作用。助催干剂与主催干剂配合使用时，可提高主催干剂的催干效率，使涂膜固化均匀，消除涂膜起皱并确保主催干剂的稳定性。属于助催干剂的有锌和钙的有机酸皂。

（2）自由基引发剂及其引发体系

① 引发剂与促进剂

a. 引发剂。在室温下，引发剂是产生自由基的母体，只有产生足够的自由基才能确保不饱和聚酯、乙烯基酯树脂和活性稀释剂成膜物获得最佳的交联固化效果。一般可室温引发聚合的引发剂有过氧化甲乙酮（MEKP）、过氧化环己酮（CHP）、过氧化苯甲酰（BPO）、异丙苯过氧化氢（CUHP）、过氧化苯甲酸叔丁酯（TBPB）和 2,4-二氯代过氧化二苯甲酰（DCBPO）等。

b. 促进剂。室温引发聚合反应的促进剂，也称催化剂或活化剂。促进剂的功能是在室温下加速过氧化物引发剂的分解，促进引发效率。常用的促进剂有环烷酸钴、萘酸钴、异辛酸钴、N,N-二乙基苯胺（DEA）、N,N-二甲基苯胺（DMA）、N-甲基-N-羟乙基对甲苯胺（MHPT）和钒配合物等。

除此之外，为保证固化度高、材料性能优异，还常采用助促进剂。常用的助促进剂为液体有机酸与磷酸酯增塑剂组成的淡黄色透明液体；也常用二甲基苯胺作为过氧化甲乙酮/环烷酸钴盐引发系统的助促进剂。有时为保证在较低温度下有良好的固化效果，常采用两种促进剂混合使用。

② 自由基引发剂体系　常采用引发剂与促进剂（有时加入助促进剂）组成氧化-还原引发体系，可在室温下分解产生自由基，使成膜物发生自由基聚合反应，形成交联固化网络涂膜。为增加自由基产生效果，使用混合促进剂与引发剂组成氧化-还原引发体系见表 2-13。

表 2-13　混合引发体系参考配方

引发剂	促进剂 I	促进剂 II
过氧化甲乙酮 2%～3%	Co^{2+} 2%～3%	二甲基苯胺液 0.5%～1%
过氧化苯甲酰 1%～4%	二甲基苯胺液 2%～4%	Co^{2+} 0.5%～1%

当选用两种混合引发剂与促进剂组成氧化-还原引发体系时，也会获得预想的引发聚合效应。

（3）光引发剂

① 自由基光引发剂　自由基光引发剂有两种类型：一类是以安息香醚为代表的单分子光解引发剂；另一类是以二苯酮为代表的双分子反应光引发剂。

② 阳离子光引发剂

a. 碘鎓盐与硫鎓盐。代表品种是超强酸的二苯碘盐和三苯硫盐。

b. 芳茂铁盐是一类较新的阳离子光引发剂，在近紫外有较强吸收，在可见光区也有吸收，因此对光固化非常有利。

2. 逐步聚合固化反应用固化促进剂

（1）催化剂

① 环氧基催化聚合反应的催化剂

a. 亲核试剂。在环氧基催化聚合反应中，采用亲核试剂与环氧基进行亲核加成反应生成阴离子，由阴离子引发环氧基聚合固化反应。

能够引发阴离子聚合反应的催化剂有三乙胺、苄基二甲胺、三亚乙基二胺、四甲基胍$\left(\begin{smallmatrix}H_3C\\H_3C\end{smallmatrix}N-C-N\begin{smallmatrix}CH_3\\CH_3\end{smallmatrix}\right)$和 DMP-30 等叔胺类化合物。

b. 亲电试剂。亲电型催化剂可分解产生质子，然后与环氧树脂的环氧基进行亲电加成反应形成阳离子，阳离子引发环氧树脂阳离子聚合固化反应。最常用的亲电型催化剂是三氟化硼配合物。

c. 配位型催化剂。配位催化剂（或配位型固化剂）有金属醇盐、金属羧酸盐、金属螯合物和金属氧化物等。

异丙醇铝和仲丁醇铝是环氧树脂配位催化聚合反应有效的催化剂。

② 羟基与异氰基反应的催化剂

a. 催化剂品种。叔胺类有甲基二乙醇胺、三亚乙基二胺、N，N-二甲基环己胺、N-甲基吗啉等，金属盐类有 T-12、二醋酸二丁基锡、辛酸亚锡、环烷酸锌（铅、钴）等，有机膦类有三丁基膦、三乙基膦等。

b. 多异氰酸酯与催化剂的匹配性。叔胺对芳香族 TDI 有显著的催化作用，但对脂肪族 HDI 的催化作用极弱；金属盐化合物对芳香族或脂肪族异氰酸酯都有强的催化作用，其中环烷酸锌对芳香族异氰酸酯的催化作用弱，对脂肪族异氰酸酯的催化作用最强；因此 HDI 缩二脲型多异氰酸酯常用锌作催干剂，其毒性较 T-12 低，且施工时限也较 T-12 长。

环烷酸铅能强力促进 NCO/OH、NCO/H_2O，同时能生成脲基甲酸酯和引起 NCO 基的三聚作用。三烷基膦、强碱、碱性盐、钴、铁、叔胺等均能促进三聚体形成。

③ 缩聚反应的催化剂　缩聚固化反应较好的催化剂是磺酸类。对甲苯磺酸（p-TSA）是较普遍的催化剂，二壬基萘基二磺酸（DNNDSA）优于 p-TSA。

（2）促进剂　在环氧树脂的环氧基与活泼氢化合物进行加成固化反应时，经常采用固化促进剂，简称促进剂。

① 叔胺类促进剂　环氧树脂与固化剂反应时，选用的叔胺促进剂结构和用量对固化反应速率影响甚大。当促进剂的空间位阻增大时，不利于固化反应的进行，固化促进剂用量增加，会加快固化反应速率。

② F 101 促进剂　当取液态双酚 A 型环氧树脂（0.5eq/100g）：二氰二胺：促进剂 F 101＝100：5：2（质量比）时，可在 130℃/0.5h 充分固化；而不含促进剂 F 101 时，需在 150℃/1.5h 才能充分固化。两种组分的储存期均为 6 个月以上。

3. 水性成膜物固化反应用固化促进剂

（1）有机钛酸酯类　烷醇胺钛酸酯类用于水性醇酸及水性环氧酯体系；三乙醇胺钛酸酯用于水性有机硅和水性聚酯体系。

（2）封闭有机酸类　封闭有机酸类主要用于以氨基树脂为交联剂的水性缩聚固化体系；对甲苯磺酸铵盐用于水性丙烯酸/甲醚化六羟甲基三聚氰胺树脂（HMMM）缩聚固化体系。

（3）F系列促进剂　F101、F401及F402等系列促进剂用于单包装水性环氧涂料体系。

（4）水性光引发剂　水性光固化材料中较广泛应用的光引发剂以芳酮类水性光引发剂（WSP）和Darocur 2959等α-羟烷基苯基酮居多。乳化分散体系或悬浮分散体系仍采用传统的光引发剂。

（5）专用水性固化促进剂开发　目前，在设计水性涂料配方时，采用传统的固化促进剂，取得较好的应用效果。随着水性涂料的开发利用，应着力解决专用水性固化促进剂的品种、应用技术及使用方法等实际市场需求。

4. 固化促进剂使用方法

涂料成膜物的不同固化体系采用不同类型的固化促进剂，固化促进剂的使用方法及加入方式举例如下。

（1）双包装环氧涂料用促进剂　对于环氧-胺类固化体系，将亲电型试剂和金属盐类加入环氧组分中，而将亲核试剂加入胺类固化剂组分中；对于环氧-酸酐固化体系，将亲核型试剂加入酸酐组分中，而将金属盐加入环氧组分中。

（2）双包装聚氨酯涂料用催化剂　通常将金属盐（如T-12）、叔胺和有机膦类加入羟基组分中。

（3）自由基引发体系使用方法　自由基引发聚合涂料体系采用氧化-还原引发体系，当使用MEKP/钴盐引发体系时，使用方法流程如下：

① 将1%～6%活性钴盐液加到成膜物中（此项预先做好）；

② 加入所需要填充料的一半，在容器内混合2min；

③ 在混合填充料的2min内，加入成膜物总量2%～2.5%的MEKP，温度5～15℃时需加2.5%MEKP，当温度超过15℃时用2%MEKP；

④ 将剩余的填充料逐渐加入，充分混合；

⑤ 施工，铺平。

由MEKP/钴盐引发的镘涂层固化体系，在4h左右固化，铺平后最好再固化 16h，镘涂层厚度为 5～10mm。

（4）固化促进剂加入方式　绝大多数液态涂料使用固化促进剂时，都用溶剂或分散介质将固化促进剂稀释后再加到涂料组分中，同时，做储存性及涂装性试验，选取最适宜的加入方式。

二、成膜物的成膜方式

不同形态和组成的涂料有其各自的成膜机理，成膜机理是由涂料所用成膜物性质决定的。根据成膜机理，确定涂料制造、储存和涂装方式。涂料的成膜方式（成膜物固化反应机理）可分为两类：由非转化型成膜物质组成的涂料以物理方式成膜；由转化型成膜物质组成的涂料以化学方式成膜（表 2-14）。现代涂料多数不是以一种单一方式成膜，而是通过两种或两种以上的方式最终形成涂膜。成膜物的成膜方式多样化为研究成膜物的成膜机理和涂料性能的可设计性拓展了深入探讨的空间。涂料配方设计者正努力探寻各种不同成膜方式所需要的不同成膜条件，不断提升成膜效率和涂膜品质。

表 2-14　成膜物的成膜方式与特征

成膜类型	成膜方式	成膜特征	成膜物示例
物理成膜	溶剂或分散介质的挥发成膜	液态涂料在被涂物件上，含的溶剂或分散介质挥发到大气中逐步形成固态涂膜。涂膜干燥速度和干燥程度与溶剂（或分散介质）挥发能力、成膜物化学结构、相对分子质量、T_g、成膜条件及涂膜厚度相关联	硝酸纤维素、过氯乙烯、热塑性丙烯酸树脂、SBS、氯化橡胶、高氯化聚乙烯、聚乙烯、石油树脂和热塑性含氟树脂等
	聚合物粒子凝聚成膜	成膜物的高聚物粒子在一定条件下相互凝聚而成为连续的固态涂膜。在分散介质挥发时，产生高聚物粒子的接近、接触、挤压变形而聚集连接，最后由粒子状态的聚集转变为分子状态的聚集而获得连续涂膜	水分散乳液（如聚丙烯酸酯系乳液、硅丙微乳液等）、水分散胶体（如硅溶胶）和有机溶胶和非水分散体

成膜类型	成膜方式		成膜特征	成膜物示例
化学成膜	连锁聚合反应成膜	自动氧化聚合反应	自动氧化聚合是自由基链（式）聚合反应。含碳碳双键的成膜物通过自由基链式聚合形成交联固化网络结构涂膜。利用钴、锰、铅、锆、锌、铁等金属促进氧的传递，加速成膜	天然树脂、醇酸树脂、环氧酯树脂和双环戊二烯衍生物等活性稀释剂
		自由基引发聚合反应	由过氧化物引发剂与促进剂形成氧化-还原体系。当引发剂分解产生自由基后，作用于不饱和基团形成新自由基引起链式聚合反应，得到交联固化网络涂膜	不饱和聚酯、乙烯基酯树脂和活性稀释剂（如苯乙烯、双季戊四醇五丙烯酸酯和乙烯基醚等）
		能量引发聚合反应（辐射固化反应）	以紫外线和电子束作为能量引发聚合的主要形式，在光引发剂存在下，成膜物的自由基加聚反应非常迅速，几秒钟内就形成交联固化网络涂膜	辐射固化型不饱和聚酯、乙烯基酯树脂和活性稀释剂等
	逐步聚合反应成膜	缩聚反应	含有可发生缩聚反应官能团的成膜物按缩聚反应机理固化成膜。含羧基树脂与氨基树脂等经共缩聚反应，形成含酯键的交联网络涂膜；羟基树脂与氨基树脂等经共缩聚反应，形成含醚键的交联网络涂膜	基料品种：含羧基丙烯酸树脂、含羧基聚酯树脂、含羟基丙烯酸树脂、含羟基聚酯树脂、醇酸树脂、含羟基氟碳树脂和环氧树脂等 交联剂品种：氨基树脂、酚醛树脂、羟烷基酰胺化合物等
		氢转移聚合反应（加成固化反应）	含活泼氢和质子给予体化合物与环氧基（ $-CH-CH_2$ ，带O环）和异氰酸基（—NCO）发生氢转移聚合反应，该反应不产生小分子化合物，故也称加成固化反应。另外，用含高活性 α-H 和质子给予体化合物与—NCO反应，可制造异氰酸酯封闭物固化剂	基料品种：环氧树脂、含羟基树脂、含羧基树脂、含羟基和氨基化合物、含环氧基活性稀释剂等 固化剂品种：含活泼氢化合物、质子给予体化合物、异氰酸酯化合物及其封闭物等

续表

成膜类型	成膜方式		成膜特征	成膜物示例
化学成膜	逐步聚合反应成膜	催化聚合反应	亲核试剂、亲电试剂可引发环氧基阴离子聚合反应和阳离子聚合反应；金属醇盐等可引发环氧基配位催化聚合反应；含羟基叔胺（如甲基二乙醇胺）可催化潮气固化型异氰酸酯预聚物的固化反应	成膜物：环氧树脂及其活性稀释剂、异氰酸酯预聚物 催化剂：叔胺类和无机碱；BF_3-胺络合物和三苯基锍化六氟砷酸盐等；异丙醇铝和甲基二乙醇胺等

成膜物固化反应机理是涂料配方设计的基本依据和基础理论。非转化型成膜物是通过溶剂或分散介质的挥发、聚合物粒子凝聚等方式成膜；转化型成膜物主要通过自动氧化聚合反应、自由基引发聚合反应、能量引发聚合反应、催化聚合反应、氢转移聚合（加成）反应和缩聚反应等方式达到交联固化成膜之目的。水性涂料也通过物理成膜和化学成膜形成所需要的涂膜。

三、物理成膜体系

1. 溶剂或分散介质挥发成膜方式

溶剂或分散介质挥发成膜的特征及成膜物示例见表 2-14。

2. 聚合物粒子凝聚成膜方式

水性成膜的高聚物粒子在一定条件下相互凝聚而成为连续的固态涂膜。在分散介质挥发时，引起高聚物粒子接近、接触、挤压变形而聚集联结，形成连续涂膜，这种聚合物粒子凝聚的物理成膜示例如下。

（1）丙烯酸酯系乳液成膜方式 丙烯酸酯系乳液成膜过程可分为三个部分。

第一，充填过程。乳胶漆施工后，水分挥发，当乳胶微粒占膜层 74%（体积分数）时，微粒相互靠近而达到密集的充填状态。涂料中的乳化剂及其他水溶性助剂留在微粒间隙的水中。

第二，融合过程。水分继续挥发，高聚物微粒表面吸附的保护层破坏，裸露的微粒相互接触，其间隙愈来愈小，至毛细管径大小时，由于毛细管作用，其毛细管压力高于聚合物微粒的抗变形力，微粒变形，最后凝集、融合成连续的涂膜。这一过程是乳液能否成膜的关键，若乳液颗粒的玻璃化温度（T_g）较高（为了使涂膜具有良好的力学性能、耐候性和耐沾污性，T_g值一般不能太低），在较低环境温度下，就很难变形，从而会使融合过程受阻，导致不能成膜，这时往往需要用成膜助剂协助成膜。

第三，扩散过程。残留在水中的助剂逐渐向涂膜扩散，并使高聚物分子长链相互扩散，形成具有良好性能的均匀涂膜。

（2）改性 ADPU 成膜方式 自干型改性聚氨酯水分散体（改性 ADPU）与其他乳液成膜过程存在相似性。即乳液涂装后，连续相水和其他挥发性成分开始蒸发，迫使聚合物粒子紧靠在一起。随着蒸发过程的继续，聚合物粒子的浓度不断增加，聚合物粒子间紧密排列。整个成膜过程中，聚合物分子通过粒子边界的扩散，单独的粒子边界消失，由于链缠结和二次结合的增加，导致涂膜的内聚强度显著增大，最终形成密实、有内聚力的涂膜。

由于 ADPU 分子结构中含有极性的氨基甲酸酯、脲基甲酸酯等基团，在成膜过程中分子内及分子间的相互作用力与普通的丙烯酸酯系乳液有明显区别，会引起 ADPU 成膜过程的分子排列发生改变。

① 丙烯酸酯改性 ADPU 的成膜过程 通过红外光谱和扫描电镜（SEM）图片分析，证明丙烯酸酯改性 ADPU 的成膜包括乳液颗粒因粒子自身质量而导致的挤压成膜过程和分子硬段之间因高作用力而产生的微区结晶过程。

② 丙烯酸酯和有机硅复合改性 ADPU 的成膜特征 红外光谱和 SEM 图片分析表明，复合改性 ADPU 的成膜包括三个方面的共同作用：乳液颗粒因粒子自身质量而导致的挤压成膜，分子硬段之间因较高作用力而产生的微区结晶和硅氧烷的水解缩合过程，同时有机硅改性减弱了分子硬段之间的微区结晶作用。

四、化学成膜固化体系

由基料、交联固化剂、活性稀释剂及固化促进剂构成化学成膜的固化体系；由水性基料、交联固化剂及固化促进剂构成化学成膜的水性固化体系。

1. 自动氧化聚合反应及固化体系

（1）自动氧化聚合反应 醇酸树脂、环氧酯树脂及含碳碳双键的活性稀释剂等基料分子中的烯烃链通过过氧化氢基或 1，4-过氧化环两种不同形式的过氧化物引发聚合。

氧化聚合反应过程是错综复杂的，每个过程相互交错进行，一般情况是在空气中氧的作用下，经过氧化破坏抗氧化剂，对不饱和键进行自由基引发，产生氧化聚合，使醇酸树脂等分子逐步相互牵连结合，分子不断增大，最终生成聚合度不等的交联聚合物。

（2）自动氧化聚合固化体系示例

① 气干型高固体分醇酸涂料固化体系 由中油度豆油醇酸树脂：极长油度亚麻油醇酸树脂：DPOMA：催干剂＝60：20：20：适量（质量比）组成自动氧化聚合成膜的固化体系，该体系呈现良好的实干性，涂膜的耐化学药品性较好。

② 水性醇酸涂料固化体系 由水稀释性醇酸树脂（75％）：复合催干剂（5％）＝33.2：0.35（质量比）组成自动氧化聚合成膜的气干型水性固化体系，制成清漆后，用于木材、铝材及钢管外壁防护。

2. 自由基引发聚合反应及固化体系

（1）自由基引发聚合反应 不饱和聚酯、乙烯基酯树脂及相同官能基的活性稀释剂等作为成膜物，该成膜物在引发剂与促进剂构成的氧化-还原引发体系中发生自由基引发聚合反应。

（2）固化体系的构成 由成膜物、引发剂和促进剂（含助促进剂）构成自由基引发聚合固化体系。该固化体系主要有：成膜物/过氧化酮类/钴盐类、成膜物/过氧化物/钴（或钒）促进剂/助促进剂和成膜物/过氧化物/叔胺类三种体系。

在配方设计时，应注意以下技术要点。

① 含助促进剂的固化体系中，N，N-二甲基苯胺等叔胺类会加速过氧化物在常温下分解，增加自由基的引发聚合反应效果。

② 在采用叔胺作促进剂的固化体系中，采用 N-甲基-N-羟乙基对甲苯胺（MHPT）比 N，N-二甲基苯胺（DMA）有更高的反应活性；采用 N，N-二羟丙基对甲苯胺作促进剂，可增加引发体系的储存稳定性，提升在5℃时自由基引发聚合速度；采用最适合

的阻聚剂有效地控制反应程度并确保储存稳定是至关重要的技术措施。

③ 利用协同增效作用，可采用两种引发剂或两种促进剂混合组成氧化-还原引发聚合固化体系，会取得预想的引发聚合的协同效应。

3. UV 固化反应及固化体系

(1) UV 固化反应　丙烯酸酯化的聚合物、环氧化合物及活性稀释为 UV 固化体系的成膜物。UV 固化光引发剂有安息香醚类和二苯甲酮系列自由基光引发剂、碘鎓盐、硫鎓盐和芳茂盐等阳离子光引发剂。二苯甲酮 $\left(\mathrm{Ar-\overset{\overset{O}{\|}}{C}-Ar}\right)$ 光引发剂在 UV 作用下夺氢产生

自由基：$\mathrm{\overset{Ar}{\underset{Ar}{>}}C-OH}$ 引发环氧酯等自由基聚合固化反应。

(2) UV 固化体系构成（表 2-15）

表 2-15　UV 固化体系构成

UV 固化体系	自由基光固化体系	自由基光引发剂，以安息香醚为代表的单分子光引发剂；以二苯酮为代表的双分子反应光引发剂
		光固化成膜物：丙烯酸酯化的环氧树脂、丙烯酸酯化的氨基甲酸酯、丙烯酸酯化的聚酯和丙烯酸酯化的聚丙烯酸酯
	阳离子光固化体系	阳离子光引发剂：碘鎓盐和硫鎓盐、芳茂铁盐
		光固化成膜物：环氧化合物、多环单体和乙烯基醚低聚物
	双重固化体系	阳离子与自由基混合体系：成膜物有丙烯酸酯系列、乙烯基醚系列和环氧系列
		光固化与其他固化混杂体系：自由基光固化-热固化、厌氧固化、湿固化、缩聚固化……

4. 催化聚合反应及固化体系

(1) 主要成膜物　催化聚合成膜涂料的主要成膜物有环氧树脂及活性稀释剂、热塑性酚醛树脂、酚类、酸酐及其衍生物、异氰酸酯预聚合物等。催化聚合反应的催化剂有亲核试剂（产生阴离子聚合反应）、亲电试剂（产生阳离子聚合反应）和配位催化剂（产生

配位催化聚合反应）。

（2）催化聚合反应特征

① 环氧基催化聚合反应　亲核试剂与环氧树脂的环氧基进行亲核加成后产生阴离子，该阴离子引发环氧基聚合固化反应；在环氧树脂/酸酐/亲核试剂组成的催化聚合固化体系中，亲核试剂既能与酸酐亲核加成产生羧基阴离子，也能与环氧基亲核加成产生烷氧阴离子，这两种阴离子都可引发环氧树脂（或酸酐）聚合固化反应，即亲核试剂起双重催化功能。亲电试剂首先分解产生质子 H^+，接着 H^+ 与环氧基进行亲电加成产生碳阳离子，碳阳离子能引发环氧基聚合固化反应；在环氧树脂/酸酐/亲电试剂组成的催化聚合固化体系中，亲电试剂分解产生的 H^+ 与酸酐产生羰基阳离子、H^+ 与环氧基产生碳阳离子，这两种阳离子都可引发环氧树脂（或酸酐）聚合固化反应，即亲电试剂起双重催化功能。配位型催化剂与环氧基形成配位化合物，然后再与环氧树脂的环氧基进行阴离子催化聚合固化反应；在环氧树脂/酸酐/配位型催化剂组成的催化聚合固化体系中，配位型催化剂-酸酐-环氧树脂三者形成配位离子，这种配位离子交替打开酸酐环和环氧基环，进行催化聚合固化反应；环氧树脂/酸酐/钴（Ⅱ）乙酰丙酮螯合物组成潜伏性催化聚合固化体系，提供了较宽范围的催化聚合固化效果。

热塑性酚醛树脂（或多酚类）与环氧树脂可进行自催化聚合固化反应，用于重防腐粉末涂料，效果明显。

② 异氰酸酯预聚物的催化聚合反应　异氰酸酯预聚物的催化固化反应是催化固化型聚氨酯涂料的反应类型之一。当采用含羟基胺作催化剂时，催化剂分子中的羟基参与异氰酸酯基（—NCO）的加成固化反应，分子中的叔氮原子起催化作用，典型的羟基胺催化剂是甲基二乙醇胺

$$\left(\begin{array}{c} CH_2CH_2OH \\ CH_3-N \\ CH_2CH_2OH \end{array} \right)$$

，分子中的两个羟基与异氰酸酯预聚物的—NCO 基进行交联固化，而叔氮原子催化预聚物的固化反应已在催化固化聚氨酯涂料中获得应用。在双包装聚氨酯涂料中，经常采用叔胺作催化剂（促进剂），会明显增加—NCO 与羟基化合物的固化反应速度。

（3）催化聚合固化体系　在催化聚合成膜涂料配方设计时，可采用的催化聚合固化体系如下。

① 由亲核试剂、亲电试剂和配位型催化剂分别与环氧树脂构成催化聚合固化体系，产生含聚醚链段的交联固化涂膜。

② 在环氧树脂/酸酐固化体系中，分别加入亲核试剂、亲电试剂和配位型催化剂，构成催化聚合固化体系，产生含聚酯链段的交联固化涂膜。

③ 用亲核试剂与金属羧酸盐复配，该复配催化剂与环氧树脂组成复合催化聚合固化体系；在环氧树脂/酸酐固化体系中加入复配催化剂也组成复合催化聚合固化体系，呈现优异的固化效果。

5. 加成固化反应及固化体系

（1）加成固化反应特征　氢转移聚合（加成固化）反应体系的成膜物主要分为两类：一是氢转移体，如羟基树脂、羧基树脂、氨基或羟基化合物、含高活性 α-H 化合物等；二是氢接受体，如环氧树脂及其活性稀释剂的环氧基（$\overset{\displaystyle -CH-CH_2}{\underset{\displaystyle O}{}}$）和异氰酸酯低聚物及其封闭物的异氰酸酯基（—NCO）。氢转移体与氢接受体间发生亲核加成反应，形成交联固化网络涂膜，不释放任何低分子化合物，是加成固化反应的主要特征。

（2）以异氰酸酯为固化剂的加成固化体系

① 含羟基树脂/异氰酸酯固化体系　该固化体系中的含羟基树脂包括羟基丙烯酸树脂或化合物、羟基醇酸树脂、羟基聚酯树脂、羟基氟碳树脂和环氧树脂等，它们的羟基与异氰酸酯的异氰酸酯基进行亲核加成固化反应产生含有氨酯键的交联网络结构涂膜。根据应用要求，选择羟基树脂品种及异氰酸酯低聚物类型，准确计算羟基（—OH）与异氰酸酯基（—NCO）比例，即 n（—OH）/n（—NCO）比例。同时，应有针对性地选择催化剂品种及用量。组成有实际应用价值的涂料固化体系。上述涂料固化体系是常温固化成膜、双包装的聚氨酯涂料基础体系。

另外，水性羟基树脂/易水分散型多异氰酸酯固化体系可设计双包装水性聚氨酯涂料系列品种。

② 氨基化合物/异氰酸酯固化体系　该固化体系的氨基化合物

包括端氨基聚醚、端氨基聚酯和 Jeffamine 系列氨基聚醚等，它们的氨基与异氰酸酯基进行亲核加成固化反应产生含有脲键的交联网络结构涂膜。由于该反应速度非常快，在涂装设备及涂装工艺上都不同于传统的聚氨酯涂料；也可采用羟基树脂与氨基化合物作混合基料，调节固化反应速度，形成含聚脲与氨酯键混杂结构的涂膜。值得提示的是：羟基（—OH）/氨基（—NH$_2$）比例及活泼氢/（—NCO）比例的确定是设计该固化体系的技术关键。

③ 单包装聚氨酯涂料固化体系　该种固化体系包括非水性的含活泼氢树脂（或化合物）/异氰酸酯封闭物固化体系和水性羟基树脂/封闭型水乳化异氰酸酯固化体系。其主要特征是异氰酸酯封闭物解封释放出异氰酸酯基（—NCO），接着含活泼氢化合物与—NCO进行亲核加成反应。在催化剂存在下，会降低异氰酸酯封闭物的解封温度、提升解封及加成固化反应速度。含催化剂的解封固化体系提供了水性或非水性单包装聚氨酯涂料成膜物的基础组分。

（3）环氧基加成固化体系

① 环氧树脂/胺（或硫醇）类固化体系　当选用胺衍生物或加成物作固化剂时，可加入适量的亲核型促进剂或亲电型促进剂提升加成固化反应速度；当选用硫醇化合物作固化剂时，可加入亲核型促进剂，促进剂的碱性越大，越有利于固化反应的进行。

② 环氧树脂/咪唑（或二氰二胺）固化体系　当选用咪唑作固化剂时，是通过咪唑仲氮原子上的活泼氢与环氧基亲核加成反应和叔氮原子引发环氧基阴离子聚合反应两种历程，形成交联固化网络涂膜；当选用二氰二胺作固化剂时，是通过活泼氢与环氧基亲核加成反应和羟基与氰基聚合反应两种历程，形成交联固化网络涂膜。

③ 环氧树脂/羧基树脂固化体系　该体系中的羧基树脂为羧基聚酯树脂、羧基丙烯酸树脂，是制造粉末涂料和卷尺涂料等的基料。异氰脲酸三缩水甘油酯（TGIC）、PT910、环氧树脂等含环氧基的树脂或化合物为固化剂。含环氧基化合物/羧基树脂固化体系在烘烤条件下，羧基（—COOH）与环氧基进行加成反应，同时伴随着羧基（—COOH）与羟基（—OH）间的酯化缩聚反应，是设计聚酯粉末涂料的基础体系之一。

④ 水性环氧树脂/水性胺固化体系　较常用的该种固化体系有

液体环氧树脂或液体环氧树脂乳液/水稀释性胺固化体系、固体环氧树脂水分散体/水稀释性胺固化体系、固体环氧树脂水分散体/胺类水分散体固化体系和液体环氧树脂乳液与固体环氧树脂乳液复配物/胺类水分散体固化体系。上述四类固化体系已在水性环氧防腐涂料、水性环氧地坪涂料等系列品种中应用。

⑤ 水性环氧树脂/水性潜伏固化剂体系　这类固化体系的固化剂可采用易水分散的潜伏固化剂（如水性包接化合物及异氰酸酯封闭物等）。水性环氧树脂与水性潜伏固化剂是构成单包装水性环氧涂料的主要成膜物，多数为水乳型固化体系。

值得提示的是：水性异氰酸酯封闭物解封释放出的异氰酸酯基与环氧树脂的羟基进行加成反应；在季铵盐或碘化钾固化促进剂存在下，异氰酸酯基也能与环氧树脂的环氧基进行加成反应。

6. 缩聚固化反应及固化体系

(1) 缩聚固化反应概述

① 酯化缩聚固化反应　含羧基树脂（如丙烯酸树脂、聚酯树脂、醇酸树脂等）与交联剂（如氨基树脂、酚醛树脂、脲醛树脂、含 N-烷氧甲基的丙烯酰胺树脂和含烷氧甲基的马来酰胺等）发生酯化缩聚固化反应，形成含酯键的交联固化网络涂膜。

② 醚化缩聚固化反应　含羟基树脂［如聚酯树脂、丙烯酸树脂、中（短）油度醇酸树脂、有机硅改性树脂、环氧树脂、有机氟（氟碳）树脂等］与交联剂（如氨基树脂、酚醛树脂、脲醛树脂和 N-羟烷基酰胺等）在催化剂（如酸性催化剂和复合催化剂等）存在下，发生醚化缩聚固化反应，形成含醚键的交联固化网络涂膜。

③ 混杂缩聚固化反应　含羟基和羧基树脂与交联剂进行共缩聚固化反应形成含醚键-酯键混杂结构的交联固化网络涂膜。

④ 交联剂的缩聚反应　交联剂分子间进行自缩聚反应形成与交联剂分子结构相似的固化物。

⑤ 缩聚反应共性　在缩聚反应时，产生醇、甲醛和水等低分子化合物。

(2) 缩聚固化体系

① 羟基树脂/交联剂/催化剂体系　含催化剂的羟基树脂/交联剂固化体系中，羟基树脂包括聚酯树脂、醇酸树脂、丙烯酸树脂、

环氧树脂、有机硅改性树脂和氟碳树脂等品种；交联剂包括氨基树脂、热固性酚醛树脂、脲醛树脂、N-羟烷基酰胺和四甲氧甲基甘脲等含羟烷基和烷氧基官能团的合成树脂或化合物。在固化体系中可采用的催化剂有磷酸、苯酐、对甲苯磺酸（p-TSA）等酸性化合物；有复合催化剂，如将溴化钠或碘化钠与 p-TSA 相匹配；有肟酯等潜伏性催化剂和碱催化剂（用于未醚化的三聚氰胺甲醛树脂、脲醛树脂和酚醛树脂）。

② 羧基树脂/交联剂/酸性催化剂体系　在含酸性催化剂的羧基树脂/交联剂固化体系中，羧基树脂包括丙烯酸树脂、聚酯树脂和酸酐及其衍生物的改性树脂等品种；交联剂包括氨基树脂、热固性酚醛树脂、含 N-烷氧甲基的丙烯酰胺树脂、含烷氧甲基的马来酰胺和羟烷基酰胺等树脂或化合物。

当羧基树脂分子内羧基与氨基树脂分子内的烷氧基或羟甲基进行共缩聚反应时，由于羧基树脂的羧基具有催化作用，可以不外加酸性催化剂。

③ 羟-羧基树脂/交联剂/催化剂体系　该固化体系中，基料树脂分子内同时含有羟基和羧基（或含羟基树脂与含羧基树脂匹配成复合基料），如分子中同时含羟基和羧基的丙烯酸树脂、醇酸树脂和聚酯树脂等合成树脂。固化体系中的交联剂参见醚化缩聚固化体系和酯化缩聚固化系。值得提示的是：分子内同时含羟基和羧基的树脂或羟基树脂与羧基树脂复合基料的分子间也会发生缩聚反应，在计算交联剂用量时应给予考虑。

④ 交联剂/催化剂自缩聚体系　在酸、碱催化剂存在下，交联剂产生自缩聚反应。在碱性介质中的自缩聚反应倾向大于酸性介质；交联剂的醚化度越小，自缩聚倾向越大；在确定的羟基树脂与HMMM配比下，羟基聚酯的聚合度增大，HMMM 的自缩聚程度提升。在设计涂料配方时，应尽量减少或防止交联剂的自缩聚反应。

⑤ 水性缩聚固化体系　由水性基料/水性交联剂/催化剂构成水性缩聚固化体系。

五、成膜物复合固化体系

现代涂料配方设计中，利用不同种类成膜物或不同固化反应方

式相匹配的融合技术，充分展示成膜物复合固化体系优异的应用性
能，为选择成膜物体系提供了技术支撑与质量保障，复合固化体系
的选用是涂料配方设计创新的重要环节。

总之，复合固化成膜涂料的开发应用前景较好，是涂料配方设
计者关注的焦点，利用复合固化体系展示的协同效应和特性叠加效
应，可开发出应用性能优异的涂料产品。

1. 基料复合固化反应举例

以含缩水甘油酯基丙烯酸树脂（A）为主基料，用羧（羟）基
聚酯树脂（PE）的羧基与 A 的环氧基进行加成反应；封闭型异氰
酸酯（BPU）解封后的—NCO 与羟基（—OH）进行加成反应。
双重加成固化反应简式如下：

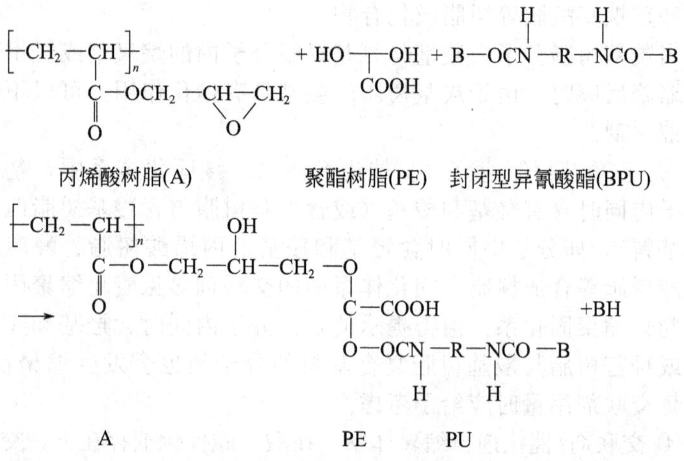

$$(2-1)$$

值得注意的是，除上述双重加成固化反应外，还产生羟基
（—OH）与羧基（—COOH）间的酯化缩聚反应。因此，上述反
应为加成-缩聚复合固化反应。该种复合固化反应得到的粉末涂料
涂膜具有以下优点：

① 涂膜的耐冲击性比纯丙烯酸粉末涂料有明显的改进；

② 涂膜的耐碱性比聚酯、聚氨酯粉末涂料有明显的提高；

③ 涂膜的保光、保色性和聚酯、聚氨酯粉末涂料相近，适于
户外装饰性涂装。

2. 基料复合固化体系

（1）聚酯与丙烯酸复合固化体系　利用丙烯酸预聚物与聚酯预聚物制造丙烯酸-聚酯的嵌段或接枝共聚物，称为聚酯-丙烯酸复合树脂。

聚酯-丙烯酸复合树脂：氨基树脂＝7∶3（质量比）组成缩聚成膜的固化体系，形成的涂膜兼具丙烯酸涂料和聚酯涂料的优点，用于家电、轻工和车辆等装饰与防护。

（2）丙烯酸与醇酸复合固化体系

① 羧基丙烯酸酯改性醇酸树脂（75％）∶2-乙基己酸稀土（6％）∶异辛酸钴（12％）＝92∶3∶0.2（质量比）组成自动氧化聚合成膜的固化体系。涂料的干性、形成涂膜的硬度和耐水性等优于传统醇酸涂料。

② 取醇酸树脂（70％）∶丙烯酸树脂（50％）∶六甲氧甲基三聚氰胺甲醛树脂（HMMM）＝344∶121∶12（质量比），在140℃反应2h，脱出水12g，用乙二醇乙醚醋酸酯溶成60％的共聚物。

由共聚物（60％）∶HMMM＝75∶25（质量比）组成缩聚固化体系，制成汽车面漆，也用于家具、器械及卷材等领域。

（3）环氧与丙烯酸树脂复合固化体系　由环氧树脂∶丙烯酸树脂∶氨基树脂＝13∶60∶27（质量比）组成缩聚-加成固化体系，由复配三元体系清漆所得涂膜具有较好的机械性、耐酸碱性和耐沸水性等。

（4）PPO与氨基树脂复合固化体系　取HDI三聚体溶液（HDI-LV）与对称二元醇（HO—R—OH）反应得到HDI三聚体的三氨基甲酸酯三元醇（简称PPO）：

$$OCN \cdots N \cdots NCO + 3HO-R-OH \rightarrow HO-R-O-C \cdots N \cdots NH-C-O-R-OH$$

(2-2)

由 PPO∶HMMM（Cymel303）∶封闭的十二烷基苯磺酸＝

60：40：0.5（质量比）组成缩聚成膜固化体系、制成耐酸雨汽车涂料，是一种优异的抗酸雨、耐候性、抗 UV 光侵袭能力强的单包装高固体分汽车涂料。含 7 个碳原子以上的二元醇所得到的 PPO 制造涂膜的抗酸雨效果最好。

（5）环氧酯树脂与热塑性树脂复合成膜体系　取环氧酯树脂（50%）：热塑性树脂（软化点 120～130℃）：混合催干剂（3.6%）＝29.8：16.0：2.7（质量比）组成自动氧化聚合-物理成膜体系，制成钢管外壁防护涂料，已广泛应用。

3. 交联固化剂或固化促进剂复合固化体系

以不同固化反应方式复合固化成膜的涂料，在固化成膜过程中，经由两种或两种以上的固化反应历程形成交联固化涂膜。由于不同的固化机理，则产生不同结构的涂膜，这是交联固化剂或固化促进剂复合固化成膜涂料的主要特征。可供选择的复合固化体系如下。

（1）阳离子与自由基混合光固化体系　在鎓盐光解时，既可产生阳离子（超强酸），也可产生自由基，故它是一种混合光固化体系。在配方设计时，采用混合聚合有可能形成互穿网络结构，使涂膜性能得到改善。混合光固化体系常用自由基光引发剂与鎓盐匹配。

双分子自由基光引发剂混合聚合的光固化树脂可由丙烯酸系列、乙烯基醚系列和环氧系列的预聚物和单体组成，其组成根据要求予以设计。利用脂肪族环氧化合物 CY179、己内酯三元醇、三芳基硫鎓盐、二苯酮及丙烯酸环氧酯配制成的自由基-阳离子混杂光固化体系具有快的固化反应速度，形成涂膜的体系收缩率低、耐溶剂性好，应用于立体光刻技术中取得满意效果。

（2）光固化与其他固化混杂体系　目前常用的有自由基光固化/热固化、自由基光固化/厌氧固化、自由基光固化/湿固化和自由基光固化/缩聚固化等混杂固化体系。如将丙烯酸单（双酚 A 型）环氧酯、丙烯酸酯单体、光引发剂 Irgacure-184 和 2-甲基咪唑混合配制成双重固化体系。该体系经 UV 固化后，再在 120℃进行热固化 30min。产物的物理力学性能明显提高。由于环氧固化物体积收缩小及热固化消除自由基固化时产生的内应力，因而涂膜具有良好的附着性能。环氧树脂、丙烯酸酯低聚物、光引发剂和环氧树脂交联固化剂组成的双重固化体系可以应用于电子元器件的封装和厚涂膜的交联固化。

（3）加成-催化聚合固化体系　加成-催化聚合成膜涂料是在固化成膜反应时，同时存在加成固化反应和催化聚合固化反应，将此种固化体系称为复合固化体系。

在高固体分环氧耐酸防腐涂料配方设计时，将加成型固化剂（HB）与催化聚合型固化剂（HA）进行复配，形成 HB-HA 复合固化剂。由环氧树脂/HB-HA 组成复合固化体系。该体系在常温下是稳定的，可制造单包装涂料。当涂料烘烤固化时，HB-HA 复合固化剂解封，产生固化剂 HB 和固化剂 HA，HB 与环氧树脂的环氧基进行加成固化反应；HA 与环氧树脂引发催化聚合固化反应；同时，发生一定量的缩聚反应，减少涂膜内的极性官能团，提升耐蚀性。

加成-催化聚合成膜涂料的主要特征在于：复合固化剂解封后的 HB 和 HA 固化剂与环氧树脂形成特性叠加的交联固化网络涂膜比单独使用一种固化剂呈现更优异的性能；冲破了胺类与环氧树脂固化涂膜的耐酸性差的传统理念，复合固化涂膜有优异的耐酸性；为高固体分环氧涂料单包装提供了便利。

4. 多重复合固化体系

在涂料固化体系中，采用两种或两种以上的不同品种基料与两种或两种以上的不同品种交联固化剂（固化促进剂）进行固化成膜反应，形成多重结构的涂膜，将获得多重结构涂膜的固化体系称为多重复合固化体系。

复合羟基组分-复配固化剂-复配固化促进剂的多重复合固化体系设计如下。

取 PEHS-031 羟基聚酯低聚物（78%，羟基值 270mgKOH/g）：BHS-032 羟基丙烯酸低聚物（63.1%，羟基值 35.9mgKOH/g）=82：55（质量比）组成羟基聚酯-羟基丙烯酸复配羟基组分。

取封闭异氰酸酯化合物：三聚氰胺甲醛树脂=157：40（质量比）组成复配固化剂。

由复配羟基组分/复配固化剂/磺酸/T-12 组成多重复合固化成

膜的固化体系，制成聚氨酯高固体分伪装涂料，通过耐酸、耐化学试剂（如芥子气）、CS_2、硬度、柔韧性、光泽、红外光反射及重涂性等试验，达到 MIL-C-46168D 标准规定要求。

第三节 成膜物固化体系组成技术

一、成膜物及固化促进剂选用规则

1. 成膜物选用规则

（1）含碳碳双键的成膜物 根据树脂及活性稀释剂分子的结构特点，有针对性地选配活性稀释剂品种及用量，创造树脂与活性稀释剂的同步并均一固化成膜条件，确保涂膜的完整性；用单、双和三官能度的复配活性稀释剂，调整涂料固化性、工艺性及使用性；采取有效措施，保障涂料储运稳定性、涂装性及应用效果。

（2）饱和聚酯涂料的成膜物 对于羟基聚酯树脂，应依据树脂结构（如羟基值）选用适宜的交联剂，应保证涂膜内的交联点均一分布，树脂与交联剂相容性好，减少交联剂自缩倾向，采取有利于发生基料与交联剂的共缩聚反应措施，防止交联剂的自缩聚反应，为交联固化涂膜结构的均一完整性和应用性提供保障。促进共缩聚、防止（减少）自缩聚反应措施如下。

① 选择醚化度高的氨基树脂和酚醛树脂等作交联剂。

② 避免涂料体系中含有水，防止 HMMM 产生水解引起自缩聚反应。

③ 减少催化剂用量，提升基料与交联剂间发生共缩聚反应概率。

④ 涂料储存稳定性。在酸性催化剂存在下涂料储存时易发生羟基树脂与交联剂共缩聚或交联剂的自缩聚反应，这时在涂料中加入少量醇、醇醚和胺或醇与胺的混合物可防止缩聚反应、增加稳定性。以羧基树脂为基料时，既可采用交联剂，也可选用环氧化合物。前者进行酯化缩聚反应，后者进行加成固化反应。

（3）聚氨酯系成膜物 在户外暴晒及紫外光照射环境下，应选用羟基丙烯酸树脂或含羟基氟树脂与脂肪族多异氰酸酯为成膜物。

在耐低温场合，应选用羟基聚醚与多异氰酸酯搭配；对于化学腐蚀环境，选用含羟基环氧-聚醚-氯醋共聚物与芳香族多异氰酸酯为成膜物；对于耐油及耐湿环境，选用含芳环的羟基聚酯与芳香族多异氰酸酯为成膜物。确定成膜物体系后，应选用恰当的 —NCO 与 —OH配比，通常—NCO：—OH＝1.05：1 或 1：1（摩尔比）。

（4）环氧涂料成膜物

① 双包装环氧涂料用成膜物　基料与固化剂的匹配性、相容性、固化性应满足涂料制造、储运及涂装要求；保证固化涂膜有足够的交联密度及结构完整性；涂膜防介质渗透能力强、耐蚀性及物理力学性好。

② 单包装环氧涂料用成膜物　采用潜伏性固化剂，保证在常温下固化剂与基料不发生化学反应，涂料的储存稳定性、涂装性及应用性符合涂料配方设计要求。

③ 高固体分及无溶剂涂料用成膜物　恰当的选用活性稀释剂品种及用量，注意使用复配活性稀释剂和增量稀释剂。单官能度活性稀释剂用量不超过环氧树脂质量的 15％，双或三官能度活性稀释剂用量可达到 25％以上。选用低黏度、固化效率高的固化剂。

（5）复合成膜物　物理成膜物与化学成膜物匹配得到复合成膜物，基料与复配交联固化剂匹配得到复合成膜物，复配基料与交联固化剂匹配得到复合成膜物，复配基料与复配交联固化剂匹配得到多重复合成膜物。利用几种固化机理（成膜方式）的相互交融，达到改进性能与创新品种的目的。

2. 选用固化促进剂的规则

① 对成膜物固化反应有明显的催化固化效果。

② 固化促进剂与涂料体系组分有好的相容性。

③ 确保单包装涂料体系或双包装涂料组分有好的储存稳定性及涂装时的适用期。

④ 对涂料体系及固化涂膜性能无负面影响。

⑤ 固化促进剂的化学稳定性好。

⑥ 避免使用过量的固化促进剂；掌握使用技巧及加入方法。

⑦ 利用固化促进剂的协同效应，提升固化效率及质量。

二、固化体系组分配比计量

1. 加成固化体系固化剂用量

(1) 环氧树脂固化剂用量计算

① 多元胺固化剂的用量　在环氧树脂/胺类固化体系中,胺类固化剂的用量计算方法如下。

a. 采用低相对分子质量多元胺作固化剂时,每 100g 环氧树脂用胺的质量按下式计算:

$$w = (E \times M)/(n \times a) \tag{2-3}$$

式中　w——100g 环氧树脂应加入胺的质量,g:

　　　M——胺的相对分子质量;

　　　n——胺的活泼氢原子数;

　　　a——胺的纯度,%;

　　　E——100g 环氧树脂中含环氧基的物质的量,mol。

b. 采用胺加成物类作固化剂时,每 100g 环氧树脂用胺加成物的质量按下式计算:

$$w = E \times HEW \tag{2-4}$$

式中　w——100g 环氧树脂应加入胺加成物的质量,g;

　　　HEW——胺加成物的活泼氢的量,g/mol;

　　　E——100g 环氧中含环氧基的物质的量,mol。

胺类固化剂的胺当量不等于活泼氢当量,有时生产单位给出胺类加成物的胺值 (mgKOH/g),应按下式计算胺加成物类固化剂用量:

$$w = (A \times E \times K)/B \tag{2-5}$$

式中　w——100g 环氧树脂应加入胺加成物的质量,g;

　　　A——胺值换算成胺当量的常数,$A = 56100$mgKOH/eq;

　　　K——胺当量换算成活泼氢的经验系数,$K = 0.5 \sim 0.7$;

　　　B——胺加成物的胺值,mgKOH/g;

　　　E——100g 环氧树脂中含环氧基的物质的量,mol。

如 TY650 聚酰胺的胺值为 200mgKOH/g,计算 100gE51 环氧树脂 (环氧值 0.51eq/100g,即 $E = 0.51$eq) 中应加入 TY650 聚酰胺的质量 (K 取值 0.6) 如下:

$$w = (56100 \times 0.51 \times 0.6)/200 = 85.8g$$

② 有机酸固化剂的用量 酸酐固化剂的添加量比胺类要复杂些。在使用亲核型促进剂时,由于反应历程是环氧基和酸酐的羧酸阴离子交替加成聚合,用量为化学理论计算量(也有乘以经验系数0.9 的);不用促进剂时,反应历程为环氧树脂的羟基打开酸酐环生成羧酸,以及环氧基与反应中生成的羧基进行反应,用量一般为理论计算量的 0.85 倍。采用带氯元素的酸酐(如 HET)时,一般系数为 0.6。计算公式如下:

$$w = (K \times M \times E)/n \qquad (2\text{-}6)$$

式中 w——100g 环氧树脂对应酸酐用量,g;

M——酸酐的相对分子质量;

n——一个分子上的酸酐单元数;

E——100g 环氧树脂中含环氧基的物质的量,mol;

K——经验系数(0.7~1 之间,一般为 0.85)。

上述计算公式是重要的参考依据,这个计算用量不是十分绝对的,但实际用量与计算用量不应该相差过大。

③ 羧基树脂的用量 采用羧基树脂(如羧基聚酯树脂、羧基丙烯酸酯树脂及含羧基化合物)与环氧树脂组成涂料成膜物时,应保证羧基与环氧基等当量反应。如羧基聚酯/环氧粉末涂料中,两组分匹配的理论值用下式计算:

$$G = E \times 56100 /A \qquad (2\text{-}7)$$

式中 A——羧基聚酯树脂的酸值,mgKOH/g;

E——100g 环氧化合物含环氧基的物质的量,mol。

(2)异氰酸酯固化剂用量计算 在羟基树脂及羟基化合物/异氰酸酯固化体系中,羟基(—OH)与异氰基(—NCO)等摩尔比时,异氰酸酯固化剂用量计算式如下:

异氰酸酯固化剂用量 =(羟基树脂用量 × 羟基值 × 42)

$$/[c(NCO) \times 56.1 \times 1000] \qquad (2\text{-}8)$$

式中 羟基值——羟基树脂的羟基值,mgKOH/g;

42——NCO 基团的摩尔质量;

56.1——KOH 的摩尔质量;

$c(NCO)$——异氰酸酯(含封闭异氰酸酯)中 NCO 的质量

分数,%。

提示:采用氨基化合物与异氰酸酯进行加成固化反应时,将式(2-8)中的羟基树脂与羟基值改为氨基化合物及活泼氢值。

2. 缩聚固化体系交联剂用量

(1)醚化缩聚反应交联剂用量计算

$$w = (H \times 56100)/B \qquad (2\text{-}9)$$

式中 w——100g 羟基树脂应加入交联剂的质量,g;

H——100g 羟基树脂含羟基的物质的量,mol;

B——交联剂的烷氧基或羟基值,mgKOH/g。

提示:交联剂实际用量低于计算量,以防止交联剂自缩聚反应等弊病。

(2)酯化缩聚反应交联剂用量计算

$$w = (A \times 56100)/B \qquad (2\text{-}10)$$

式中 w——100g 羧基树脂应加入交联剂的质量,g;

A——100g 羧基树脂含羧基的物质的量,mol;

B——交联剂的烷氧基或羟基值,mgKOH/g。

提示:羧基树脂为酸性,不需再加入酸性催化剂。

3. 连锁聚合反应体系催干剂及引发剂用量

(1)催干剂用量

① 非水性体系催干剂用量(表 2-16)

表 2-16 非水性体系催干剂用量[①]

催干剂名称	催干剂加量(金属在成膜物中含量)/%
钴(Co)催干剂	0.02~0.08
锰(Mn)催干剂	0.02~0.08
铅(Pb)催干剂	0.5~1.0
钙(Ca)催干剂	0.05~0.2
锌(Zn)催干剂	0.1~0.2
锆(Zr)催干剂	0.1~0.3

① 催干剂用量不宜过多,因催干剂分子的阴离子部分有增塑作用,会使涂膜硬度下降;在使用中采用两种或两种以上的催干剂匹配,可取得满意的应用效果。

② 水性体系催干剂 大量水的存在,改变了涂料树脂的化学催干性质。在自由基反应中,水起到了链转移作用,大大减慢了自由基反应的速率。催干剂用于溶剂型涂料中,其所起的作用比在水

性涂料中大。与同类溶剂涂料相比较，水性涂料所需的催干剂用量较多。例如：大多数溶剂用 $0.02\%\sim0.06\%$ Co 即可干燥，而大多数水性溶剂则需 $0.10\%\sim0.15\%$ Co。

水还使醇酸吸氧气过程减慢，也就减慢了自动氧化的过程。氧在水中的溶解度比在有机溶剂中的溶解度要低。而且单态氧（激发态）在水中的活泼期很短，仅 $2\mu s$，而在苯中是 $24\mu s$，在四氯化碳中是 $700\mu s$。氧处在激发态的时间越长，越有可能与醇酸相遇。

锆催干剂在许多稀释醇酸中生成不溶的配位化合物，以至沉淀。而以等量金属的锆与钙催化剂预先混合多半可防止其发生。

水性稀释醇酸中含有中和所用的胺，如氨水、三乙胺、二甲基乙醇胺、氨基甲基丙醇。中和碱在某些情况下会与钴发生络合，这类络合胺完全没有参与典型的钴反应能力和表现，从而降低催干剂的效力。

锰用在某些水稀释涂料中，在储存后会导致粗粒的产生。锰在氨中和的树脂中还会增加泛黄性。

水性涂料用的催干体系为：$0.10\%\sim0.15\%$ Co；0.05% Co＋0.05% Mn；$0.05\%\sim0.10\%$ Co＋0.2% Zr 或 La；0.05% Co＋0.2% Zr＋0.3% Ca。

（2）自由基引发剂用量 根据自由基引发聚合反应的成膜物（树脂及活性稀释剂）结构、反应性、涂料涂装及使用要求。确定引发剂、促进剂及助促进剂的用量。为保证涂料适用期，延长凝胶时间，可加入 10% 叔丁基邻苯二酚溶液 0.1%（占成膜物质量分数）。参考用量见表 2-17。

表 2-17 引发剂及促进剂参考用量

原料名称	质量份
成膜物	100
引发剂（过氧化甲乙酮）	1.0～3.0
促进剂（含钴 6% 的辛酸钴溶液）	0.5～1.1
助促进剂（10% 的二甲基苯胺）	0.5～1.0

（3）光引发剂用量 UV 固化体系的光引发剂用量通常为成膜物质量的 $3\%\sim5\%$，同时加入抑制氧阻聚并提供氢体的助剂。

提示：采用复合固化光引发剂或混杂引发-固化剂体系会取得好的结果。

4. 催化聚合体系催化剂及固化剂用量

(1) 亲核固化体系的催化剂及固化剂

① 单独用亲核试剂引发环氧树脂的环氧基阴离子聚合固化反应，采取占成膜物（环氧树脂及活性稀释剂）质量5%～8%的亲核试剂。

② 环氧-酸酐固化体系用亲核试剂选用占成膜物（环氧树脂及酸酐固化剂）2%～4%的亲核试剂。

(2) 配位催化聚合体系的催化剂及固化剂　在环氧-酸酐-配位催化聚合体系中，取双酚A型环氧树脂∶甲基四氢苯酐∶辛酸锌=1.0∶0.9∶0.001（摩尔比）。

(3) 自催化聚合体系固化剂　取环氧树脂（环氧值0.11～0.14eq/100g）∶线型酚醛树脂=100∶（20～35）（质量比）。

三、固化体系组成选择试验

1. 双包装环氧涂料固化体系组成

以输气管道内壁用涂料为例，选择固化体系组成。确定基料与固化剂配比。

(1) 固化体系的选择　采用E 44和E 20环氧树脂与A 650固化剂（60%的TY 650聚酰胺）、A 300固化剂（60%的300号聚酰胺）、D 325固化剂（60%的DDM与环氧化合物加成物）及H 07系列（H 0750、H 0754及H 0758）固化剂组成不同固化体系（清漆）。考察清漆储存10h后的黏度变化、固化性、涂膜附着力及耐水煮性。H 07系列固化剂组成见表2-18，清漆配方与性能见表2-19。

表2-18　H 07系列固化剂组成质量

原料名称	规格	H 0750/%	H 0754/%	H 0758[②]/%
TY 650聚酰胺	胺值（200±20）mg/g	33.2	34.4	34.2
DDM加成物	80%	33.0	28.5	28.3
环氧化合物	工业	0.4	0.4	0.8
混合溶剂H	①	33.4	34.3	34.3
增效剂	100%	—	2.4	2.4

① 混合溶剂H组成是二甲苯∶丁酮∶无水乙醇=18∶22∶10（质量比）。

② H0758固化剂的胺值为260mgKOH/g。

表 2-19 清漆配方与性能

项目	名称	配方01	配方02	配方03	配方04	配方05	配方06	配方07	配方08
清漆配方质量份	E 44 环氧树脂	100.0	100.0	100.0	100.0	100.0	100.0	—	—
	E 20 环氧树脂	—	—	—	—	—	—	100.0	100.0
	A 650（60%）	108.3	—	—	—	—	—	55.0	—
	A 300（60%）	—	72.5	—	—	—	—	—	—
	D 325（60%）	—	—	54.2	—	—	—	—	—
	H 0750（60%）	—	—	—	100.0	—	—	—	—
	H 0754（60%）	—	—	—	—	100.0	—	—	—
	H 0758（60%）	—	—	—	—	—	100	—	50.0
	混合溶剂 S 01[①]	—	8.7	13.1	2.0	2.0	2.0	12.9	14.1
清漆及涂膜性能	清漆初始黏度[②]/s	96	94	95	92	93	93	190	185
	清漆储存10h黏度/s	183	188	179	167	167	148	310	307
	黏度增加倍数	1.91	2.00	1.88	1.82	1.80	1.59	1.63	1.66
	清漆表干时间（21℃）/h	17	15	12	12	11	11	13	11
	清漆实干时间（21℃）/h	84	72	50	54	52	52	72	51
	涂膜附着力（划格）[③]/级	1	1	1～2	1	1	1	1	1
	涂膜耐水煮实验/7d	表面失光,试片边缘有微泡	表面失光,试片边缘有微泡	表面较好,试片边缘有微泡	表面较好,试片边缘有微泡	表面完好,无泡	表面完好,无泡	表面失光,试片边缘有微泡	表面完好,无泡

① 混合溶剂 S 01 由二甲苯：丁酮：丁醇＝2：1：1（质量比）组成，用混合溶剂将清漆调成质量固体分为 79.2%。

② 用涂-4（21℃）测定清漆初始黏度及储存 10h 后黏度，储存 10h 后黏度与初始黏度的比值是黏度增加倍数，其数值越大，清漆适用期越short长。

③ 测定涂膜附着力和耐水煮试片制作如下：将清漆涂在马口铁试片上，经 80℃、60min 固化。测附着力试片的干膜厚度为 18～22μm；耐水煮实验试片的干膜厚度为 40～45μm。

双包装环氧涂料两组分混配后，要求有较长的适用期，在涂装环境中，涂料黏度随着时间延长而增加的速度越小，则涂料适用期越长。实验结果表明，环氧化合物改性的 TY 650 与 DDM 加成物-复配固化剂配成清漆（配方 05 与配方 06）比单独使用 TY 650 或 DDM 加成物配成清漆（配方 01 与配方 03）具有黏度增加速度慢及耐水煮性好的结果；H 07 系列固化剂与 E 44 环氧树脂配制的清漆具有基本相同的固化性和附着力；用 E 20 环氧树脂配制清漆（配方 07 与配方 08）的初始黏度明显高于用 E 44 环氧树脂配制清漆（配方 01 和配方 06）的初始黏度，不便于施工；由于 H 0758 固化剂中含有较多的环氧化合物，可有效地调控体系的反应性，则配方 06 比配方 04 及配方 05 有更长的适用期；含有增效剂的配方 05 和配方 06 比不含增效剂的配方 04 有更好的耐水煮性。总之，配方 06 清漆的适用期较长，固化速度较快，耐水煮性较好，则确定输送管道内壁用双包装环氧防护涂料的固化体系由 H 0758 固化剂与 E 44 环氧树脂组成。

（2）基料与固化剂配比　　在选择基料与固化剂配比时，采用 E 44 环氧树脂、复配颜填料 051、复助配剂 031 和混合溶剂（二甲苯∶丁酮∶正丁醇＝2∶1∶1）制成双包装环氧防护涂料 B 组分，然后用不同量的 H 0758 固化剂调成涂料。考察不同基料与固化剂配比的涂料储存 4.5h 后的黏度变化、固化性、涂膜耐水煮及 3.5% 盐水（60℃）试验。涂料 B 组分配方见表 2-20。涂料配方与性能见表 2-21。

表 2-20　涂料 B 组分配方

原料名称	用量/%	原料名称	用量/%
E 44 环氧树脂	44.2	匹配助剂 031[②]	10.1
复配颜填料 051[①]	33.8	混合溶剂 S 01	11.9

①　复配颜填料 051 的组成是沉淀硫酸钡（800 目）∶氧化铁红（Y 190）∶滑石粉（600 目）∶活性防锈颜料 K（工业）∶钛白（R902）防锈颜填料 P＝15.8∶12.1∶4.0∶3.0∶1.7∶1.0（质量比）。

②　匹配助剂 031 的组成是触变树脂Ⅱ∶流平剂∶润滑耐磨剂∶消泡剂＝5.6∶0.4∶4.0∶0.1（质量比）。

表 2-21　涂料配方与性能

项目	名称	规格	配方 061	配方 062	配方 063	配方 064	配方 065
涂料配方/质量份	涂料 B 组分	85.3%	120.0	120.0	120.0	120.0	120.0
	H0758 固化剂	60.0%	48.7	53.0	57.5	61.9	66.3
	E 44∶H0758	质量比	1∶0.55	1∶0.60	1∶0.65	1∶0.70	1∶0.75
涂料及涂膜性能	涂料初始黏度(涂-4 杯,25℃/s)		189.5	178.6	169.9	160.6	136.2
	涂料储存 4.5h 黏度(涂-4 杯,25℃/s)		344.4	339.2	339.6	330.1	343.9
	涂料黏度增加倍数[①]		1.82	1.90	2.00	2.06	2.52
	涂料表干时间(25～30℃)/h		9	8.5	6.5	6	5
	涂料实干时间(25～30℃)/h		48	48	42	42	38
	涂膜厚度/μm		60～70	58～70	61～67	62～69	61～71
	涂膜耐水煮试验/7d		试片边缘起小泡	表面完好无泡	表面完好无泡	表面完好无泡	试片边缘有微泡
	涂膜耐水煮 3.5%（60℃）/30d		试片边缘有小泡,无锈蚀	试片边缘有微泡,无锈蚀	表面完好无损伤,无泡	表面完好无损伤,无泡	试片边缘有微泡,无锈蚀

　　① 现场涂装时，调好施工黏度的涂料在 25℃下经 4h 后，涂料黏度的增加不大于初始黏度的 2 倍，使能满足涂料适用期的要求。

　　由表 2-21 结果知，配方 065 固化速度最快，配方 061 固化速度慢；涂料储存 4.5h 后黏度增加倍数的顺序为配方 065＞配方 064＞配方 063＞配方 062＞配方 061；配方 063 和配方 064 形成涂膜有优良的耐水煮性和耐 3.5%盐水（60℃）性，从综合性能考虑，选择 E 44 环氧树脂∶H 0758 固化剂＝1∶（0.65～0.70）（质量比）。在保障涂料施工黏度前提下，通过调整 H 0758 固化剂含量，确定恰当的涂料 B 组分与涂料 A 组分（固化剂）的质量比或体积比。

2. 单包装无溶剂环氧涂料固化体系组成

(1) 固化体系组成选择　采用 E 54 环氧基料（E 54 环氧树脂：5749 号活性稀释剂＝100：40）、E 51 环氧基料（E 51 环氧树脂：502 号活性稀释剂＝100：10）及 NR 518 酚醛环氧基料（NR 518 酚醛环氧树脂：5749 号活性稀释剂＝100.0：18.6）与 7 种潜伏性固化剂（NH 112、GL 0731、GL 2004、2844、NR 5612、GL 108、NR 5106）组成 12 个固化体系（12 种清漆）。经固化性、涂膜表面状态、附着力、柔韧性及抗冲击性试验比较，确定由 E 51-5749 号-GL 2004、E 51-502 号-GL 2004 及 NR 518-5749 号-GL 0731 组成的 3 种固化体系，可作为单包装无溶剂环氧特种防腐涂料的基础成膜物，在涂料配方设计时，可从 3 种固化体系中任选一种，考量、比较优化活性稀释剂、复配颜填料及匹配助剂等对涂料性能的影响与贡献。

(2) 选择活性稀释剂

① 活性稀释剂品种　由成膜物（E 51-活性稀释剂-2004 固化体系）、复配颜填料 A 和匹配助剂 C 组成无溶剂环氧特种防腐涂料基础配方见表 2-22。改变基础配方中活性稀释剂品种，制备含不同活性稀释剂的 5 种涂料，考察涂料的施工性、固化性及涂膜耐高压碱水试验，其结果列于表 2-23。

表 2-22　涂料基础配方[①]

原料名称	规格	质量份
E 51 环氧树脂	环氧值≥0.51eq/mol	60.0
活性稀释剂	单（或双）官能度	4.5（改变品种）
GL 2004 固化剂	工业	8.0
复配颜填料 A	②	24.5
匹配助剂 C	③	2.3

① 除涂料基础配方中的活性稀释剂之外，将所有组分质量加和的量称为涂料固定组分，其质量份为 94.8。

② 复配颜填料 A 的组成是重晶石粉：钛白粉：滑石粉：复合活性防锈颜料：粉体助剂 FE＝19.5：9.5：6.5：8.0：1.0（质量比）。

③ 匹配助剂 C 的组成是有机膨润土（801-D）：流平剂 A：润湿分散剂＝30：12：4（质量比）。

表 2-23　活性稀释剂品种对涂料性能的影响

原料名称	质 量 份				
	配方 13	配方 14	配方 15	配方 16	配方 17
涂料固定组分(见表 2-22)	94.8	94.8	94.8	94.8	94.8
502 号活性稀释剂	4.5				
苯基缩水甘油醚		4.5			
MPG 活性稀释剂			4.5		
5749 号活性稀释剂				4.5	
乙二醇二缩水甘油醚					4.5
涂料施工性	便于涂装,涂膜表面平整光滑,遮盖力好	施工性差,涂膜表面不平整,遮盖力差	施工性较好,涂膜表面较平整,遮盖力良好	施工性较好,涂膜表面较平整较光滑,遮盖力较好	涂膜表面严重起皱、收缩不平整,涂膜无连续性
涂料固化性（195℃/50min）	良好	好	好	良好	良好
耐高压碱水试验[①]	涂膜表面有极少量微泡,底材完好无锈蚀,基本通过	涂膜严重变脆,表面有气泡,底材无锈蚀,不通过	涂膜表面平整完好,局部有微泡,基本通过	涂膜薄处有微泡,绝大部分表面平整完好,通过	试棒表面太差,达不到耐高压碱水的试验要求

① 试棒固化条件：第一道 170℃/50min，第二道 170℃/20min＋195℃/50min，将试棒浸在 pH＝12.5 的碱水中，在 150℃、70MPa 压力下蒸煮 16h 后，取出试棒，观察涂膜表面及附着力变化，若涂膜表面无龟裂，无气泡，无脱落，平整完好，附着力良好，底材无锈蚀，定为通过耐高压碱水试验。

由表 2-23 试验结果知，含 502 号、MPG、5749 号活性稀释剂的涂料配方 13、配方 15 及配方 16 有较好的施工性，固化性和耐高压碱水效果；含苯基缩水甘油醚和乙二醇二缩水甘油醚的涂料配方 14 和配方 17 有较差的施工性，无法达到耐高压碱水的试验要求。可选用 502 号、MPG 和 5749 号活性稀释剂作单包装无溶剂环氧特种防腐涂料的活性稀释剂组分。

② 活性稀释剂用量　取涂料固定组分（见表 2-22）加入不同

用量的活性稀释剂配制涂料，为提升涂膜的交联密度，适当增加 GL 2004固化剂用量。试验配方及活性稀释剂用量对涂膜耐高压碱水性的影响见表 2-24。

表 2-24　活性稀释剂用量与涂膜耐高压碱水试验

原料名称	质量份							
	配方 18	配方 19	配方 20	配方 21	配方 22	配方 23	配方 24	配方 25
涂料固定组分（见表 2-22）	94.8	94.8	94.8	94.8	94.8	94.8	94.8	94.8
GL 2004 固化剂	0.5	0.5	0.5	0.5	0.5	0.5	0.5	0.5
502 号活性稀释剂	4.5	5.0			2.2	4.5	1.5	
5749 号活性稀释剂			4.5	5.0	6.0	1.5	4.5	
MPG 活性稀释剂								5.0
活性稀释剂占 E 51 环氧树脂质量/%	7.5	8.3	7.5	8.3	13.7	10.0	10.0	8.3
干膜厚度/μm	210～270	210～260	250～360	190～250	290～360	210～250	220～260	200～270
耐高压碱水试验	涂膜表面平整完好，无气泡，通过	涂膜表面平整完好，无气泡，通过	涂膜表面平整完好，无气泡，通过	涂膜表面有极少量微泡，基本通过	涂膜表面变粗糙，严重气泡，不通过	涂膜表面平整完好，无气泡，通过	涂膜表面有较多小泡，不通过	涂膜表面平整完好，无气泡，通过

由表 2-24 结果可知 502 号用量为 E 51 的 7.5%～8.3%（配方 18 及配方 19），5749 号用量为 E 51 的 7.5%（配方 20），MPG 用量为 E 51 的 8.3%（配方 25）及（502 号：5749 号 = 3：1）混合活性稀释剂用量为 E 51 的 10.0%（配方 23）时涂膜耐高压碱水试验效果好；（5749 号：502 号=3：1）混合活性稀释用量为 E 51 的 10.0%（配方 24）及（5749 号：502 号 = 2.7：1.0）混合活性稀释剂用量为 E 51 的 13.7%（配方 22）时，涂膜耐高压碱水试验无法通过。在涂料配方设计时，可选用 502 号活性稀释剂（用量为 E 51 的 7.5%～8.3%）、5749 号活性稀释剂（用量为 E 51 的 7.5%）、MPG 活性稀释剂（用量为 E 51 的 8.3%）及（502 号：

5749号＝3∶1）混合活性稀释剂（用量为E 51的10.0%）。值得提示的是，502号∶5749号＝3∶1的混合活性稀释剂更有利于降低涂料的施工黏度。在做耐高压碱水试验时，干膜厚度≥200μm，会得到稳定可靠的结果。

3. 提示

（1）成膜物固化体系的作用 成膜物是涂料的重要基元组分，其固化体系设计是涂料配方设计的关键环节，固化体系对形成涂膜的性能起决定性作用，掌握了成膜物固化体系设计技术和技能，就掌握了涂料配方设计的主动权。

（2）提升成膜物固化体系质量 选择固化体系时，应将成膜物组分及配比进行优化组配，充分发挥各组分的功效及本质特性；有针对性地对低中档涂料品种的成膜物固化体系重新设计、更新，提升市场的满意度、拓展应用范围；引进涂料品种经消化吸收后，可将其成膜物组分进行精细化设计，释放固化体系的潜能；灵活运用创新技术，设计出技术含量更高的成膜物固化体系。

（3）选择成膜物固化体系的关注点

① 注意利用成膜物应用特性、相关预测性规律和成膜物结构更新组分，设计新型固化体系。

② 发掘并利用成膜物组分的复配技术、协同效应和特性叠加效应，设计成膜物复合固化体系。

③ 恰当地安排成膜物固化体系的极端条件试验、稳定性试验及适用性考核试验。

④ 慎用固化促进剂组分，掌握固化促进剂的使用方法、技巧及加入方式。

⑤ 采取涂料组分低污染化及环境保护措施，使用环境友好成膜物设计固化体系。

四、成膜物固化体系应用举例

将部分市场使用的涂料品种及近期开发的涂料品种中采用的成膜物固化体系列于表2-25，供读者参考。

表 2-25　成膜物固化体系应用举例

固化体系类型	固化体系组成（质量比）	应用举例
自动氧化聚合固化体系	亚麻油酸环氧酯（50%）：氨基树脂（50%）：匹配催干剂=50：5：3	用作锌黄环氧酯底漆的成膜物固化体系，其涂膜对铝合金有良好的抗腐蚀性，可作为飞机蒙皮底漆等
自由基引发聚合固化体系	乙烯基酯树脂：环烷酸钴苯乙烯溶液：引发剂（过氧化甲乙酮）：苯二甲酸二丁酯=100：15：2：3	用作防污水玻璃鳞片涂料的固化体系，涂膜有优异的抗介质渗透性、耐磨性、热膨胀系数低及耐蚀性突出
UV 固化体系	丙烯酸酯化环氧树脂：HDDA：TMPTA：TPGDA：二苯基甲酮：1173光敏剂：有机硅改性活性稀释剂=42.1：12.3：18.1：9.8：6.1：2.8：8.8	用作UV光固化耐候耐水涂料的固化体系，涂膜有优异的耐候性和耐水性，用作PVC板和竹地板等基材的装饰防护
催化聚合固化体系	液态环氧树脂：改性树脂：异辛基缩水甘油醚：TA-2固化剂（35%）：亲核试剂（24.3%）=40：4：5：17：6组成双重催化聚合体系，混合固态环氧树脂：改性酚类化合物：催化剂=100：25：4组成催化聚合体系	用于制造电阻器等电子元器件等阻燃耐蚀涂料，已广泛在电阻器涂装保护方面应用。制造重防腐粉末涂料，在管道内外壁、海洋工程及食品储槽等领域广泛应用
加成固化体系	E 51环氧树脂：苄基缩水甘油醚：H750固化剂（75%）=51.6：7.2：4.3组成加成固化体系	用作双包装无溶剂环氧涂料的固化体系，其涂膜的耐蚀性、导静电性和耐盐雾性等优良，用于输盐卤管道内壁
	聚酯有机硅树脂（50%，含羟基0.125%）：HDI缩二脲（50%，含—NCO11%）：环烷酸锌液（含锌3%）=70：51：1.4组成加成固化体系	用作飞机蒙皮面漆的固化体系，提升飞机蒙皮面漆涂膜的耐温性、耐候性和冷热交变性（－50℃/150min～+175℃/15min，循环40次）
	水性聚酯分散体（35%，羟值42mgKOH/g）：WT2102水性多异氰酸酯=100：85组成双包装水性加固体系	用作水性聚氨酯涂料的固化体系，当选择n(—NCO)：n(—OH)=1.3：1.0时漆膜硬度（摆杆）达到0.75

续表

固化体系类型	固化体系组成（质量比）	应用举例
缩聚固化体系	含羰基共聚乳液（PFEVE-AC）与含酰肼基化合物（如己二酸二酰肼等）形成固化体系，通过肼基（—NHNH₂）与羰基（ C=O ）发生脱水缩聚反应产生酮亚胺键的交联固化涂膜	在设计单包装水性涂料配方时，取—NHNH₂： C=O = 1：1（摩尔比）。涂膜的耐水性、耐候性及抗污染性等都展现出氟碳涂料的优越性
	水稀释性高支化度丙烯酸树脂（60%）：SM 5717 水稀释性氨基树脂＝3.5：1.0（固体质量）组成清漆固化体系	水稀释性氨基-丙烯酸清漆可用于冰箱、洗衣机、衣架及变压器等防护磁漆
	丙烯酸酯聚合物（64.3%）：三羟甲基丙烷：HMMM：对甲苯磺酸液（50%）＝38.5：4.5：14.3：0.8组成固化体系	用作高固体分汽车面漆的固化体系，形成的涂膜附着力、耐老化性、耐溶剂性、耐碱性及抗刮痕等性能优良
复合固化体系[①]	E 51 环氧树脂：F 51 酚醛环氧树脂：NX-2040 固化剂：NX-2002 固化剂＝22.0：5.9：9.1：2.9组成复合固化体系	用作舰船电瓶舱耐酸涂料的固化体系，涂膜在盐雾和酸雾环境下使用，保护钢材等免受酸性介质的侵蚀

① 成膜物复合固化体系包括基料复合固化体系、交联固化剂或固化促进剂复合固化体系和多重复合固化体系，具体应用示例见本章第二节五、成膜物复合固化体系。

第四节　使用成膜物的安全措施

一、使用胺类化合物的安全措施

1. 安全操作措施
① 用无毒性或低毒性的固化剂取代毒性大的固化剂。
② 改善操作环境，将操作区域与非操作区域有意识的划开；尽可能自动化、密闭化；安装通风措施等。
③ 加强劳动保护，采用防护手套、服装等办法，尽量避免固化剂与皮肤接触。
④ 操作场所及时清洗，保持卫生。

⑤ 及时清洗手、脸等外漏皮肤，如果眼、喉等器官受到伤害，应请医生处理。

2. 胺类化合物的改性

多数胺类在未改性前，对人体皮肤、黏膜有刺激作用，长时间刺激容易导致泛发性皮肤炎；胺类有较大的挥发性，会刺激眼睛，可引起结膜炎、流泪和角膜水肿；在高浓度下长期接触，会引起气管炎或支气管炎；胺类也会对人身产生过敏作用；芳胺及杂环胺对人的内脏有损害，联苯芳香胺有致癌性。只有对胺类化合物进行改性，才能实现安全使用的目的。通常采用胺类与环氧化合物的加成反应制成胺加合物、胺类与双键化合物（丙烯腈、丙烯酸酯及丙烯醇等）进行双键加成反应制成胺改性物、胺类的自缩合反应、胺类与羰基化合物进行酮亚胺化反应、酚类（含腰果酚）-醛-胺类缩合反应等，得到不同结构的改性胺类，保障胺类固化剂安全使用。

二、使用异氰酸酯化合物的安全措施

1. 异氰酸酯的毒性

异氰酸酯能与人体的蛋白质反应，其动物试验的口服毒性见表 2-26。

表 2-26　异氰酸酯的口服毒性

项目	指标	项目	指标
大鼠口服致死中量 $LD_{50}/(g/kg)$		兔经皮肤吸入致死中量 $LD_{50}/(g/kg)$	
TDI（80/20）	1.95～5.8	IPDI	1.0
XDI	0.84	HDI	1.25
苯异氰酸酯	0.94	苯异氰酸酯	3.5～4.4
HDI	0.35～1.05	MDI	10
IPDI	2.25	HDI 缩二脲（75%溶液）	15.8
TDI（2, 4 体）	4.9～6.7	TDI（2, 4 体）	16
HDI 缩二脲（75%溶液）	19.8		
MDI	31.6		

异氰酸酯有毒，能与人体的蛋白质反应，在使用和制造聚氨酯涂料及接触异氰酸酯时，必须注意异氰酸酯的口服毒性，动物试验结果如下：对眼伤害（兔），严重 苯异氰酸酯、HDI、TDI；中等 HDI 缩二脲（75％溶液）；轻微 MDI、IPDI。

2. 使用异氰酸酯时的防护措施

储罐、输送管道、反应釜都必须密闭良好以免泄露，工作场所必须充分通风。若在密闭工作场所通风困难，必须戴有送风的面具。操作异氰酸酯液体时要戴防护镜，如溅到眼睛或皮肤，必须立即清洗。若情况严重则立即送医院。

含异氰酸酯的涂料经充分固化（如经高温烘烤，或在常温经长时间充分干燥）成为聚氨酯或聚脲涂膜后，对人体并无毒害。但在涂膜初干几天之内，膜中仍含有未反应而残留的异氰酸酯基，可用偶合试剂检测出来。初干涂膜经打磨散出的尘末，不可吸入人体，要戴口罩、排风，或采用其他保护措施。

3. 聚氨酯涂料低毒化主要措施

（1）产品毒性分级标准　产品毒性分级标准见表 2-27。

表 2-27　产品毒性分级标准

产品中游离单体含量/％	毒性级别	包装物上级别
<0.5	无毒	标明"含异氰酸酯"
0.5~2.0	对健康有害	标明"含异氰酸酯"及"有害"标志
>2.0	有毒	标明"有毒"并附骷髅与交叉白骨的毒品标志，同时标明"含异氰酸酯"

（2）聚氨酯涂料低毒化主要措施

① 加速掌握及推广低毒化产品生产技术　采用膜式蒸发精制法制备相对分子质量较小、分子量分布较窄、黏度低、固体分高的异氰酸酯低聚物固化剂。

② 加强技术监督，制定技术标准　应尽快制定法规，不允许游离异氰酸酯单体超标的产品生产、上市，严格执行生产许可证制度，规范市场行为秩序。

③ 制定毒性分级标准　从实际出发，既制定固化剂中游离异

氰酸酯单体含量，也规定双包装涂料配成全漆后的游离异氰酸酯单体含量。建议我国依据固化剂中含异氰酸酯单体状况对毒性和安全性进行分级，其标准见表2-28。

表 2-28　建议聚氨酯漆毒性与安全性分级标准

产品级别	游离 TDI 含量（固体分 50%）/ %		预聚物型单包装聚氨酯漆
	固化剂	配置全漆后	
普及型	<2.0	<1.0	<1.0
安全型	<1.0	≤0.5	<1.0
卫生型	<0.5		<0.5

实现安全型标准，基本上达到环境友好涂料的要求。

④ 加大宣传力度，提升民众识毒能力　由于缺乏科学知识和对游离异氰酸酯毒性的警惕性不高，一些用户"身在毒中不知毒、不怕毒、不防毒"。因此，教育与宣传任务很艰巨。如果游离异氰酸酯单体超标，产品继续扰乱市场，就会搞垮聚氨酯涂料的大好形势。有条件的企业应尽快生产、推广符合标准的新型固化剂，迫使超标产品完全退出市场。

在制造异氰酸酯低聚物时，降低游离异氰酸酯含量是开发聚氨酯涂料的技术关键。确定低游离异氰酸酯含量的成膜物体系是涂料的重中之重，它为开发环境友好涂料提供可靠的保证条件。

三、丙烯酸酯类单体的危害性及防护

1. 防火防爆

低级丙烯酸酯及甲基丙烯酸酯的闪点较低，属易燃液体，有些单体与空气混合后遇火可能引起爆炸，表2-29列出单体的爆炸极限。

有些单体如丙烯酸丁酯及丙烯酸虽然在标准状态下（25℃及101.325kPa）其饱和蒸气浓度还低于爆炸极限的下限值，但在超温足够高或压力降低时还是会形成爆炸混合物的。

表 2-29　单体的爆炸极限

单体	爆炸极限（对空气容量）（体积分数）/%	
	下限	上限
丙烯酸甲酯	2.8	25.0
丙烯酸乙酯	1.8	饱和
苯乙烯	1.1	6.1
甲基丙烯酸甲酯	2.12	12.5
甲基丙烯酸乙酯	1.8	饱和

在储运及操作过程中要排除一切可能产生火花、明火的因素。阻火器、避雷针、接地装置、防止静电的储槽中浸深管等装置都是必要的，并应定期检查其可靠性。

2. 丙烯酸酯类单体及其活性稀释剂毒性

液体丙烯酸甲酯及乙酯属于中毒类，眼角膜特别敏感易受伤，较高级酯的毒性较温和，甲基丙烯酸甲酯属低毒类，但对皮肤的敏感性较强。

官能团取代的酯类毒性较大，例如丙烯酸羟丙酯的毒性大于丙烯酸乙酯接近丙烯酸甲酯，而甲基丙烯酸丙酯毒性较低，接近高级酯类。目前国内各生产厂对羟基酯的毒性尚无足够认识，应重视起来。丙烯酸缩水甘油酯是丙烯酸酯单体中毒性最大的，1%的稀溶液也会严重地损伤眼膜，其蒸气会灼伤眼睛，接触皮肤时将有严重的刺激或灼伤，吸入其蒸气尽管不是极大量有时也是致命的。丙烯酸缩水甘油酯的容器上应有毒品警告标志。甲基丙烯酸缩水甘油酯的毒性稍低，与丙烯酸乙酯相似，有的引起皮炎或过敏。

氨基烷基取代酯兼有胺及丙烯酸化合物之毒性，既有口服毒性，又对眼睛及皮肤有灼伤，其甲基丙烯酸酯毒性略低。

丙烯酸对眼睛腐蚀严重，吞食时它可能严重烧伤肠道及损伤消化系统。丙烯酸的蒸气对眼睛、黏膜及皮肤都很刺激。甲基丙烯酸仅适度的刺激眼睛，对皮肤稍有影响。

3. 防护措施

对可能接触单体的职工要进行系统的教育，使之认识到丙烯酸酯在防火、防爆、防毒各方面的重要性及防护知识。由于丙烯酸酯刺激眼睛，应坚持带防护眼镜操作。丙烯酸酯会刺激或灼伤皮肤，当衣服手套上沾有单体时应立即更换，洗净后才能再穿，皮肤上直接接触丙烯酸酯后应用大量清水冲洗，然后用肥皂液洗净。若有较重刺激、灼伤、腐蚀或中毒现象时应立即治疗。

车间及仓库应注意通风。管道、泵、容器等应严格管理防止渗漏以保证蒸气浓度不超过允许浓度。含有丙烯酸酯的污水不可直接排入市政污水管，必须处理后能排放。

四、沥青的危害及预防

1. 沥青的危害

几种沥青中，煤焦沥青的毒性较大，而天然沥青的毒性最小。沥青所引起的毒害，主要是由接触它的粉尘或烟雾所致。

由于沥青中含有蒽、菲、吖啶、吡啶、咔唑、吲哚等光感物质，因而使接触部位在阳光照射下发生光敏感性皮炎。产生全身症状的机理未明，可能由于沥青中含有苯酚等物质会产生与酚中毒时相似的神经系统症状。

此外，接触沥青烟雾时，可引起鼻炎、喉炎和支气管炎等，这与沥青对局部的刺激有关。

临床表现为在接触沥青粉尘或其烟雾后，特别是在日光照射下，经4～5h，在暴露部位如面、颈、手及四肢，即可发生大片红斑，并有瘙痒及烧灼感。重者局部可有水肿、水疱及渗液，尤以眼睑处明显，全身症状可有头痛、晕眩、疲倦、嗜睡、关节酸痛、恶心、呕吐、腹痛及腹泻。此外，尚可伴有发热及白细胞增高，其中嗜酸性白细胞可明显增高。好转时患处脱皮，并遗留暂时性色斑。

眼睛接触时可发生结膜炎，表现为结膜充血、流泪、羞明、眼内有异物感或干燥感，并眼睑红肿等。

呼吸道接触时可发生鼻炎、喉炎及支气管炎，表现为鼻痒、流涕、胸闷、咳嗽、咯痰等，进而发生继发感染。

2. 预防措施

① 待运沥青应分别用铁桶、条框衬底或双层草包妥善包装。装卸、搬运时应尽量使用工具或机械装卸，如有散露粉末，必须洒

水润湿。船舱、仓库中须排除沥青的粉尘、蒸气，并在保持通风的情况下操作。

② 煤焦沥青操作应在夜间或无阳光照射下进行。

③ 从事装卸、搬运、使用沥青及含有沥青制品的工人，应有防护衣、防护眼镜、帆布手套、帆布鞋盖和防护口罩等。

④ 从事沥青操作时，凡有外露皮肤应涂布防护药膏。

第三章 ▷▷▷ ▷▷ ▷▷ Chapter 03
涂料颜填料体系设计

依据涂料及涂膜应用需求，科学地运用颜填料的本质特性、专用特性、功能性、反应性、颜填料参数、表面处理技术、复配技术、选用规则及操作技术等，设计出实用的颜填料体系，确保颜填料组分为涂膜贡献正能量。

第一节　颜填料品种及用途

一、着色颜料

1. 白色颜料

（1）钛白粉　钛白即二氧化钛（TiO_2），是在涂料中用量最大、最重要的白色颜料品种。钛白粉由于折射率高，光散射的能力比其他白色颜料都强，在着色材料中，具有极好的遮盖力（特别是用金红石型钛白粉）。钛白粉在所有白色颜料中表现出最好的亮度。由于钛白粉具有优异的光学特性、无毒和化学惰性，它可以代替其他所有的白色颜料，是深受欢迎的颜料品种。

（2）立德粉　立德粉又名锌钡白，是由近似等分子的硫化锌和沉淀硫酸钡经煅烧而成的白色颜料，其分子式为 $BaSO_4 \cdot ZnS$，一般含硫化锌 $28\% \sim 31\%$。用于涂料、油墨、橡胶、建材等领域。立德粉不溶于水、不耐酸、受大气作用不稳定，在阳光下有变暗现象。

（3）氧化锌　俗称锌白，化学分子式为 ZnO，相对分子质量

81.39。白色六角形晶体或粉末。BA01-05 Ⅰ 型氧化锌用于橡胶制品，BA01-05 Ⅱ 型氧化锌用于涂料。

在涂料中增加氧化锌的用量，会提升涂膜的弹性模量、增加内应力、降低黏结强度。涂膜的内应力随着氧化锌用量的增加而增大，涂膜的黏结强度随着氧化锌用量的增加而降低。在设计涂料配方时，氧化锌用量不宜过多。

（4）铅白 又称白铅粉，其化学组成是碱式碳酸铅。铅白呈无定形粉末状或团块状，是一种碱性颜料。由于铅和铅的化合物有毒害性，在使用时要将其制成亲油性的铅白浆，降低毒性。

（5）锑白 锑白的化学名称为三氧化二锑（Sb_2O_3），相对分子质量 291.6。锑白既是一种白色颜料，也是一种阻燃剂，主要用于制造防火阻燃材料，如取锑白与十溴联苯醚等溴化物匹配后，可产生很好的防火阻燃协同效应。

（6）白色颜料的物性比较 几种白色颜料的物性比较列于表3-1。

表 3-1 几种白色颜料的物性比较

物理性质 ＼ 颜料	二氧化钛（锐钛型）	二氧化钛（金红石型）	锌钡白	氧化锌	铅白	硫化锌
相对密度	3.9	4.2		5.5～5.7	6.8～6.9	4.0
折射率	2.52	2.75		2.03	2.09	2.37
遮盖力（PVC 20%）	333	414	118	87	97	
着色力	1300	1700	260	300	100	660
紫外线吸收/%	67	90	18	93		35
反射率/%	94～95	95～96	96	93～94		95

2. 黑色颜料

（1）炭黑 分为橡胶补强用炭黑和涂料用色素炭黑。炭黑类型有槽黑、炉黑、灯黑和热裂黑等。炭黑粒子不仅以原生粒子形式存在，而且在生产过程中常熔接成聚集体。聚集体经化学键或类化学键结合。在聚集体中，由大量链枝的原生聚集体构成的炭黑称为高结构炭黑。而原生聚集体由较少原生粒子组成的炭黑的密度更大，称为低结构炭黑。

炭黑是一种在涂料中广泛使用的黑色无机颜料，炭黑的润湿分散性是涂料配方设计应解决的技术问题。最近开发生产了高分散、储存稳定的高色素炭黑，如炭黑301P等品种应用效果良好。

（2）氧化铁黑　简称铁黑，分子式为 Fe_3O_4 或 $Fe_2O_3 \cdot FeO$，化学名称为四氧化三铁。氧化铁黑是黑色粉末，具有饱和的蓝墨黑色光，无毒，有磁性，能导电。在较高温度下易被空气氧化，生成红色的氧化铁红。在空气或氧气存在下，经 200℃ 焙烧可转变成 $\gamma\text{-}Fe_2O_3$，达到 300℃ 时 $\gamma\text{-}Fe_2O_3$ 转变成 $\alpha\text{-}Fe_2O_3$。由于铁黑中的 FeO 在 177℃ 会发生氧化变成红色 Fe_2O_3，其应用温度不宜过高。合成铁黑由于易分散、吸油量低，与炭黑相比，因密度大，可防止浮色，具有良好的耐酸性、耐碱性、防腐渗色性和耐光性。铁黑能产生有韧性的、无孔隙的、耐候性高的弹性涂膜，又因具有碱性而产生防锈效果。可用于制磁性油墨。除炭黑和氧化铁黑外，还有松烟、石墨及苯胺黑等黑色颜料。

3. 黄色颜料

（1）铅铬黄　铅铬黄由铬酸铅、硫酸铅和碱式铬酸铅等组成。含铅量达 55%～65% 的属重金属有毒颜料，不能用于儿童玩具和文具。

（2）氧化铁黄　简称铁黄，分子式为 $Fe_2O_3 \cdot H_2O$ $[Fe(OH)_2]$，相对分子质量 177.7，是一种化学性质比较稳定的碱性氧化物，主色调为黄色。

① 低吸油量氧化铁黄　针状粒子氧化铁黄的吸油量都很高，不利于制造高浓度色浆。为克服这一缺点，将针状粒子的铁黄进行机械处理，使其粒子变成球状针形聚集体，这样可使其吸油量下降 40%，达到 40g/100g 以下。

② 纤铁矿晶体结构的铁黄　大部分氧化铁黄的粒子晶型为针铁矿型，即 $\alpha\text{-}FeOOH$，而 Bayferrox943 却有着纤铁矿型结构（$\gamma\text{-}FeOOH$）。纤铁矿铁黄的特点是颜色纯正、明亮，着色力高，丝纹效应不明显，但缺点是遮盖力稍低。

③ 耐热铁黄和黄色铁酸锌　可耐 260℃ 的耐热铁黄 Colortherm10 是用 Al_2O_3 和 SiO_2 进行重包膜的铁黄，它的分散性、遮盖力、耐化学药品性和耐候性等均比一般铁黄好。

耐 300℃ 的黄色铁酸锌 Colortherm30 除用于单独着色外，还可与浅铁红混拼，或与有机红色颜料和橙色颜料混拼，代替有毒的镉红颜料和钼铬红颜料，用于塑料、卷材涂料、粉末涂料等。

（3）铋黄 钒酸铋-钼酸铋颜料（简称铋黄）可以替代铬黄，由于它无毒，受到民众欢迎。

铋黄是一种两相颜料，通式写 $BiVO_4 \cdot nBi_2MoO_6$，其中 $n = 0.2 \sim 2$。$BiVO_4$ 是发色成分，呈四方晶系结构（重石型），而 Bi_2MoO_6 则是调节色相的成分，呈亚稳定的斜方晶系结构。控制 $BiVO_4$ 与 Bi_2MoO_6 的比例，可以改变铋黄的色相。

（4）锌钡黄 也称安全黄。锌钡黄（黄色立德粉）无毒，其综合性能优于中铬黄，是有机-无机复合型颜料。在这种有机-无机核壳结构的复合型颜料中，无机核可提供化学稳定性、耐磨性和热稳定性，有机壳可提供明度、颜色和着色力。具有遮盖力、分散性和耐光性，同时具有耐碱性、耐溶剂性和耐热性。

（5）有机黄色颜料 有机黄色颜料有偶氮系颜料、异吲哚啉酮型颜料、还原颜料和氮甲型金属络合颜料，如耐晒黄和联苯胺黄等。

4. 红色颜料

（1）氧化铁红 氧化铁红可分为天然氧化铁红和合成氧化铁红。天然氧化铁红不渗色、不褪色，有较好的天然色调，比较受欢迎。合成铁红耐酸碱，纯度高，热稳定性强，相容性好，能吸收紫外线，应用广泛。氧化铁红颜料的特性见表 3-2。

表 3-2 氧化铁红颜料的特性[①]

特性指标	特 性
遮盖力	普通着色氧化铁遮盖力仅次于炭黑，一般小于 $7g/m^2$
着色力	同工艺铁红，浅色的高于深色的，色相不同时，存在差异
吸油量	与颗粒形状、大小有关。小颗粒大于大颗粒，针状颗粒大于球形和纺锤形颗粒。一般在 20% 左右
色调	与 Fe_2O_3 含量有关。含量越高，色彩明度和饱和度越高
耐光性	呈惰性。对光的作用稳定，对紫外线有良好的不穿透性

续表

特性指标	特 性
耐候性	对水和大气的作用稳定，不受大气侵蚀
耐化学药品性	不溶于碱和稀酸，只有在加热的情况下才能溶于浓酸
耐溶剂性	不溶于有机溶剂和树脂
耐热性	一般 α-Fe_2O_3 耐热性可达 1200℃
晶型	从晶相结构而言，α-Fe_2O_3 宜作颜料，而 γ-Fe_2O_3 宜作磁性材料
防锈力	具有对被覆盖物体的屏蔽作用，隔绝大气和其他腐蚀性介质

① 透明氧化铁红除外。

最大透明度和最高散射力的最佳粒径（0.20μm）的合成氧化铁颜料称为透明氧化铁。其显著特点是粒径超细（0.01～0.09μm，属纳米级），没有遮盖力，呈透明或半透明状。这种颜料在颜色上有红（透铁红）、黄（透铁黄）、黑（透铁黑）和棕（透铁棕）四种，以透铁红和透铁黄用量最大。透明氧化铁红除光学特性优于铁红外，还显示磁性。用于制造透明度高的装饰性材料。

（2）钼铬红　钼铬红是一种含钼酸铅、铬酸铅和硫酸铅的无机红色颜料。钼铬红的颜料特性见表3-3。

表 3-3　钼铬红的颜料特性

项　目	特　性	项　目	特　性
外观	橘红色或红色粉末	耐水性	优
密度/（g/cm³）	5.41～6.34	耐石蜡性	优
吸油量/（g/100g）	15.8～40.0	耐溶性剂	优
颗粒直径/μm	0.1～1	耐酸性	良
遮盖力	强	耐碱性	良

（3）稀土无机颜料　以硫化铈为基础的无毒颜料，是一种红色或橘红色的颜料，可取代镉红和钼铬红。稀土无机颜料不仅颜色鲜艳、无毒，而且耐光、耐候性好。

（4）有机红色颜料　有机红色颜料有偶氮系颜料、喹吖啶酮颜料、噁嗪紫颜料、苝系颜料、硫靛颜料、蒽醌颜料和油溶性有机红颜料。

5. 蓝色颜料

（1）铁蓝 又名普鲁士蓝、密罗里蓝等。铁蓝的化学结构通式可用 $Fe(M) Fe(CN)_6 \cdot H_2O$ 来表示。式中，M 代表碱金属或铵离子。铁蓝含水量 $3\%\sim17\%$。

铁蓝的密度低（$1.70\sim1.85g/cm^3$），$pH<5$；铁蓝不与酸作用，耐碱性差；在 140℃ 以上的空气中能燃烧；有相当高的着色力。

（2）钴蓝 是一系列从浅到深蓝的颜料粉末，分子式用 $CoO \cdot nAl_2O_3$ 表示。钴蓝具有鲜明的色泽，极优良的耐候性、耐酸碱性、耐多种有机溶剂，耐热高达 1200℃，可对耐温材料进行调色。钴蓝适用于各种热塑性和热固性材料，也可制造专用不燃性材料。钴蓝属于无毒颜料，它的着色力远不如酞菁蓝。

（3）酞菁蓝 酞菁蓝品种有酞菁蓝 BX、酞菁蓝 BS、酞菁蓝NCFA、酞菁蓝 FGX、酞菁蓝 4GN、酞菁蓝 B4G、α 型酞菁蓝、β型酞菁蓝和 ε 型酞菁蓝等。

6. 绿色颜料

常用的无机绿色颜料有铬绿、锌绿、铬翠绿、氧化铬绿、钴绿、铁绿等，有机绿色颜料有孔雀石绿、亮绿等。其中氧化铬绿是一种较重要的绿色颜料。

7. 金属氧化物混相颜料

（1）金红石型混相颜料 金红石型混相颜料有钛镍黄、钛铬黄和钛锰棕。

钛镍黄和钛铬黄的着色力低，色度差，应与适当的有机颜料配合使用。钛镍黄除具有 TiO_2 特性外，能耐酸、碱、强氧化剂、强还原剂。它的耐光、耐热和耐候性突出，是用于制造耐热、耐候性无毒材料最好的颜料之一。

（2）尖晶石型混相颜料 尖晶石型混相颜料在化学上呈惰性，不溶于水、酸和碱中，具有优异的耐 SO_2（酸）性和耐水泥（碱）性。常用的尖晶石型混相颜料有钴蓝、铬铁锌棕、铬钴绿、铁钛棕、钛钴绿和铬铜黑等品种。

铬钴绿和钛钴绿广泛用于军事伪装涂料、超耐久性的外用卷材涂料和工业涂料，涂膜具有优异的保色性和耐候性。铬铜黑又称尖晶石黑，其化学式为 $CuCr_2O_4$，耐热性高，化学惰性好，主要用于高档外用涂料；用于调节颜色，与白色颜料一起配成各种不同的灰色；与其他颜料混拼，以达到规定的色相或色度；用尖晶石黑生产耐高温材料，用于食品烧烤架、燃木炉具及汽车回气管等耐 500℃以上的使用环境。

二、防锈颜料

1. 三聚磷酸铝

这种新型无毒的白色防锈颜料的主要成分为三聚磷酸二氢铝（$AlH_2P_3O_{10} \cdot 2H_2O$），是一种固体酸，防锈基团是 $P_3O_{10}^{5-}$，又称 K-White 颜料。

三聚磷酸铝具有如下特征：白色粉末状，微溶于水，不挥发；弱酸性，pK_a 为 1.5～1.6；与其他固体酸相比，酸度（按质量计）极高，单位质量含有的活性基团很多，因此用量很少便可产生有效的防腐蚀作用；溶出的三聚磷酸盐离子与金属底材的 Fe^{2+} 和 Fe^{3+} 构成螯合物，钝化金属底材表面；三聚磷酸盐可以解聚得到正磷酸盐，这种活泼的磷酸根能与被涂表面反应，形成坚硬的钝化保护膜；具有一种离子交换能力；具有催化作用；经口无毒，对皮肤无刺激性。三聚磷酸铝颜料主要用于钢材、摩托车、船舶、家用电器等作防锈底漆。适用的树脂有酚醛、醇酸（长油、中油和短油）、环氧、环氧酯、丙烯酸、三聚氰胺树脂等油性系统以及气干和烘干水性系统，防锈效果比磷酸锌、钼酸锌、锌铬黄好。

2. 钙交换二氧化硅

钙交换二氧化硅（简称 Ca/SiO_2）是一种低密度碱性防锈颜料，其制备方法是：以 SiO_2 为载体，将有防锈性能的钙离子通过离子交换，吸附在 SiO_2 的多孔表面上。

Ca/SiO_2 的防锈效果取决于离子交换，其防锈机理：当含有钙交换二氧化硅颜料的涂膜处于腐蚀环境中时，腐蚀性离子透入涂膜中，与颜料表面上的钙离子发生交换，释放出来的钙离子迁移到涂膜与金属的界面上，形成一层由 Ca 和 SiO_2 组成的不渗透性无机膜，其厚度一般为 2.5～6μm（取决于腐蚀的苛刻程度），有效地阻止腐蚀介质的入侵，从而保护了金属。

钙交换二氧化硅防锈颜料与传统的防锈颜料相比，有两大优点：一是只有在腐蚀性离子存在时才会释放出起腐蚀作用的离子，因此不需要采用过量的颜料，以补偿因溶解而消耗的颜料；二是因交换反应是按钙交换二氧化硅颜料表面上被交换分子的多少发生的，而且释放出的离子不溶于基料中，因此涂膜的孔隙率不会增多，这样可保持恒定的渗透性。此外，这种颜料的一个重要特点是氯化物腐蚀性离子的渗透性小于一般的防锈颜料。

3. 改性钼酸盐

白色低毒的钼酸盐防锈颜料品种有钼酸钙（$CaMoO_4$）、钼酸锶（$SrMoO_4$）和钼酸锌（$ZnMoO_4$），其防锈机理是阳极钝化作用。

在溶剂型涂料中，磷钼酸锌用量为 5%～20%（以 12%为好）。

4. 铁酸盐

由过渡金属元素铁与两价金属元素锌、钙、锰、锶、钡、镁等所形成的铁酸盐通式为 $MO \cdot Fe_2O_3$ 或 MFe_2O_4（式中，M 代表金属）。它能与涂料中的基料一起产生屏蔽作用，降低涂膜的渗透性；由于其水萃取液呈碱性，因而对金属表面具有钝化作用；再加上无毒，原料易得，近年来铁酸盐防锈颜料受到人们的重视。

5. 合成云母氧化铁

合成云母氧化铁是一种惰性屏蔽型防锈颜料，可与许多活性防锈颜料配合使用，产生良好的"协同效应"，是作为防腐蚀涂料用的优秀防锈颜料品种之一。

6. 高效无毒防锈颜料

有应用前景的高效无毒防锈颜料有磷酸锌包膜云母氧化铁、水合氧化锌包膜磷酸铝镁复合颜料、包覆锌粉的玻璃片、磷酸锌钾（$ZnO \cdot mK_2O \cdot nP_2O_5 \cdot pH_2O$）、亚磷酸铝 [$Al_2(HPO_3)_3 \cdot xAl_2O_3 \cdot nH_2O$]、月桂酸改性 SiO_2、水合碱式磷酸锌铝、离子交换型二氧化钛等。

磷硅酸锶钙锌的防锈效果优秀，适用于保护涂料和在线（OEM）烘烤型面漆、粉末涂料、高固体分涂料和卷料涂料。改性的硅酸锌防锈颜料含有 ZnO 35%～65%、SiO_2 15%～35%、B_2O_3 5%～20%、WO_3 0～20%、MoO_3 0～20%、SnO_2 0～20%，可用于醇酸、环氧、环氧酯、聚氨酯涂料体系，其效果优于有毒的硅酸铅。

三、无机体质颜料（填料）

1. 粉状填料

（1）微细白色填料 经微细化处理加工的白色体质颜料在涂料中不仅起填料作用，而且能适量减少 TiO_2 用量。

在设计涂料配方时，加入微细的白色体质颜料（白色填料），可改进涂料的流变性、防沉淀性、防结块性、防霉菌生长繁殖，提高涂膜的力学性能等。下面重点介绍三种微细化的白色填料。

① 瓷土 瓷土又称高岭土，是天然矿物水合硅酸铝，分子式可写成 $Al_2O_3 \cdot 2SiO_2 \cdot 2H_2O$。根据加工工艺不同，可分为水合瓷土、水合片状瓷土、煅瓷土、表面处理瓷土等。

微细化的瓷土可在工业涂料和海事工程用的层压材料胶衣中部分取代 TiO_2，取代量从 10% 到 30% 不等。

超浮选级水合瓷土 ASP-170 可在 ϕ_p 为 15% 的有光醇酸涂料中取代 10% 高光泽金红石型 TiO_2（R-900），涂料中的颜料成本下降 10%。

粒径为 $0.4\mu m$ 的水合瓷土 ASP-RO 在高固体分涂料中，可使涂膜增白，其吸油量较低，有助于提升涂膜的耐久性，已用于聚酯高固体分白色烘烤涂料中。

② 沉淀硫酸钡及重晶石粉

a. 沉淀硫酸钡。沉淀硫酸钡由氯化钡与硫酸钠反应制得，它耐酸、耐碱、不溶于水和有机溶剂，有耐光性和耐候性，其白度高、质地细腻、微细沉淀硫酸钡粒径 $0.7\mu m$ 可改善涂膜光泽、减少发花，不影响涂膜附着力和弹性等物理力学性能，尤其是在涂料体系中可取代一定量的钛白粉（通常可取代 10%～15% 的钛白）。

b. 重晶石粉。天然重晶石矿经粉碎得到重晶石粉（含硫酸钡为 85%～95%），它赋予涂料、胶黏剂及灌封料等材料的流动性、填充性、耐酸碱盐性、防介质渗透能力及耐光耐候性等。

③ 天然碳酸钙 天然碳酸钙矿种很多，如方解石、白垩、石灰石、大理石等。天然碳酸钙在涂料中用量很大。在一种白色醇酸

烘干涂料中，采用天然碳酸钙 Calcigloss GU（平均粒径 0.9μm、最大粒径 4μm、白度 95％、吸油量 21g/100g，大理石质）替代 12.5％的 TiO_2（体积分数），不影响涂膜光泽和保光性，原材料成本下降 10％。

天然碳酸钙为重质碳酸钙（又称大白粉、石粉、双飞粉和方解石粉）；轻质碳酸钙的密度低、颗粒细、着色力、遮盖力较强。碳酸钙不溶于水，但当水中含有二氧化碳时，能微溶，遇酸即溶，见水易吸潮，有微量碱性，不宜与不耐碱的颜料同时使用。

碳酸钙的价格低廉，性能又较稳定，耐光、耐候性好，是建筑材料中最通用的填料，既降低成本，又起填充和骨架作用，还有一定的保色性和防霉作用。

（2）二氧化硅系填料

①天然二氧化硅（SiO_2） 天然 SiO_2 或称石英岩，加工成细粉的天然 SiO_2 俗称硅微粉。硅微粉按结构分为结晶型和熔融型（无定形）两类；按颗粒形状分为准球形硅微粉（粉石英加工产品）和角形硅微粉（脉石英加工产品）两类；按纯度分为普通级、电工级和电子级三类。

硅微粉与环氧树脂混容性好，浇注后产品的电绝缘性及机械性很好；经偶联剂处理的特种硅微粉，其颗粒表面与环氧系基料结合更加牢固，增加浇注料等材料的强度，降低塑封料成本，能提高塑封料的机械强度，减少成型收缩率，增加耐湿性，提高产品的热导性，改善电性能。由于熔融硅微粉具有各向同性，可降低塑封料的线胀系数，适用于集成电路的封装需要。

准球形硅微粉（Tr-硅微粉）的颗粒具有球度高（三轴近相等）、圆度好（有钝化棱边）的"准球形"特点。准球形硅微粉用作环氧树脂填料，具有流动性好、黏度低、硬度大、机械强度高、填充量大、热膨胀系数小、均匀的内部形变等特点而日益受到重视。准球形硅微粉广泛用于化工、电子、集成电路、电器、塑料、涂料、橡胶等领域。准球形硅微粉与角形硅微粉的性质比较见表 3-4。

表 3-4　两种硅微粉的性质比较

项　目	性质比较	
	准球形硅微粉	角形硅微粉
矿物原料	粉石英	脉石英
SiO_2 含量/%	97~99	97~99
颗粒形态	球度高（三轴近相等）、圆度好（带钝化棱边）	带尖棱刃角、形态各异
角形因数	1.30	>1.65
标称 600 目硅微粉通过 98% 的粒径/μm	30	45
吸油量/（g/100g）	26	56
饱和吸水率/%	2.7	4.2
在相同黏度体系中硅微粉填充量/%	76.3	71.2
对固化物内应力影响	分散内应力好	分散内应力比准球形差

②　合成二氧化硅（SiO_2）　合成 SiO_2 分为沉淀 SiO_2 和气相 SiO_2（通称白炭黑）。气相 SiO_2 是多功能体质颜料，又是性能优良的流变控制剂（增稠、触变、防流挂、覆盖边缘）。

气相 SiO_2 未经表面处理时，其表面吸收大量羟基，呈现亲水性。当采用有机硅液处理气相 SiO_2 表面时，硅氧基与表面羟基反应，减少 SiO_2 表面自由羟基数量，消弱彼此相互形成聚集氢键的能力，改善了气相 SiO_2 在各种极性和非极性基料树脂及溶液中的润湿性和分散性。

（3）滑石粉　由天然矿石粉碎和研磨而成，其化学式为 $3MgO \cdot 4SiO_2 \cdot H_2O$，属单晶系，呈六方或菱形板状晶体，常成片状、鳞状或致密块状集合体。不溶于水、有机溶剂、冷酸和碱。选用滑石粉作填料，它比 TiO_2 和铁红等形成固化物的内应力明显低，同时耐沸水性和防介质渗透性优异，是受欢迎的填料品种之一。

涂料中使用滑石粉可以得到许多良好的效果。滑石粉由于具有滑腻感，可改善施工性、并有很好的流平性、增强材料的耐久性。但是，滑石粉具有憎水亲油性，在水性材料中使用时易沉淀；在溶剂型材料中使用则有悬浮效果。

（4）云母粉　云母粉是云母矿石经粉磨而成的细粉。

最有价值的是白云母 $[KAl_2(Al \cdot Si_3O_{10})(OH)_2]$ 和金云母 $[KMg_3(AlSi_3O_{10})(OH)_2]$。这两种天然云母不仅是填料，也是制造云母系珠光颜料的重要基材。绢云母是白云母呈致密状微晶集合体的亚种，具有丝绢光泽。

云母粉具有良好的耐温性、耐酸（碱）性、耐候性和电绝缘性，可作为专用材料的填料。

（5）白云石粉　白云石粉是天然白云石加工成的细粉，主要成分为碳酸钙（$CaCO_3$）和碳酸镁（$MgCO_3$），理论含量为 $CaCO_3$ 54.3%、$MgCO_3$ 45.7%，系钙镁复合碳酸盐。天然白云石矿一般成灰白色，有时也呈浅黄、浅褐色或浅绿色，有玻璃光泽，莫氏硬度 3.4～4.0，密度 2.8～2.9g/cm³，耐光、耐热、耐候性好，但不耐酸，易与无机酸反应，放出二氧化碳。

（6）硅藻土　硅藻土是含水二氧化硅，含水的数量不定，化学分子式为 $SiO_2 \cdot nH_2O$，外观为灰色粉末至白色粉末，密度很小，体轻，颗粒又蓬松，折射率相当低，颗粒较粗，颗粒表面多孔，吸附性强，吸油量高。

（7）硅灰石粉　硅灰石粉是天然硅灰石经磨细而成的细粉。其主要成分是偏硅酸钙（$CaSiO_3$），由于它具有一些独特的物理化学性能，应用领域不断扩大，产品产量增长很快。

天然硅灰石是呈针状、棒状或辐射状的脆性纤维，易磨成很细的粉末，其纤维的平均长度与直径的比为 10 左右。纯度较高的硅灰石其外观为白色或乳白色，并且具有玻璃或珍珠光泽。

硅灰石的不透明度大，是因为粒子表面富有亲水性基团。水向这些颜料粒子中扩散要比向基料分子中扩散容易得多，干燥以后的涂膜内形成微细的空气-二氧化硅界面，提高了涂膜的不透明性。

硅灰石粉的纤维结构可在涂膜中重叠交联，能增加涂膜的封闭性能，还能使涂膜具有较强的反射紫外线的能力，因而提高涂膜的耐磨性和耐久性。

（8）无机空心微球　空心微球的松散密度小、热导率低，是一种理想的填料。无机空心微球如玻璃空心微球和陶瓷空心微球，其松散密度为 0.9g/cm³ 左右；通常，无机空心微球用于泡沫塑料的填料更有效；空心微球可提升材料的强度、耐热性、保温隔热性、电绝缘性和尺寸稳定性等应用性能。

（9）膨润土 膨润土是一种以蒙脱石为主要成分的黏土矿物，蒙脱石属于单斜晶系结构，是含水的二八面体或三八面体的层状铝硅酸盐矿物。膨润土中的蒙脱石含量一般大于65%，其外观呈白色至橄榄绿色，相对密度2.4～2.8，熔点1330～1430℃。膨润土比一般黏土更能吸附水，比高岭土更能起碱交换作用。有的膨润土在吸附水时体积增大，并形成凝胶状物质；有的膨润土能吸附本身质量5倍的水，同时体积膨胀至干体积的十几倍。膨润土加水或胶溶液后，几乎能永远地处于悬浮状态。烘干后，可加水再使之膨胀，且反复处理并不影响其性能。根据膨润土中蒙脱石的交换性，阳离子的种类和相对含量，膨润土又分为钠基膨润土和钙基膨润土。在水性建筑涂料中起到增稠和悬浮作用的主要是钠基膨润土。

经过有机介质处理和改性的膨润土称为有机膨润土，用于溶剂型涂料的增稠与悬浮。

（10）硫酸钙系填料

① 石膏粉 石膏粉的主要成分是硫酸钙（$CaSO_4$），相对密度2.96，熔点1450℃。石膏分为生石膏和熟石膏两种。生石膏是石膏的二水合产物，即$CaSO_4 \cdot 2H_2O$。熟石膏是生石膏在163℃下煅烧而得到的半水合物。涂料用的石膏是半水石膏。石膏粉是一种水硬性材料，即石膏粉加水后在不长的时间里能够凝结硬化。石膏粉不能用于水性涂料中。石膏粉主要用于溶剂型涂料中。在现场配制的底漆和腻子中常用石膏粉。

② 硫酸钙晶须（CSW） $CaSO_4$晶须是硫酸钙的纤维状单晶体，具有高强度、高模量、高韧性、高绝缘性、耐磨耗、耐高温、耐酸碱、抗腐蚀、红外线反射性良好、易于表面处理、易与聚合物复合、无毒等诸多优良的理化性能；是一种备受关注、极有发展前途、有很高综合性能的无机材料。

硫酸钙晶须集增强纤维和超细无机填料二者的优势于一体，作为涂料及胶黏剂等的填料时，不但具有明显的增强、增韧、增稠、耐热、耐磨、耐油、降低内应力等作用；而且有分散性好、触变性高、施工不流淌、固化后表面光滑等特点。加入活化晶须的硅烷偶联剂，可使生产更为方便并降低成本。另外氧化铝和氮化锆等晶须是有应用前景的起增强作用的填料。

2. 片状材料

片状材料是防腐蚀性介质渗透能力最强、耐蚀效果最佳的填料品种，其代表性常用的片状材料是玻璃鳞片。玻璃鳞片是一种高极性材料，在制造过程中表面易被污染。为改变合成树脂等基料对鳞片的浸润性，使用前应对鳞片表面进行处理。先将玻璃鳞片用5％的 NaOH 溶液在 70℃下浸泡 30min，再用水洗至 pH=7～8；然后在室温下，用 10％～20％的钛酸酯偶联剂（溶剂汽油）浸泡30min，过滤后，在 90℃下烘干。

根据涂料对玻璃鳞片的要求，可选用厚度为 2～5μm 的硼硅酸盐玻璃鳞片，玻璃鳞片的径厚比越大，涂料耐水性及耐化学药品性越好。兼顾材料施工性与防腐性，选择玻璃鳞片的片径 60 目为佳。在涂料中玻璃鳞片最佳用量范围为 15％～25％。

四、有机体质颜料

有机体质颜料的主要作用是减少钛白用量、提升遮盖力并改善相关应用效果。主要品种有聚合物中空微球、塑料体质颜料和不透明聚合物。

1. 聚合物中空微球

中空微球是以分散的聚合物微球为基础，微球通常大小均匀，根据不同等级，微球最大直径为 5μm 或 25μm。常见聚合物中空微球是苯乙烯和不饱和聚酯的共聚物。微球中含有封闭的小孔或"微泡"，因此成为中空微球。这些小孔或微泡在中空微球总体积中占有很大比例，微球大小不一，但平均直径大约为 0.6μm。微孔中含有空气，也可能含有金红石 TiO_2 颜料，TiO_2 也可以存在于中空微球的树脂部分。合理控制空隙的浓度和分散在中空微球的 TiO_2颜料就会使涂料遮盖率提高，并且还可以提高 TiO_2 的利用率。

在涂料配方设计中，中空微球的使用与微孔技术的使用相同，常用中空微球浆料替代粗体质颜料和 TiO_2，用细体质颜料调节 PVC 到需要水平。在中空微球的典型涂料配方中，一般中空微球占 30％，细体质颜料占 25％～50％，PVC 在 55％～80％范围。

另外，酚醛空心微球及脲醛空心微球的松散密度为 $0.2 \sim 0.5 g/cm^3$，用于隔热等涂料效果更好，同时提升涂膜的电绝缘性和尺寸稳定性等。

2. 塑料体质颜料

塑料体质颜料是一种固体超微细粒子的分散体，是由乳液聚合而成的聚苯乙烯粒子，它自身不会成膜，不能做基料。在丝光涂料或哑光涂料配方中，它可以替代部分 TiO_2 和常规体质颜料，可以调控细填料好的遮盖力与粗填料好的流动性间的平衡。在丝光和哑光涂料中，用塑料体质颜料（粒径 $0.4\mu m$）替代 30%（总体积）的固体含量时，可降低涂料成本，提升涂膜的耐磨性和易清洗性。

3. 不透明（遮盖性）聚合物

不透明聚合物实质上是一种不成膜的乳液聚合物，它带有直径约 $0.3\mu m$ 的中空核心。在不透明聚合物的早期产品中，聚合物平均外径为 $0.55\mu m$，壁厚为 $0.12\mu m$；后来，不透明聚合物的壁厚降至 $0.05\mu m$，形成一直径为 $0.4\mu m$ 的空心球体。

若用乳液聚合制备苯丙聚合物时，聚合物中空核心中充满了水，含有这种颜料的涂料在干燥过程中水就会从不透明聚合物核心扩散出来，由空气替代核心中的水起完全约束扩散的作用。表 3-5 为 Rohm & Haas 公司的 3 种不透明聚合物的性质。

表 3-5 不透明聚合物的性质

性质	不透明的聚合物		
	OP-0	OP-15	OP-30
质量不挥发物/%	37.69	37.51	37.74
体积不挥发物/%	36.53	42.63	52.07
密度/（kg/L）	1.031	1.034	1.036
压实密度/（kg/L）	1.038	0.909	0.751
不透明聚合物的中空核心体积/%	0.00	14.51	29.41

将不透明聚合物加入涂料中，随着不透明聚合物用量增加，涂料的遮盖力提高。

采用不透明聚合物的涂料配方具有如下优点：

① 不透明聚合物可以直接为涂料提供遮盖力；

② 只需极少量基料与不透明聚合物结合，在高 PVC 下，涂料各方面性能不会下降；

③ 通过增大 TiO_2 粒子的空间占有率，可提高 TiO_2 的散射效率，从而使涂膜遮盖力提高；

④ 通过增大不透明聚合物的中空核心，可以提高涂料遮盖力。

利用不透明聚合物时，应重新考虑总的涂料配方，而不应在现有配方中"直接掺入"新材料，这样才能得到有价值的新涂料配方。若考虑到原料成本，一般不透明聚合物用量在 $15\% \sim 20\%$ PVC；若只考虑涂料产品的性能最佳，则不透明聚合物用量可达 $30\% PVC$。由于不透明聚合物粒径很小，是分散的体质颜料，具有散射光的能力，也可以作为着色颜料使用。在使用时所需基料很少，可以有效增加涂料配方中 $CPVC$，提高涂料的耐刮伤性。这些特性使设计新涂料配方时可以降低 TiO_2 用量和提高涂料的 PVC，而使产品的遮盖力和其他性能不变。

第二节　颜填料应用特性

一、颜填料本质特性

1. 颜料的色彩

白色颜料全部反射照射在它上面的光线，黑色颜料全部吸收照射在它上面的光线。其他颜料只能吸收部分光线而将其他光线反射出去，如颜料吸收了白光中的红色光，而反射出蓝色光及绿色光，则该颜料呈现青色；颜料吸收了白光中的蓝色光，而反射出红色光及绿色光，该颜料呈现黄色；若青、黄两种颜料混合，由于黄色颜料反射出的红、绿光中的红光将被青色颜料吸收，则混合颜料仅剩下绿色了，得到绿色颜料。

色彩的调配是千变万化的，不同颜料匹配后，可以呈现出各个不相同的颜色，如氧化锌∶中铬黄∶铁红∶松烟＝100∶1.1∶0.18∶0.27（质量比）匹配得到米色；铁黄∶氧化锌＝128.3∶100（质量比）匹配得到草黄色；氧化锌∶铁蓝∶淡铬黄＝100∶0.84∶

0.1（质量比）匹配得到湖蓝色。

2. 颜填料的遮盖力

从色漆配方设计选用颜料角度考虑，应关注颜料的颜色、遮盖力、耐光性等应用特性。当颜填料的折射率小于或等于周围介质的折射率时，该种颜填料就没有遮盖力；当颜填料的折射率大于周围介质的折射率时，颜填料才有遮盖力。例如，合成树脂的折射率一般为 1.55 左右，碳酸钙和二氧化硅的折射率分别是 1.55 和 1.56，所以它们无遮盖力，形成的涂料是透明的；立德粉和金红石钛白粉的折射率分别是 1.84 和 2.75，则它们有遮盖力，其数值金红石钛白粉的大于立德粉的。颜填料的遮盖力大小由颜填料的折射率和颜填料的粒径大小决定。实践证明，折射率、颜填料粒径（粒径越小，遮盖力越大）和颜填料体积分数（涂料干燥后，遮盖力随着颜填料体积分数增加而降低）是影响遮盖力的主要因素，几种物质的折射率见表 3-6，白色颜料的遮盖力见表 3-7，颜填料的粒径见表 3-8。

表 3-6　几种物质的折射率

物质名称	折射率	物质名称	折射率	物质名称	折射率
水	1.33	滑石粉	1.57	氧化锌	2.06
树脂基料	1.5～1.6	硅藻土	1.55	硫化锌	2.37
碳酸钙	1.55	云母粉	1.58	钛白粉（锐钛）	2.52
高岭土	1.56	硫酸钡	1.64	钛白粉（金红石）	2.75

表 3-7　白色颜料的遮盖力

颜料名称	遮盖力/(m²/kg)	颜料名称	遮盖力/(m²/kg)
金红石型 TiO_2	30.1	锑白	4.5
锐钛型 TiO_2	23.6	氧化锌	4.1
50% 金红石型 TiO_2＋硫酸钙	16.8	35% 铅化锌白	4.1
硫化锌(ZnS)	11.9	铅白	3.7
30% 金红石型 TiO_2＋硫酸钙	11.7	碱式硫酸铅	2.9
锌钡白	5.1	碱式硅酸铅	2.5

表 3-8　颜填料的粒径

颜填料	粒径/μm	颜填料	粒径/μm
TiO_2	0.2～0.3	$BaSO_4$	0.8～50
铁红	0.3～0.4	硅灰石	3～100
铁蓝	0.01～0.2	炭黑	0.01～0.02
$CaCO_3$	0.5～100	$CaSiO_3$	0.1～5
SiO_2	1.5～9	铬黄	0.3～200
氢氧化铝	0.05～100	高岭土	20～50
滑石粉	1～12		

3. 耐光性和耐候性

颜填料在阳光和大气作用下，其颜色和性能均会发生变化，而阻止或减缓这种变化的能力，称为该颜填料的耐光性和耐候性。这种性能的好坏，是标志该颜填料质量好坏的重要因素。如云母氧化铁和金属铝粉都具有吸收紫外线的能力，有助于提高材料的耐候性。

4. 耐热性

在使用过程中，材料中的颜填料保持使用环境温度升高而不变色的能力，这种性能叫该颜填料的耐热性。耐热性是一个重要的质量指标。

5. 耐酸碱盐性

材料中颜填料在受到酸碱盐浸蚀时，保持色彩不变及强的耐受能力，称为颜填料的耐酸碱盐性，多数颜填料具有良好的耐酸碱盐性。

6. 在涂料及涂膜中的作用

（1）调控材料固化前的性能　颜填料可调控材料的性价比、黏度、遮盖力、触变性、储存性、施工性和固化性等。

（2）改善提升材料固化后的性能　颜填料可改善提升材料的光泽、物理机械性能（如硬度、耐磨性、防滑性、韧性、附着力、手感等）、力学性能、耐候性、耐光性、耐蚀性、耐热性、耐化学药品性、抗介质渗透能力、耐水性和抗氧化性等应用性能。

（3）赋予材料功能专用性　颜填料可赋予材料电绝缘、导电、阻燃、自洁、紫外线屏蔽、隔热、示温、防霉菌及保健等功能专用性。

二、颜填料专用特性

1. 随角异色效应

效应颜料是随角异色效应颜料之简称，系指在其应用系统中能产生随角异色效应的颜料。含有效应颜料因而能产生随角异色效应的涂料称为效应涂料，通常称为金属闪光漆。

当几乎垂直于涂膜观察时，涂膜显示出较强的面色，也称正视色；当几乎平行于涂膜观察时，涂膜闪现出掠视色，通常是面色的补色；当视角位于上述两个极端位置之间的任一角度时，涂膜闪现出闪视色。称随角异色效应为闪光效应。

（1）铝粉颜料　铝粉颜料是以高纯度（99.3%～99.97%）金属铝为原料，用湿法球磨工艺生产的片状金属颜料。已有球形铝粉颜料问世。

根据在涂膜中的分布形式不同，铝粉颜料可分为浮型（叶展型）和非浮型两种。

铝粉颜料像其基体金属一样是不透明的，对可见光、红外线和紫外线都有很高的反射率。用含铝粉颜料的涂料遮盖的底材，其全反射率高达75%～80%。这对于保温、隔热作用是十分有利的。

铝粉颜料的粒度和粒度分布对颜色、遮盖力、随角异色效应和光泽有重大影响，因此对铝粉的粒度及粒度分布应严格控制。

铝粉颜料用量增长最快的用户是汽车工业，用于生产在线（OEM）汽车涂料和汽车修补涂料。随角异色汽车涂料发展很快，从单纯用铝粉颜料加透明彩色颜料系统发展到铝粉颜料与珠光颜料或透明 TiO_2 颜料配套（也需再加入其他透明彩色颜料）使用，促进了铝粉颜料性能的提高。

许多常用的涂料基料如油性清漆基料、丙烯酸酯、环氧、聚氨酯和水性基料都可应用浮型和非浮型铝粉颜料。

（2）云母系珠光颜料　能焕发出柔和的珍珠光泽的颜料称为珠光颜料。它是美化人类生活的一种重要效应颜料。

在云母片上直接沉积一层 Fe_2O_3 珠光膜的珠光颜料是介于透明珠光颜料和不透明金属片状颜料之间的一种颜料。其中的 Fe_2O_3 既具有光干涉功能，又具有光吸收功能，从而使颜料具有明亮的铜色和青铜色金属外观，不透明性（遮盖力）也较高，一般称为金属光泽珠光颜料。

银白色类云母钛珠光颜料与铝粉颜料和透明彩色颜料拼用时，具有能使涂膜颜色得以清洁的作用，即可起到提高颜色纯度的作用，并使涂膜具有单独用铝粉时所没有的柔和缎光光泽。

云母系珠光颜料耐酸、耐碱性好，耐光性也好，可用于彩色卷材涂料和汽车涂料等。云母系珠光颜料耐热性相当高，可达到800℃，适用于高温作业的场合。安全无毒，适用于任何与人体接触的物品中，如食品包装材料等。云母系珠光颜料也可用于辐照固化涂料中。

云母系珠光颜料参考用量：汽车面漆为 5%～10%；建材用涂料为 5%～10%；粉末涂料为 2%～7%；耐热涂料为 1%～3%；塑料涂料为 5%～10%。

（3）纳米二氧化钛 又称超细二氧化钛、透明二氧化钛，是纳米材料中重要品种之一。纳米 TiO_2 粒径大约为普通颜料级 TiO_2 粒径的 1/10（10～50nm），对可见光没有散射性，呈透明状；吸收和屏蔽紫外线能力极高；化学稳定性和热稳定性好，完全无毒，无迁移性；以纳米 TiO_2 为助剂制成的涂膜或塑膜显示出悦目的珠光和逼真的陶瓷质感，选择粒径均匀的纳米 TiO_2，可制备各种颜色的涂料和油墨；纳米 TiO_2 具有珠光效应、色彩转移效应和附加色彩效应等。

作为一种效应颜料，超细 TiO_2 只有与其他片状效应颜料如铝粉颜料或珠光颜料并用时，才会产生随角异色性。与珠光颜料并用，会加强珠光颜料的干涉色，这种随角异色性带有乳光或虹光，是一种未曾有过的新感觉色光，在超细 TiO_2-铝粉的复配颜料体系中，加有不同颜色的珠光颜料时，使涂膜产生并随角改变的金黄色正视色，这种随角异色效应所显现颜色的柔和变化能随着汽车车身曲率的改变而变化，很适合当前流行的圆角度和流线型新型轿车的需要。所用的超细 TiO_2 最佳粒径为 20～30nm，透明度最好为 8～10 级，紫外线吸收度最好为 6 级左右。

2. 荧光特性

荧光颜料是指能发出强烈的荧光、具有颜料或着色剂功能的物质。荧光颜料分为无机荧光颜料和有机荧光颜料。

无机荧光颜料主要包括 GaS/Bi、GaSrS/Bi、ZnS/Cu、ZnGdS/Cu。前三种分别发出蓝、淡蓝、绿色光，最后一种能发出黄、橙和红橙色光。夜光颜料要加入 Cu、Pb、Ag、Zn 等激活剂。最近出售的"N 涂料"（夜光涂料）需添含稀土元素的激活剂。

有机荧光颜料以合成树脂固溶体类居多，能发出从紫外线到可见光中的短波长范围的光。产品形状有无定形粉体、球状粉体、片状和液体等。其制造方法有块状树脂粉碎法、乳化聚合法、悬浊聚合法和树脂析出法等。

三、颜填料功能性

1. 示温颜料

示温颜料分为两类：一类为可逆性变色颜料，当温度升高时颜色发生改变，冷却后又恢复到原来颜色；另一类为不可逆变色颜料，它们在加热时发生不可逆的化学变化，因此在冷却后不能恢复到原来的颜色。

可逆性变色颜料在受热时变色物质发生了一定程度的改变，如复盐的变体、结晶水的失去，冷却后，物质结构又可恢复到原来的状态，或由于吸收空气中的水分形成结晶水，因此可逆性变色颜料只能用在 100℃ 以内温度变化的场合。

2. 吸附类和超细薄片填料

（1）吸附类功能性填料　吸附类功能性填料如膨润土、凹凸棒土、沸石等，同属层状或架状含水铝硅酸盐，具有独特的内部结构和晶体化学性质。利用它们具有层间水在弱电解作用下产生羟基负离子（$H_3O_2^-$）的特点来生产负离子环保保健型内墙建筑涂料。吸附类功能性填料对 NH_3、甲醛等挥发物的吸附去除率可达到 90% 以上。

（2）超细薄片功能性填料　白云母、绢云母、滑石片岩等具有片状结构，一般外表呈丝绢光泽，可以经磨剥劈成极薄的薄片（片径厚 1～100nm）。可改善涂膜的力学性能，提高涂料的耐老化、抗紫外性能，防止龟裂，延迟粉化，同时颜料粒子容易进入片状矿物的晶格层，可保持涂料颜色长久不褪色。众所周知，太阳光中的紫外线是造成涂膜老化、功能减弱的根本原因，超细薄片填料具有晶体偏光效应和层间结晶水的光干涉效应，对紫外线、红外线起到强烈的吸收和反射作用，从而有效地保护了涂膜和颜料。在外墙涂料中添加 5%～8% 的超细云母粉、绢云母粉，可使涂膜的耐老化性能提高到 750h 以上。

3. 多功能颜料

偏硼酸钡是一种多功能颜料，其化学成分为 $BaB_2O_4 \cdot H_2O$，改性偏硼酸钡中 $BaB_2O_4 \cdot H_2O$ 的含量不低于 90%。改性偏硼酸钡是一种白色粉末，密度 3.25～3.35g/cm³，折射率 1.55～1.60，吸油量 30g/100g，饱和溶液的 pH 值（20℃）为 9.8～10.3，偏硼酸钡在水中的溶解性比较好，为了降低其溶解性，把偏硼酸钡用 SiO_2 改性，改性偏硼酸钡获得 0.4% 溶解度。不改性偏硼酸钡的溶解度可达 1.8%。

偏硼酸钡既可用于底漆，又可用于面漆。硼酸盐离子能提供阳极保护（钝化和形成保护层）。改性偏硼酸钡用为多功能颜料，其主要功能如下。

（1）防霉及防菌作用　钡离子和硼酸根离子都能有效的阻抑细菌的滋生。

（2）防锈蚀作用　可单独作为防锈颜料，也可与其他防锈颜料（如磷酸盐）复配，取得优良防锈耐蚀效果。

（3）阻燃作用　改性偏硼酸钡具有良好的防火阻燃性、与锑白的阻燃性相似，无毒害性。

（4）保色及抗粉化作用　改性偏硼酸钡可增加材料的保色性，具有抗粉化效果，减少材料变黄程度等。

4. 导静电填料

（1）金属系填料　金属系填料主要是银、镍和铜等，其中银粉的化学稳定性好，导电性高。银粉的形状呈球状、片状、枝状、针状、扁平状等，其中片状比球状的接触面积大得多，具有更好的导电性。在同一配比的情况下，球形银粉的电阻率数量级为 10^{-2}，而磷片状的为 10^{-4}，导电性与银粉粒径有关，粒径越小，导电性越高。

镍粉价格适中，在大气中不易生锈，能够抵抗苛性碱的腐蚀，有良好的导电性，镍与银制得复合型导电填料，还与铝、硼等制成合金粉作为导电填料，从而使防静电涂料具有耐老化、耐温等优点。

铜粉具有良好的导电性，其体积电阻率与银相近，且价格仅是银的1/20，作为导电填料越来越受人们的重视。但铜粉在空气中易氧化，使铜的导电性迅速下降，甚至不导电。为了防止铜粉的氧化以及保持稳定的导电性，对铜粉进行表面处理；添加还原剂，如对苯二酚；用胺类化合物作为络合剂进行表面保护；采用银铜梯度粉。

（2）碳系填料 碳系填料主要包括炭黑和石墨，碳系填料具有优异的耐候性和耐化学品性，成本低，来源丰富，故碳系导电填料应用最为广泛。在制备防静电涂料时，将石墨与炭黑混合使用，或将性能不同的炭黑混用，以满足不同的使用要求。

（3）金属氧化物导电填料 金属氧化物导电填料主要有氧化锡、氧化锌、氧化钴等。应该指出，纯的氧化锡等是绝缘体，只有当它们的组成偏离了化学比、产生晶格缺陷和进行掺杂时，才能成为半导体。由于金属氧化物导电填料具有密度较小、在空气中稳定性好并可制备透明涂层等优点，故广泛用于防静电涂料中。

（4）复合导电填料 为了降低导电填料成本，提高导电性能，常采用复合导电填料。复合粉末是每一颗粒都由两种或多种不同材料组成的粉末，并且其粒度必须大到足以显示出各种宏观性质。金属包覆型复合粉是将金属镀覆在每个芯核颗粒上形成的复合粉末，它兼有镀层金属和芯核的优良性能。根据芯核物质的不同，金属包覆型复合粉大体上分为金属-金属、金属-非金属、金属-陶瓷3类，如玻璃珠、铜粉和云母粉外包覆银粉以及炭黑外包覆银粉等。此外，也有以金属氧化物为外壳，硅或硅化合物、TiO_2等为内壳的复合导电粉。

四、颜填料反应性

1. 烧蚀隔热涂层内颜填料反应性

颜填料在高温下的化学反应性是烧蚀隔热涂层应用时的特征。

烧蚀隔热涂层内已经交联固化的基料,在高温下热分解,解聚成低分子气体 $[H_2$、CO、H_2O、$(CH_2)_n$ 等],移动至烧蚀界面跑掉,带走热量,达到隔热目的。因此,烧蚀隔热涂层在高温下应具有较高的产气率。产生气体的相对体积越大,带走热量越多,隔热效果越好。例如,气体 $(CH_2)_n$ 的相对体积是 1.0,金属铜产生气体的相对体积是 0.08,则有机聚合物为基料的烧蚀隔热涂层的隔热效果远远高于金属铜。

烧蚀隔热层在高温下除产生低分子气体外,还会生成大量的碳质残留物,在 1500K 以上温度时,会与过渡性金属元素(或金属氧化物)发生吸热催化反应。

$$F_2O_3 + 3C \Longrightarrow 2Fe + 3CO\,(g)\uparrow \tag{3-1}$$

碳质残留物与 F_2O_3、SiO_2、Cr_2O_3 反应时,产生一氧化碳的气体分压顺序: $F_2O_3 \geqslant SiO_2 \geqslant Cr_2O_3$。涂层中的 F_2O_3 与碳质残留物反应会带走大量的热,起到较明显的隔热作用。

在超过 1500K 的环境条件下,涂层内生成的碳质残留物可与填料中的二氧化硅发生吸热化学反应:

$$SiO_2 + C \Longrightarrow SiO\,(g)\uparrow + CO\,(g)\uparrow \tag{3-2}$$

生成的 SiO 和 CO 气体离开隔热涂层而带走热量,增加涂层的隔热性。

在 1000℃ 以上时,涂层内的二氧化硅与活性金属粉发生吸热化学反应:

$$Zn + SiO_2 \Longrightarrow ZnO + SiO\,(g)\uparrow \tag{3-3}$$

生成的 SiO 气体离开隔热涂层时带走热量,提高隔热效果。将热固性酚醛树脂与二氧化硅配制成涂料或将乙烯基硅橡胶弹性烧蚀隔热涂料中加入 40%(占乙烯基硅橡胶质量)活性锌粉,都取得明显的烧蚀隔热功效。涂层在氧-乙炔火焰(3000℃)中烧蚀,测定涂层隔热效果见表 3-9。

表 3-9　涂层隔热效果比较

序号	组成	深层厚度/ mm	涂层背面达到指定温度所需时间/s
1	热固性酚醛树脂	6.35	达到 200 ℃需 39.6
2	热固性酚醛树脂＋SiO_2	6.35	达到 200 ℃需 59.0
3	弹性烧蚀隔热涂料	6.00	达到 120 ℃需 43.6
4	含锌粉的弹性烧蚀隔热涂料	6.00	达到 120 ℃需 58.2

提示：与涂料交联固化反应不同，涂膜内的组分或组分间发生物理、化学反应是在涂膜服役期间发生的，通过某种物理、化学反应达到应用目的。除烧蚀隔热涂层外，还有阻燃、示温、温控、导电、防污、发光和防霉菌等功能型涂料。发掘利用涂膜内组分间发生物理、化学反应可能引发的协同效应，为强化涂膜的某种特定功能创造有利条件。

2. 颜填料的阻燃效能

在专用阻燃涂料配方设计中，充分利用氧化锌、钛白及滑石粉形成复配颜填料的阻燃效果，完成涂料配方设计。考察几种颜填料的阻燃效果，其阻燃性比较见表 3-10。

表 3-10　颜填料阻燃性比较

颜料名称	阻燃性	颜料名称	阻燃性
氧化镁	0.50	滑石粉	0.31
碳酸镁	0.39	氧化锌	0.37
硫酸钡	0.60	石棉粉	0.56
钛白粉	0.38	钛白粉：氧化锌：滑石	0.28
云母粉	0.44	粉＝1：1：1（质量比）	

阻燃涂料的配制组成是基料清漆：颜填料为 1.0：0.8（质量比），固化条件为 180℃，3min；单独基料清漆为环氧树脂 E-44：专用酚醛树脂为 2：1（质量比），基料清漆膜的阻燃性数值为 0.65。

将被测涂膜置于酒精灯氧化焰上燃烧时，涂膜阻燃性可按下式计算：

$$阻燃性 = t_2/t_1 \qquad (3-4)$$

式中　t_1——被测试涂膜在火焰中燃烧时间（每种被测样品在火焰

上燃烧时间相同，样品质量相等），s；

t_2——被测试涂膜离开火焰后，涂膜上的火焰自熄时间，s。

上式计算的阻燃性数值越小，涂膜的阻燃效果越好。含滑石粉：氧化锌：钛白粉为 1：1：1 的混合颜填料涂膜中，由于三种颜填料交互作用产生协同效应，则阻燃效果比它们分别单独使用时更好。在专用阻燃涂料中加入具有良好阻燃性的混配颜填料，不仅提升涂膜的阻燃效果，而且降低阻燃涂膜的吸水率及阻燃涂料的制造成本。

3. 金属氧化物作固化促进剂

三氧化二铁（Fe_2O_3）、氧化锌（ZnO）、氧化镁（MgO）和三氧化二铬（Cr_2O_3）等金属氧化物对加成固化和亲核试剂引发的阴离子聚合固化体系起固化促进作用。通常将金属氧化物加入固化剂组分中，几种金属氧化物对双包装涂料提升固化速度的活性顺序为 $MgO > ZnO > Fe_2O_3 = Cr_2O_3$。将 Fe_2O_3、Cr_2O_3 和 ZnO 分别加入单包装加成-催化固化成膜涂料中，含 ZnO 的单包装涂料储存 25d 凝胶，而含 Fe_2O_3 和 Cr_2O_3 的单包装涂料储存 240d 后，涂料流动性很好。

第三节 颜填料表面处理

一、颜料表面处理技术

1. 钛白表面包膜处理

金红石型 TiO_2 经表面处理后，在白度、遮盖力、光泽、分散性、保光性、保色性、抗粉化和耐久性诸方面，都达到极高的程度。

若按包膜物质分，可分为无机表面包膜和有机表面包膜处理的 TiO_2。

（1）无机包膜剂 无机包膜剂主要是铝、硅、钛、锆等金属的氧化物或水合氧化物，可单用一种处理剂处理，更多的是用几种处理剂进行联合处理，以产生协同效应。大多数小粒径 TiO_2 为了具有很高的光泽，往往仅用铝处理，而高抗粉化型 TiO_2 则多用硅、铝、钛、锆等联合处理。

（2）有机包膜剂 为了改善分散性，发展了有机表面处理。有机处理剂有多元醇（季戊四醇、聚乙二醇、三羟甲基丙烷等）、三乙醇胺、二异丙醇胺、酯化苯乙烯顺丁烯二酸酐共聚物、聚甲基硅氧烷等。

（3）表面包膜的钛白示例

① 有机包膜剂表面处理的钛白 拜耳公司采用有机表面处理的 TiO_2 品种占74%，杜邦公司和石原公司的一些 TiO_2 品种中也进行了有机表面处理。如杜邦公司的 R-700、R-702、R-960H、R-960HG 和 R-760，以及石原公司的 CR-50-2 和 CR-58-2 等。节能型 TiO_2 就是经有机表面处理的 TiO_2，它大大缩短了研磨分散时间。

另外，KH 570 以化学键合的形式结合于纳米 TiO_2 表面，当硅烷偶联剂用量为10%、pH 值为6.5、处理时间为 $1.0\sim1.5h$ 时，纳米 TiO_2 的有机化表面改性效果最好，TiO_2 在乙醇中达到纳米级的分散。在环氧复合材料中加入3%的经 KH 550 表面改性的纳米 TiO_2，呈现良好的分散效果，复合材料的弯曲强度大于120MPa，冲击韧度为 $80kJ/m^2$。

② 无机包膜剂表面处理的钛白 用晶体状水合氧化铝包膜能改进 TiO_2 的亲油性，有助于聚合物基料的吸附，在应用中产生空间位阻效应。

现代 TiO_2 颜料大都是两亲性的，它们既适用于油性（溶剂型）系统，又适用于水性系统。这是由使用水合 SiO_2（产生亲水团）和水合 Al_2O_3（产生亲油基团）联合无机表面处理，或用两亲性化合物进行有机表面处理所致。采用 ZrO_2、水合 TiO_2、SiO_2、P_2O_5 以及有机处理剂复合处理的 TiO_2，牌号为 TR-63，具有高耐久性、光泽性和分散性。主要用于汽车面漆、汽车修补漆、卷材涂料、外用粉末涂料、高固体分涂料和水性涂料等。将 TiO_2 的晶格用Al_2O_3 稳定，其表面用 ZrO_2、Al_2O_3 和有机物处理得到 R-KB-6 产品。

R-KB-6 具有良好的分散性，研磨分散时间短，光泽度高，光雾值低。在汽车涂料中，R-KB-6 的25°光泽能达到99%、24°的光雾值为22%。

表面处理剂与 TiO_2 耐久性关系（见表3-11）。

表 3-11 表面处理剂与 TiO₂ 耐久性的关系

颜料类别	表面处理剂①	光 泽	着色力	抗粉化性	光泽保持力
低耐久性颜料	Al	高	高	低	低
中等耐久性颜料	Al、Si	中等	中等	中等	中等
高耐久性颜料	Al、Si	中低	低	高	高
中等耐久性颜料	Al、Org	高光	高	中等	高
高耐久性颜料	Al、Zr、Org	高光	高	高	高

① Al 是 Al₂O₃，Si 是 SiO₂，Zr 是 ZrO₂，Org 是有机表面处理剂。

2. 炭黑表面改性处理

炭黑由粒径为 10～500nm 的炭粒聚集而成，表面含有 C—H、C—OH、C＝O 和—C—O—等活性官能团。炭黑颜料存在着难分散、高吸油量和易絮凝返粗等缺点。改进炭黑分散性和分散稳定性的方法很多，下面只介绍预浸分散法、接枝改性法和偶联剂处理法。

（1）预浸分散法 将中色素炭黑和高色素炭黑用二甲苯、正丁醇及环己酮进行预浸分散，可获得良好效果。在搅拌下将炭黑慢慢加入到基料树脂中，充分分散后，再在高速搅拌下加入二甲苯（或正丁醇、环己酮），之后中速搅拌 30min 以上，立即将其快速用卧式砂磨机或立式砂磨机研磨一遍，放置 24h 以上，再用原研磨设备分散至细度合格。

（2）接枝改性法 采用聚乙烯、聚丙烯腈和聚丙烯酰胺分别与炭黑进行接枝改性，得到三种接枝改性炭黑。接枝后阻止了炭黑粒子的再聚集，增加了炭黑粒子在介质中的分散稳定性。

（3）偶联剂处理法 钛酸酯偶联剂能在炭黑表面与基料树脂之间形成化学桥键，在炭黑表面形成单分子层，其表面改性效果产生于界面处，它能通过自身的活性基团参与交联固化成膜反应，可有针对性地改进材料性能。由于钛酸酯偶联剂分子中含有不同的活性基团，应依据不同的应用性能选用不同品种偶联剂。

钛酸酯偶联剂对高表面积的炭黑有明显的分散效果，这是由于在 YB-104A 中引入了长链烷氧基，改善了基料树脂与炭黑的相容性。钛酸酯偶联剂用于处理难于分散的颜料时，明显改善工艺，提高研磨效率。另外，钛酸酯偶联剂 YB-201A 和 YB-203 可提升材料的储存稳定性，提高防沉降能力；钛酸酯偶联剂的长链结构能与基料树脂交联固化或与基料树脂分子链缠结，有利于应力-应变传递，改进成型材料的抗冲击性和柔韧性。

3. 氧化铁红及铁黄表面处理

（1）氧化铁红表面处理 采用 Al_2O_3-SiO_2 对氧化铁红进行表面处理，得到 120FS 黄相红（粒径 0.11μm）、130FS 中性红（粒径 0.22μm）和 160FS 蓝相红（粒径 0.40μm）。它们都是易于分散的氧化铁红，具有优良的抗絮凝作用，又称抗絮凝氧化铁红，其吸油量为 24g/100g，含（Al_2O_3 + SiO_2）为 4%～7%，密度约为 4.8g/cm³，pH 值为 5～8 及粒子形状为球形。

（2）氧化铁黄表面处理 采用表面电荷改性方法，用一种无机电荷改性剂（低浓度的过渡金属离子）对氧化锌黄进行表面处理，改变了铁黄粒子的表面电荷、消除了色偏移，得到低黏度氧化铁黄。在颜料质量分数为 60% 的醇酸树脂涂料中，采用中等剪切黏度测定法测得未改性氧化铁红的斯托默黏度为 90KU 而低黏度氧化铁黄的斯托默黏度为 75KU。

透明氧化铁黄可采用十二烷基苯磺酸钠进行表面处理，提高分散性及透明度。

4. 铬黄及群青表面处理

（1）铬黄表面处理 采用锌皂、磷酸铝及氢氧化铝处理铬黄，减少铬黄因分散性差产生的变稠、发胀及调色出现的"丝光现象"。

（2）群青及立德粉表面处理 采用 SiO_2 处理群青，提升其耐候性；采用某种稀土元素对立德粉进行表面处理，降低硫化锌的光化学活性。

二、填料表面处理技术

采用硅烷偶联剂、复合硅烷偶联剂、钛酸酯偶联剂、复合钛酸酯偶联剂及匹配助剂等对填料进行表面处理，使其表面活化。改善基料等组分对填料表面的润湿性、分散性及各组分亲和相容性，有利于材料制造、储运及施工；提升材料固化成型后的物理机械性能、电性能及力学性能等应用技术指标；会降低固化材料的收缩率及内应力；增加产品的技术含量及市场竞争力。

1. 硅微粉表面处理

采用 KH 560 和复合硅烷偶联剂处理硅微粉的物性列于表 3-12。

表 3-12　两种硅烷偶联剂处理硅微粉的物性

项　　目	物性比较	
	复合硅烷改性硅微粉	KH 560 改性硅微粉
憎水性[①]/时间	8h	40min
浇注件中沉降率/%	7	20
吸水率/%	0.11	0.20
浇注料黏度[②]/mPa·s	13300（30℃）、3600（50℃）	14000（30℃）、4200（50℃）
吸油量/（g/100g）	15	16.5
渗透时间[③]/s	70	77

① 将 60 目经表面处理的硅微粉 5g 放入盛有 800mL 水的 1000mL 烧杯内，记录硅微粉粒子开始下沉至全部下沉的时间，下沉时间越长，硅微粉憎水性越好。

② 取 JHD-128 环氧树脂：甲基四氢苯酐：改性硅微粉＝100：85：280（质量比）配成浇注料；用 NDJ-1 旋转黏度计的四号转子（30r/min），测定黏度。

③ 取改性硅微粉装满 20mL 烧杯，刮平压实，将环氧树脂滴至硅微粉表面，记录环氧树脂液完全渗透的时间。渗透时间越短，浸润性越好。

两种硅烷偶联剂都能提升硅微粉的应用性能，可依据应用要求选择用不同硅烷偶联剂处理的硅微粉；复合硅烷偶联剂改性的硅微粉，适用于环氧树脂浇注料、灌封料的制造。环氧树脂灌封料长期储存不易沉淀、结块，仍保持硅微粉颗粒的良好分散稳定性。用量为环氧树脂：改性硅微粉＝1：（3.2～3.8）（质量比）。

经实用证明，对二氧化硅（SiO_2）系填料（气相 SiO_2 除外）进行表面处理后，改善了 SiO_2 粒子与环氧树脂分子间的浸润性、均匀分散性、使彼此间形成机械缠绕，降低浇注料等环氧材料的内应力，提升 SiO_2 粒子与环氧树脂分子间界面结合强度和浇注件等材料的机械强度、电气性能。采用硅烷类偶联剂对提升综合性能的作用更明显。

2. 重晶石粉等高密度填料表面处理

重晶石粉等高密度填料与其他组分间的相容性、填料润湿分散性及填料在液体材料中的沉淀问题，都需要采用表面处理技术给予解决。通常用硅烷偶联剂（如 KH 550、KH 560 及 KH 570 等）、钛酸酯偶联剂（如 YB-201A、YB-104A、YB-203 等）及匹配助剂（如气相 SiO_2 或膨润土与特效助剂搭配）对重晶石粉等填料进行表面处理，均可取得满意的效果。

另外，取 E 51 环氧树脂：苄基缩水甘油醚：正丁醇（或环己酮）：沉淀硫酸钡：YB-201A 钛酸酯偶联剂（或 PA 耐蚀剂）= 10：10：3：75：2（质量比）或 E 51 环氧树脂：新戊二醇缩水甘油醚：KH560：环己酮：沉淀硫酸钡 = 10：10：2：3：75（质量比）组成浆料的预浸泡法，也取得较好的表面处理作用。

3. 轻质碳酸钙及高岭土表面处理

采用不同的表面活性剂处理轻质碳酸钙及高岭土，形成活性轻质碳酸钙及高岭土，提高它们的润湿分散性。

4. 玻璃鳞片表面处理

采用氨基硅氧烷处理玻璃鳞片会明显提升涂膜的抗介质渗透能力，在 80℃下、20％ NaOH 水溶液中进行浸泡试验，考察玻璃鳞片（用氨基硅烷等进行表面处理前后）对涂膜起泡性影响结果如下：

清漆膜　　　　　　　　　　　　　12h 起泡
含未处理的玻璃鳞片涂膜　　　　　3h 起泡
含处理的玻璃鳞片涂膜　　　　　　384h 完好无泡

第四节　选用颜填料操作技术

一、颜填料体积分数和颜基比

1. 颜填料体积分数

（1）颜填料体积分数（PVC 或 φ_p）　在涂膜中含颜填料的体积分数。

$$PVC = \frac{颜填料的体积(V_p)}{颜填料的体积(V_p) + 纯成膜物的体积(V_b)} \times 100\%$$

$$= \frac{V_p}{V_p + V_b} \times 100\% \tag{3-5}$$

（2）临界颜填料体积分数　当颜填料完全堆积在一起时（$PVC=100\%$），颜填料粒子间的空隙由空气占据，当空气所占据的体积完全被基料所代替，即颜填料粒子间的空隙刚好由基料所占据时，此临界点的 PVC 值称为临界颜填料体积分数（$CPVC$）。$CPVC$ 的测定方法有 $CPVC$ 瓶法、密度法和吸油值法。

（3）PVC 与 $CPVC$ 的关系　当 $PVC=CPVC$ 时，涂料中的颜填料粒子正好被基料等成膜物润湿和包围；当 $PVC<CPVC$ 时，涂料中的基料等成膜物除润湿和包围颜填料粒子外，还有剩余，则涂膜中填料粒子间的距离比较大，不会使整个涂膜形成毛细血管，故防腐蚀性介质渗透能力较强；当 $PVC>CPVC$ 时，涂料中的基料等成膜物不足以润湿和包围颜填料粒子，因此有部分颜填料粒子在涂膜内"疏松地"存在着，则涂膜中颜填料粒子间距离极其小并有部分粒子产生"粒子聚集"，增加了整体涂膜形成毛细血管的机会，故防腐蚀性介质渗透能力变弱，耐蚀性等物理力学性能急剧下降。

色漆中颜料体积分数 PVC 及其相应的 $CPVC$ 之间相对关系对色漆涂膜的影响很大，所以在色漆配方设计时将 PVC 和 $CPVC$ 的相互比例安排在一个适当的范围内是十分重要的。通常耐久性要求高的面漆一般都采用低 PVC（$15\%\sim20\%$）的配方，因为基料多容易获得连续的涂膜，能获得所需要的光泽和户外耐久性。随着 PVC 的增加，涂膜的光泽也随之下降，可以得到半光、无光漆。当需要减少光泽又必须控制 PVC 和其 $CPVC$ 的相互比例，以保证涂膜其他性能时，可借助消光剂来调整光泽。

一般情况下配制色漆时 PVC 总是低于 $CPVC$。例如，一般工业漆 $PVC/CPVC=0.8\sim0.9$，防锈漆 $PVC/CPVC=0.7\sim0.8$，防锈漆 PVC 在 $33\%\sim35\%$，铅系颜料防锈漆稍高在 $35\%\sim40\%$，鳞片状防锈颜料 PVC 比较低，在 $12\%\sim25\%$，保养底漆为 $0.75\sim0.9$，二道底漆为便于砂纸打磨一般为 $1.05\sim1.15$ 之间，同时，由于底漆涂膜中 PVC 大于 $CPVC$，底漆涂膜孔隙多，有利于第一道面漆涂膜渗入，可以提高层间结合力。

总之，在色漆配方设计时，确定适宜的 PVC 以及色漆生产时准确计量对色漆产品性能的影响是相当大的。

$PVC/CPVC$ 的比值（Δ）对涂膜的性能和应用有比较大的影响，有人提出以 $PVC/CPVC$ 的比值指导涂料配方的设计。

$$\Delta = PVC/CPVC \tag{3-6}$$

对于高质量的有光汽车面漆、工业用面漆和民用面漆，其 Δ 在 0.1～0.5；半光的建筑涂料，其 Δ 在 0.6～0.8；无光内外墙涂料，Δ 在 1.0 左右；天花板漆，其 Δ 大于 1；金属保护底漆，其 Δ 在 0.73～0.9；对于需打磨的底漆，其 Δ 在 1.05～1.15。

值得一提的是，金红石钛白粉的体积分数与遮盖力之间有一种特殊关系，即当 $PVC=22\%$ 时（此时 $PVC<CPVC$），遮盖力最高。当 $PVC>22\%$ 时，遮盖力反而下降，金红石钛白粉的体积分数在 18%～22% 之间，遮盖力的变化不大，为节约价格较高的金红石钛白粉的用量，采用 $PVC=18\%$，配方中加一些惰性颜料可以使金红石钛白粉的体积分数降低到 15% 以下。

2. 颜基比

（1）颜基比的含义　尽管颜料体积分数是色漆配方设计的科学依据，而颜料与基料的质量比与涂膜性能没有对应关系，但由于颜料与基料质量关系比 PVC 计算简便，以质量关系表示的配方关系更为直观些。因此，在依据 PVC 确定配方组成的基础上，以颜料和基料的质量比表示颜料组分在配方中的相对含量的方法也常常应用。

颜料与基料的质量比简称颜基比。它定义为在色漆配方中颜料（包括体积颜料）的质量与基料的质量之比。即

颜基比＝颜填料（P）质量：基料（B）质量＝P/B

在涂料配方设计时，应依据不同品种及不同用途的涂料（色漆）采用不同的 P/B，一般面漆的 P/B 为（0.2～0.9）∶1.0；底漆的 P/B 为（1.0～4.0）∶1.0。在特殊情况下，底面漆的 P/B 是可以依据实际要求进行适当调整的。

（2）选用颜基比的关注点

① 颜基比的构成　在确定 P/B 时，取 P＝颜料＋填料＋粉体助剂；B＝基料（树脂）＋活性稀释剂＋交联剂＋固化剂。

② P/B 的作用　规定涂料配方中颜填料占涂料总质量的质量分数，便于在制造涂料时按质量投料，同时规定 P 与 B 的配比。

③ P/B 与 PVC 的关系　涂料配方设计者，应特别关注体积概念，涂膜的性能都是与体积相关联的。一定要掌握成膜物及颜填料的密度，将质量换算成体积。将质量变成体积，充分展示涂料配方设计的科学性。

④ P/B 的可调性　P/B 增加可降低涂料成本，应通过 P/B 的调整改进涂料的制造、储存、涂装和涂膜应用等性能，以涂料实际应用效果为切入点，有针对性地调整 P/B 值，设计出适宜的涂料配方。

3. 颜填料参数的应用

在乳胶涂料配方设计中，应掌握颜填料的体积分数（PVC），临界颜填料体积分数（对乳胶漆涂料采有 $LCPVC$ 表征）和颜基比（P/B）三个重要参数。

PVC 对乳胶漆光泽的影响如图 3-1 所示。

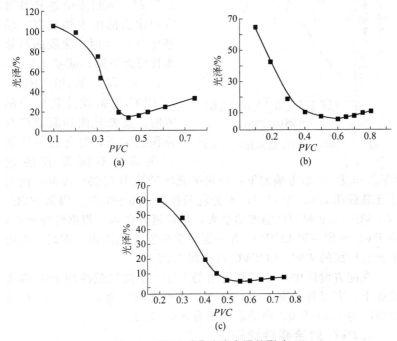

图 3-1　PVC 对乳胶漆光泽的影响

(a) 颜料为 TiO_2；(b) 颜料为 TiO_2，填料为滑石粉；
(c) 颜料为 TiO_2，填料为轻质 $CaCO_3$

由图 3-1 知，乳胶漆的光泽随着 PVC 变化的曲线存在转折点，转折点处的 PVC 是临界颜料体积分数（LCPVC），PVC 小于 LCPVC 时，乳胶漆的光泽随着 PVC 的增加而降低；当 PVC 等于 LCPVC 时，光泽最小；当 PVC 大于 LCPVC 时，光泽随着 PVC 的增大而极慢增加。

由图 3-1 还可以发现，在相同的 PVC 条件下，颜填料仅为二氧化钛的乳胶漆的光泽高于二氧化钛和轻质碳酸钙，以及二氧化钛和滑石粉为颜填料的乳胶漆光泽；滑石粉和二氧化钛配制的乳胶漆光泽小于轻质碳酸钙和二氧化钛配制的乳胶漆光泽。

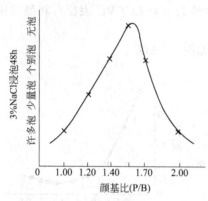

图 3-2　颜基比与涂膜耐盐水性关系

P/B 对涂膜耐盐水（3%）性影响如图 3-2 所示。

由图 3-2 可知，P/B＜1.70 时，乳胶漆中的 P/B 增大；涂膜的耐水性提高。颜基比＞1.70 时，涂膜的耐盐水性反而下降，颜基比1.4～1.7 为宜。采用 PVC/LCPVC 比值设计乳胶漆配方时，反映乳液和颜填料与体积的关系，与乳胶漆性能相关联，不同乳胶漆的 PVC/LCPVC 参考值如下：外用平光乳胶漆为 0.95～0.98，内用平光乳胶漆为 0.98～1.1，半光乳胶漆为 0.6～0.85。因为 PVC/LCPVC＝1.0 时的性能波动很大，最好避开此点，根据性能要求，将 PVC 设定在离 LCPVC 有一定距离的安全范围内。有时，内用平光乳胶漆的 PVC/LCPVC 可达到 1.35。

在配方设计中，应控制适当的 P/B，不同乳胶漆的 P/B 参考值如下：有光乳胶漆为 0.4～0.6、半光乳胶漆为 0.6～2.0、外墙乳胶漆为 0.4～5.0、内墙乳胶漆为 0.6～7.2。

4.PVC 对涂膜性能影响

（1）复配颜填料的 PVC 对涂膜性能的影响　由复合磷酸锌铝：氧化铁红：云母氧化铁红：超细云母粉＝27：10：5：25（质

量比）组成复配颜填料，其 PVC 对聚氨酯涂料形成涂膜后的性能影响见表 3-13。

表 3-13 PVC 对涂膜性能的影响

检验项目	$PVC/\%$				
	30	34	37	41	45
柔韧性/mm	1	1	1	2	3
耐冲击性/cm	50	50	50	50	50
耐盐雾性/h	192	432	724	312	168
缺陷	起泡＞2mm	起泡＞2mm	腐蚀＞2mm	锈蚀＞2mm	锈蚀＞2mm

随着 PVC 值增大，涂膜起泡性减小，而耐蚀性增强，柔韧性下降，配方的最佳 PVC 值为 37%。

（2）不同防锈颜料中的 PVC 对涂膜耐盐水性的影响　用复合钛铁颜料、三聚磷酸铝和磷酸锌制成水性环氧防锈涂料，用三种防锈颜料各制成不同 PVC 值的涂膜，PVC 对涂膜耐 $3\%NaCl$ 的影响见图 3-3。

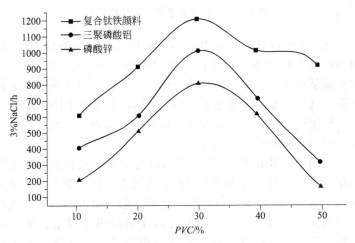

图 3-3　不同防锈颜料 PVC 值对涂膜耐盐水性的影响

（3）复配颜填料的 *PVC* 对涂膜耐盐水性影响　由复合铁钛粉：氧化铁红：滑石粉＝2：1：1（质量比）组成复配颜填料，制成不同 *PVC* 值的水性环氧-聚氨酯涂料，考察 *PVC* 对涂膜耐盐水性的影响结果见图 3-4。

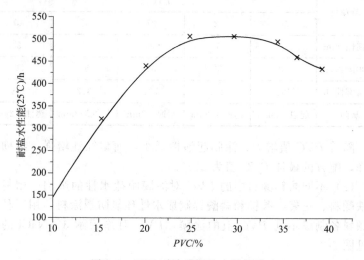

图 3-4　*PVC* 对涂膜耐盐水性能影响

由图 3-4 可以看出，随着 *PVC* 在 10％～25％的范围里增大，涂料的耐盐水性能逐步提高；当增加至 25％～35％的范围时，耐盐水性能基本不变；但当 *PVC* 大于 35％～40％的范围时，耐盐水性下降。这主要是由于颜填料 *PVC* 增加，基料比下降，涂膜的附着力、封闭性都下降，则水和氧气等渗透介质对金属底材进攻概率增大，导致涂膜防锈能力变差。

（4）颜填料及其 *PVC* 与涂膜内应力关系　试验证明，涂膜内应力超过黏结力时，涂膜就会剥离；内应力超过内聚力时，涂膜就会开裂。值得提示的是，颜填料品种对涂膜内应力的影响：在涂料中，增加钛白和氧化锌用量，会提高涂膜的弹性模量、增加内应力、降低黏结强度；增加铝粉和滑石粉用量，会抑制涂膜体积收缩、提高弹性模量、对内应力基本无影响、并有改进涂膜黏结强度的作用。几种常用的颜填料使涂膜产生内应力大小顺序是：钛白＝

氧化锌＞硫酸钡＞碳酸钙＞滑石粉＝铝粉。

在热固性基料形成的涂膜中，钛白、氧化铁红和滑石粉的 PVC 与涂膜内应力变化关系见图 3-5。图 3-5 中的最大内应力是 PVC＝CPVC 时的数值。钛白使涂膜产生高的内应力、滑石粉使涂膜产生低的内应力。在 PVC 低于 CPVC 时，涂膜的内应力随 PVC 的提高而增加，涂膜的防腐蚀性较好；在 PVC 高于 CPVC 时，涂膜的内应力随 PVC 的提高而下降、涂膜的防腐蚀性较差。

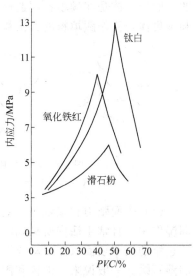

图 3-5　PVC 与涂膜内应力的关系

二、颜填料润湿与分散

就涂料（色漆）本质而言，它是颜填料在基料中分散，形成以颜填料为分散相（不连续），基料为连续相的非均相分散体系。颜填料和基料间的界面性质决定着分散过程难易、完成分散速度、形成涂料的相对稳定性、涂料的涂装性及涂膜的应用性。

颜填料在基料中分散过程是比较复杂的，至少要经过润湿、解聚（分散）和稳定化三个过程。

1. 颜填料润湿

通常，颜填料颗粒表面吸附着一层空气和水分，颗粒间的空隙也被空气所填充，用基料取代空气和水分并在颜填料表面形成包覆膜的过程称作润湿过程。值得注意的是，颜填料都是以原级粒子附聚体和聚集体的混合颗粒存在的，如图 3-6 所示。原级粒子是在颜填料制造中形成的单个晶体或缔合晶体；附聚体是原级粒子以边和角相连接结合而成的结构松散的大颜填料粒子团；聚集体是原级粒子间以多面相结合或晶面成长在一起而形成的结构紧密的大颜填料粒子团。附聚体大多是在颜填料滤饼干燥和随后的干磨过程中形成的，而聚集体是在颜填料制造过程中沉淀熟化阶段形成的，附聚体和聚集体合称作颜填料的二次粒子。

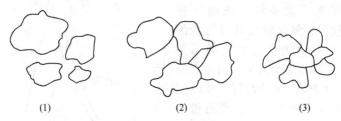

图 3-6　颜料的原级粒子和二级粒子

(1) 原级粒子；(2) 附聚体；(3) 聚集体

(1) 表面张力和接触角　基料对颜料的润湿属于液体对固体的润湿作用，日常生活中所见到的水滴能在玻璃表面展布开来，而在涂过蜡的汽车表面只能滚动或滑落，这说明水能润湿玻璃，而不能润湿石蜡。一般说来，液体和固体表面接触可以呈现如图 3-7 所示的三种不同状态。其润湿程度可以用接触角来反映。

图 3-7 为气（g）、液（l）、固（s）三个相界面的投影。图中 O 点为三个相界面投影的交点。润湿程度可以接触角（或润湿角）来衡量。所谓接触角就是固液界面与气液界面在 O 点切线的夹角 θ。接触角 θ 愈小愈易润湿，一般以 $\theta = 90°$ 为分界线。$\theta < 90°$ 为能润湿；$\theta = 0°$ 为完全润湿；$\theta > 90°$ 为不润湿；$\theta = 180°$ 为完全不润湿，而接触角大小是由液体和固体的表面张力以及液固相之间的界面张力大小决定的。

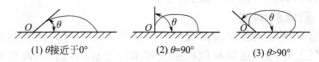

(1) θ 接近于 $0°$　　　　(2) $\theta = 90°$　　　　(3) $\theta > 90°$

图 3-7　液固表面接触的不同状态及其接触角

一个液-固相系统，其接触角的大小，决定于紧靠液-固相界面的三种表（界）面张力的相互作用。如图 3-8 所示为固液界面接触时三种表（界）面张力作用的情况。液体表面张力 σ_1 倾向于沿着液体表面的切线方向，拖曳液体离开固体界面的边缘，也就是说，使液体表面向里收缩，使接触角增大。固体和液体界面之间的界面张力 σ_{sl} 则倾向于顺着固液界面将液体拉离界面边缘，使接触角增大。

固体的表面张力则以与界面张力 σ_{sl} 完全相反的方向起作用，尽量使液体沿固体表面展开来，接触角度变小。当上述三种作用力平衡时，则得到表（界）面张力的接触角关系方程如下：

$$\sigma_s = \sigma_{sl} + \sigma_l \cos\theta$$

或

$$\cos\theta = \frac{\sigma_s - \sigma_{sl}}{\sigma_l} \tag{3-7}$$

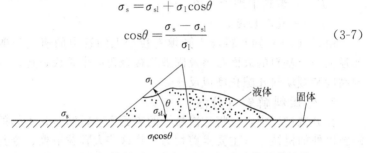

图 3-8 固液界面接触时三种表（界）面张力作用的情况

式（3-7）表明：

① 液体表面张力（σ_l）越大，$\cos\theta$ 值越小，接触角度越大，润湿越差；反之，液体表面张力越小，$\cos\theta$ 值越大，接触角度越小，湿润湿越好；

② 固体表面张力（σ_s）越小，$\cos\theta$ 值越小，接触角度越大，润湿越差；反之，固体表面张力越大，$\cos\theta$ 值越大，接触角度越小，润湿越好；

③ 液-固相间的表面张力（σ_{sl}）越大，$\cos\theta$ 值越小，接触角度越大，润湿越差；当（$\sigma_s - \sigma_{sl}$）为负值时，$\theta > 90°$，则几乎不湿润；反之，界面张力越小，$\cos\theta$ 值越大，接触角越小，润湿越好。

基料对于颜料的润湿过程，基料为液相，颜填料为固体，上述所有的导致接触尽量接近 0° 的条件都是我们追求的。

（2）基料对颜填料润湿 如何使基料充分地润湿颜填料及缩短完成润湿过程的时间（提升润湿速度）是涂料配方设计者极为关切的问题之一。T. C. 帕顿（T. C. Patton）推导出基料渗入颜料孔隙的平均液体速度的表达式，即

$$u = \left(\frac{\sigma \cos\theta}{\eta}\right) \times \left(\frac{R}{4L}\right) \tag{3-8}$$

式中　u——平均液体渗入速度，cm^3/s；

$\qquad \cos\theta$——接触角的余弦；

$\qquad \sigma$——基料的表面张力，$10^{-3}N/m$；

$\qquad \eta$——基料的黏度，$Pa \cdot s$；

$\qquad R$——颜料毛细管半径，cm；

$\qquad L$——孔隙长度，cm。

由式（3-8）知基料渗入到填料粒子毛细管中的速度与颜填料孔径大小、基料的表面张力及固液相接触角的余弦成正比，与基料的黏度和颜填料孔隙长度成反比。

2. 颜填料解聚（分散）

在分散过程中，仅将二次粒子的表面用基料润湿是不够的，必须施以外加机械力（主要是剪切力）将这些大颗粒解聚、令其恢复到或接近恢复到原级粒子的大小，以小颗粒大表面积的形式暴露在基料中，并使其所有暴露出来的表面都被基料润湿。这种借助外加机械力，将颜料附聚体和聚集体恢复成或接近恢复成其原级立体的过程称为解聚过程（分散过程）。

在研磨漆浆中颜料粒子的解聚过程中，不仅可以充分地令液体基料润湿颜填料粒子表面，提高漆浆稳定性，而且随着颜料分散程度的提高，颜料的着色力，遮盖力都会相应提高，色漆涂膜的光泽及其他性能也得到改善。选用高效的研磨分散设备，可以极大地提高颜料在基料中的分散程度。研磨分散的效率高低将直接影响色漆生产线的单位时间产量和主要能力消耗。因此，如何争取在尽量短的时间内，耗费尽量少的能量，生产出尽量多的稳定性好的研磨漆浆将是色漆生产时对颜料解聚效果所追求的目标。

3. 分散体系稳定化

颜料在基料中的分散体系可以通过3种机理使其稳定。

（1）电荷稳定作用　电荷稳定作用是电力斥力的结果，电力斥力是围绕该颜料粒子的双电层产生的。在粒子周围生产的双电层充分的延伸到液体介质中，因为所有的粒子都被同种电荷（正电荷或负电荷）所包围，故当粒子靠得很近时，它们就互相排斥。

颜料颗粒粒子相互接近时通常包括三个重要的相互作用力：电磁力，本质上总是吸引力；静电（库仑）力可以是吸引力也可以是排斥力，但对于颜料分散体系总是排斥力；空间位阻力，本质上是排斥力。其中，电磁力和静电力之间的相互关系是 DLVO 理论的基础。

　　在水性分散体系中，由于颜料粒子的介电常数较高，电荷的稳定作用比较突出。而对于溶剂型涂料，由于通常使用的有机溶剂的极性较弱，因此，电荷稳定作用并不重要，分散体系的稳定性主要还是依赖空间位阻的作用。

　　（2）空间位阻稳定作用　　通常基料分子中都含有羟基（—OH）和羧基（—COOH）等极性基因，它们很容易吸附在颜填料粒子上形成具有一定厚度的保护膜屏障，给颜填料粒子相互碰撞带来位阻，即一旦两个颜填料粒子由于运动相互接近时，其外围包覆基料层就要受到挤压而使熵减少，但熵具有自然增强趋势，则产生熵排斥力，形成相对挤压的反方向力，使趋于相互靠近的颜填料粒子又彼此分开，这就是所谓的空间位阻作用或熵稳定效应。在溶剂型涂料中，分散体系的稳定化主要是通过空间位阻的稳定作用或熵定效应来实现的。

　　（3）氢键力稳定作用　　氢键力稳定作用学说对分散剂作用原理的解释是：在水性涂料体系中，氢键因在颜料周围形成附加缓冲层而起到稳定作用。分散剂分子的端基带正、负电荷，水分子既含正电部分也含负电部分，这样吸附在颜填料颗粒表面的分散剂分子使临近的水分子产生定向排列，形成氢键，在颗粒附近建立起靠氢键连接的水合层的附加缓冲层，导致黏度上升，有助于颜填料分散体系的稳定。

4. 提升润湿分散效率的基本措施

　　（1）提升基料对颜填料的润湿效率　　为能使基料充分的润湿颜填料，缩短润湿完成时间，提升基料对颜填料润湿效率的措施如下。

　　① 选用粒径小、经表面处理的颜填料。

　　② 降低基料的表面张力。

　　③ 采用低固体含量的基料浸泡颜填料或磨成漆浆。

④ 正确使用润湿剂降低液体与固体间的界面张力。

⑤ 采用带有锚定基团的嵌段或接枝共聚物分散剂，使其吸附在颜填料粒子表面，降低界面张力。

⑥ 将配制好的漆浆预混合后，再升温至 45～50℃（使基料表面张力降低，更有利于对颜填料润湿）静置浸泡 24h（提供润湿所必需的时间），再进行研磨分散。

（2）提升颜填料的分散效率　研磨分散设备作用及提升分散效率措施如下。

① 在将颜填料颗粒分散于液体基料的研磨分散设备中，聚集体和附聚体的解聚是由于研磨漆浆通过不同形式的漆浆通道时（如三辊机的辊子间隙，砂磨机两个分散盘之间的双圆环作用区），运动过程中所产生的接触应力而起到解聚作用，而不是靠设备工作部件对颜填料聚集体或附聚集体的直接作用。

② 研磨分散设备的选择　不仅考虑分散时间，还要考虑漆浆能达到的最佳稳定状态，颜料能发挥最佳性能等方面因素的影响。

③ 分散效果的评价　以获得最佳的颜料性能及漆膜性能为主要目标，不能单纯以刮板细度值为目标。

对解聚程度进行评价的方法还有电子显微镜法、电量计计数器法和颜料着色力对比法。虽然这三种方法比细度计法要准确，由于费时或仪器价格比较高的原因，通常仅限于科研过程中使用。

④ 精准设计漆浆的配方组成　分散性良好的颜填料，合理的颜基比（P/B）、适宜的溶剂及润湿分散剂的使用，是保障漆浆稳定性的必要条件。

⑤ 采用合理的操作工艺与技巧　提供研磨设备的最佳参数、科学的操作程序及方法，有效地将颜填料的聚集体或附聚集体二次粒子恢复成（或接近恢复成）原级粒子，并保持分散体系稳定性。

（3）保障涂料分散体系稳定性

① 适当增加基料分子链中的极性基团　在涂料配方设计时，应注意适量增加合成树脂链中的极性基团，并保持极性基团在分子链中有一定的间距，以提升对颜填料的分散稳定性。

② 选用适宜的溶剂　采用适宜的溶剂或混合溶剂体系溶解基

料，是不可忽视的因素，性能良好的溶剂不仅能有效地溶解基料，并且可以使进入颜填料孔隙的基料充分溶胀起来，更好地起到空间位阻作用。

③ 合理使用润湿分散剂及分散稳定剂　润湿分散剂是通过改进颜填料的润湿特性来阻止颜填料粒子重新聚结，以达到使分散体系稳定化的目的。

分散稳定剂是一种聚合物分散剂，它由两部分组成：一部分是可以润湿颜填料并且锚定在其上面的官能团，另一部分是可以被溶剂化的链。在分散体系中，分散稳定剂的链在基料中被溶剂化，并且从颜填料粒子表面伸出来，围绕着颜填料粒子产生有效的位阻作用，使运动中的颜填料粒子不能相互靠近，保持分散体系的稳定化。

三、选用颜填料规则

1. 选用着色颜料规则

着色颜料所呈现的颜色有红、橙、黄、绿、紫、蓝、白、黑、金属光泽等基本色调。可根据各种颜料的颜色色标进行调配，通过不同颜料品种复配，得到所需要的颜色。同时考虑选用颜料粒径、着色力、遮盖力、吸油量、悬浮性、耐光性、耐热性及耐化学药品性等性能。选用着色颜料时，应掌控如下规则。

① 选用红、蓝、黄、白、黑五种基本着色颜料进行配色。

② 选用性能相近的着色颜料混合配色，以免材料使用时发生颜料的结构或组成变化，导致材料的色泽变化不均、不协调。

③ 选用明度不一的同色彩着色颜料匹配，形成有主有次、明暗协调的材料颜色；不同着色颜料之间的密度差不宜过大。

④ 着色颜料之间不应发生有损色泽的物理化学反应，防止色泽变暗及褪色；在同种材料中，参与匹配的着色颜料品种不应太多，防止出现材料鲜艳度下降、色泽黯淡等弊病。

⑤ 选择装饰性材料用着色颜料时，可加入少量的染料，以提升色泽鲜艳度；配色时可加入适量遮盖力大的白色颜料，以掩盖材料中的少量杂色，提升色彩纯正度。

2. 防锈颜料选用规则

① 掌握运用防锈颜料分子结构、特性及防锈机理；了解防腐涂料的使用环境及应用要求。

② 合理利用防锈颜料的复配改性技术、惰性与活性防锈颜料的协同效应及耐蚀助剂与防锈颜料的搭配，形成综合功效、呈现优异特性的防腐体系。

③ 在涂料制造、储运过程中保持涂料组分及体系的稳定性，保留防锈颜料的防腐效果。

④选用的防锈颜料应在涂料的制造、涂装及涂膜服役时不产生有毒害物质。

3. 功能及效应颜填料选用规则

①充分展示功能及效应颜料的特效性。在选用铝粉和云母系珠光颜料时，应注意涂料的制造工艺，只能采用高速或适速搅拌将其均匀地分散于涂料体系中，防止损伤效应颜料结构及形状；在选用导电填料时，应确保成型后的导电材料内填料粒子间的连续性，选择适宜的导电填料体积分数或颜基比。

② 利用特效助剂与颜填料匹配，提高功能及效应颜料的应用效能。

③ 采取有利于发挥功能及效应颜料功效的措施与涂料（或材料）的制造技术；涂料或材料储运及施工时，不应对功效产生负面效应。

4. 填料选用规则

① 掌握填料的结构及基本性能，依据涂料不同品种及应用需求，有目的、有针对性地选用填料。

② 选用填料应为中性或弱碱性；对涂料中的其他组分应保持相对惰性；对液体或气体的吸附性低。

③ 填料颗粒粒度及形状匹配适当；关注填料的吸油量及密度等物性参数；填料与其他组分有良好的亲和力，填料表面易润湿、保证在涂料中均匀而充分地分散。

④填料品种应合理搭配，提升涂料储存稳定性、施工性，保障涂料的实用性。

⑤ 选用符合规格要求的填料，避免填料中含水、油污及有毒

害物等杂质；采用经表面处理的填料，获取更满意的性能。

⑥ 选用环境友好型填料，同时填料易得，价格适宜。

四、选用颜填料的关注点

1. 合理运用颜填料的应用技术

（1）颜填料的复配改性技术　复配颜填料体系组成示例如下。

在水性防腐蚀涂料中，复配颜填料体系组成是氧化铁红：滑石粉：陶土：锌黄：磷酸锌＝2.5：1.3：0.2：2.0：0.4。制造底面合一的水性带锈防锈漆时，采用复配颜填料体系组成是K-白：磷酸锌：氧化锌：滑石粉：沉淀硫酸钡：着色颜料＝10：5：1：2：2：适量。两种水性涂料都具有良好的性能。

（2）颜填料协同效应　颜填料协同效应示例如下。

① 防锈颜料的协同效应　如惰性防锈颜料与活性防锈颜料匹配后产生优异的协同效应；K-白：氧化锌：绢云母＝1.0：0.25：0.5（质量比）时，比单独使用K-白更有优异的防锈蚀性。

② 复合磷酸盐与铁红等协同效应　在设计气干型水性环氧酯涂料配方时，采用复合磷酸盐：氧化铁红：重晶石粉＝7：3：1（质量比）配合。无毒害的复合磷酸盐具有离子交换能力和催化功效，复合磷酸盐产生的离子与金属底材料的 Fe^{2+} 和 Fe^{3+} 生成螯合物钝化金属表面，活泼的正磷酸根离子与涂膜内极性基团形成坚硬的络合物保护膜；氧化铁红对日光、大气、碱和稀酸相当稳定；重晶石粉耐酸碱等介质侵蚀，耐光、耐候、耐水，抗腐蚀介质破坏能力强。利用三种颜填料本质特性的交互作用，产生相当优异的协同效应，明显提升涂膜的耐蚀防锈性和抗腐蚀介质渗透能力，应用效果满意。

（3）颜填料的表面处理技术　颜填料的表面处理是涂料配方设计的重要技术措施之一，颜填料表面经活化处理，可明显改善润湿效果，提升涂料及涂膜相关性能，实践表明，采用硅烷偶联剂处理的活性硅微粉及硅灰石粉，由钛酸酯偶联剂处理的沉淀硫酸钡及滑石粉等，都在涂料中取得优异的应用效果。

2. 关注颜填料应用特性

涂料配方设计者应掌握颜填料分子结构与性能，科学利用颜填料的本质特性、专用特性、功能性和反应性，并将所需特性的颜填料品种有针对性地融入涂料配方中，使其在涂膜应用时贡献正能量，为涂料配方设计及涂料产品创新增添助推力。

3. 水性涂料对颜填料的要求

水性涂料主要有水稀释性涂料和水乳化型涂料，多数水性涂料体系为弱碱性，水性涂料与溶剂型涂料在选用颜填料时有不同的要求。

（1）分散性　颜填料应经表面处理，保障在水性涂料体系中有良好的分散性，如阴离子型电沉积涂料中的颜填料，用十二烷基磺酸钠等离子型表面活性剂，保证颜填料良好的分散性。

（2）稳定性　部分水解及能分解出二价或三价金属离子的颜填料，会导致大分子基料沉淀析出，破坏水性涂料的稳定性，当钙、镁、锌和铬酸等离子超过颜填料总量的 1% 时，会对水性涂料（尤其是电涂料）造成破坏性作用。

（3）体积分数　电泳涂料的颜填料体积分数（PVC）对漆液的泳透力和涂膜防锈能力均有影响。如 PVC 为 40%～50% 时，泳透力最高，PVC ＜40% 时，涂膜防锈能力最佳。

（4）酸碱性　羧酸环氧酯用胺中和得到水稀释树脂是一种偏碱性的聚合物，若选用偏酸性的颜填料，会促使水性涂料酸性化，引起涂料凝聚甚至破坏；若选用氧化锌及铅白等碱性颜填料，易使水性涂料的基料皂化；若选用铬酸锌等水溶性大的颜填料，会破坏水性涂料的稳定性。可供水性涂料选用的颜填料有钛白、氧化铁红、炭黑、云母氧化铁、重晶石粉、滑石粉、云母粉、碳酸钙、铝粉、石墨粉、酞菁蓝（绿）高岭土、硅灰石粉、细砂和水泥等品种。

4. UV 固化涂料对颜填料的要求

（1）选用 UV 固化涂料颜填料遇到的问题　一是许多颜料（如炭黑、氧化铁红和金红石型二氧化钛等）会吸收或散射 UV 辐射，在一定程度上阻止 UV 固化；二是颜料会引起涂膜表面与涂膜深处对 UV 吸收存在较大差别，导致涂膜底部不固化或固化不充分，则涂膜收缩起皱。

（2）选用锐钛型 TiO_2 的理由　金红石型 TiO_2 的 UV 吸收率是锐钛型 TiO_2 的 5～7 倍，前者耐候性优异，但严重阻止 UV 固化；

金红石型 TiO_2 基本上吸收全部近红外线波段的光线，而耐锐钛型 TiO_2 基本上不吸收红外线，它主要吸收波长小于 360nm 的光，则锐钛型 TiO_2 可以获得较厚的 UV 固化粉末涂料的涂膜；供选用的颜填料品种通常采用锐钛型 TiO_2、滑石粉和碳酸钙等作 UV 固化涂料的颜填料。

5. 颜填料与涂膜黏结强度的关系

选用颜填料时，应注意考量颜填料品种及用量对涂膜黏结强度的影响。选用适当的颜填料会消除流坠、起泡及针孔等弊病，可提升涂膜的使用温度，缩小涂膜与金属表面热膨胀系数的差别，增加涂膜与金属底材的黏结强度。

试验中，固定聚全氟异丙烯树脂的含量为 5%，改变聚苯硫醚树脂、TiO_2 和 Cr_2O_3 的含量，测试涂层与金属基体的黏结强度，观察破断形式，试验结果见表 3-14。

表 3-14 填料对底层黏结强度的影响

涂料组成（质量分数）/%			涂层黏结强度/MPa	涂膜破断形式描述
聚全氟异丙烯	聚苯硫醚	TiO_2 和 Cr_2O_3		
5	95	0	20.6	完全内聚破断
5	90	5	20.7	内聚破断
5	80	15	23.7	内聚破断，放大 50 倍观察到附着破断
5	75	20	23.9	内聚破断，目测有附着破断
5	70	25	27.1	混合破断，内聚破断为主
5	65	30	22.6	混合破断，两种破断接近
5	60	35	20.9	混合破断，附着破断为主

注：1. 试验中 Cr_2O_3 的含量固定为 5%，改变 TiO_2 和 Cr_2O_3 的含量。

2. 固化条件：温度为 330～350℃，时间为 5～15min。

3. 涂膜厚度：0.3mm。

4. 附着破断是指涂膜与金属基体之间的破断，内聚破断是指涂膜自身破断，混合破断是指单一破断的比例低于 70%。

由表 3-14 知，颜料用量为 25% 时，黏结强度达到最大值 27.1 MPa；颜料用量大于 25% 时，涂膜的黏结强度随着颜料用量的增加而下降；当颜料用量低于 25% 时，涂膜的黏结强度随着颜料用量的增加而提升。

6. 注意颜填料形态及吸油量等因素

涂料配方设计者应注意颜填料颗粒大小、颗粒分布、形状、分散性及储存稳定性，考量颜填料的吸油量对性能的影响；掌握颜填料的正确使用方法与技巧；比对颜填料品种在涂料及涂膜中的作用及应用效果。

五、涂料用颜填料选择

涂料用颜填料的选择主要介绍涂料用颜填料品种、复配颜填料和颜填料组分配比试验。

1. 复配颜填料体系选择

（1）颜填料复配的原则　涂膜服役环境及使用寿命是确定颜填料品种与复配体系的切入点。在掌握颜填料结构与使用性能的基础上，恰当地取用品种与配比，注意调整颜填料的形态与粒度分布；考量颜料体系与其他组分的相容性、匹配性和稳定性，发挥不同颜填料间的正效应加和；合理掌握涂料中的颜填料体积分数（PVC），关注 PVC 与涂料应用性能的关联，采取防止颜填料粒子产生絮凝的有效措施；设定的复配颜填料体系应有利于涂料制造、储存、施工及提升涂料应用效能等。

（2）复配颜填料示例

① 复配颜填料性能比较试验　在设计防垢耐蚀环氧涂料面漆配方时，考证 4 种复配颜填料体系对涂料施工时的流平性、固化性、涂膜防垢率及耐酸性的影响，确定满意的复配颜填料体系。4种复配颜填料体系组成见表 3-15。

表 3-15　复配颜填料体系组成

颜填料名称	规格	复配颜填料/%			
		01	02	03	04
云铁灰	425 目	46.2	—	—	46.3
重晶石粉	800 目	—	46.3	46.2	—
钛白粉	R 902	16.6	33.1	16.6	33.1

续表

颜填料名称	规格	复配颜填料/%			
		01	02	03	04
滑石粉	800目	31.7	13.2	31.7	13.2
石墨	3500目	5.5	7.4	5.5	7.4

用 MR 051 环氧树脂、4 种复配颜填料、匹配助剂 F、908 固化剂配制成防垢耐蚀涂料面漆的配方及性能见表 3-16 及表 3-17。

表 3-16 防垢耐蚀涂料面漆的配方

原材料名称	涂料 01/%	涂料 02/%	涂料 03/%	涂料 04/%
MR 051 环氧树脂	68.6	68.6	68.6	68.6
复配颜填料 01	17.0			
复配颜填料 02		17.0		
复配颜填料 03			17.0	
复配颜填料 04				17.0
匹配助剂 F	5.1	5.1	5.1	5.1
908 固化剂	9.3	9.3	9.3	9.3

表 3-17 防垢耐蚀涂料面漆性能

性能	涂料 01	涂料 02	涂料 03	涂料 04
涂料流平性（湿膜厚度 110～150μm）	施工 7min 后表面有少量刷痕	施工 3min 后表面流平均匀	施工 5min 后表面流平均匀	施工 7min 后表面基本流平均匀
涂料固化性 195℃/50min	固化好，表面有光泽	固化好，表面平整光滑	固化好，表面平整光滑	固化好，表面平整光滑
干膜厚度/μm	190～260	180～250	190～250	180～250
涂膜防垢率/%	80	90	85	80～85
耐 25% 硫酸（60℃，16d）	涂膜基本完好，表面略有变色	涂膜完好，表面无损伤	涂膜完好，表面无损伤	涂膜表面变粗糙，略有变色

续表

性能	涂料 01	涂料 02	涂料 03	涂料 04
耐 15% 盐酸（90℃，12h）	涂膜基本完好，表面略有变色，无损伤	涂膜表面完好，无损伤	涂膜表面完好，无损伤	涂膜表面略有变色，无损伤
耐混酸（12% 盐酸＋3% 氢氟酸）（90℃，12h）	涂膜表面被严重破坏	涂膜表面完整，无损伤	涂膜表面完整，无损伤	涂膜表面被损伤

由表 3-17 可知，用含重晶石粉的复配颜填料制造的涂料 02 和涂料 03 比用含云铁灰的复配颜填料制造的涂料 01 和涂料 04 有更好的流平剂、防垢效果和耐混酸性；在重晶石粉用量基本相等的复配颜填料体系中，增加钛白粉和石墨粉用量（减少滑石粉用量）的复配颜填料 02 制造的涂料 02 比减少钛白粉和石墨粉用量（增加滑石粉用量）的复配颜填料 03 制造的涂料 03 有更优良的流平性及防垢效果。在选择复配颜填料体系时，除掌握参与复配的颜填料品种、结构、性能及用量外，还应认真考察复配颜填料对涂料性能的影响，只有优化复配才能确定满意的复配颜填料体系。

② 复配耐磨填料选择试验 选择耐磨性较好的球形碳化硅、纳米 Al_2O_3、硅铝基陶瓷微珠作填料。球型结构 SiC 粉末和铝基陶瓷微珠粒径小、表面积大，易吸收成膜物质而成为准交联点，球形颗粒与增韧改性环氧树脂黏结剂结合得更牢固，形成的涂膜附着力、抗冲击性及耐磨性均很优良。Al_2O_3 是刚玉的主要成分，莫氏硬度为 9，在天然矿物中硬度仅次于金刚石，是耐磨涂料中常用的耐磨填料。纳米 Al_2O_3 的选用是利用纳米粒子的表面效应、体积效应、量子尺寸效应和宏观量子隧道效应等，改善涂料性能、增加涂层硬度和耐磨性。纳米 Al_2O_3 细粒子分散，填充于粗粒子填料之间及基料树脂的缺陷内，使涂膜致密，同时纳米粒子起到如滚珠的润滑作用；纳米 Al_2O_3 的粒子分布于涂层表面，当涂膜遭受外界冲磨时对成膜物起保护作用；同时纳米粒子首先引发微裂纹，吸收和消释大量冲击能，减轻涂层的进一步破坏。

环形 SiC（1250 目）、硅铝基陶瓷微珠（2500 目）和纳米 Al_2O_3 在环氧涂料中形成不同粒径的合理级配，是提高涂层耐冲蚀磨损性能的有效方法。单一粒径的骨料在形成涂层时，颗粒间隙较多，这些空隙往往由胶黏剂和气孔所占据，当涂层中加入不同粒径的骨料时，小颗粒填充于大颗粒的空隙中，不仅能提高颗粒在基体中的有效分布体积，亦能保证胶黏剂均匀包裹在耐磨颗粒的表面，这样绝不影响胶黏剂对颗粒的黏结强度，又可提高体系内耐磨颗粒的含量，从而提高了涂层的耐冲蚀磨损性能。为了取得上述三种耐磨填料的最优配比组合，采用 L9（33）正交实验设计，以涂层的耐磨性为考核指标，因素水平设置见表 3-18，正交实验结果见表 3-19。

表 3-18　3 因素 3 水平取用数据

水平	SiC（A）	陶瓷微珠（B）	纳米 Al_2O_3（C）
1	15	5	1
2	20	10	2
3	25	15	3

表 3-19　正交实验结果

编号	A	B	C	耐磨性/[(1000g/1000r)/mg]
1	15	5	1	23.2
2	15	10	2	15.3
3	15	15	3	11.5
4	20	10	2	8.2
5	20	5	3	8.9
6	20	15	1	10.4
7	25	15	3	14.6
8	25	5	2	12.2
9	25	10	1	13.1

由正交试验结果，确定第四组 $A_2B_2C_2$，即球形 SiC：硅铝基陶瓷微珠：纳米 Al_2O_3＝20：10：2 作为复配耐磨填料，取得优异的耐磨冲蚀磨损性能。

2. 聚氨酯涂料用颜填料品种

为避免聚氨酯涂料的颜填料与涂料其他组分起反应，必要时对颜填料进行表面处理，以保证涂料性能。一般颜填料表面都吸附着一定量的水分，遇到异氰酸酯基（—NCO）则反应生成聚脲，同时产生二氧化碳，若颜填料含水多，在潮气固化型涂料的储存期间会引起凝胶和鼓罐。双包装涂料施工时产生小气泡。

某些颜料有特殊功效，如铅铬黄用于脂肪族聚氨酯涂料，具有优良的耐候保光性；氧化锌能抗紫外线并有防霉效果；锌黄和锶黄对轻金属有优良的防腐蚀作用。

用于聚氨酯涂料的颜料有钛白、立德粉、锑白；铁红、镉红、铁黄、镉黄、有机黄；氧化络绿、酞菁绿、酞菁蓝、群青、铁黑、灯黑、炉法炭黑等。填料有滑石粉、重晶石粉、沉淀硫酸钡、陶土、云母粉、碳酸钙、硅藻土、二氧化硅等。

3. 环氧涂料用颜填料选择

（1）双包装环氧涂料用颜填料

① 颜填料品种　双包装环氧涂料有钛白、铁红、氧化锌、沉淀硫酸钡、云母氧化铁、滑石粉、防锈颜料、石墨、氧化铬、高岭土、锌黄铬和重晶石粉等。

② 复配颜填料组成　根据双包装环氧涂料应用要求，运用复配改性技术，选择复配颜填料体系如表 3-20 所示。

表 3-20　复配颜填料体系（质量比）

环氧涂料名称	复配颜填料名称	复配颜填料体系组成
输天然气管道内壁用防护涂料	复配颜填料 041	氧化铁红（Y 190）：沉淀硫酸钡（800 目）：滑石粉（600 目）：钛白粉（R902）＝ 13.5：12.6：8.3：15.0
输腐蚀性气（液）体管道内壁防护涂料	复配颜填料 051	沉淀硫酸钡（800 目）：氧化铁红（Y 190）：滑石粉（600 目）：防锈颜料 K：钛白（R902）：防锈颜料 P ＝ 15.8：12.1：4.0：3.0：1.7：1.0
环氧煤沥青防腐涂料底漆	复配颜填料 054	滑石粉（600 目）：沉淀硫酸钡（800 目）：四碱式锌黄：氧化铁红（Y 190）＝ 11.0：20.0：7.8：11.6

续表

环氧涂料名称	复配颜填料名称	复配颜填料体系组成
环氧煤沥青防腐涂料面漆	复配颜填料 217	滑石粉（600 目）：氧化铁红（Y 190）=9.2：12.5
无溶剂环氧防腐地坪涂料底漆	复配颜填料 361	滑石粉（600 目）：氧化铁红（Y 190）：重晶石粉（600 目）=6.0：12.1：18.0
无溶剂环氧防腐地坪涂料面漆	复配颜填料 210	滑石粉（600 目）：氧化铁红（Y 190）=8：13
溶剂型环氧地坪涂料	复配颜填料 037	钛白粉（锐钛）：沉淀硫酸钡（600 目）：滑石粉（600 目）=15：12：10

（2）单包装环氧涂料用颜填料 单包装环氧涂料用颜填料品种与双包装环氧涂料用颜填料品种基本相同。根据颜填料结构与性能，运用复配改性技术，选择单包装环氧涂料的复配颜填料体系如表 3-21 所示。

表 3-21 复配颜填料体系组成

环氧涂料名称	复配颜填料名称	复配颜填料体系组成（质量比）
H06-2 环氧酯铁红底漆	H06P 复配颜填料	氧化铁红（Y 190）：锌黄：滑石粉：氧化锌=3.5：1.8：1.4：1.0
H06-2 环氧酯铁黄底漆	H06G 复配颜填料	锌黄：滑石粉：氧化锌=2.0：1.5：1.0
石油钻杆内壁用环氧涂料底漆	CP 复配颜填料	重晶石粉（800 目）：钛白（R 902）：滑石粉（800 目）：复合防锈颜料=2.2：1.2：1.0：1.0
石油钻杆内壁用环氧涂料面漆	CP 复配颜填料	沉淀硫酸钡（600 目）：重晶石粉（800 目）：粉体助剂 FE=14.9：12.6：1.0
防垢耐蚀环氧涂料底漆	复配颜填料 301	沉淀硫酸钡（600 目）：钛白粉：滑石粉：复合防锈颜料：炭黑=10.0：4.9：4.9：4.4：0.3
防垢耐蚀环氧涂料面漆	复配颜填料 02	重晶石粉（800 目）：钛白（R 902）：滑石粉（800 目）：石墨粉（3500 目）=46.3：33.1：13.2：7.4

4. 粉末涂料用颜填料选择

(1) 粉末涂料对颜填料的要求及颜填料品种 粉末涂料用颜填料应在常温下、制粉过程中及涂装烘烤时都保持良好的惰性，同时要求对热和光的稳定性好，在涂料中相容性和分散性好，常用的品种有钛白、铁红、云母氧化铁、炭黑、有机颜料、沉淀硫酸钡、轻质碳酸钙、滑石粉、高岭土、云母粉、石英粉、硅微粉、硅灰石等；专用颜料有铝粉、铜金粉（采用二氧化硅包膜以提高其耐温性）和珠光颜料（不能参与制粉挤出，只能分散在粉末涂料中）；功能颜料有夜光颜料、导电颜料及导电粉体、荧光颜料等品种。

(2) 颜填料的作用 颜填料品种对环氧粉末涂料的制造、储存、涂膜性能等均有影响，合理地选择颜填料是设计粉末涂料的重要环节。加入填料除能降低涂料成本外，更多是考虑降低涂膜固化收缩、消除内应力、提高硬度和抗划伤性；应关注颜填料的品种结构、颗粒形状、粒度及其分布等制粉分散效果和产品应用性能的重要影响。

在粉末涂料中加入专用功能颜填料，形成的涂膜具有特殊的应用效果，如含铜金粉的粉末涂料，形成的涂膜会展示从丝柔到粗亮的效果，色调柔和、明亮、闪烁的珍珠光泽，呈现随角异色效应，展示优异的装饰性；含导电颜填料的粉末涂料形成的涂膜具有优良的导电效果。

(3) 填料的表面处理 填料的表面处理是粉末涂料配方设计的重要技术措施之一。树脂与固化剂对无机填料的浸润性较差，填料表面经过活化处理可大大改善润湿效果，增加二者的结合力。采用活性处理的二氧化硅粉作为填料的重防腐粉末，其涂膜对金属基材的附着力及耐热水能力比未经处理的填料大大提高。采用活性处理的二氧化硅粉为填料制造重防腐环氧粉末涂料，形成 A 涂膜试片；采用未处理的二氧化硅粉为填料制造重防腐环氧粉末涂料，形成 B 涂膜试片。将 A、B 涂膜试片在 80℃热水中浸泡 6d 后，A 试片的剥离强度比 B 试片的剥离强度提高 60%；将 A、B 涂膜试片在 65℃的 0.5mol NaCl 中浸泡 14d 后，A 试片被侵蚀 5mm，B 试片被侵蚀 7mm。

实践表明，采用硅烷偶联剂处理的活性硅微粉及硅灰石粉，由钛酸酯偶联剂处理的沉淀硫酸钡及滑石粉等填料，都在粉末涂料中取得优异的效果。

（4）颜填料的用量　颜填料的用量直接影响涂膜的抗冲击性、低温弯曲性、粉末的密度及喷涂上粉率等性能指标。通常不得加入过量的颜填料。在粉末涂料配方设计中，应准确计量颜填料体积分数（PVC），平光粉末涂料的 $PVC>40\%$，半光粉末涂料的 PVC 为 $20\%\sim40\%$，有光粉末涂料的 $PVC<20\%$。

（5）颜填料的复配　根据实际使用环境及涂膜的应用要求，选用不同结构及性能的颜填料，运用复配改性技术，确定适用的粉末涂料用颜填料体系，保障配方设计质量。选择复配颜填料体系示例如下。

① 环氧粉末涂料用复配颜填料　选用钛白粉∶氧化铁红∶沉淀硫酸钡∶硅微粉＝10∶3∶35∶15（质量比），涂料的颜（P）/基（B）＝0.5/1.0，是用于设计石油钻杆环氧粉末涂料的复配颜填料。

② 白色有光/聚酯粉末涂料用复配颜填料　选用钛白粉∶沉淀硫酸钡∶氧化锌∶群青＝16.7∶7.0∶4.0∶适量（质量比），涂料的 P/B＝0.39/1.00，用作装饰与防护粉末涂料的复配颜填料。

③ 耐高温粉末涂料用复配颜填料　以环氧改性有机硅树脂为基料，采用云母粉∶滑石粉∶空心微珠∶耐高温颜料＝6.7∶8.3∶6.3∶1.0（质量比）为复配颜填料，组成耐高温粉末涂料，涂料的 P/B＝1.0/1.0。

5. 水乳型涂料用颜填料

（1）内、外墙乳胶漆用颜填料　通常，内墙乳胶漆可选择钛白粉、高岭土、方解石粉、滑石粉、硅酸铝、碳酸钙和重晶石粉等作颜填料，采用各种色浆调配乳胶漆颜色。功能性乳胶漆中，还需选用适宜的助剂及颜料。如膨胀型内墙防水涂料，应选用磷酸二氧铵和有机磷酸酯等作脱水成炭催化剂、季戊四醇和淀粉等作成炭剂、氨和卤化氢等作发泡剂、溴化物和卤化有机磷酸酯等作防火添加剂（值得注意的是：氯化石蜡可以起到发泡剂、成炭剂和阻燃防火添加剂的三重作用；多聚磷酸铵可以作脱水成炭催化剂、发泡剂和阻燃剂)、钛白粉和铁黄等作颜料。

外墙乳胶漆可选择钛白粉、重质碳酸钙、滑石粉、云母粉、各种颜色的色浆、硅酸铝、黏土和氧化锌等颜填料。应将不同粒度分布的填料复配使用,以取得更好的应用效果。对于耐候性的外墙乳胶漆,应选用耐候性优异的颜填料品种。

(2) 耐酸雨外墙涂料用颜填料 耐酸雨外墙涂料用的配方设计时,既要保证涂膜的良好装饰性,又要关注优异的耐酸雨、防沾污和耐候性。可选用金红石型钛白粉作颜料,提高涂膜的抗紫外线能力、耐候性、抗粉化性和遮盖力。选用重晶石粉,其吸油量小,与涂料其他组分匹配性好,可提升涂膜硬度和耐酸性。选用绢云母粉多功能填料,其结构与作用如下:绢云母粉粒子呈微细鳞片状,透明,高亮度,富弹性,难溶于酸、碱。在涂膜中由细到粗重叠,相互填充,可增大涂膜的致密性和屏蔽紫外线的功能,从而增大涂膜的抗老化性、耐候性、耐水性和耐洗刷性。

还可选用硅灰石粉、滑石粉和石棉粉等作为耐酸雨涂料的填料。

(3) 防锈防腐乳胶涂料用颜填料 防锈防腐乳胶涂料用颜填料的选用原则与溶剂型防锈防腐涂料基本相同。经常选用的颜填料有钛白粉、铁红、重晶石粉、磷酸锌、K-白、锌黄、滑石粉、陶土、沉淀硫酸钡、氧化锌、磷硅酸钙锶、钙离子交换二氧化硅、硅-铝陶瓷微球和硅灰石粉等。选择防锈防腐乳胶涂料颜填料时,应合理运用颜填料复配技术,确定优良的颜填料复合体系。如在设计底面合一的水性带锈防锈涂料时,颜填料的复合体系为 K-白∶磷酸锌∶氧化锌∶滑石粉∶沉淀硫酸钡∶着色颜料=10.0∶5.0∶1.0∶2.0∶2.0∶适量(质量比)。

(4) 耐候性外墙涂料用颜填料 耐候性优异的水性氟碳涂料对颜填料的要求很高,应确保颜填料具有良好的耐候性和稳定性,因此着色颜料要选用耐光保色性好、不溶解、耐蚀性优的品种,如金红石型钛白粉等;填料也要选用耐光保色、耐酸碱性优的品种,如云母粉,有优异的耐热、耐酸、耐碱、耐候等性能,同时云母的片状结构能防止紫外线和水的穿透,涂膜具有防介质渗透、防止龟裂、推迟粉化的作用,沉淀硫酸钡和硅灰石粉等填料具有优良的耐候性和稳定性，吸油量小，用量调整空间较大。在设计耐候性优异的水性氟碳涂料时，根据颜填料特性确定其品种后，更重要的是利用复配改性技术，选择适宜的颜填料复合体系，充分展现颜填料体系的耐候性和应用效果。

第四章 ▷▷▷ ▶▶▶ Chapter 04
涂料助剂体系设计

　　助剂是一类用量小作用大的活跃基元组分，在涂料中扮演着重要角色。以助剂结构、功能、作用及应用特性为切入点，采用正确的使用方法及加入方式，选择适宜的涂料用匹配助剂体系，有针对性地运用助剂解决涂料及涂膜产生的弊病，可以为涂料制造、储运、涂装及涂膜应用持续绽露正效应。

第一节　助剂品种及用途

一、助剂类型及作用

1. 助剂的类型

（1）按助剂功能分类

　　① 改善涂料加工性能的助剂　湿润剂、分散剂、消泡剂和防结皮剂。

　　② 改善涂料储存运输性能的助剂　防沉淀剂、防结皮剂、防胶凝剂、防霉防腐剂和冻融稳定剂。

　　③ 改善涂料施工性能的助剂　触变剂、防流挂剂、电阻调节剂。

　　④ 促进固化成膜性能的助剂　催干剂、固化促进剂、光敏剂、光引发剂、助成膜剂。

　　⑤ 提升涂膜性能的助剂　附着力促进剂、流平剂、防浮色发花剂、防缩孔剂、增光剂、增滑剂、抗划伤剂、防粘连剂和光稳

定剂。

⑥ 赋予涂料特殊功能的助剂　阻燃剂、防霉剂、防污剂、导电剂、杀虫剂、紫外线吸收或屏蔽剂等。

⑦ 水性体系专用助剂　主要有乳液剂及乳化稳定剂、成膜助剂、增稠剂、防闪锈剂和冻融稳定剂等。

（2）按助剂结构分类

① 有界面活性的助剂　主要有润湿剂、分散剂、防浮色发花剂、流平剂、消泡剂、乳化剂、防沉剂。

② 无界面活性的助剂　主要有促进剂、催干剂、消光剂、增塑剂、防霉剂、防腐剂、防污剂、阻燃剂、导电剂、光敏剂、触变剂、防结皮剂、防粘连剂、附着力促进剂。

③ 纳米助剂　主要有纳米 Al_2O_3、纳米 SiO_2、纳米 TiO_2、纳米 Fe_2O_3、纳米 $CaCO_3$、纳米 ZnO、纳米稀土氧化物、纳米透明氧化铁、纳米碳管。

2. 助剂的作用

助剂是涂料的重要组成部分，其用量少，作用明显，有利于涂料制造、储运、施工，显著提升或改善成型材料的应用性能。但用法或用量不当，会对涂料的性能产生负面效应。

涂料中的助剂能改善涂料的加工性、储存性、施工性；防止涂膜缩边、缩孔、浮色、发花等病态；提高涂膜光泽、防止老化、提高附着力、延长涂膜使用寿命和增加涂膜特殊功能等。

3. 助剂应用技术进展

近年来，依据助剂结构与性能的关系，发掘并利用助剂的敏感性、选择性、凸显效应、协同效应和叠加效应等应用特性。通过几种助剂间发生相互作用、渗透融合，改善助剂应用效能，拓展助剂应用领域；正确选取助剂品种、用量及其配比，采取有效的技术措施及配制技巧，开发出具有正效应、呈现本质特性并保障应用稳定的匹配助剂体系；新效能匹配助剂成功应用，是助剂应用技术及应用理念的创新与实践，是提升材料品质的助推器，为开发涂料新品种展示新思路；复合（或匹配）型助剂的开发应用，提升了助剂的应用功效，拓展了助剂的应用空间，使助剂多功能化、多效应化变为现实，复合或匹配助剂是助剂开发应用的热点及航向标。

二、润湿剂及分散剂

1. 润湿剂及分散剂的功能与作用

（1）功能与作用　润湿剂和分散剂是提高色漆研磨分散效率、保持分散体系稳定所必需的助剂品种。润湿剂和分散剂的功能和作用见表4-1。润湿剂和分散剂具有较低的表面张力，与颜填料表面形成较小的接触角，利于其在颜填料表面展布；与基料树脂体系有良好的相容性，避免产生相分离和涂膜表面缺陷。

表 4-1　润湿剂、分散剂的功能和作用

种　类	功能和作用
润湿剂	所含有的活性基团定向吸附在颜料粒子表面，增加基料与颜料的亲和性；同时降低基料（溶剂）的表面张力，加速其渗透进入颜料聚集粒子间的孔、缝之中，取代颜料粒子表面所吸附的水和空气等，从而帮助研磨分散设备将颜料团粒打开，减少研磨时间，提高效率，降低研磨能量消耗
分散剂	除具有润湿剂同样的润湿作用外，其活性基团一端能吸附在粉碎成细小微粒的颜料表面，另一端溶剂化进入基料形成吸附层（吸附基越多，链节越长，吸附越厚），产生电荷斥力（水性涂料）或熵斥力（溶剂型涂料），使颜料粒子长期分散助浮于基料中，避免再次絮凝，因而保证制成的色漆体系的储存稳定

湿润剂和分散剂选用得当，还能在涂料中起到改善涂膜性能的作用，如改善流平性，防止涂膜浮色发花、提高涂膜光泽和遮盖力。

（2）润湿与分散的区别　由于润湿剂和分散剂都能降低液体的表面张力而使颜填料更易于分散在介质中，人们习惯于把润湿剂和分散剂放在一起称为润湿分散剂，但二者的主要功能及作用机理是不同的。润湿剂自身的表面张力很低，能够显著降低分散介质的表面张力，润湿剂的分子与颜填料微细颗粒表面有很强的亲和力，能够迅速地吸附在微细颗粒表面，取代表面的吸附空气等，促进颜填料颗粒被润湿和其中的附聚颗粒的解聚。分散剂除具有与润湿剂相同的润湿作用外，其活性基团一端能吸附在粉碎成细小微粒的颜料表面，另一端溶剂化进入基料形成吸附层，靠电荷斥力（水性涂料）或熵斥力（溶剂型涂料）使颜料粒子在涂料体系中长时间地处于分散悬浮状态。

2. 润湿剂及分散剂品种

润湿剂和分散剂分为阴离子型、阳离子型、电中性、非离子型、高分子型和偶联剂等，品种繁多，其代表示例如下。

（1）阴离子型润湿分散剂　JTY新型分散防沉剂（江苏泰兴涂料助剂化工厂），928炭黑专用润湿分散剂（台湾德谦公司），低分子量不饱和多元羧酸聚合物溶液BYK-P 104、BYK-P 104S（BYK Chemie公司），聚羧酸加成物Efka-766（EFKA公司）和表面活性剂复合物SER-AD FA 601（SERVO公司）等。上述品种BYK-P 104S由于加入了有机硅氧烷，适用于溶剂型和无溶剂型涂料，对防止含有钛白的复色涂料的浮色有特效。

（2）阳离子型润湿分散剂　季铵盐DA-168炭黑润湿分散剂（上海长风化工厂）、长链羧酸多元胺聚酰胺的酸性磷酸盐溶液Anti-Terra-P〔德谦（上海）化学有限公司〕、不饱和多元羧酸的多元胺聚酰胺溶液Disperbyk-130、低分子量不饱和多元羧酸聚合物的部分酰胺和烷胺盐及硅氧烷共聚物溶液Lactimon（BYK Chemie公司）、高分子不饱和聚羧酸Tego Disper 610和610S等。上述品种能增加颜填料和基料间的亲和力、提高润湿效果、缩短涂料研磨分散时间、增加分散体系的稳定性及防止颜填料沉淀，同时兼有防浮色发花作用。其用量可为颜填料的0.5%～2.5%，应通过试验确定。

（3）电中性润湿分散剂　聚羧酸有机胺电中性盐DA-50分散防沉剂（上海涂料研究所）、有机酸与有机胺电中性盐分散剂108（杭州临安涂料助剂厂）、电中性聚羧酸胺盐923及923S〔德谦（上海）化学有限公司〕、长链多元胺聚酰胺盐与极性酸式酯的溶液Disperbyk-101（BYK Chemie公司）、聚羧酸与胺衍生物的电中性盐TexapHor 963（Henkel公司）等。上述产品中的923和923S对有机、无机颜填料有润湿分散作用，可缩短研磨时间，提高涂料储存稳定性，923S还可以防止浮色发花。

（4）非离子型润湿分散剂　非离子型表面活性剂PD-85（石家庄市油漆厂）、烷基化非离子表面活性剂Atsurf 3222（英国ICI公

司）、膦酸酯类 OP-8037B（台湾长峰公司）和复杂胺衍生物
TENLO-70（Henkel 公司）等。其中 TENLO-70 为琥珀色液体，
有效成分含量为 98%～100%，pH 值为 9～10.5，能促进颜填料润
湿分散、降低黏度、增加固含量、减缓颜填料沉降速度，用量约为
颜填料总量的 0.25%～0.5%，对钛白、铬系颜料、铁蓝、炭黑等
具有较好的润湿分散效果。

（5）高分子型润湿分散剂　含有特殊活性基的聚合物炭黑专用
润湿分散剂 328（临安胜利涂料助剂厂），改性聚丙烯酸酯
EfkaPolymer 400（荷兰 EFKA 公司），改性聚氨酯润湿分散剂
TexapHor 3241 和含羧基官能团聚合物润湿分散剂 TexapHor 3250
（德国 Henkel 公司），含有亲颜填料基团的聚合物 Disperbyk 160、
161、162 和含有酸性亲颜填料基团的嵌段共聚物 Disperbyk 170、
171、174（BYK Chemie 公司）等。另外，BYK Chemie 公司的
Disperbyk 系列产品还有 163、164、166、169、180、183、185 等。
上述产品具有多吸附基，与颜填料有强的吸附作用，通过空间位阻
效应使颜填料分散体稳定。Efka Polymer 400 的有效成分含量为
40%，可促进颜填料润湿分散、提高着色力、防止絮凝及浮色、改
善涂膜光泽及鲜艳度，用于汽车涂料及汽车修补漆。

（6）分散稳定剂　单纯的聚合物小颗粒和水的混合物，由于密
度不同及颗粒相互黏结的结果，不能形成稳定的分散状态。在加入
少量分散稳定剂后，就会在固体颗粒表面上吸附上一层稳定剂分
子，在每个小颗粒上都带有一层同号电荷，使每个小颗粒都能稳定
地分散并悬浮在介质中。所以分散稳定剂是分散聚合体系中主要组
分之一，一般来说，它并不参与化学反应，但在分散聚合过程中却
起着举足轻重的作用。如络合分散稳定剂 MJ 530，是有机氟离子
及纳米硅钛离子配位体化合物，属于功能性环保型添加助剂，具有
界面润湿功能性，分散稳定性能优异，具有耐氧化/腐蚀、耐油污
等功效，用于溶剂型及水溶性涂料、染料、油墨、工业清洗剂、皮
革涂饰材料及其他溶剂型制剂等。MJ 530 用水、DMF、醇醚类、
低级醇类溶剂作为稀释剂，稀释 10 倍后使用，添加量建议为
0.5%（碱性体系效果更好）。外观为棕色透明液体（目测），
25℃黏度为 160～170mPa·s，25℃相对密度 1.2～1.3，活性物

含量 100%，pH 值 6～8，1‰ 水溶液的表面张力为 20mN/m。可用于 250℃ 高温体系，有化学稳定性，也可用于强碱强氧化介质体系。

（7）水性涂料用润湿剂和分散剂

① 阴离子表面活性剂　阴离子表面活性剂的亲水部分通常为碱金属磺酸基团（如 $NaHSO_3$），或碱金属硫酸盐基团（如 Na_2OSO_3）。商品表面活性剂中的亲水基团以碱金属羧酸盐及磷酸盐居多。

② 非离子表面活性剂　非离子表面活性剂只能在水中水合，主要是通过分子中氧经氢键而水合。非离子型分子的亲水部分主要含有羟基或醚键。由于羟基或醚键的弱亲水性，故其数量必须很大才有足够的亲水性，即非离子表面活性的亲水部分可能大于其疏水部分。

③ 无机盐　无机类的聚磷酸盐和聚硅酸盐在其用量很小时就可以分散多种无机颜料，其基本特性是能够在无机颜料粒子表面产生氢键及化学吸附。由于无机盐分散剂的相对分子质量小，产生的空间位阻小，吸附在颜填料表面的离子间屏蔽作用小，静电斥力大，从而影响其吸附。通常，该种分散剂与非离子型或有机聚合类阴离子型润湿分散剂复配使用。

④ 高分子聚合物　高聚物电解质类分散剂部分或全部由具有可电离基团的单元构成，其基本特征是具有一个大离子的骨架结构（单个的大离子具有许多相似的带电荷的基团，通过化学键相连接）和同一当量数的小而独立的、电荷相反的平衡离子。例如，典型高分子电解质聚丙烯酸钠的结构为：$\left(\begin{array}{c} COONa \\ | \\ CH_2{-}CH \end{array}\right)_n$。由于其离子本性，高分子电解质通常易溶于水。在一定限度内，随着聚合物的增加，其分散作用加强。高分子聚合物分散剂受电解质影响小，能在颜料、填料颗粒表面形成许多个理化吸附点，机械稳定性好，但是其添加量大，影响涂抹的耐水性，相对分子质量大，润湿性差，需与润湿剂复合使用。高分子聚合物润湿分散剂在制造时通过调整聚合物单体种类和比例，可以改善产品的耐水性；通过控制聚合工

艺，可以制得分子量分布窄的产品，提高其利用率。

三、流变控制剂

1. 流变控制剂功能及作用机理

涂料施工后，由于重力作用而向下流动，这就是流挂。降低涂层厚度和提升涂料黏度可以减小流挂，但与流平产生矛盾。保证涂料有最佳流平和最小流挂的有效措施是在涂料中添加流变控制剂（简称流变剂），流变剂也称防流挂剂或触变剂。流变剂的功能、作用机理和品种见表 4-2。

表 4-2　流变剂的功能、作用机理和品种

功　能	作用机理	代表品种
高剪切速率下黏度低，利于流平；低剪切速率下黏度高，防止流挂	触变剂能赋予涂料一种结构黏性，也就是触变性，结构黏性随着剪切速率的增加和剪切时间的延长而降低，当除掉剪切速率后，黏度又可以恢复。触变剂的这一特性恰恰可以平衡流平和流挂的矛盾。在涂装的高剪切速率下，涂料的结构黏性被破坏，黏度降低，利于涂膜流平；当涂装结束后，去掉剪切速率，结构黏性自动恢复，限制了涂料的流动，防止了流挂的产生	有机膨润土、气相二氧化硅、蓖麻油衍生物、聚乙烯蜡、酰胺蜡、金属皂、流变控制树脂等

2. 流变控制品种示例

（1）气相二氧化硅　气相二氧化硅是较早使用的触变剂，现在使用的产品在性能上有了较大提高。气相二氧化硅为固体粉末，是球形微粒的集合体，其分子上含有羟基基团，能够吸附水分子和极性液体，球形颗粒表面有硅醇基。当气相二氧化硅分散于基料溶液中时，相邻球形颗粒之间的硅醇基团因氢键结合而产生疏松的晶格，形成三维网络结构，产生凝胶作用和很高的结构黏度。在受到剪切力作用时，因氢键结构力很弱，网络结构破坏，凝胶作用消失，黏度下降。剪切力去除后又能恢复原来静止时的形状。

气相二氧化硅在使用时易受涂料溶剂的影响，在非极性溶剂中的效果最好。在极性溶剂中液体的分子和二氧化硅颗粒间吸引力增大，很难形成疏松的网络结构。为此，国外有专门用于极性溶剂的气相二氧化硅，如德国 Degussa 公司的 Aerosil 系列产品。

（2）有机膨润土 有机膨润土外观为粉状物质，微观上附聚黏土薄片堆，黏土薄片两面都附聚有大量的有机长链化合物，经分散并活化后，相邻薄片边缘上的羟基靠水分子连结，从而形成触变性的网络结构，外观则成凝胶状态。如果没有水分子，则不能形成凝胶结构。

最常用的活化剂是相对分子质量低的醇类，例如甲醇和乙醇。相对分子质量低的酮，尤其是丙酮，也可以用作活化剂，但其气味大，闪点较低，限制了其在工业涂料中的应用。

（3）流变控制树脂 高性能、高装饰性的汽车面漆发展方向是少溶剂型高固体分涂料。为提升涂料的固体含量，应降低基料树脂的相对分子质量，从而降低树脂的黏度，导致高固体分涂料的流挂倾向远远大于常规涂料。新型流变控制树脂（RCR）很好地解决了流挂问题，同时全面改善了汽车面漆的施工性能。

① RCR 的组成 RCR 是在高品质聚酯或丙烯酸树脂中加入 $2\%\sim3\%$ 的流变控制（RCA），经过特殊的合成工艺制备而成。RCA 属于酰胺蜡类型，由二异氰酸酯和单元胺制得，其反应式为：

$$OCN—R—NCO+2R'NH_2 \longrightarrow$$

$$R'NH—CO—NH—R—NH—CO—NHR'(RCA)$$

$$(4-1)$$

RCA 的化学组成是对称的二脲，是一种白色针状结晶体，故树脂外观呈乳白色。

② RCR 的触变性 由于二脲的存在，RCR 加入到溶剂型涂料中时，产生氢键力，从而在涂料中形成一种疏松的三维网状结构。该结构的生成导致了体系黏度的上升。由于氢键力是可逆的，在强剪切作用下，网络结构破坏甚至完全消失，黏度降至最低，而常规涂料黏度为 $1\sim10$Pa·s（50%固体含量，25℃），且基本属于牛顿型流体。RCR 的流变曲线是一种理想的触变曲线，在低剪切作用或无剪切作用下，树脂黏度极高，可防止颜料的沉淀、絮凝、浮色和发花；在高剪切作用下（比如喷涂时），黏度极低，从而有利于涂料的雾化，易于施工。

③ 最佳用量 RCR 在高固体分汽车面漆中应加合成树脂固体

含量的 20%～25%；在金属闪光漆中应加合成树脂固体含量的 20%～40%。上述加入量可以获得很好的防流挂、防沉淀、防发花和协助效应颜料定向等功效。

(4) 凝胶型流变剂 凝胶型流变剂主要品种有碱性磺酸钙凝胶 (商品牌号 Ircoge 1905) 和丙烯酸微凝胶 (简称微胶)。

① 碱性磺酸钙凝胶 碱性磺酸钙凝胶的主要特性：对温度稳定，尤其是高温下仍保持有效的抗流挂性；有较高的触变性、较低的施工黏度；不需要活化或制成预凝胶，可以后添加；提高涂料的流平和流动特性，减少涂膜表面缺陷 (如缩孔和橘皮等)；不吸油，不影响光泽、鲜映性和清漆的透明性。该胶状流变剂由上海路博润 (Lubrizol) 涂料及油墨添加剂公司营销。Ircogel 905 流变剂是由棒状的碳酸钙晶核 (粒径为 5～30nm) 及其缔合的芳香族 C_{12}～C_{30} 烷基磺酸钙盐组成，其分子式为 $\left[R{-}\langle\!\!\!\bigcirc\!\!\!\rangle{-}SO_3 \right]_2^{2-} Ca^{2+}{\cdot}xCaCO_3$。

② 丙烯酸微凝胶 微凝胶 (简称微胶) 是分子内部具有不同交联密度并具有初步网络结构的大分子，其尺寸一般在 $10\mu m$ 以下。根据分子内交联密度的大小，可分为硬质微胶和软质微胶。交联密度趋大，微胶趋向硬质化；交联密度趋小，微胶趋向软质化，并逐渐接近线型高分子。根据分子内及表面残存活性基团的有无，微胶可分为活性微胶和非活性微胶。不含活性基团的称为非活性微胶，含活性基团的称为活性微胶和多活性微胶。

微胶是高固体分涂料优良的防流挂剂。选择分子内交联密度合适的微胶，在丙烯酸涂料中添加 5%，可使分子量降低后不流挂的涂膜厚度大大提高。

微胶能使高固体分涂料在烘烤前和烘烤中涂膜的膜厚、流平与流挂之间取得最佳平衡，不增加涂料的黏度。活性微胶能与 HMMM 反应，并能改善涂膜的力学性能 (如撕裂强度、拉伸率)，增加涂膜耐磨性，还能改善颜料的分散性与稳定性，是当前最受推荐的高固体分涂料优良的防流挂剂。

(5) 改性脲流变剂 改性脲流变剂 (商品牌号 BYK-410) 为 N-甲基吡咯烷酮中的溶液，主要技术指标见表 4-3。

表 4-3　BYK-410 主要技术指标

项目	指标	项目	指标
不挥发分/%	48～55	折射率	1.52
活性成分	改性脲化合物	闪点/℃	65
密度（20℃)/(g/mL)	1.13		

在丙烯酸树脂高固体分涂料中，使用有机膨润土和 BYK-410 考察其流变性，与有机膨润土相比较，改性脲流变剂 BYK-410 具有明显优点，在剪切速率≤0.1s^{-1}时（流挂时），BYK-410 产品黏度高于有机膨润土；在剪切速率为 1000～10000s^{-1}（施工时）时，BYK-410 产品黏度下降明显。

BYK-410 流变剂用于抗沉降和防流挂具有良好的效能；调漆时添加 BYK-410 效果最佳；BYK-410 主要适用于中极性溶剂和无溶剂型涂料体系；有更好的剪切变形和触变性；BYK-410 在涂料中用量：抗沉降为 0.1%～0.3%，防流挂为 0.5%～1.0%，无溶剂体系为 1.0%～3.0%。

(6) 喷漆用流变性助剂　英国奥维斯公司的 SOLTHIX-250 流变性助剂设计用于溶剂型着色和透明涂料中防止热流挂，并对光泽的影响减至最小，其在透明涂料体系和金属闪光涂料体系中也是有效的。SOLTHIX 250 助剂可用于宽范围涂料体系，包括聚酯/氨基、丙烯酸/氨基、醇酸/氨基、气干型醇酸、双包装聚氨酯和双包装环氧等体系，但不适用于水性体系。推荐在搅拌下将其加入调漆料中，无需外加研磨。SOLTHIX 250 的用量为涂料总质量的 0.5%～1.5%。

四、消泡剂

1. 消泡剂功能与作用

涂料制造过程中，由于机械操作会产生气泡和泡沫，使涂膜呈现缩孔、针孔和鱼眼等弊病，所以应选用适当的消泡剂，保证涂料有满意的应用效果。消泡剂的功能和作用方式见表 4-4。

表 4-4 消泡剂的功能和作用方式

功 能		作 用 方 式
抑泡剂	避免泡沫的形成	抑泡剂分散于发泡液体中时能拆开引起发泡的活性分子，阻止分子间的紧密接触，阻止表面黏度对泡沫的稳定作用使泡沫在起始阶段就受到控制，起到抑泡作用
消泡剂	消除已形成的泡沫	消泡剂进入泡沫表面，使泡沫表面张力急剧变化，消泡剂迅速在界面间扩散，进入泡沫膜，使泡膜壁变薄，并最终导致泡沫破裂

乳胶漆用消泡剂总是以微粒的形式渗入到泡沫的体系之中。由于某种原因，泡沫体系要产生泡沫时，存在于体系中的消泡剂微粒立即破坏气泡的弹性膜，抑制泡沫的产生。如果泡沫已经产生，添加的消泡剂接触泡沫后，即捕获泡沫表面的憎水链端，经迅速铺展，形成很薄的双膜层。进一步扩散，层状侵入，取代原泡沫的膜壁。由于低表面张力的液体总是要流向高表面张力的液体，所以消泡剂本身的低表面张力能使含有消泡剂部分的泡膜的膜壁逐渐变薄，而被周围表面张力大的膜层强力牵引，整个气泡就会产生应力的不平衡，从而导致气泡的破裂。

2. 消泡剂类型

（1）低分子量醇类消泡剂 通常为 3～12 个碳原子的醇类物质，例如 1-丁醇、1,2-丙二醇、1-辛醇和松油醇（$C_{10}H_{17}OH$）等。这类消泡剂的特点是价格不高，但消泡剂效果不好，用量较大，一般需 2%～5%，而且有些醇类（例如辛醇）有较难闻的气味，不利于劳动保护，目前作为消泡剂使用已逐步淘汰。

（2）磷酸酯类消泡剂 最典型品种是磷酸三丁酯，低毒，消泡效果十分明显，用量一般为涂料总量的 0.005%～0.01%。磷酸三丁酯作为消泡剂用的缺点是抑制泡沫产生的能力较差，因而在加入后不能再强烈搅拌，否则泡沫还会重新产生。

（3）乳化硅油类消泡剂 是低分子量的有机硅乳液聚合物，常用的是乳化甲基硅油和乳化苯甲基硅油。无毒无嗅，挥发性很小，消泡效果显著，用量一般为乳液量的 0.05%。缺点是使用不当会引起涂膜的附着力下降和再涂性变差等。

（4）复合型消泡剂 典型的代表是 SPA-102 和 SPA-202。SPA-102 消泡剂是以醚酯化合物和有机磷酸盐等为基础的复合型消泡剂。该消泡剂能有效地消除低黏度的乳液涂料生产过程或施工过程中产生的泡沫，没有其他消泡剂用量过量时产生的缩孔（"油缩"）现象，也无其他不良副作用。SPA-202 消泡剂的主要成分是硅、酯、乳化剂等复合型的消泡剂，消泡效果与 SPA-102 基本相似。

（5）溶剂型涂料用消泡剂 国外公司的产品，主要有德国 Henkel 公司、Tego 公司、荷兰 EFKA 公司和德国 BYK 公司。其中德国 Henkel 化学公司生产的 Perenol E1、E2、E3 都是非硅系列的消泡剂。它与树脂的混溶性有限，能快速迁移至漆膜表面，因表面张力较低，破泡性好。若将其与该公司生产的流平剂 Perenol F40 配合使用，会收到流平和消泡的双重效果，不易出现副作用。Perenol F40 用量为漆量的 0.3%～0.5%（先加），搅拌均匀后再加 Perenol E1（为漆量的 0.1%～0.5%），搅拌均匀即可。

3. 消泡剂品种示例

不含有机硅的不饱和烷烃 Airex 910 脱泡剂（Tego 公司）、破膜聚硅氧烷溶液 BYK-065（BYK Chemie 公司）、改性聚硅氧烷共聚物 BYK-020（BYK Chemie 公司）、改性有机硅聚氨酯专用 5500 消泡剂 [德谦（上海）化学有限公司]、二甲基聚硅氧烷与疏水二氧化硅混合物 Foamex N 消泡剂（Tego 公司）、含疏水粒子的有机硅聚合物高固体（无溶剂）涂料用 6800 消泡剂 [德谦（上海）化学有限公司]、无硅非离子丙烯酸聚合物 L-1980 消泡剂（日本楠本化成公司）等产品。通常，消泡剂用量很少（占涂料总量的 0.01%～1.0%），应通过试验采用达到消泡效果的最低用量即可。若用量过高，易产生负面效应。

五、防缩孔、流平剂

1. 流平剂功能与作用机理

涂料施工后的湿涂膜应能流动而消除涂痕，并在交联固化（干燥）后得到涂膜均匀平整的程度称为流平性。克服和防止涂料施工时出现的刷痕、辊痕、橘皮、缩孔等弊病，最有效的方法是添加流平剂。流平剂的功能和作用机理见表 4-5。

表 4-5　流平剂的功能和作用机理

功能	作用机理
改善流动性、延长流平时间	调整溶剂挥发速度，增强溶剂对体系的溶解力，降低体系黏度，从而改善涂膜的流动性，延长流平时间
增加对底材的润湿性	丙烯酸酯类、醋丁纤维素类、有机硅类流平剂由于分子量及表面张力较低，与涂料树脂不完全相容，可以从树脂中渗出；其渗透力强，利于被涂物的润湿及及早排除被涂物所吸附的气体分子，避免缩孔、针孔的发生，利于流平
在涂膜表面形成单分子层，提供均匀的表面张力	有机硅类流平剂的表面张力低，可迁移至涂膜表面，具有控制涂膜表面流动、促进流平的作用。当溶剂挥发后，可以在涂膜表面形成单分子层，具有平整、光滑的效果，从而改善涂膜流平、提高光滑度和光泽

2. 防缩孔、流平剂品种示例

防缩孔、流平剂是一种改进涂料涂装效果的重要助剂，应用较多的有溶剂类、醋丁纤维素类、聚丙烯酸酯类、有机硅类（如聚硅氧烷）和改性有机硅类（如改性聚硅氧烷、反应性有机硅）等。

（1）溶剂类防缩孔、流平剂　这类助剂主要用于溶剂型涂料，其组成是高沸点的混合溶剂。挥发较慢，较长时间保持表面开放，有强溶解性，保持基料稳定，防止在烘烤时涂膜产生沸痕、起泡等弊病。可用于防缩孔、流平剂的高沸点溶剂有高沸点芳烃、酮、酯、醇等。

（2）醋丁纤维素类防缩孔、流平剂　醋丁纤维素具有比醋酸纤维素更佳的理化性能，与多种合成树脂、高沸点增塑剂有优良的混溶性，能溶于多种有机溶剂。根据丁酰基含量的不同，可作聚氨酯及粉末涂料的流平剂。丁酰基含量愈高，流平效果愈好。

（3）聚丙烯酸酯类防缩孔、流平剂　聚丙烯酸酯类防缩孔、流平剂可以通过降低表面张力来增加润湿性，而且由于其与涂料用树脂的相容性有限，可以在短时间内迁移到涂膜表面形成单分子层，以保证在表面断面中的表面张力均匀化，增加抗缩孔效应，从而改善涂膜表面的光滑平整性。

德谦 492、495、825 等防缩孔、流平剂为聚丙烯酸酯类化合物，为透明液体（溶于芳烃中）。具有消除缩孔、针孔、鱼眼等功能，促进流平，不影响重涂性，耐水、耐光、抗老化性好。可用于环氧、酚醛、聚氨酯、丙烯酸和硝基涂料体系中，用量为涂料总量的 0.2%～2.5%，可调漆时加入并分散均匀。值得提示的是，将防缩孔、流平剂 825 与 435 组成复配助剂体系，用于环氧高固体分涂料中，可取得优良的防缩孔流平效果。

另外，聚丙烯酸酯类 BYK 354 等能增进流平、防止缩孔、提高光泽、不影响重涂性、热稳定性良好。用于高固体分涂料、聚酯涂料、聚氨酯涂料和短油醇酸涂料，用量为涂料总量的 0.1%～1.5%，在调漆时加入并分散均匀。

（4）有机硅防缩孔、流平剂　有机硅防缩孔、流平剂的作用效果取决于树脂的化学结构及使用量。例如，树脂的分子量大小、有机基团的类型及位置、硅原子上连结形式，都将影响其作用效果。经试验证明：有机硅防缩孔、流平剂用量是有一定要求的，用量多了反而产生副作用，如缩孔、层间附着力差、再涂性不良、发雾等弊病。因此选用流平剂要根据具体涂料产品，通过对流平剂品种、用量的筛选试验来确定。

可选用的有机硅防缩孔、流平剂有 201 甲基硅油、205 活性甲基硅油、SNEX 1156、BYK-300、BYK-301、BYK-320 和 BYK-VP-330 等品种。201 甲基硅油的组成为聚二甲基硅氧烷，外观为无色透明液体，黏度为 0.01～0.1Pa·s（25℃）。可溶于脂肪烃和芳香烃溶剂，表面张力低，促进流平、平滑，改善发花。用量为涂料总量的 0.01%～0.1%，调漆时加入，充分混搅均匀。若加入量过多，会影响涂膜层间附着力。

（5）水性涂料用防缩孔、流平剂　水性涂料用防缩孔、流平剂品种有荷兰 EFKA 助剂公司的 Ciba EFKA-3030、Ciba EFKA-3034 和 Ciba EFKA-3532 有机硅氧烷型增滑流平剂、Ciba EFKA-3570、Ciba EFKA-3772 和 Ciba EFKA-3777 氟炭改性聚丙烯酸酯防缩孔、流平剂和 BYK Chemie 公司的 BYK375 等。

六、增滑及抗划伤剂

1. 增滑及抗划伤剂功能与作用机理

在家具涂料、汽车涂料和卷材涂料等品种中，往往需要加入增滑剂，提高涂膜表面的平滑、滑爽性能和抗划伤性能。增滑及抗划伤剂的功能与作用机理见表 4-6。

表 4-6　增滑及抗划伤剂的功能与作用机理

类 型	功 能	作 用 机 理
有机硅类	提高涂膜表面平滑性	具有较低的表面张力，可以迁移至涂膜表面并形成单分子层，使涂膜具有极平整光滑的效果，起到增滑、抗划伤的作用
蜡 类	提高涂膜表面滑爽性	相对密度在 1.0 左右，在基料中溶解性差，具有高硬度、坚韧、易分散的特性。在涂膜中，蜡类可以浮到涂膜上层，呈均匀分布，达到如滚珠轴承似的效果，从而降低涂膜对第二表面的摩擦系数，起到增滑效果，并同时提高其抗划伤性能和抗粘连性

2. 增滑及抗划伤剂性能与应用

增滑、抗划伤剂主要有有机硅类和蜡类。有机硅类增滑、抗划伤剂的特性：具有与涂料体系不完全相容性，即应与涂料体系有一定的相容性，不产生完全分离、分层、析出；又要有一定的不相容性，有利于少量渗出并在涂膜表面形成单分子层，发挥流平、增滑作用，提高抗划伤性。蜡类增滑、抗划伤剂的结构特性，合成蜡多为聚乙烯蜡、聚丙烯蜡、聚四氟乙烯蜡和酰胺蜡，其平均分子量应在 1500～6000 之间；相对密度在 0.80～1.10 之间（聚四氟乙烯蜡为 2.2）利于浮在涂膜表面。

用于高固体分涂料、无溶剂涂料和光固化涂料的增滑、抗划伤剂有改性有机硅类和蜡类（聚乙烯蜡、聚丙烯蜡、改性聚丙烯蜡和聚酰胺蜡等）。如 Dow Corning 公司的 Dow Corning 28 改性有机硅、200 有机硅；德谦（上海）化学公司的 MW-611 聚丙烯微粉化蜡、MW-612 聚四氟乙烯改性聚乙烯蜡、MW-631 和 MW-635 微粉化聚烯烃混合蜡；EFKA 公司的 Ciba EFAK-6909 微晶化聚四氟乙烯改性乙烯蜡（可用于水性和溶剂型涂料）、6903 和 6906 微晶化改性聚乙烯蜡等。另外，Tego 公司的 Glide 420 和 Glide 450 是有机硅类增滑、抗划伤剂。

七、防霉杀菌剂

防霉是水性涂料生产和使用过程中需要给予关注的问题。水性涂料配方设计时，一般都加入适合应用的防霉剂，用以防止涂料在储存中发生霉变变质或在使用过程中防止涂膜长霉。防止特殊环境条件下霉菌在涂膜表面和涂膜内生长的涂料称为防霉涂料。

1. 防霉杀菌剂的性能与作用

涂料中使用的防霉杀菌剂，一般从效能、毒性、经济性及对涂料与涂膜性能影响等诸方面考量，防霉杀菌剂性能与作用见表 4-7。

表 4-7　防霉杀菌剂性能与作用

性能项目	作用或意义
毒性	防霉杀菌剂对人的毒性应尽可能低或者最好无毒
效能	防霉杀菌剂应具有广谱的抗微生物活性，药效高，活性持久，对各种霉菌和细菌有广泛的致死或抑制作用，而且使用浓度要尽可能低
对涂料和涂膜性能的影响	防霉杀菌剂加入涂料中不与涂料组分起化学变化，成膜后不影响其物理、化学性能
使用性	防霉杀菌剂的挥发性要低，在涂料中相容性好，容易分散，而在水中不溶或难溶
经济性	防霉杀菌剂应该价廉易得，使用方便
稳定性	所选用的防霉、杀菌剂具有耐紫外线、耐热、抗氧化等性能，并能在较长时间内保持其防霉、杀菌作用
pH 值	对于无机和水性防霉涂料来说，由于涂料的 pH 值均处在碱性状态下，而且均涂装于碱性基层上，因此还要求防霉剂能在碱性状态下或者在较宽的 pH 值范围内有效

2. 防霉杀菌剂品种

防霉杀菌剂包括取代芳烃类、杂环化合物、硫代氨基甲酸盐类、脂肪族杀菌剂和有机金属盐类。常用的防霉杀菌剂有酚类（如五氯苯酚、二萘酚等）、甲醛类、1,2-苯并异噻唑啉-3-酮（BIT）、

2-（4-噻唑基）-苯并咪唑（TBZ，俗称赛菌灵）、苯并咪唑氨基甲酸甲酯（BCM，俗称多菌灵）和四甲基二硫化秋兰姆（TMTD，俗称福美双）等。采用多菌灵的添加量为 $0.5\% \sim 1.0\%$。取多菌灵：福美双＝1：4（质量比）匹配，用量为 0.5% 左右，产生协同效应，会显著提高药效、增加抑菌效果。福美双对碱稳定、防霉性好、对细菌抑制能力强，适用于乳胶涂料的防霉、杀菌。

八、成膜助剂

1. 成膜助剂的作用

能够降低合成树脂乳液的最低成膜温度（MFT）和在短时间内降低其玻璃化温度（T_g）的助剂称为成膜助剂，也称聚结助剂。聚合物颗粒的密堆和变形是乳液或其涂料成膜的必不可少的条件。就聚合物颗粒的变形来说，它要受聚合物弹性模量的制约。如果聚合物颗粒过硬，则不会变形，也就不能成膜，因此必须首先使聚合物"变软"，亦即降低聚合物的玻璃化温度 T_g。乳液通常在接近 T_g 的温度下形成连续涂膜，或者更准确地说，只有在高于乳液 MFT 时，才能形成连续涂膜。因聚合物颗粒中所含的水与皂有增塑作用，所以 MFT 不同于 T_g 且低于 T_g。乳液的 MFT 可定义为乳液形成透明、连续、无裂纹涂膜的最低温度。低于 MFT 时，涂膜不透明且有裂纹。这种不透明性表明：颗粒之间的间隙（几十纳米）足以散射可见光，间隙存在于水分挥发时没有发生完全变形的颗粒之间。

成膜助剂应由挥发性较慢的溶剂构成。作为成膜助剂的最先决条件就是在涂料干燥过程中水分挥发，而成膜助剂仍留在涂膜内，但在其后的短时间内必须从涂膜内自行挥发。

2. 成膜助剂品种及分配系数

乳胶体系中的成膜助剂分布在聚合物相和水相中，在两相中成膜助剂的浓度是平衡的，具有恒定的分配系数。成膜助剂的分配系数（D）可被定义为其在水相中的浓度（C_w）与在聚合物相中浓度（C_p）之比：

$$D = \frac{C_w}{C_p} \qquad (4\text{-}2)$$

在乳胶成膜过程中，水的挥发速度比成膜助剂快，而使聚合物微粒中成膜助剂的浓度增大，但水相中成膜助剂通过对流进入膜面而部分挥发，因而选择成膜助剂的分配系数要小，才具有明显的成膜效果。如丙二醇、乙二醇等溶剂在水中的溶解度大，不能作为成膜助剂，但有利于乳液的防冻性及涂刷性。

表 4-8 总结了不同成膜助剂在各种乳胶中的分配系数。氢键作用参数高的成膜助剂主要在水相中，氢键作用参数低的成膜助剂主要在聚合物相中。成膜助剂在乳胶成膜的关键阶段的分配系数能很大程度决定其效能。

表 4-8 成膜助剂的分配系数

成膜助剂	氢键作用参数	乳胶类型[①]					
		A	B	C	D	E	F
乙二醇[③]	14.56	14	6.5	12	—	6.6	5.5
丙二醇[③]	12.20	>400	16	21	>400	13	36
己二醇	8.21	16	8.9	4.9	>1000	>380	>380
一缩乙二醇醚	6.89	>200	15	19	>1000	>380	>380
一缩乙二醇乙醚醋酸酯	4.61	1.5	0.73	1.1	0.98	易水解	2.3
丁氧基乙氧基丙醇	5.68	1.2	0.72	0.92	0.84	2.0	2.1
丙二醇丙醚	—	1.1	0.76	0.91	0.87	1.1	1.1
丙二醇丁醚	5.62	0.36	0.31	0.46	0.34	0.58	0.64
一缩乙二醇丁醚醋酸酯	4.25	0.13	0.089	0.14	0.11	易水解	0.16
乙二醇丁醚醋酸酯	3.83	0.054	—	0.057	0.051	易水解	0.048
双醋酸己二醇酯	3.37	0.11	0.088	0.073	0.087	0.29	0.065
DALPAD A[②]	—	0.029	0.024	0.035	—	0.049	0.037
Ucar Filmer 351[②]	—	0.050	0.007	0.035	0.006	0.022	0.010

① A—纯丙烯酸乳液；B—醋酸乙烯/丙烯酸酯共聚乳液；C—醋酸乙烯均聚乳液；D—醋酸乙烯/丙烯酸异丁酯共聚乳液；E—苯乙烯/丙烯酸酯共聚乳液；F—苯乙烯/丁二烯共聚乳液。

② DALPAD A 为 Dow Chemi Calco 生产；Ucar Filmer 351 为 Union Carbide Corp 生产。

③ 乙二醇和丙二醇通常作乳胶漆的冻融稳定剂，不单独作成膜助剂。

3. 成膜助剂性能及应用

常用的成膜助剂有醇醚和醇酯等，如丙二醇乙醚（PE）、丙二醇丁醚（PB）、一缩丙二醇甲醚醋酸酯（DPMA）、丙二醇苯醚（PPh）和2，2，4-三甲基-1，3-戊二醇单异丁酸酯（简称TEXANOL或醇酯）等。有些企业采用乙二醇醚及其醋酸酯，因其毒性，不宜使用。PPH和醇酯是高效成膜助剂，对大多数类型的乳液有极强的溶解力，有低的水溶性，涂料的储存稳定性好，成膜性能优良。

TEXANOL具有良好的水解稳定性，在沸水中煮96h的水解程度为0.02%（用量为2%～5%）。TEXANOL不溶于水，加入乳胶漆中应充分分散均匀，可采用预混合或预乳化方法添加。

从醇醚和醇酯分子结构得知，它们的分子中都含有碳氧单键，其氧原子上有未成键的电子对（p电子）。在醇醚分子中，由于氧原子的电负性比碳大，产生静电诱导作用，则氧原子周围的电子云密度明显增大；在醇酯分子中，氧原子上的p电子，参与碳氧双键的共轭效应，则碳氧单键上的氧原子周围的电子云密度比醇醚中氧原子周围的电子云密度低。成膜助剂总会有微量残留在涂膜内。值得提示的是，外用乳胶漆形成涂膜结构内含有未成键电子对或含有醇醚及醇酯成膜助剂时，酸雨侵入到涂膜内，H^+对含p电子的氧攻击，导致涂膜酸脆破坏，则含有p电子的成膜助剂或涂料成膜物结构中含p电子基团，都不宜用作耐酸雨的外用建筑涂料，但含醇酯成膜助剂的涂膜比含醇醚的涂膜有稍好的抗酸雨性。

九、增稠剂

增稠剂也是一种流变控制剂，但它不能改变涂料流动曲线的形状，只能移动位置，即在高、低剪切速率下，均能提高涂料的黏度，则称增稠剂。

1. 增稠剂分类及品种

水性涂料用增稠剂按其组成分主要有四类：无机增稠剂类、纤维素类、聚丙烯酸类、聚氨酯类。根据增稠剂与乳胶粒中各种粒子的作用关系，可分为缔合型和非缔合型。

增稠剂类型及品种如下：

$$
增稠剂
\begin{cases}
非缔合型
\begin{cases}
无机增稠剂，SM-P，SM-HV 和水性膨润土等 \\
非离子型纤维素，即 HEC、HPC 等 \\
非离子，即 PEO、PVA、PAM、EO 聚氨酯 \\
碱溶，即丙烯酸系、苯乙烯/顺丁烯酯 \\
碱溶胀，即交联丙烯酸系乳液
\end{cases} \\
缔合型
\begin{cases}
憎水改性羟乙基纤维素（HMHEC） \\
憎水改性环氧乙烷聚氨酯（HEUR） \\
憎水改性聚丙烯酰胺 \\
憎水改性碱溶（或溶胀）丙烯酸系乳液
\end{cases}
\end{cases}
$$

2. 增稠剂的性能比较

增稠剂的品种较多，在选择增稠剂时，除了考虑其增稠效率和对涂料流变性的控制以外，还应考虑其他的一些因素，使涂料具有最佳的施工性能、最好的涂膜外观和最长的使用寿命。常用增稠剂的性能比较见表 4-9。

表 4-9　几种常用增稠剂的性能比较

性　　质	HEUR	HASE[1]	HEC[2]
成本	最高	依品种而定	低
抗飞溅性	优	很好	不好
流平性	优	尚好到优	不好
高剪黏度	很好	尚好到很好	不好
高光泽潜力	很好	尚好到很好	不好
抗压黏性	尚好	好到很好	好
对配方中表面活性剂和共溶剂的敏感性	很敏感	中度到很敏感	不敏感
对 pH 值的敏感性	不敏感	中度敏感	不敏感
耐水性	稍不如 HEC	比 HEC 差得多	很好
耐碱性	很好	不好到好	很好
耐擦洗性	很好	尚好到好	好
抗腐蚀性	很好	不好	不详
对电解质的敏感性	不敏感	中度到很敏感	不敏感
微生物降解	无	无	可能

[1] HASE 是憎水改性丙烯酸酯类增稠剂；

[2] 最广泛使用的是羟乙基纤维素。

十、偶联剂

偶联剂因其分子结构中具有两种性能截然不同的基团，这两种基团分别和有机物、无机物结合，在界面间形成一种"桥梁"，使无机物、有机物二者能够通过"桥梁"紧密地结合在一起而得名。偶联剂的加入，使材料更耐介质、耐水、耐老化、综合性能更佳。

1. 偶联剂类型

（1）硅烷类偶联剂 包括乙烯基硅烷、环氧基硅烷、氨基硅烷、巯基硅烷、含氯硅烷和磺酰叠氮硅烷等。

（2）钛酸酯类偶联剂 包括单烷氧基型钛酸酯、单烷氧基磷酸型钛酸酯、单烷氧基焦磷酸酯型钛酸酯、螯合型钛酸酯和配位体型钛酸酯等。

（3）有机铬类偶联剂等。

2. 硅烷类偶联剂品种及应用

硅烷偶联剂（SCA）最早是作为玻璃纤维增强塑料中玻璃纤维的处理剂而开发的，之后由于独特的性能及新产品的不断出现，应用领域逐渐扩大，成了有机硅工业的重要分支，是近年来发展较快的一类有机硅产品。目前，世界上已经商业化的有机硅烷偶联剂有一百多个品种，基本可以满足各种不同用途的需要。硅烷偶联剂除了用于非交联树脂使其交联而固化，或使材料表面改性——赋予材料防静电、防霉、防臭、抗凝血和生理惰性等性能外，其最大的应用领域主要是用于改善两种化学性质不同材料之间的黏结性能，使之在两界面之间形成硅烷"弹性桥"，从而极大地提高制品的机械、电绝缘和抗老化等性能。

硅烷类偶联剂品种和主要用途见表4-10。

表4-10 硅烷类偶联剂品种和主要用途

偶联剂名称	适用的聚合物体系
乙烯基三（β-甲氧基-乙氧基）硅烷	乙丙橡胶、顺丁橡胶、聚酯、环氧、聚丙烯
乙烯基三乙氧基硅烷、乙烯基三甲氧基硅烷	乙丙橡胶、硅橡胶、不饱和聚酯、聚烯烃、聚酰亚胺

续表

偶联剂名称	适用的聚合物体系
乙烯基三氯硅烷	聚酯、玻璃纤维偶联剂
乙烯基间苯二酚二氯硅烷	聚酯、环氧、酚醛、聚邻苯二甲酸二烯丙酯、丁苯树脂、1,2-聚丁二烯
乙烯基三乙酰氧基硅烷	顺丁橡胶、乙丙橡胶
丙烯基三乙氧基硅烷	乙丙橡胶、顺丁橡胶、聚酯、环氧、聚苯乙烯、聚甲基丙烯酸甲酯、聚烯烃
γ-甲基丙烯酸丙酯基三甲氧基硅烷	
甲基丙烯酰氧甲基三乙氧基硅烷	不饱和聚酯、聚丙烯酸酯
γ-氨丙基三乙氧基硅烷	乙丙橡胶、氯丁橡胶、丁腈橡胶、聚氨酯、环氧、酚醛、尼龙、聚酯、聚烯烃
苯胺甲基三乙氧基硅烷	RTV硅橡胶、聚氨酯、环氧、酚醛、尼龙
苯胺甲基三甲氧基硅烷	
γ-乙二胺基三乙氧基硅烷	
乙二胺甲基三乙氧基硅烷	
N-β-（氨乙基）-γ-氨丙基二甲氧基硅烷	环氧、酚醛
α-(己二胺)甲基三乙氧基硅烷	酚醛、三聚氰胺甲醛树脂、尼龙、聚碳酸酯
γ-(乙二胺基)丙基三甲氧基硅烷	
二乙烯三氨基丙基甲氧基硅烷	
γ-(多亚乙基氨基)丙基三甲氧基硅烷	
γ-脲基丙基三乙氧基硅烷	
N,N-双(β-羟乙基)-γ-氨基丙基三乙氧基硅烷	
γ-脒基硫代丙基三羟基硅烷	
γ-(2,3-环氧丙氧基）丙基三甲氧基硅烷	氯醚橡胶、聚酯、环氧、酚醛、三聚氰胺甲醛树脂、聚碳酸酯、尼龙、聚苯乙烯、聚丙烯

续表

偶联剂名称	适用的聚合物体系
β-(3,4-环氧环己基)乙基三甲氧基硅烷	聚硫橡胶、乙丙橡胶、丁苯橡胶、丁腈橡胶、氯丁橡胶、聚氨酯、聚苯乙烯、大分子热固性树脂
硫醇基乙基三乙氧基硅烷	
γ-硫醇基丙基三乙氧基硅烷	
γ-氯丙基三乙氧基硅烷	
异硫氰基丙基三乙氧基硅烷	
甲基三甲氧基硅烷	玻璃纤维、二氧化硅的偶联剂
戊基三甲氧基硅烷	尼龙、聚苯乙烯、聚丙烯腈
甲基三乙酰氧基硅烷	硅橡胶
含甲基丙烯基的阳离子硅烷	多适用于热固性树脂-玻璃纤维、热塑性树脂-玻璃纤维
盐酸 N-(-N'-乙烯氧基氨甲基)-γ-三甲氧基硅烷基丙基胺	
盐酸 N-(-N'-3-乙烯苄基氨乙基)-γ-三甲氧基硅烷基丙基胺	
乙烯基三叔丁基氧化硅烷	各种聚合物(橡胶与塑料)与金属或某些无机物的偶合黏结、聚合物-聚合物的偶合黏结
丙烯基三叔丁基过氧化硅烷	
甲基三叔丁基氧化硅烷	氟硅橡胶、乙丙橡胶与金属或织物的偶合黏结
双(3-三乙氧基甲硅烷基丙基)四硫化物	多功能硅烷偶联剂

3. 钛酸酯偶联剂品种及应用

TTOP-12 钛酸酯偶联剂、TC-1 钛酸酯偶联剂(三异硬脂酰基钛酸异丙酯)、TC-3 钛酸酯偶联剂〔二-(二辛基焦磷酰氧基)-氧代酸钛〕和 YB-401 钛酸酯偶联剂等是常用的品种,可以明显提升对铁红、中铬黄、钛白、酞菁蓝和炭黑等颜填料的润湿分散效果;增加涂膜的附着力和色彩鲜艳度,同时具有防沉降、阻燃、耐蚀和防水等功能。

提示：偶联剂是涂料配方中经常采用的助剂品种，在使用中应充分发掘并利用其特殊效能。

4. 有机铬类偶联剂

有机铬类偶联剂是一种由不饱和有机酸与三价铬形成的配位型金属铬合物，其偶联机理是利用不饱和部分与树脂反应，利用另一部分与玻璃表面反应。

代表品种：NV-脂肪酸氯化铬〔甲基丙烯酸氯化铬盐的结构为

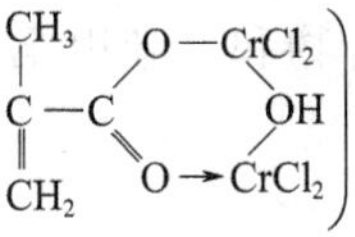

$$\begin{array}{c}CH_3\\C-C\\CH_2\end{array}\begin{array}{c}O-CrCl_2\\OH\\O\to CrCl_2\end{array}〕，作用机理如下：$$

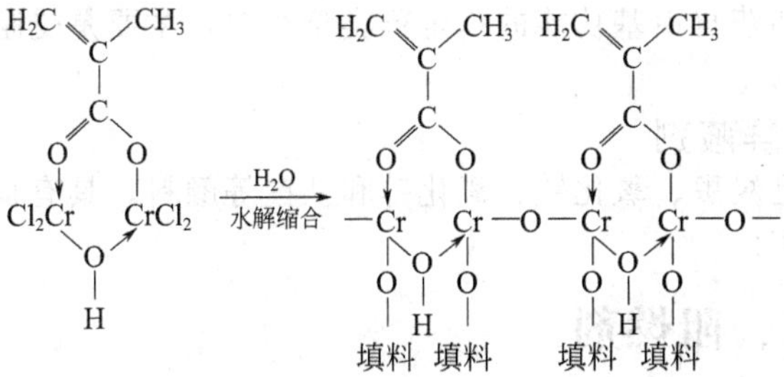

$$(4-3)$$

填料　填料　　填料　填料

十一、光稳定剂

高质量的工业涂料，特别是汽车涂料、桥梁涂料、室外使用涂料，对涂膜耐候性的要求很高。一般可加入光稳定剂，主要有紫外光（UV）吸收剂和自由基捕获剂两种。

1. 紫外光（UV）吸收剂

紫外光吸收剂属于预防性稳定助剂，在紫外线危及聚合物分子之前，紫外光吸收剂优于聚合物中其他生色团，选择性地强烈地吸收紫外光，并将其转换成无害的低能辐射，从而保护涂料不受紫外光危害。理想的紫外光吸收剂，其紫外光的透过率应当趋于零。常用的紫外光吸收剂有苯并三唑类化合物、二苯甲酮类化合物、羟基苯基均三嗪和草酰苯胺类四种类型，在这几类紫外光吸收剂中，苯并三唑类化合物是最重要的紫外光吸收剂，在

300～385nm 波长内有较高的吸光系数，几乎不吸收可见光，具有良好的光稳定性。

紫外光吸收剂的防护效果取决于被保护层的厚度，符合朗伯-比耳定律。同一种紫外光吸收剂在不同加入浓度、不同涂膜厚时，紫外光吸收能力也不同。在涂料中加入一些体质颜料，可以增加涂膜厚度，也可以避免或限制紫外光侵入聚合物内部。在上面四种紫外光吸收剂中，除了考虑涂料的热力学稳定性和水、溶剂的挥发稳定性，还应考虑涂料的光化学稳定性。从紫外光反射光谱大小可以判断紫外光吸收剂在涂料中是否有效以及涂料的耐候能力大小。苯并三唑类化合物和羟基苯基均三嗪比草酰苯胺类化合物和二苯甲酮类化合物的耐光性强。

2. 自由基捕获剂

具有捕获自由基功能的稳定剂类型很多，主要是受阻胺光稳定剂（HALS）。

3. 光屏蔽剂

主要是炭黑、氧化铁、氧化锌和钛白等颜料，具有良好的紫外光屏蔽作用。

十二、阻燃剂

1. 聚合物材料的燃烧过程

燃烧是一种发光发热的氧化反应，可燃物、氧气、热量（温度）是进行燃烧反应的三要素（必要条件）。一般来说聚合物材料只有在热的作用下分解成可燃气体才能与氧反应，因此，在燃烧条件下，聚合物的比热容、热导率、相变热、分解温度、分解速度、分解产物的扩散度、环境中的氧浓度、火焰的传播速度及氧化反应机制等都对燃烧反应有很大的影响。其中任何一个环节的终止或被抑制都将不利于燃烧反应。

2. 阻燃剂分类

阻燃剂可分为有机阻燃剂和无机阻燃剂。包括有机物如氯化石蜡、氯化橡胶、聚氯乙烯、含磷树脂、芳香族和高溴（氯）化合物（如四溴邻苯二酸酐或四氯邻苯二酸酐、六溴苯、十溴联苯或十氯联苯）、含卤脂族磷酸酯（如三氯乙基磷酸酯）、含磷的醇类、二聚的六氯环戊二烯和六溴环十二烷等。无机物如氯化铵、溴化铵、硼砂、硼酸、磷酸铵、磷酸钠、钨酸钠、水玻璃、三氧化二锑以及它们的混合物等。

阻燃剂的品种多，按分子量大小可分为低分子量阻燃剂和高分子量阻燃剂，按向聚合物中引入阻燃元素的方式可分为添加型阻燃剂和反应型阻燃剂，按阻燃元素在周期表中的位置可分为卤族阻燃剂、氮族阻燃剂、过渡金属阻燃剂、普通金属阻燃剂，按阻燃剂的阻燃效果可分为主阻燃剂和阻燃协效剂。

3. 阻燃剂的阻燃机理

阻燃剂的阻燃作用就是在聚合物材料的燃烧过程中能阻止或抑制其物理或化学变化的速度，具体说来，这些作用体现在以下几个方面。

（1）吸热效应　其作用是使高聚物材料的温度上升发生困难，例如，硼砂具有 10 个分子的结晶水，由于释放出结晶水要夺取 141.8kJ/mol 热量，因其吸热而使材料的温度上升受到了抑制，从而产生阻燃效果。氢氧化铝的阻燃作用也是其受热脱水产生吸热效应的缘故。另外，一些热塑性聚合物裂解时常产生的融滴，因能离开燃烧区移走反应热，也能发挥一定的阻燃效果。

（2）覆盖效应　其作用是在较高温度下生成稳定的覆盖层，或分解生成泡沫状物质，覆盖于高聚物材料的表面，使燃烧产生的热量难以传入材料内部，使高聚物材料因热分解而生成的可燃性气体难于逸出，并对材料起隔绝空气的作用，从而抑制材料裂解，达到阻燃的效果。如磷酸酯类化合物和防火发泡涂料等可按此机理发挥作用。

（3）稀释效应　此类物质在受热分解时能够产生大量的不燃气体，使高聚物材料所产生的可燃气体和空气中氧气被稀释而达不到可燃的浓度范围，从而阻止高聚物材料的发火燃烧。能够作为稀释气体的有 CO_2、NH_3、HCl 和 H_2O 等。磷酸铵、氯化铵、碳酸铵等加热时就能产生这种不燃气体。

（4）转移效应　其作用是改变高聚物材料热分解的模式，从而抑制可燃性气体的产生。例如，利用酸或碱使纤维素产生脱水反应而分解成为炭和水，因为不产生可燃性气体，也就不能着火燃烧了。氯化铵、磷酸酯、磷酸铵等能分解产生这类物质，催化材料稠环、炭化、达到阻燃目的。

(5) 抑制效应 (捕捉自由基) 高聚物的燃烧主要是自由基连锁反应，有些物质能捕捉燃烧反应的活性中间体 HO·、H·、·O·、HOO· 等，抑制自由基连锁反应，使燃烧速度降低直至火焰熄灭。常用的溴类、氯类等有机卤素化合物就有这种抑制效应。

(6) 增强效应 (协同效应) 有些材料，若单独使用并无阻燃效果或阻燃效果不大，多种材料并用就可起到增强阻燃的效果。三氧化二锑与卤素化合物并用，就是最为典型的例子。其结果不但可以提高阻燃效率，而且阻燃剂的用量也可减少。

4. 阻燃剂的阻燃方法

要使树脂获得阻燃性，一般采用两种方法：

① 合成含卤素的阻燃型树脂；

② 添加其他含有阻燃基团的阻燃剂和阻燃助剂。在树脂阻燃技术中，最常添加的阻燃剂有三种：阻燃活性稀释剂；阻燃固化剂；阻燃剂 (无机或有机阻燃性化合物)。

5. 部分阻燃剂性能及应用

部分阻燃剂性能及应用见表 4-11。

表 4-11 部分阻燃剂的性能及应用

阻燃剂名称	主要性质	应用示例
四溴双酚 A (TBBA)	白色粉末，熔点 174～181℃，溴含量 58%，开始分解温度 240℃，溶于甲醇、丙酮，不溶于水	用于环氧树脂、酚醛树脂、聚酯、聚氨酯、聚丙烯、聚乙烯、ABS 及聚碳酸酯等阻燃
三溴苯酚	棕黄色粉末，熔点 86～90℃，含溴量 58.8%	反应型阻燃剂，用于环氧树脂、聚氨酯
四溴苯酐	白色粉末，熔点≥275℃，分解温度＞235℃，溴含量≥67%	用于环氧树脂、聚烯烃、不饱和聚酯、聚碳酸酯、ABS
四溴双酚 A 双 (羟乙氧基) 醚 (EOTBBA)	熔点 115～118℃，溴含量≥50%，300℃时，失重 5%	用于聚酯、环氧树脂、聚氨酯、ABS

续表

阻燃剂名称	主要性质	应用示例
四溴乙烷	白色或浅黄色液体，沸点243℃，不溶于水，溶于石油醚	用于聚苯乙烯泡沫塑料，聚酯、环氧树脂
五溴二苯醚	琥珀色高黏度液体，溴含量69%~72%，分解温度270℃	用于不饱和聚酯，环氧树脂，聚乙烯，PVC，软，硬聚氨酯泡沫
六溴苯	灰白色粉末，熔点315℃，溴含量86.9%，不溶于水，微溶于乙醇、乙醚，溶于苯	用于聚烯烃、ABS、环氧树脂、橡胶
二溴苯基缩水甘油醚	黄色、棕黄色透明液体，环氧值0.26~0.32eq/100g，溴含量46%~52%	用于环氧、聚酯玻璃钢，阻燃胶黏剂与涂料
氯桥酸酐	白色结晶，熔点240~241℃，含氯量57.4%	用于聚酯、聚氨酯，环氧树脂
溴代芳烃磷酸酯	橘红色黏稠液体，含溴量≥30%，含磷量≥5%	用于不饱和聚酯、环氧玻璃钢，绝缘涂料
三（氯代丙基）磷酸酯	无色液体	用于聚氯乙烯、环氧、酚醛、聚氨酯树脂、有机玻璃、纤维素树脂、各种橡胶制品
三氧化二锑	Sb_2O_3含量98~99%，熔点652~656℃，沸点1425℃，不溶于水、醇、有机溶液、稀硝酸，溶于浓硫酸、氢氧化钠（钾）及酒石酸溶液	用于聚氯乙烯、聚烯烃、聚苯乙烯、聚酯、不饱和聚酯、环氧树脂、ABS、聚氨酯树脂等，多种合成橡胶、多种人造及合成纤维，多种含卤阻燃剂并用
氢氧化铝又称水合氧化铝（ATH）	白色粉末，相对密度2.42，灼减率34%，205℃开始脱水，220℃脱水较快，300℃时大量脱水，530℃左右再一次分解脱水	用于聚烯烃、聚苯乙烯、环氧树脂、不饱和聚酯、聚酯、ABS、PVC、聚氨酯、合成橡胶

十三、消光剂

光泽大小的量度称为光泽度。光泽度是通过测量物体表面的反光能力求得的，测定光泽度的仪器是光泽仪。所谓光泽度，是指光线在一定的入射角度条件下（通常是20°、60°或85°），在涂层表面的正反射光量与理想的标准板表面的正反射光量的比值，以百分数来表示。通常把涂层光泽度大于70%的称为有光涂料，光泽度为6%～70%的称为半光涂料，光泽度小于6%的称为无光涂料。

鉴于光泽度的大小取决于物体表面的光滑程度，所谓涂膜消光，实际上是采用种种手段，破坏涂层表面的光滑性，也即尽一切可能增加涂层表面的微观粗糙程度，这是所有涂膜消光的基本原理。

涂膜的表面光泽是按使用者的审美观及实际使用要求等主观条件而选择的。一般情况下，高贵、漂亮、豪华的装饰要求高度光泽，而安静、舒适、优雅的环境则要求较低的光泽。通常室外使用的机械、轿车外壳等要求高光泽，而室内应用部分（尤其是人们长时间工作的环境，如车船驾驶室、仪表室、办公设备等）则希望低光泽。但是在特殊情况下，即使在室外的条件下，也需要低光泽涂层，如为了隐蔽、保密、安全等原因，或者对光线反射有特殊要求的机器设备（如雷达及电视接收用的抛物线型天线）等。尤其是随着物质生活水平的提高，人们审美观念的转变，对涂层光泽的要求也出现了变化，消光型粉末涂料已作为一个引人注目的品种，为国内广大用户所青睐。

根据消光途径的差异将消光剂分为两大类，即物理消光剂和化学消光剂。

1. 物理消光剂

物理消光剂是借助于其与基料树脂的不相容性来达到消光目的的。将它们加入到涂料中后，通过分散被均匀地分布到涂料内部，在涂膜固化成膜过程中析出或保持原来的结晶态，分布于涂膜的表面或悬浮于涂膜的表面，破坏了基体树脂的连续性，从而打破了涂料的平整性，形成了一层引起光线散射的粗糙面，而起到消光作用。物理消光剂的品种有硬脂酸盐类、与基料不相容的聚合物（如聚四氟乙烯及较高相对分子质量的聚丙烯酸酯等）、蜡和金属盐的复合物（如 SⅡBZ）、金属有机化合物（如 XG 605-1A 消光剂）和气相 SiO_2 消光剂（超细 SiO_2 气凝胶、SD-420B 及 TS-100）等。

2. 化学消光剂

化学消光剂在涂料固化成膜的过程中借助于化学反应来破坏涂膜的平整性以达到消光的目的。目前常用的有互穿网络型（IPN）树脂、单盐型消光固化剂及消光固化流平剂、接枝型消光固化剂等。

（1）互穿网络型（IPN）消光剂 这类消光剂有苯乙烯-马来酸酐共聚物、含羟基或含羧基的丙烯酸酯共聚物等。IPN 消光剂应用于纯环氧、环氧/酚醛及环氧/聚酯等类粉末涂料的消光，最低光泽：环氧/酚醛为 2%，纯环氧为 1.5%，环氧/聚酯可达 16%。

（2）单盐型消光固化剂与消光固化流平剂 单盐型消光固化剂是将两种或两种以上的固化剂合成为一种借助于其固化速率的差来起消光作用的，这类产品是德国德固萨-赫斯公司的 Hardner B55、Hardner B68，它是将环脒与多元酸或酸酐通过成盐的方法形成一体的。

国内将这一类消光固化剂与丙烯酸酯接枝，制成消光固化流平剂，产品牌号为 XGP 603-1，其结构为：

$$R''COO-\begin{bmatrix} CH-CH_2 \\ | \quad | \\ NH \quad N \\ \backslash C / \\ | \\ R' \end{bmatrix} \quad \begin{matrix} O \\ \| \\ C \\ / \quad \backslash \\ O \quad R \\ \backslash \quad / \\ C \\ \| \\ O \end{matrix}$$

（3）接枝型消光固化剂 这类固化剂是一种具有不同官能团的化合物，它用于制备有任意光泽的耐候粉末涂料，适宜的固化剂是羧基改性的多异氰酸酯或异氰酸酯改性的多羧酸化合物。将这种固化剂与羟基聚酯树脂和环氧树脂组成混合型粉末时，固化剂中的异氰酸酯首先与聚酯的羟基反应形成局部固化，因此涂膜仍具有一定的流动性。当温度上升，固化剂中的羧基和环氧树脂反应，而事先已局部固化的聚酯却限制了它的均匀收缩，从而产生了良好的消光效应。通过固化剂和树脂组分的适当配合制得任意光泽的粉末涂料，而且它们的耐泛黄性，耐盐雾性和耐候性都可和聚酯/TGIC和树脂/氨基甲酸酯的涂层媲美。这一类消光剂的开发为消光型环氧树脂粉末涂料在户外的应用开辟了一条新的途径。

十四、纳米助剂

1. 纳米助剂的特异效应

纳米的内涵不仅是空间尺寸，而且是新的思维方式、独特的思路、创新的理念。纳米粒子和由它组成的纳米固体具有四大特异效应：即小尺寸效应、表面与界面效应、量子尺寸效应和宏观量子隧道效应。由于纳米粒子有特异效应，它的磁、光、电、声、热、力学及超导性等都与一般材料的宏观特性有显著差别。

2. 纳米助剂的理化特性

纳米粒子的物理特性：在热学、光学、力学和表面活性等方面都与一般材料呈现出不同的特性。化学特性：纳米粒子的吸附、分散与团聚、磁性液等化学性能展示出与一般材料的特性差异。在涂料及胶黏剂等新型材料中涂加纳米助剂，对改善传统材料品质及产品创新起到助推作用，引起新材料领域的关注。

3. 纳米助剂的作用

纳米助剂用于材料中，可以改善和提高材料的耐磨性、耐蚀性、抗菌性、耐污性、耐老化性等。如纳米三氧化二铝、二氧化硅、二氧化锆加入材料中可明显提高材料的耐磨性；纳米二氧化钛、二氧化硅、三氧化二铁加入环氧材料中可提高抗紫外线和耐老化性；纳米二氧化钛能有效抑制细菌和霉菌生成，分解空气中有机物和臭味，有效净化有害气体；纳米碳酸钙、二氧化硅对材料有明显增强作用，提高硬度……用添加纳米助剂来改性水性光固化材料，以改善和提高性能，也是水性光固化材料开发应用的亮点。

纳米助剂用于涂料不仅能改善提升其相关性能，而且会赋予材料新性能。部分纳米助剂的作用及参考用量见表 4-12。

表 4-12　部分纳米助剂的作用及参考用量

纳米助剂名称	规格/nm	主要作用	参考用量/%
纳米 SiO_2、蒙脱石凝胶	纳米尺寸	作为无机抗菌剂，有抗菌的广泛性、特效性、光稳定性和化学稳定性；作为抗老化助剂可制备耐候材料，提升材料的物理性能	1.0～3.0

续表

纳米助剂名称	规格/nm	主要作用	参考用量/%
纳米 TiO_2	10~50	对紫外线起吸收和屏蔽作用,化学和热稳定性好,有珠光效应,与铝粉或珠光颜料配合有随角异色性;可制造光催化玻璃、瓷砖及抗菌自洁涂料等	0.5~3.0
纳米 ZnO	10~50	吸收紫外线能力强,可制备 UV 屏蔽材料,与有机抗菌剂匹配后,明显提升抗霉菌功效	0.5~2.5
纳米透明氧化铁	7~15	无毒、无味、透明度高,耐温、耐候、耐碱、吸收紫外线等	适量
纳米稀土氧化物	纳米尺寸	是一类杰出的紫外线吸收剂,用于特种新材料和化妆品等领域	适量
纳米氧化铝(Al_2O_3)	20~40	提升硬度和耐磨性,用于水性、溶剂型及无溶剂材料、UV 固化体系	2.0~3.0
碳纳米管	长径比 250	有独特的结构及优异的物理化学性能,用于导电、隐身吸波、吸附并杀死有害蛋白质(如炭疽、癌细胞等)及杀灭细菌等功能涂料(或材料)制造	①

① 碳纳米管用量为 0.5%~8.0%时,材料处于抗静电区域;含量大于 8.0%时,材料处于导电区域;含量在 8.0%~25%范围内时,碳纳米管用量越高,材料导电性越好。

纳米 SiO_2、纳米 TiO_2、纳米蒙脱土等无机纳米粒子以及羧基丁腈弹性纳米粒子和丁苯吡弹性纳米粒子等交联型高分子纳米粒子对环氧树脂有明显的增韧作用。纳米粒子改性树脂的方法已经引起广泛关注,将对创新涂料品种及拓展应用领域起到助推作用。

4. 纳米助剂指标及应用示例

(1)纳米 TiO_2 技术指标及应用性能 纳米 TiO_2 产品主要技术指标见表 4-13。

表 4-13　纳米 TiO_2 产品主要技术指标

项目 \ 牌号	AT-02	AT-03	RT-02	RT-03	RT-04
外观	白色粉末	白色粉末	白色粉末	白色粉末	白色粉末
TiO_2 含量/% ＞	96	90	90	80	80
主要改良剂	—	硬脂酸	硅、铝氧化物	硬脂酸、金属盐	有机硅
晶体结构	A	A	R	R	R
pH 值	6～8	6～8	6～8	—	—
干燥损失/% ＜	1.5	1	2	3	3
灼烧损失/% ＜	3	8	5	13	13
表面特性	亲水	亲油	亲水	亲油	亲油
晶粒大小/nm	15～20	15～20	30～50	30～50	30～50
比表面积/(m²/g) ＞	90	90	35	35	35
铅（Pb）/%	＜0.001				
砷（As）/%	＜0.0005				
汞（Hg）/%	＜0.0001				

使用纳米 TiO_2（AT-02、AT-03、RT-02、RT-03 和 RT-04）时，应将其充分分散于使用介质中，然后按比例将纳米 TiO_2 添加到配方体系内（应保证纳米 TiO_2 维持分散状态），在涂料中采用量为 0.5%～3.0%。根据不同纳米 TiO_2 牌号及不同涂料品种，通过试验确定具体用量。

纳米 TiO_2 改性乳胶漆与传统乳胶漆性能对比见表 4-14。

表 4-14　纳米 TiO_2 改性乳胶漆与传统乳胶漆性能对比

项目	传统涂料（乳胶漆一等品）	纳米改性涂料（乳胶漆）
耐洗刷性次数	1000 次	15000 次
对比率 ≥	0.90	0.93
干燥时间 ≤	2h	30min
耐水性	96h 无异常	130h 无异常

续表

项　目		传统涂料（乳胶漆一等品）	纳米改性涂料（乳胶漆）
耐碱性		48h 无异常	60h 无异常
耐人工老化性		250h	1000h
涂层耐温变性		10 次循环无异常	35 次循环无异常
拉伸强度/MPa		无	>1.0
断裂延伸率/%		无	165
柔韧性($-20℃,2h,10mm$)		有裂缝	无裂缝
透气性		无	有
负离子发射量/(个/cm^3)		无	$700\sim1000$
抗菌性能(24h抑菌率)/%		无	90 以上
耐污染	涂上墨汁	擦不净，有污染	一擦即净，无污染
	涂上油汁	擦不净，有污染	一擦即净，无污染
耗量（理论值，涂刷两遍）/（m^2/kg）		内墙 $8\sim10$ 外墙 4	内墙 12 外墙 5

（2）纳米稀土氧化物　广东惠州瑞尔化学科技有限公司采用特种溶胶-凝胶技术，批量生产纳米稀土氧化物及其表面改性产品。主要产品有 Y_2O_3、CeO_2、La_2O_3、Nd_2O_3、Sm_2O_3 等纳米粉体及其分散改性浆料，可直接用于水性和溶剂体系。尤其是纳米 CeO_2 在涂料、化纤、橡胶、塑料、化妆品等领域应用效果好，是一种无机紫外线吸收剂的杰出新秀。

十五、其他助剂

1. 防结皮剂

防结皮剂是一种防止自动氧化聚合成膜涂料在储存过程中表层凝胶结皮的助剂。

（1）防结皮剂的作用

① 抗氧化作用　捕获自由基，中断氧化聚合反应。

② 络合作用　含有肟基的抗结皮剂与催干剂反应形成络合物，

使催干剂暂时失去活性功能。

③ 隔氧作用　防结皮剂具有较高的蒸气压，产生的蒸气填充罐内空间，起到隔离及阻氧作用。

④ 溶解作用　肟类化合物是强溶剂，能延迟凝胶的形成。

（2）防结皮剂品种示例　主要有酚类防结皮剂（对苯二酚、邻戊基苯酚和2,6-二叔丁基-4-甲基酚等）和肟类防结皮剂（甲乙酮肟和环己酮肟等）。防结皮剂用量一般为涂料总量的0.1%～0.3%。

2. 防浮色发花剂

含两种或两种以上颜料的涂料体系中，由于颜料分散不良、溶剂使用不当、基料的溶解性差及涂装条件与环境影响等，在涂料施工后的涂膜表面，就可能出现颜色不均匀、上下层颜色存在差异。当颜料在涂膜中产生垂直方向的分离时，称为发花；当颜料在涂膜中产生水平方向的分离时，称为浮色。

通常，采用几种助剂解决浮色发花问题，如使用润湿分散剂、流平剂和触变剂等。复合型防浮色发花剂有 TJ-89S 防发花剂（顺酐改性聚羧酸与甲基硅油混合物）、923S 防浮色、分散防沉剂（电中性聚羧酸胺盐与可相容有机硅的混合物）和 EFKA-64 防浮色发花剂（不饱和羧酸盐和部分酰胺并结合有机改性聚硅氧烷）等。复合型防浮色发花剂用量为无机颜料总量的 0.5%～2.0%。为有机颜料总量的 1.0%～5.0%。

3. 附着力促进剂

涂膜与基材之间可通过机械结合、物理吸附、形成氢键和化学键，互相扩散及静电作用结合在一起，这些作用所产生的黏附力决定了涂膜与基材之间的附着力。附着力促进剂的功能是提高机械结合力和范德华力；提供可反应基团，为形成氢键和化学键创造条件；促进涂料与基材分子的相互扩散、溶解，导致界面融合而改善附着力。

除前面介绍的偶联剂外，聚醚化合物、聚醚改性非离子型化合物、氯代聚烯烃树脂、非离子型表面活性剂和强溶剂等都可作为附着力促进剂。氯代聚烯烃树脂类附着力促进剂有 PPB、VPP 154 和 VPP 555 等；聚醚和聚酯等树脂类附着力促进剂有 J-50 增附流平剂、EP-2310 附着力促进树脂、LTH 附着力促进树脂等。

4. 防污剂

涂料中加入防污剂制成防污涂料。防污剂赋予涂膜防止或减缓海洋污损、生物附着和损伤的作用。涂膜内的防污剂不断渗出，并与污损生物发生活性作用使中毒而达到防污目的。

防污剂可分为无机防污剂（氧化亚铜、硫氰酸亚酮和氧化锌等）、有机锡防污剂（三丁基氟化锡、三苯基氟化锡和三苯基氢氧化锡等）、有机氯防污剂（五氯苯酚和四氯间苯二腈）和其他有机防污剂（四甲基二硫化秋兰姆等）。应根据实用需求选用防污剂及复配防污剂品种。

5. 乳化剂

通过乳化剂使材料分散于水中成为稳定的乳化液，基料乳液以及由它配制的各类涂料的性能在很大程度上取决于配方中的乳化剂。

乳化剂属于表面活性剂，分子中含有两类性质截然不同的部分，亲水或疏油的极性基团与亲油或疏水的非极性基团。目前常用的乳化剂可分为离子型乳化剂和非离子型乳化剂两大类。前者又分为阴离子型、阳离子型和两性离子型乳化剂三种，主要依据其分子结构中亲水基团在水溶液中解离时产生的电荷而划分；后者则又有醚型、酯型和其他类型三种。乳化剂类型与品种示例见表 4-15。

表 4-15　乳化剂类型与品种示例

类型	品种	示例
阴离子型乳化剂	羧酸皂类	主要为 $C_{12} \sim C_{20}$ 羧酸的钾、钠、铵皂
	硫酸盐类	主要为 $C_8 \sim C_{18}$ 的烷基硫酸盐
	磺酸盐类	脂肪磺酸盐，酰胺磺酸盐，烷基苯磺酸盐和甲醛缩合萘磺酸盐等
	磷酸酯盐类	脂肪醇磷酸酯盐
阳离子型乳化剂	胺盐类	伯、仲、叔胺，杂环胺盐及具有酯结构和酰胺结构的胺盐等
	季铵盐类	烷基季铵盐，醚结构、酰胺结构和杂环结构的季铵盐等

续表

类型	品种	示例
非离子型 乳化剂	酯型	聚氧化乙烯烷基酯，多元醇烷基酯，聚氧化乙烯多元醇烷基酯
	醚型	聚氧化乙烯烷基醚，聚氧化乙烯芳烷基醚和多元醇环醚等
	胺型	$RN[(CH_2CH_2O)_n H]_2$
	酰胺型	烷基醇酰胺、聚氧化乙烯烷基酰胺等
两性 乳化剂	羧酸型	如 $RNHCH_2CH_2COOH$
	硫酸酯型	$RCONHC_2H_4NHC_2H_4OSO_3H$
	磷酸酯型	如 $RCONHC_2H_4NHC_2H_4OPO(OH)_2$
	磺酸型	如 $RNH\ C_2H_4NH$ —⟨苯环⟩— SO_3H

6. 冻融稳定剂

冻融稳定剂也称防冻剂，主要作用是提高乳胶漆在受到冰冻破坏时不会破乳的能力。即通过降低水相的冰点来改善乳胶漆耐冻融的助剂才称为冻融稳定剂。

通常，用作乳胶漆冻融稳定剂的有乙二醇和丙二醇。乙二醇效果显著且价格低，但对涂膜的耐水性不利，只用于内墙乳胶漆；丙二醇价格偏高，但对涂膜的耐水性影响小，用于外墙乳胶漆效果更好。

7. pH 值调节剂

pH 值调节剂是调节或控制乳胶漆的 pH 值，保证乳胶漆的生产及性能稳定。pH 值调节剂应是挥发性的物质，最常用的 pH 值调节剂是氨水，用氨水调节 pH 值时，不会因乳胶漆稀释而出现 pH 值的大波动，因此氨水也是 pH 值缓冲剂。但氨气在逸出时产生刺激气味，有害于健康并污染环境。可用乳胶漆的多功能助剂 AMP-95（2-氨基-2-甲基-1-丙醇）替代氨水，有效地调控乳胶漆的 pH 值。

8. 增塑剂

增塑剂是短分子链的高沸点化合物。它通过物理作用使高聚物玻璃化温度降低，达到改善加工性、赋予制品柔韧性的目的。单纯的环氧树脂固化物较脆，抗冲击及抗弯性能差。为此，加入增塑剂，以便使固化物的脆性相应的减少，提高其柔韧性能。增塑剂也有内增塑剂和外增塑剂之分。增塑剂的主要作用是减少固化树脂交联点间链运动的势垒。增塑剂的效能取决于它的结构。

（1）邻苯二甲酸酯类增塑剂 主要有邻苯二甲酸二丁酯及二辛酯、邻苯二甲酸混合醇酯、邻苯二甲酸脂肪醇酯等。对多种涂料相容性好、增塑效果明显、挥发率低、有较好的抗变黄性。对光热稳定性差。

（2）癸二酸酯类增塑剂 如癸二酸二丁酯及二辛酯，改善涂膜耐寒性、增塑效果优异、挥发率低。

（3）磷酸酯类增塑剂 主要有磷酸三丁酯、亚磷酸三苯酯、磷酸三甲酚酯等。用于阻燃剂防火涂料，电性能好，常用于电线材料生产，磷酸三甲酚酯具有防霉性能，但耐光、热老化性欠佳。

（4）环氧化合物类增塑剂 主要有环氧化豆油、环氧亚麻仁油和硬脂酸环氧异烷基酯等。可提升涂膜的耐光、耐热等耐老化性，与多种树脂相容性好，有良好的润湿效果，无毒性，可用于与食品接触的材料生产。

（5）氯烃类增塑剂 如五氯联苯和氯化石蜡，具有优异的耐酸、耐碱、耐水及阻燃性。用于乙烯树脂涂料、氯化橡胶涂料和环氧涂料等。

以上增塑剂用量为涂料总量的 $0.5\% \sim 5\%$，经试验后确定具体数值。

9. 导电防腐剂——聚苯胺

导电聚苯胺及其特有的防腐机理，具有长效导电、防腐及环保特性，是开发导电及特种新型防腐材料且具有广阔应用前景的重要助剂品种。

第二节　助剂结构及应用特性

一、助剂结构与性能关系

涂料助剂品种及类型繁多,应用特性显著,涉及化学、光学、声学、电学、磁学、力学、生物学、仿生学、气象学和医学等学科的交叉融合。涂料助剂匹配技术运用综合学科领域知识,掌握各种类型助剂的结构与性能,利用助剂的敏感性、选择性、凸显效应、协同效应和特性叠加效应,充分发掘并展示助剂在涂料配方设计、制造、储存、涂装及应用中的特殊功效。

1. 气相二氧化硅在液体中的作用

凝结的气相二氧化硅是球形,在 X 射线下为无定形的颗粒。平均原始粒度为 $7\sim40nm$,相当于比表面积 $380\sim500m^2/g$。一般采用比表面积为 $200m^2/g$ 的产品,当需要更高的触变性时,可使用比表面积更大的气相二氧化硅。

球形气相二氧化硅表面上含有憎水改性硅氧烷单元和亲水性硅醇基团。Aerosil 200(德国赢创公司商品名)在表面上有 $3\sim4$ 个硅醇基/nm^2。由于相邻颗粒的硅醇基团间的氢键形成三维结构,三维结构越显著,凝胶化作用也越强(图 4-1)。三维结构能为机械影响所破坏,黏度由此下降。静置条件下,三维结构自行复生,黏度又上升,因此这体系是触变性的。在完全非极性液体中,例如:无氢键键合能力的烃类、卤代烃类溶剂中,黏度回复时间只需几分之一秒。在极性液体中,例如:具有氢键键合倾向的胺类、醇类、羧酸类、醛类、二醇类中,回复时间长达数月之久,它取决于气相二氧化硅浓度和其分散程度。

气相二氧化硅在非极性液体中有最大的增稠效应。因为二氧化硅颗粒和液体中分子间的相互作用在能量上大大弱于颗粒自己相互之间的相互作用。

在极性和半极性液体中,有形成或多或少强烈的氢键键合的可能,液体中分子和二氧化硅颗粒之间的吸引力增加。溶剂化能的增加可从由于液体极性的增加而润湿热上升的现象中看到。溶

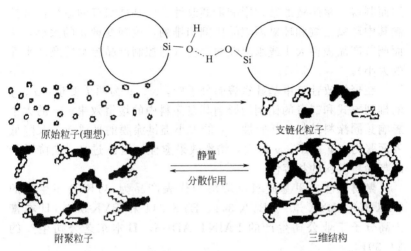

图 4-1 气相二氧化硅粒子在液体中相互作用示意

剂化包围圈越稳定，在液体中形成三维气相二氧化硅的结构越困难。

2. 聚醚改性二甲基硅氧烷结构对性能影响

聚醚改性二甲基硅氧烷的聚醚与硅相连接的化学键为 Si—C 类型，其结构式如下：

该结构的聚醚改性二甲基硅氧烷在微量水和微量酸存在下不会产生水解。结构内的聚醚链可由环氧乙烷、环氧丙烷或两者混合使用而制得。聚醚链的结构影响聚醚改性二甲基硅氧烷的极性，可控制其中环氧乙烷和环氧丙烷的比例和排列，改变变量 n 的大小，从而调节产品极性大小或水溶性的程度（即控制产品疏水性及亲水性的大小）。

在聚醚改性二甲基硅氧烷的分子中，x、y 为两个变量，x、y 的排列方式和二者的比例均影响其在涂料中的增滑效果。x 的大小影响其同涂料基料的相容性，y 的大小提供涂膜的平滑效果及降低界面张力。x 越小，y 越大，增滑效果愈佳，但 x 过小，会降低产品与涂料基料的相容性。

聚醚改性二甲基硅氧烷增滑剂代表产品为 BYK 公司生产的 BYK-300、BYK-301、BYK-341、BYK-344 和 BYK-306，日本富士高分子工业公司生产的 PAINT AD M，日本东芝公司生产的 YF 3913。

聚醚改性二甲基硅氧烷分子中 $\left(\begin{array}{c} CH_3 \\ | \\ Si{-}O \\ | \\ CH_3 \end{array}\right)$ 结构的—CH_3 可改变成烷基($C_2 \sim C_{10}$)，烷基的碳数将影响产品的表面张力，甲基具有最低的表面张力，碳数越大，表面张力越大。

值得提示的是聚酯改性聚二甲基硅氧烷（BYK-310）比聚醚改性二甲基硅氧烷（BYK-300 等）有更好的相容性和热稳定性，则 BYK-310 可以在高温短暂的卷材涂料涂装中使用。

3. 全氟表面活性剂的表面张力

全氟表面活性剂 亲油端为苯环（Ph），憎油端为氟醚链 $(HFPO)_n$。($HFPO)_n$ Ph 在不同浓度的间二甲苯中测定表面张力变化如图 4-2 所示。

由图 4-2 知：随着全氟醚链的增大，间二甲苯溶液的表面活性增高，即表面张力下降。当 $n=5$ 时，表面活性最高、表面张力最低。当 $n=6$ 时，由于憎油与亲油基团匹配变化反而导致表面活性下降。

（HFPO$\frac{}{n}$Ph 的分子结构如下：

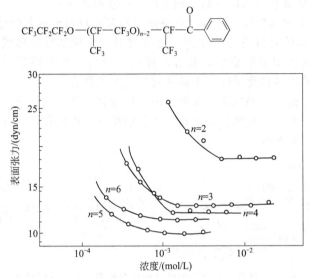

图 4-2　（HFPO$\frac{}{n}$Ph/间二甲苯溶液（20℃）浓度与表面张力的关系
（1dyn/cm$=10^{-5}$ N/cm）

4. 偶联剂结构与性能

（1）硅烷类偶联剂结构与作用　硅烷偶联剂的通式为 $Y_n SiX_{(4-n)}$（$n=1\sim3$），含有两种官能团，其中 X 基团是与无机材料反应不可缺少的。偶联反应中，X 与 Si 原子之间的键被无机材料与 Si 原子之间形成的键所代替。X 是一类可以水解的基团，如烷氧基、芳氧基、氨基、酰氧基和氯等，最常用的是甲氧基和乙氧基，偶联反应的副产物分别是甲醇和乙醇。由于氯硅烷偶联剂在反应过程中生成有腐蚀性的氯化氢气体，因而较少使用。Y 为非水解的可与有机树脂或聚合物结合的有机官能团，如乙烯基、氨基、环氧基、硫醇基和丙烯酰氧丙基等，大多数常用硅烷偶联剂含有一个 Y。

硅烷偶联剂与被黏结材料的偶联反应可以分为五步：
① 偶联剂中与硅相连的三个 X 基团水解生成醇；

② 硅醇缩聚成低聚物；

③ 低聚物与基体材料表面上的—OH形成氢键；

④ 干燥或硫化并且伴随着失水而与基体材料形成共价键；

⑤ 基体材料通过 Y 基团与有机材料发生化学反应形成化学键合（如共价键或形成螯合物等）或物理键合（如范德华引力等），从而完成了两种化学性质不同的材料之间的偶合。

用有机硅烷偶联剂对涂料中的无机填料（如玻璃纤维等）进行表面预处理，也起到提高填料与树脂的结合性能的作用，其作用机理如图 4-3 所示。

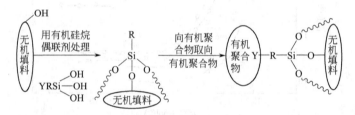

图 4-3　硅烷偶联剂与无机填料及有机聚合物的作用机理

① X 基团与无机材料表面的作用　以乙烯基三氧基硅烷偶联剂与玻璃表面的作用为例说明偶联剂的偶联作用：硅烷偶联剂对玻璃表面进行处理时，首先是 X 基团经过水解形成反应性 Si—OH 基团，接着 Si—OH 基团与玻璃表面的 Si—OH 基发生脱水反应形成键合的硅氧烷键，偶联剂在玻璃表面上不是孤立的小斑点，不是单分子层膜而是铺展成连续的和具有一定厚度的多分子层膜，可以分为三层：第一层是紧密黏附在玻璃表面的单分子层偶联剂，玻璃表面的结合力最强；第二层是通过化学吸附的偶联剂层，相当于 10 个单分子层厚度，可以用沸水处理 3～4h 去除；第三层是由物理吸附在玻璃表面上的偶联剂水解产物组成，其厚度相当于 200～300 个单分子层，占总厚度的 98% 以上，可以用冷水淋洗去除。

② Y 基团与聚合物的相互作用　含乙烯基的偶联剂对不饱和聚酯或丙烯酸树脂特别有效，而对环氧和酚醛等效果不明显。原因是，在催化剂或促进剂的作用下，偶联剂与不饱和聚酯或丙烯酸树脂等含双键的聚合物分子之间能发生共聚反应。

含有环氧基团的硅烷偶联剂，则对环氧树脂等特别有效。环氧基也能与不饱和聚酯中羟基发生反应，所以含环氧基的偶联剂对不饱和聚酯也适用。

总之，在涂料中添加偶联剂时，由于偶联剂分子之间可能的缩聚以及偶联剂与颜填料和树脂之间的相互作用，使得偶联剂的作用贯穿于整个涂层中，而不是仅仅发生在基体材料与涂层的界面处。

（2）钛酸酯类偶联剂结构与作用

钛酸酯类偶联剂简称钛偶联剂，其结构通式为 $R_n Ti(OX)_{4-n}$，R 是不能水解可反应官能团，如长链脂肪酸酯或膦酸酯等；OX 是可水解官能团。钛偶联剂的一端与基料发生化学反应，另一端通过水解产生羟基与无机表面或颜填料表面发生化学或物理反应。

① 单烷氧基钛酸酯与填料反应示意如下：

$$
\begin{array}{l}
-Ti-O-\underset{\underset{CH_3}{|}}{\overset{\overset{CH_3}{|}}{CH}}-CH_3 + HO-\boxed{填料} \\
-Ti-O-\underset{\underset{CH_3}{|}}{\overset{\overset{CH_3}{|}}{CH}}-CH_3 + HO-\boxed{填料} \\
-Ti-O-\underset{}{\overset{\overset{CH_3}{|}}{CH}}-CH_3 + HO-\boxed{料}
\end{array}
\longrightarrow
\begin{array}{l}
HO-CH-CH_3 + -Ti-O-\boxed{填料} \\
\quad\ \ CH_3 \\
HO-CH-CH_3 + -Ti-O-\boxed{填料} \\
\quad\ \ CH_3 \\
HO-CH-CH_3 + -Ti-O-\boxed{料}
\end{array}
$$

$$(4-4)$$

② 单烷氧基磷酸酯及焦磷酸酯型钛酸酯与填料反应：这类钛酸酯与普通烷氧钛酸酯不同的是可与填料上吸附的化学键合或物理键合的水发生反应，使之不影响偶合。

$$
RO-Ti(-O-\underset{OH}{\overset{O}{\overset{\|}{P}}}-O-\underset{OR}{\overset{O}{\overset{\|}{P}}})_3-HO-填料 \longrightarrow RO-Ti(O-\underset{O}{\overset{O}{\overset{\|}{P}}}-O-\underset{OR}{\overset{}{P}}-OR)_2
$$

$$(RO)_2P=O+[H_3PO_4]-填料 \qquad (4-5)$$

③ 整合型钛酸酯与填料反应：

$$
(RO)_2Ti\underset{O-CH_2}{\overset{O-CH_2}{\big\langle}} +HO-填料 \longrightarrow (RO)_2Ti\underset{OCH_2CH_2OH}{\overset{O-填料}{\big|}} \xrightarrow{P} (RO)_2Ti\underset{O-P(聚合物)}{\overset{O-填料}{\big\langle}}
$$

（整合型200）

$$+$$
$$HOCH_2CH_2OH$$

$$(4-6)$$

这类钛酸酯具有良好的水解稳定性。

④ 配位体型钛酸酯与填料反应：

$$L_6Ti-L+HO-填料 \longrightarrow L_6Ti-O-填料+LH$$

式中，Ti 为中心原子，L 为配位体，一般为 6 个，可不相同，例如 KR-46 是 6 配位体络合物二（亚磷酸二月桂酯）络四辛氧基钛，其分子式为：$(C_8H_{17}O)_4Ti[P(OH)(OC_{12}H_{25})_2]_2$。

与填料作用的是辛氧基（$C_8H_{17}O$），这类钛酸酯可以克服一些副反应。

以上各钛酸酯偶联剂的亲有机物部分通常为长链 $C_{12} \sim C_{18}$ 烷基，可与聚合物缠结，借分子间力结合在一起，因此对聚烯烃类特别适用。这种长链缠结可转移应力应变、提高抗冲击强度、伸长率和剪切强度，同时还可以在保证拉伸强度下增加填充量。长链烃基还可以改变无机物界面处的表面能，使黏度下降，以使高填充物具有良好的流动性。

5. 超分散剂结构及优点

所谓超分散剂多为锚定式的。分子由亲固体的锚定基团和亲溶剂的聚合链两部分组成。锚定基和颜料表面反应，牢牢地固定在颜料表面上。超分散剂的第二部分是聚合的溶剂化链，为了在有机系统中有效地分散，必须增加这种亲溶剂链的长度，用以提供良好溶剂化性能，增加吸附层的厚度、提高分散体的稳定性。但链的长度必须适宜，若太短则空间稳定性差，若太长则对溶剂亲和性过高，易于产生脱吸作用，或者反扭到颗粒表面上，降低吸附层的空间厚度，或者与其他链节缠绕而使粒子靠得过近，这些因素都能导致颜料凝聚。所以控制聚合物溶解链的长度是十分重要的。

超分散剂和传统表面活性剂之间的区别在于超分散剂可形成极弱的胶束，易于活动，能很快移向颗粒表面，起到保护作用。另外超分散剂不会像传统型表面活性剂那样，在固体表面上导入一个亲水膜。另外它在相的界面处是无活性的。使用超分散剂研磨色浆时具有以下优点。

（1）获得好的流动性　采用超分散剂时可以增加颜填料分散，可有效地分散有机颜料份为 40%～50%，无机盐填料份为 80%以上，得到较好流动性的色浆，其润湿分散效率比传统分散剂提升 2.1 倍。

（2）分散稳定性好　在无基料存在下，在烃类溶剂中用超分散剂制造的含有机颜料40%的色浆，储存2a无异常、无分层、无沉淀结块现象；含无机颜料80%的色浆，储存9个月无异常变化。

（3）适用性强　采用超分散剂制造的色浆，与其他色浆混溶性很好，配漆时的匹配性强，使用灵活、方便。

（4）对涂料无不良影响　采用超分散剂生产的色浆，对颜填料润湿分散效果良好，储存稳定、对涂膜的光泽、耐候性和涂料的涂装性都具有良好作用。

6. 阻燃剂的阻燃作用

含有N、P、Cl、Br、B、Mg和Al元素的化合物均可作为阻燃剂。几种阻燃剂的阻燃作用如下。

（1）含氮、磷及卤素阻燃剂的阻燃作用　铵化合物在160～200℃分解，释放出水和氨气，氨气冲淡了周围可燃性气体，水抑制温度上升，冷却了火焰，起到阻燃作用；含磷的阻燃剂受热时释放出偏磷酸，它在被保护材料表面上形成不挥发聚偏磷酸保护膜，阻止进一步氧化，防止燃烧；含卤素阻燃剂主要在气相中起阻燃作用，在燃烧分解产生的气体中，卤化物捕捉自由基H·和具有高反应性的自由基HO·，从而阻止链反应，达到阻燃目的。

$$H\cdot + HBr \longrightarrow H_2 + Br\cdot \qquad (4\text{-}7)$$

$$HO\cdot + HBr \longrightarrow H_2O + Br\cdot \qquad (4\text{-}8)$$

从反应可知，溴化氢捕捉自由基后，生成水也会达到冷却作用，防止火焰蔓延，卤素的阻燃效果是碘＞溴＞氯＞氟。

（2）氯化物与氧化锑匹配的协同效应　氯化物（或溴化物）与氧化锑配合使用时，阻燃反应及效果如下。

$$3Sb_2O_3 + 6RCl \xrightarrow{180\sim185℃} 6SbOCl + 3R_2O \qquad (4\text{-}9)$$

$$5SbOCl \xrightarrow{245\sim280℃} Sb_4O_5Cl_2 + SbCl_3 \qquad (4\text{-}10)$$

$$Sb_4O_5Cl_2 \xrightarrow{410\sim475℃} Sb_3O_4 + SbOCl \qquad (4\text{-}11)$$

$$3Sb_3O_4Cl \xrightarrow{475\sim565℃} 4Sb_2O_3 + SbCl_3 \qquad (4\text{-}12)$$

最后的反应式生成的Sb_2O_3可以继续与RCl进行反应。由反应中生成的$SbCl_3$具有低沸点和低熔点，在固相内可促进碳化物生成，在气相内可捕捉自由基。因此，消焰作用突出。如果将氯化物用溴化物代替，其消焰作用更明显，即采用混合阻燃剂可以利用阻燃剂的"相互增效作用"，使涂料呈现优异的阻燃效果。

（3）氢氧化铝（镁）的阻燃作用 ATH（氢氧化铝）在200℃以上开始失水，260℃失水加快，295℃失水量为每分钟7.6%，此时失水为70%（失重24.3%），300℃时失水80%，在300～550℃缓慢失水形成 γ-Al_2O_3。

$$Al_2O_3 \cdot 3H_2O \xrightarrow[\text{快}]{200 \sim 300℃} Al_2O_3 \cdot H_2O \xrightarrow[\text{慢}]{300 \sim 500℃} \gamma\text{-}Al_2O_3$$

$$(4\text{-}13)$$

ATH主要通过快速失去两个结晶水挥发气相阻燃作用，同时可促进基料固化物热稠合炭化，发挥凝聚相阻燃作用。氢氧化镁在320℃开始失水，将ATH与氢氧化镁复配使用，会取得更好的阻燃效果。

（4）赤磷的阻燃作用 赤磷（P）与基料固化或燃烧时会转化成磷酸等衍生物，基料固化物通过脱水炭化、覆盖燃烧表面、吸热隔氧等方式发挥凝聚相阻燃作用。当ATH与P复配时，能降低基料固化物的热失水温度、促进固化物稠合炭化、增加失重残留量、抑制P燃烧，具有良好的协同效应。

7. 反应性有机硅助剂

应性有机硅助剂具有流平、增进滑爽、耐溶剂、耐候、抗粘连、抗污染、抗划伤及防止浮色发花等效果，是一种有广阔开发应用潜能的助剂品种。其长效性深受人们关注，具体品种示例如下。

（1）含羟基的改性有机硅助剂 含羟基聚酯改性聚二甲基硅氧烷（BYK-370）、含羟基聚醚改性聚二甲基硅氧烷（BYK-375）、羟基封端有机硅助剂（L-9000）和侧链带羟基的聚醚改性聚硅氧烷（LEVASLIP 475）等反应性有机硅助剂通过与涂料组分进行化学反应固定在涂膜表面，具有持久性的助剂功效。

（2）含NCO等官能团的改性有机硅助剂 含丙烯酸官能团的聚酯改性聚二甲基硅烷（BYK-371）、含不饱和键的有机改性聚硅氧烷（EFKA-3883）和多异氰酸酯改性聚硅氧烷（EFKA-3886，含 NCO 值＝12％）等反应性有机硅助剂可牢固地固定在涂膜表面，保持永久的流平、增滑、抗划伤等效果。采用 EFKA-3886 与含羟基树脂反应，制造低表面自由基能的改性树脂，用作防垢耐蚀涂料的基料。

8. 水性消泡剂

聚乙烯蜡、改性有机硅、有机胺等助剂的折射率高，分散稳定性好，消泡能力强，不影响涂膜光泽，可用作水性有光涂料的消泡剂，其用量为涂料总质量的 0.1％～2.0％。

二、助剂的应用特性

助剂赋予涂料或涂膜的功效与助剂的应用特性相关联，涂料配方设计者应关注助剂的应用特性，充分发挥助剂的使用效果。

1. 助剂的敏感性

通常助剂具有较强的敏感性，对敏感性的影响因素有助剂与涂料组分间的相互作用、不同助剂间的相互制约、助剂发挥功效的有利条件等。

例如，乳胶漆中需要用成膜助剂、消泡剂、分散剂、润湿剂、增稠剂、表面活性剂及其他助剂等相匹配组成助剂体系。每种助剂的敏感性都很强，它们相互制约，用量小作用大。应科学匹配、避免负面效应。由于助剂的敏感性强，用量应坚持少而精的原则。

2. 助剂的选择性

不同品种结构的助剂适用于不同涂料品种是涂料配方设计时选用助剂的基本规则。例如涂料的表面张力高于被涂装物面时，应采用助剂降低涂料体系的表面张力，BYK-301 适用于气干型涂料、水性涂料、烘干型涂料；BYK-330 适用于酸酐固化涂料体系；BYK-344 适用于聚氨酯涂料、环氧树脂涂料和高固体分涂料；BYK-303 适用于氨基醇酸、丙烯酸树脂涂料体系。总之，在掌握助剂品种和涂料品种结构的基础上，充分考虑助剂对涂料的适应性及相容性，才会准确选择使用的助剂品种。

设计纳米复合涂料配方时，一定要注意纳米助剂品种与型号。如纳米 TiO_2 与纳米 SiO_2 不能互相替代；$S\text{-}SiO_2$ 是球状粒子

（比表面积 $155\sim165m^2/g$），易分散；P-SiO$_2$是多微孔状粒子（比表面积 $635\sim645m^2/g$），适于表面吸附。有针对性地选择纳米助剂，使其在材料中充分展现理想的效能，是纳米助剂科学应用的基本保障。

3. 助剂的凸显效应

多数功能助剂会对涂料性能产生凸显效应，即在合适的涂料体系和一定助剂用量范围内，助剂会促使涂料（或涂膜）产生某种特性突变。在配方设计时，应为功能助剂的凸显效应创造条件。

纳米助剂与功能助剂一样会对材料的某种性能产生凸显效应，某种性能转变最高点时的纳米助剂用量为理论上最佳用量。试验证明，纳米助剂用量与材料性能变化关系是一条抛物线。在纳米复合材料配方设计时，纳米助剂用量≤最佳用量，超过最佳用量会导致性能下降。如纳米 SiO$_2$用于防流挂时的适宜用量是 $0.5\%\sim1.0\%$，用于厚涂膜时是 $2.0\%\sim3.0\%$。

4. 助剂的特性叠加效应

依据助剂的敏感性、选择性、凸显效应和协同效应，选用不同特性的两种或两种以上助剂匹配时，参与匹配的助剂间发生中和、络合、缔合及官能团（或链段）相互作用等物理-化学反应，形成一种正效应明显大于负效应、渗透融合的特性叠加匹配助剂体系。这种新型匹配助剂体系呈现参与匹配助剂的综合应用特性。例如，氟碳表面活性剂与碳氢表面活性剂二者合理复配后组成的助剂体系，由于两种助剂特性叠加，呈现很高的表面活性，比氟碳表面活性剂单独使用时表面张力减少90%。

三、助剂的协同效应

1. 阻燃剂的协同效应

通常采用两种或两种以上的阻燃剂配合使用比一种阻燃剂单独使用的阻燃效果好。如磷与溴化物配合，氯化物或溴化物与锑白配合，都会获得好的阻燃效果。几种阻燃剂的阻燃性见表4-16。

表 4-16　阻燃剂的阻燃性比较[①]

阻燃剂名称	阻燃性[②]	阻燃剂名称	阻燃性[②]
溴代芳基磷酸酯	0.33	β-三氯乙基磷酸酯	0.24
FB 阻燃剂	0.50	三-2,3-二溴-丙基磷酸酯	0.20
四溴双酚 A	0.18	匹配阻燃剂 I [③]	0.16
偏硼酸钡	0.46	匹配阻燃剂 II	0.01
三氧化二锑	0.44	基料清漆膜	0.65

① 阻燃涂料质量组成是基料清漆：阻燃剂＝1.0：0.8，固化条件 180℃/3min；基料清漆质量组成是 E 44 环氧树脂：专用酚醛树脂＝2：1。

② 阻燃性数值越小，涂膜阻燃效果越好。

③ 匹配阻燃剂 I 的质量组成是无机粉体阻燃剂 A：有机粉体阻燃剂 A＝7：3；阻燃剂 II 的质量组成是无机粉体阻燃剂 A：有机粉体阻燃剂 B＝7：3。

由表 4-16 可知，匹配阻燃剂 II 呈现优异的阻燃效果，是由于无机粉体阻燃剂 A 与有机粉体阻燃剂 B 匹配后，发挥了优异的协同效应，在专用阻燃涂料中应用效果显著。

2. 纳米助剂的协同效应

（1）纳米 TiO_2 与纳米 SiO_2 的协同效应　纳米 TiO_2 与纳米 SiO_2 配合使用时，比单独用纳米 TiO_2（或纳米 SiO_2）有更好的 UV 屏蔽效果。将纳米 TiO_2 与纳米 SiO_2 同时加入苯丙乳胶涂料中，产生协同效应，使涂膜耐老化后的变色性（ΔE）降低，即耐老化性增强。

（2）纳米 TiO_2 与纳米 $CaCO_3$ 的协同效应　取 E 51 环氧树脂：丁基缩水甘油醚：BMC888 消泡剂：（X＋Y）纳米助剂：复配固化剂（聚酰胺与脂肪胺混配）＝100：12：0.5：（X＋Y）：42（质量比）制成结构胶黏剂，胶黏剂组成中的 X 是纳米 SiO_2（粒径 20nm，无表面处理）、Y 是纳米 $CaCO_3$（粒径 80nm，用硬脂酸表面处理）。将胶黏剂在 25℃下自行固化 7d 后，测定钢-钢粘接的剪切强度结果见表 4-17。

表 4-17　纳米助剂对胶黏剂剪切强度的影响

（X＋Y）纳米助剂	剪切强度/MPa	（X＋Y）纳米助剂	剪切强度/MPa
X＝Y＝0	17.1	X＝0、Y＝20	24.1
X＝5、Y＝0	21.3	X＝2、Y＝10	29.3

由于纳米 SiO_2 与纳米 $CaCO_3$ 产生协同效应，则含有两种纳米

助剂的胶黏剂明显提升了剪切强度，同时减少了纳米 SiO_2 用量，降低胶黏剂的成本。

3. 防霉剂与氧化锌的协同效应

在乳胶漆中使用氧化锌可以增大乳胶漆对紫外线辐射的抵抗力，减弱乳胶漆对潮湿环境条件的敏感性，提高耐老化性。氧化锌像钛白粉一样，也能够散射光线，使乳胶漆的遮盖力得到一定程度的改善；同时，氧化锌对霉菌也有非常有效的防护作用。

在外墙乳胶漆中加入不同量的氧化锌和异噻唑啉酮作防霉剂，考察涂膜的户外暴晒性，结果见表 4-18。

从表 4-18 中可见：不含防霉剂和氧化锌的配方 1 的样板在 6 个月时出现病斑。含有氧化锌的配方 2 和含异噻唑啉酮的配方 3 样板，经过 12 个月的时间涂膜才开始出现病斑。说明氧化锌可以提高乳胶漆的抗老化作用。同时加入氧化锌和防霉剂的配方 4 的样板经过 24 个月的户外暴晒仍保持正常，涂膜没有出现异常现象。比分别单独使用氧化锌和防霉剂的乳胶涂膜的抗老化性能有了很大的提高。

表 4-18　暴晒试验结果

样品①	时间/月					
	1	2	3	6	12	24
配方 1	无异常	无异常	无异常	病斑	—	—
配方 2	无异常	无异常	无异常	无异常	病斑	—
配方 3	无异常	无异常	无异常	无异常	病斑	—
配方 4	无异常	无异常	无异常	无异常	无异常	无异常

①配方 1 至配方 4 的组成如下：

配方 1（质量份）

R 型钛白粉	25	乳液	35
分散剂	0.25	有机膨润土	0.5
润湿剂	0.2	成膜助剂	2
丙二醇	3	氨水	0.2
纤维素 MR-250	0.2	流平剂	0.5
消泡剂	0.1	水	33.05

配方 2，将配方 1 的钛白粉质量降至 20，加入 5 质量份的氧化锌。

配方 3，将配方 1 中加入 0.2 质量份的异噻唑啉酮。

配方 4，将配方 1 中加入 0.2 质量份的异噻唑啉酮和 5 质量份的氧化锌。

总之，在外墙乳胶漆中，采用氧化锌5%与异噻唑啉酮0.2%配合作防霉剂时，对提升涂膜的防霉性和抗老化性都呈现良好的协同效应。

4. 稀土氧化物-杀虫杀菌剂-树脂化铜的协同效应

采用低放射稀土氧化物-杀虫杀菌剂-树脂化铜匹配成三元无毒复合防污剂，显现出很好的协同效应，达到长效防污作用。可在防污涂料中不使用有机锡和氧化亚铜，为制造长效无毒防腐防污涂料、减少对环境污染和人体伤害，开启新途径。

四、选用助剂的关注点

1. 选用润湿分散剂的掌控条件

润湿分散剂主要是在界面处发挥作用。润湿、分散、稳定作用的基础是该物质的吸附层，由于吸附层覆盖在固体粒子的表面上，改变了相之间的作用条件和物理化学进程。表面活性剂在颜料表面上的定向吸附，可以改变颜料的表面性质。若极性基向外，该颜料则变成亲水性的。反之，疏水基向外，则形成疏水性的表面。

涂料是一个多相的分散体，在颜料表面上会发生竞争吸附。如何选择润湿分散剂及其使用方法是十分重要的。使用不当会产生副作用，影响涂料产品的质量。

（1）颜填料表面特性与吸附层　通常，基料和润湿分散剂对颜填料表面的吸附量随颜填料粒子的比表面积增大而上升，即细微颜填料比粗颜填料更易润湿分散。

以无机化合物处理过的TiO_2和没处理过的TiO_2的吸附作用是不相同的。如为了提高颜料的光化学性，用硅酸铝处理。硅酸铝则改变了TiO_2的吸附作用。

炭黑是一种高分散、多孔性的亲油性颜料。其表面上有各种活性官能团（羧基、羟基、羰基），因而构成了炭黑的多相性、特殊的吸附性。

通过实验发现阳离子表面活性剂可以与不同氧化度的炭黑表面产生化学吸附。这是—NH_2与炭黑表面的含氧官能基相互作用的结果。例如胺与羰基反应，在表面形成盐的化合物，无法从表面上脱吸下来。如果提高炭黑表面的氧化度可增大醌、氢醌、酚性羟基、内酯、醚键、羧酸等极性基的含量。醇酸树脂对这种炭黑具有较好的润湿分散性，所以涂料储存稳定性、光泽和黑度都有很大提高。

（2）基料与润湿分散剂的竞争吸附　基料和润湿分散剂在颜料表面上会产生竞争吸附。主要取决于基料与颜料表面亲和性的大小。颜料若是亲水的，在非极性溶剂中就选择极性度较大的物质进行吸附，如若是疏水的，在极性溶剂中就要选择疏水性较强的物质进行吸附。润湿分散剂的物理吸附不影响聚合物的化学吸附。这是因为润湿分散剂在颜料表面的物理吸附是不牢固的，在溶剂中容易被树脂从颜料的表面上挤出去。与颜料表面形成化学吸附的润湿分散剂是不能被树脂聚合物从颜料表面挤出去的。润湿分散剂在表面上的吸附饱和度越大，聚合物吸附的阻力就越大。

在极性溶剂中醇酸树脂能吸附在华蓝的表面上，因为华蓝表面上具有两种活性中心，所以呈酸性的醇酸树脂仍可吸附在其表面上，但其覆盖效率低，故而造成其润湿分散性较差。必须选择适宜的润湿分散剂来提高其分散效率。

（3）溶剂的极性对吸附的影响　涂料储存稳定性是各组分间相互作用的结果。溶剂的极性强度不同，对润湿分散剂在颜填料表面上的吸附也有不同的影响。例如十八烷基胺在各种溶剂中的吸附量的顺序为甲苯＞二氯乙烷＞混合溶剂（甲苯62％，丙醇26％，醋酸丁酯12％）。各种溶剂只影响物理吸附而不影响化学吸附。

（4）润湿分散剂在溶剂型涂料中应用条件及效果　在溶剂型涂料中如不加分散剂，树脂又不能在颜填料表面上形成足够厚度的吸附层时，颜料就容易产生絮凝，严重者会形成沉淀结块。

在各种不同性质的分散介质中，同一种颜料的润湿分散效率和它们的最佳浓度都是极不相同的。因此，在使用润湿分散剂时要考虑分散介质的性质和颜料表面的状态、特性、它们之间相互作用的依赖关系以及外界条件的影响。

试验表明，润湿分散剂的浓度对颜料的分散起相当重要的作用。当颜料粒子表面亲液化已达到足够程度，但还没有饱和时，是颜料的最佳条件，因为没有吸附助剂的地方还可以吸附聚合物基料，增加吸附层的厚度，对分散系的稳定性创造了条件。

在聚合物基料中，若颜料粒子表面亲液化程度低，分散效果就不够理想，必须借助于润湿分散剂的帮助，提高粒子表面的亲液化程度，达到分散的目的。

在过氯乙烯树脂中对华蓝的分散，十八烷基胺要比硬脂酸效果好，这是因为十八烷基胺的吸附量大，亲液化程度高。

总之，在非极性基料中，颜料的分散是困难的，原因是基料对颜料的亲和性差，产生不了足够厚度的吸附层，必须借助于助剂的吸附作用，增加吸附层的厚度和粒子的亲液化程度，以达到稳定的分散目的。

理想的润湿分散达到稳定化的涂料体系可产生如下效果：降低色浆黏度改善流动性、保障涂料储存稳定性、改变涂料流平性、提升制造涂料效率、增加着色力和遮盖力、防浮色、流挂及沉降，同时增加涂膜平整性、光泽及理化性等。

（5）润湿分散剂在水性涂料中的应用条件 颜填料在比其自身的临界表面张力低的溶液中分散性较好。在同一表面张力的分散介质中，颜填料的表面张力高者，$\cos\theta$ 值较大，润湿分散效果好，随着分散介质的表面张力的降低，$\cos\theta$ 值也随之增大，则颜填料的润湿分散效果变好。

即使表面亲水性较强的颜填料，在水中的润湿性还是很差的。通常颜填料粒子在水中的润湿分散要比在有机溶剂中困难得多，其原因是水的表面张力（$72.8 \times 10^{-5} \text{N/cm}$）比有机溶剂的表面张力（约 $30 \times 10^{-5} \text{N/cm}$）高 2 倍多，只能选用润湿分散剂降低水性体系的表面张力，增加对颜填料的润湿作用，提升润湿分散剂效果。

值得提示的是，在水性涂料体系中，应适当增加润湿分散剂添加量，如果超出颜填料的化学吸附量，其分散性变坏；润湿分散剂的实际品种及其添加量，应通过试验比较、考察色浆及涂料的储存稳定性、涂装性等，才可确定润湿分散剂。

2. 合理运用助剂的协同效应和叠加效应

（1）助剂的协同效应运用 同系同类助剂相匹配，对同种性能产生协同增效作用。如两种或两种以上的阻燃剂、触变剂、防霉剂、杀菌剂、UV屏蔽剂、固化促进剂等各自相匹配，组成匹配的阻燃剂、触变剂、防霉剂……均产生明显的增效作用，提升涂料及涂膜的预计性能，这是涂料配方设计者普遍采用的助剂应用技术。

助剂协同效应的组成及应用：将同系同类助剂（包括促进协同效应的促进组分）混配或制成浆料后，直接加入到未研磨的色浆或涂料中，再进行研磨分散；将配制好的涂料进行某种所需性能测定，达到预期指标即可。

（2）助剂的叠加效应 不同系、不同类及不同本质特性的助剂相匹配时，参与匹配的助剂间经物理-化学反应，形成一种正效应明显大于负效应、渗透融合的特性叠加匹配助剂体系，在该种匹配助剂体系中，参与匹配的助剂仍保持原有的本质特性。如选取触变剂、流平剂和消泡剂匹配，形成一种特性叠加匹配助剂体系，该体系呈现满意的触变性、流平性和消泡性。助剂的特性叠加效应为助剂应用技术及涂料产品创新提出了新理念及新思路。

运用助剂叠加效应的操作程序如下：

① 依据助剂结构、应用特性、涂料制造、涂料储存及涂装要求，有针对性地选择参与匹配的助剂品种；

② 确定匹配助剂的组成，推出三种或三种以上不同配比的助剂体系；

③ 考察匹配助剂体系的储存稳定性，通常在室温下储存 15d 以上；

④ 采用稳定的匹配助剂体系配制成涂料，测定涂料储存稳定性、涂装性并检测相关性能。

3. 防止助剂的负面效应

多数助剂会对涂料及涂膜产生负面效应，如果选用助剂不当，会带来严重后果，涂料配方设计者在选用助剂时，一定要把助剂的负面作用降至最低。如阻燃剂（添加型）会影响涂膜的耐湿热性，应通过增加涂膜的交联密度加入耐蚀剂给予解决；使用消泡剂有时会产生缩孔或橘皮，可将消泡剂与流平剂搭配消除弊病，消泡剂（表面张力 $< 30 \times 10^{-5}$ N/cm）对表面张力为 $30 \times 10^{-5} \sim 38 \times 10^{-5}$ N/cm 的涂料具有较好的抑泡、消泡能力，对于低表面张力的涂料，应选用含氟表面活性消泡剂；防结皮剂（甲乙酮肟）会影响干燥性，应将其充分搅入涂料中后，再加催干剂，防止两种助剂直接相混；阴离子型分散剂为聚羧酸钠及铵盐

类，含有非挥发性的吸湿成分，会降低涂膜的耐擦洗性，也会使涂膜产生"水斑"，采用高效分散剂 AMP-95（2-氨基-2-甲基-1-丙醇）：阴离子型分散剂 Tamol 731＝5.0：8.5（质量比）组成匹配分散剂，加入量为颜填料质量的 0.135％，避免单独使用 Tamol 731（用量为颜填料质量的 0.118％）降低涂膜耐擦洗性及产生"水斑"之弊病，达到减少阴离子型分散剂用量的目的；触变型防沉剂会影响流平性和光泽等，采用聚丙烯酸酯的高沸点芳烃和二丙酮醇溶液（如 BYK-354），只需添加涂料的 0.5％～1.5％（质量分数）就可防止橘皮、促进流平，其与烘漆体系的相容性及脱气性好，同时增加涂膜光泽；有些低分子助剂残留在涂膜内，会损害涂膜的耐蚀性和防介质渗透能力，可采用偶联剂或多官能度交联固化剂，调整涂膜的交联密度、致密性及均一完整性，提升涂膜的耐蚀性及防护效果。

4. 慎重选择助剂品种及用量

涂料用助剂品种多、作用机理各异，在涂料中用量小，呈现突出的功效，但若选用助剂品种及用量不当，必产生不良后果。选择助剂品种及用量的注意事项如下。

（1）选用助剂品种适当 根据涂料制造、储运及涂装要求，针对不同涂料品种，选择适宜的助剂品种。在每种涂料配方中，应使用必要的助剂品种，不宜过多，能满足需求即可。

（2）发挥助剂的正效应 涂料中的助剂只能在有限条件下发挥正效应，应在限定条件下，通过试验比较、考量确定助剂品种及添加量，按合理的加入方式，才会发挥助剂的正效应。试验表明，过量的助剂添加量或不适宜的助剂品种，都会产生负效应。

（3）关注助剂的使用技巧 合理确定涂料及涂膜性能与助剂品种及用量的关系，找到性能与助剂量间的最佳平衡点，运用见实效的助剂使用技巧。

（4）助剂应用技术创新 助剂在现代涂料配方设计中扮演着重要角色，应克服对现有助剂的封闭式的依赖性，主动发掘利用新型助剂、匹配助剂及环境友好助剂等品种。在实践中逐步掌握助剂产生的特效及其作用规律，通过试验建立助剂应用的新理念及新方法，为涂料产品创新提供持续推动力。

第三节　匹配助剂体系

一、助剂的匹配规则

助剂对涂料的制造、储存、黏度、施工性、触变性、涂膜表面状态及应用性等均有不同程度贡献，是现代涂料不可缺少的组分。在选择助剂时，应在掌握助剂结构及本质特性的基础上，充分发掘利用助剂的敏感性、选择性、凸显效应、协同效应和叠加效应，通过对助剂品种、用量、相互促进与制约作用及不同品种匹配适应性等的综合考量，确定适宜的匹配助剂体系。匹配助剂的具体操作规则如下。

（1）充分发挥匹配助剂体系的正效应　根据应用性能需求，有针对性地选取助剂品种、用量及其配比。参与匹配的助剂间发生物理-化学反应，形成一种正、负效应加和的匹配助剂体系，在这种体系内的正效应明显大于负效应。试验表明，不是任何助剂随意匹配都会使正效应大于负效应，如气相 SiO_2：KH 550 硅烷偶联剂＝2：1（质量比）匹配后，不能呈现正效应，导致单包装环氧涂料失去触变性并储存 15d 黏度急剧增加、无法施工；而气相 SiO_2：KH 550：聚丙烯酸酯共聚物流平剂＝2：0.5：1（质量比）匹配后，就能发挥正效应，可以保证涂料的优异触变性，储存 15d 黏度基本不变，有良好的施工性。只有恰当的选择选用助剂品种及配比，才能充分发挥匹配助剂体系的正效应。

（2）确定有本质特性的匹配助剂体系　不同品种助剂匹配时，助剂的润湿分散、流平、消泡、乳化、固化促进、催干、消光、防霉、防污、阻燃、导电、触变、防沉、耐磨、附着力促进、增滑及成膜等本质特性融合于参与匹配的助剂的组分中，得到展示综合特性或新效能的匹配体系。这种匹配助剂体系是呈现助剂本质特性加和的新型助剂品种，如触变树脂Ⅱ（有效成分 50%）：润滑耐磨剂：丙烯酸酯类流平剂（BYK-354）：不含硅氧烷消泡剂（EFKA-2720）＝56：50：4：（1~2）（质量比）匹配。生产一种使涂料具有储存稳定、触变、流平及消泡等优异综合特性的匹配助剂体系，保证涂膜的优良的耐磨性及耐蚀性，用于减阻耐磨涂料。采用有效的技术措施，营造呈现并保持助剂本质特性或发掘新效能的匹配助剂体系，是助剂应用理念的创新与实践，是涂料产品创新的技术途径之一。

（3）匹配助剂体系的稳定性 应用助剂匹配技术的基本保障条件是匹配助剂体系的稳定性。设计匹配助剂体系时，应掌握将助剂官能团稳定化的操作方法与匹配程序，确保获得稳定的匹配助剂体系及涂料体系。如采用气相 SiO_2：KH 550 硅烷偶联剂：825 流平剂：6800 消泡剂＝16.0：6.0：2.5：0.2（质量比），先将 KH550 与 825 进行稳定化络合，然后再与气相 SiO_2 和 6800 匹配，制成使涂料具有良好储存稳定性、触变性、流平性及消泡性的匹配助剂体系，该匹配助剂体系增加了涂膜的交联密度，提升了涂膜的附着力及耐蚀性，成功用于单包装高固体分环氧涂料。有时，将某种功能助剂与涂料中的基料、颜填料、交联固化剂及溶剂任一组分先匹配，也是保障匹配助剂体系稳定性的行之有效方法。试验表明，通过匹配助剂体系储存 15d 和配制相关涂料组分的储存 30d 的稳定性考察后，才可确定适宜的匹配助剂体系。

二、匹配助剂体系选择

1. 单包装无溶剂环氧特种防腐涂料用匹配助剂选择

采用 5 种匹配助剂的组成见表 4-19，含 5 种匹配助剂的单包装无溶剂环氧特种防腐涂料配方见表 4-20，考察 5 种匹配助剂与涂料组分相容性、对涂料黏度、触变性和施工性影响，试验结果见表 4-21。

表 4-19 5 种匹配助剂的组成（质量份）

参考匹配助剂	匹配助剂 1	匹配助剂 2	匹配助剂 3	匹配助剂 4	匹配助剂 5
粉体触变剂 A	34.0				
粉体触变剂 B		34.0	34.0	30.0	28.0
流平剂 A	14.0	14.0			13.8
流平剂 B			14.0	14.0	
消泡剂 A	1.0	1.0	1.0		1.0
消泡剂 B				1.0	

表 4-20   5 种匹配助剂的涂料配方

原料名称	规格	用量/%	原料名称	规格	用量/%
E 51 环氧树脂	工业	60.0	复配颜填料 A[①]	自制	24.5
H 0912 固化剂	60%	8.5	匹配助剂[②]	自制	2.3
苯基缩水甘油醚	502	4.5			

① 复配颜填料 A 的质量组成是重晶石粉:钛白粉:滑石粉:复合性防锈颜料:粉体助剂 FE=19.5:9.5:6.5:8.0:1.0。

② 匹配助剂为表 4-19 中的 5 种匹配助剂,用 5 种匹配助剂分别制备 5 种涂料。

表 4-21   5 种匹配助剂对涂料性能的影响

性能	匹配助剂 1	匹配助剂 2	匹配助剂 3	匹配助剂 4	匹配助剂 5
助剂与涂料组分的相容性	相容性尚好,可制造涂料	相容性及润湿效果好,便于制造涂料	相容性尚好,可制造涂料	相容性及润湿分散性好,便于制造涂料	相容性及润湿分散性好,便于制造涂料
涂料黏度及触变性/mPa·s	大于 6000,触变性好;储存 15d 后触变性下降较多	大于 6000,触变性好;储存 15d 后触变性略有下降	大于 7000,触变性好;储存 15d 后触变性变差	大于 5100,触变性好;储存 15d 后触变性仍然很好	大于 4900,触变性好;储存 15d 后触变性仍然很好
涂料施工性(涂圆试棒)[①]	湿膜 100μm 烘烤不流挂,150μm 烘烤略有流挂;干膜表面平整、无针孔、无气泡	湿膜 100μm 烘烤不流挂,150μm 烘烤无流挂;干膜光泽好、表面平整性欠佳	湿膜 100μm 烘烤不流挂,150μm 烘烤有流挂;干膜表面平整光滑、无缩孔、无气泡等弊病	湿膜 100μm 烘烤不流挂,150μm 烘烤无流挂;干膜表面平整光滑、无缩孔、无气泡等弊病	湿膜 100μm 烘烤不流挂,150μm 烘烤无流挂;干膜表面平整、有光泽、无缩孔、无气泡现象

① 制备试棒的固化条件:涂第一道后在 170℃烘烤 50min,涂第二道后在 170℃烘烤 20min,195℃烘烤 50min 得到的干膜总厚度为 210~230μm。

由表 4-21 得知,5 种匹配助剂对涂料组分均有较好的相容性,对制造涂料无不良影响;匹配助剂 1、2、3、4、5 制备的涂料初始触变性可达到应用要求，但含匹配助剂 1 及 2 的涂料储存 15d 后，触变性下降，影响施工；含匹配助剂 4 及 5 的涂料初始黏度较低，储存 15d 后触变性良好，可达施工要求。因此，推荐匹配助剂 4（或匹配助剂 5）作为单包装无溶剂环氧特种防腐涂料的助剂体系。

2. 乳胶漆用匹配增稠剂选择

实践证明，羟乙基纤维素与丙烯酸增稠剂匹配、高黏度羟乙基纤维素与中黏度羟乙基纤维素匹配、羟乙基纤维素与触变凝胶匹配，都能制备无流挂、无沉淀、涂膜性能好的乳胶漆。如将羟乙基纤维素与非离子聚醚型低聚物（SN-601）、水溶性丙烯酸甲基丙烯酸酯聚合物分散液（Latek 011 D）、改性聚丙烯酸钠（Moicol VD）匹配，组成增稠剂体系，达到增稠剂用量少而获得较理想黏稠度的效果，同时，流平性、耐水性、耐碱性比单独使用增稠剂时显著提高（表 4-22）。其中羟乙基纤维素与 SN-601 匹配产生特性叠加效果最好，最佳用量为二者各占涂料总量的 0.1%。

表 4-22　增稠剂匹配使用时的乳胶漆性能

匹配品种	流平性[1]/级	耐水性[2]（96h）	耐碱性[1]	储存稳定性[3]/级	
				加热	常温
羟乙基纤维素与 SN-601	1	◎	◎	1	1
羟乙基纤维素与 Latek 011D	2	◎	◎	2	2
羟乙基纤维素与 Moicol VD	3	◎	◎	3	3

① 流平性"1→3级"表示由"好→差"。
② 耐水性、耐碱性中"◎"表示板面无变化。
③ 储存稳定性"1→3级"表示由"好→差"；加热储存为 50℃存 30d，常温储存为室温存 1a。

三、匹配助剂组成

将含匹配助剂体系的涂料配方经试验比较及性能考量之后，确定匹配助剂的组成，供涂料配方设计者参考。

1. 气干型水性防护涂料用匹配助剂

由增稠剂 928（10%）：消泡剂：催干剂：润湿剂＝49：3：

2∶12（质量比）组成匹配助剂4912，用于制造气干型水性防护涂料。该涂料的储存稳定性好，在25～35℃下，表干时间≤30min、实干≤24h，涂膜有良好的物理性和耐酸碱盐性，取得较好的试用效果。

2. 减阻耐磨涂料用匹配助剂

由耐磨剂∶触变剂A（25%）∶BYK354流平剂∶EFKA2720消泡剂=5.0∶5.6∶0.4∶0.1（质量比）组成匹配剂034，用于制造双包装输气管道内壁用减阻耐磨涂料。涂料B组分储存稳定性及涂料涂装性优良，涂膜铅笔硬度≥4H，耐磨性（1000g，1000r/min）3.5mg，耐盐雾720h。

3. 环氧涂料、包封料及预浸料用匹配助剂

取助剂FE∶促进剂F101∶KH550=5∶50∶1（质量比）构成匹配助剂，用于环氧涂料、环氧包封料和预浸料等，提升固化速度、改善附着力、增加耐蚀性，取得了满意效果。

4. 水性带锈防锈涂料用匹配助剂

在设计水性带锈防锈涂料时，采用成膜助剂∶分散润湿剂∶增稠剂∶消泡剂=（1～5）∶0.8∶0.6∶（1～2）（质量比）匹配的助剂体系。涂料有良好的综合性能，体现出各种助剂在涂料中的特性叠加，获得满意的应用效果。

5. 耐候抗沾污涂料用匹配助剂

用含羟基有机硅助剂（如L-9000，1.0%～2.0%）和含异氰酸酯有机硅助剂（如EFKA-3886，1.0%～1.5%）形成匹配助剂，明显提升了涂膜的滑爽性、耐候性、抗沾污性，保持永久的增滑抗划伤性。

总之，在选择助剂品种及确定匹配助剂体系时，应掌握助剂结构与特性，合理利用助剂的敏感性、选择性、凸显效应、特性叠加效应及协同效应。经试验考量后，确定适宜的助剂体系，是一类展示综合性能的新型助剂品种，是助剂应用理念的创新与实践。助剂匹配技术已成为涂料开发应用研究的热点和关注点。

第四节　助剂使用技术

一、选用助剂的基本原则

① 明确规定助剂的具体使用要求，在涂料配方组成设计或工艺规程中规定助剂使用方法，保证助剂正常发挥功能。如硅油必须配成1%溶液在涂料中使用，否则起不到防止浮色发花效果；有机膨润土制成预凝胶后，再加入漆液中，可以充分发挥防沉作用。

② 注意助剂在涂料中的相互制约作用，助剂间的相互作用、助剂在涂料各组分间相互作用与制约，是涂料配方设计必须关注的。如在选用气相 SiO_2 触变剂时，如果使用硅烷偶联剂，二者会相互作用，严重破坏涂料储存稳定性，只有将气相 SiO_2 与其他助剂进行匹配处理，才会取得理想的使用效果；当选用硅烷类流平剂时，硅烷基会浮在涂膜表面上，会影响其上面涂膜的附着力等。

③ 充分发挥助剂的应用特性，运用助剂的敏感性、选择性、凸显效应、协同效应和特性叠加效应等应用特性，选配适宜的匹配助剂体系，是选用助剂的关键技术措施。

④ 试验考量之后确定助剂品种及用量，选择助剂品种及用量时，应考量助剂体系的稳定性、保持参与匹配助剂的本质特性和涂料体系的稳定性。要精心设计、反复试验，多次调整才可确定助剂的品种及用量。提示：请不要使用过量的助剂。

二、助剂使用方法与加入方式

1. 选择润湿剂及分散剂的操控要点

(1) 确保润湿分散剂的表面张力，与颜填料表面形成较小的接触角，利于展布在颜填料粒子表面；润湿分散剂的长链基团与基料有好的相容性。

(2) 根据颜填料品种结构选用润湿分散剂，促进润湿分散剂与颜填料表面产生牢固的化学吸附层，避免发生分离。

(3) 确定润湿分散剂添加量，以颜填料为基数确定润湿分散剂用量，应通过试验选用准确添加量，比表面积大的颜填料助剂用量大。

（4）润湿分散剂加入方式

① 对常规颜填料在研磨前加入，使其在研磨分散过程中润湿分散剂吸附在颜填料粒子表面，充分发挥润湿分散效率。

② 对在非极性基料中难润湿的颜填料，应将润湿分散剂掺混在少量树脂溶液中，对颜填料进行预浸泡，会得到更佳的分散效果。

（5）提升润湿分散效率的措施参见本书第三章第四节中的"提升润湿分散效率的基本措施"。

（6）乳胶漆使用润湿分散剂的必要性　在乳胶漆配方中，如果颜填料浆内缺少分散稳定剂，则乳液聚合物粒子上的表面活性就可能向颜填料粒子上转移，聚合物粒子凝聚沉降，乳胶漆变成弹性块状体；增稠剂得不到具有牛顿型流体的乳胶漆，则导致乳胶漆流动性不良。加入离子型润湿分散剂，既防止乳胶漆中的聚合物粒子上的表面活性向颜填料粒子上转移，又利用其电荷斥力来阻止颗粒的接近，达到稳定分散作用。

2. 涂料对消泡剂的要求与使用方法

（1）非水性涂料选用消泡剂的要求与加入方式

① 消泡剂应不溶于需消泡的涂料体系。

② 消泡剂在涂料体系中有良好的分散性，有较高的渗透、扩散系数。

③ 消泡剂不应与涂料中的组分发生化学反应，保持相对化学惰性。

④ 消泡剂不影响涂膜的应用性能。

⑤ 消泡剂添加量应以消除泡沫为准，不许过量添加，一般为涂料总量的 0.8% 以下。

⑥ 与流平剂的配合使用，消泡能力强的消泡剂表面张力更低，但易造成缩孔等弊病，则消泡剂与适量的防缩孔流平剂配合使用，避免缩孔等副作用。

⑦ 考量涂料储存稳定性，加入消泡剂的涂料储存后，考察有无分层或浑浊、施工后的消泡效果及对涂膜的影响。

⑧ 消泡剂的加入方式。

a. 在研磨分散前加入漆浆中，建议在研磨分散前加入的品种有改性聚硅氧烷（如 BYK-020 和 Airex 970 等）、含疏水离子的有机硅聚合物消泡剂（如 6800）、破泡聚合物与聚硅氧烷溶液消泡剂（如 BYK-A530）。

b. 研磨后加入成品漆中，聚硅氧烷消泡剂（如 550）、特殊丙烯酸系聚合物（如 OX-77 或 OX-880 等）和非硅消泡剂在强力搅拌下加入。

c. 研磨前后都可加入，破泡聚硅氧烷消泡剂（如 BYK-065）和 JC-3 消泡剂等，在研磨分散前后加入均可，值得提示的是，研磨前加入消泡剂用量应大于研磨后用量，研磨后加入时，应保证充分分散。

（2）水性涂料使用消泡剂的方法与加入方式

① 使用前，将消泡剂充分搅拌混合均匀。

② 在涂料搅拌过程中加入消泡剂。

③ 消泡剂不需预先用水稀释。

④ 应经过试验或借助经验确定消泡剂用量。

⑤ 可将消泡剂分两次加入，每次加量为消泡剂的 1/2：

a. 抑制泡沫效果的消泡剂，在研磨颜填料阶段加入；

b. 破泡沫效果的消泡剂，与乳液混合阶段加入。

⑥ 消泡剂的预定效果：消泡剂加入涂料体系中，需经过 24h 才会发挥使用效能。

⑦ 水稀释性涂料用消泡剂 由特殊醇、乳化剂及少量硅化合物组成的消泡剂（Dehydran1513）用于透明或低颜填料的水性涂料，用量为 0.1%～0.5%；由石蜡基矿油、疏水组分有机硅烷组成的消泡剂（BYK-036）性价比优，用于水性涂料，用量为 0.1%～0.5%。

⑧ 乳胶漆中消泡剂加入方式 最好先将一部分消泡剂（一般可取消泡剂总用量的 30%～50%）加入到色浆中，其余部分加入到乳液中。例如，Sn-154 消泡剂、Sn-313 消泡剂和 Foamaster111 消泡剂等，都采用在研磨和配漆阶段各加入一半的加入方式。而 Dehydran 1239 消泡剂适宜在调漆时用强力搅拌加入。

3. 流平剂的加入方式

（1）调漆阶段加入的流平剂　主要有溶剂类流平剂、聚丙烯酸酯类流平剂（如492和495等）、聚甲基硅氧烷流平剂（如聚二甲基硅氧烷、BYK-077和BYK-085等）、改性有机硅烷流平剂（如906流平剂和Baysilone H250、BaysiloneOL44、BYK-075、TT-88A和TJ-300等）。

（2）任何阶段都可加入的流平剂　适用于溶液型涂料体系的流平剂（如BYK-300和BYK-302等）和溶剂型涂料与水性涂料体系都可使用的流平剂（如聚醚改性二甲基硅氧烷共聚物溶液：BYK-301、BYK-331和BYK-335等）。

（3）研磨分散阶段加入的流平剂　聚丙烯酸酯溶液流平剂，如BYK-354，该种流平剂不仅能促进涂料流平、防缩孔，还会起到脱泡效果。

4. 触变、防沉剂及增稠剂使用方法

（1）触变、防沉剂的预凝胶制备及使用

① 有机膨润土类　取有机膨润土：二甲苯：无水乙醇＝10：85：5（质量比），在高速搅拌下制成预凝胶料，制造温度≤45℃，搅拌分散时间不低于90min。然后将凝胶料加入待研磨的漆浆中。

② 气相SiO_2类　用基料：溶剂：Aerosil 200（或AMS-100）＝47：47：6（质量比），用球形磨研磨成预凝胶，然后加入待研磨的漆浆中。

③ 氢化蓖麻油类　用二甲苯等将氢化蓖麻油制成10％～20％的预凝胶后，在研磨前加入。

（2）增稠剂的使用

① 有机固体增稠剂　羟乙基纤维素（HEC）和羟甲基纤维素（CMC）属于有机固体增稠剂，必须先将其溶解成1％～2％的水溶液，然后再加入待研磨的色浆中，也可在调漆时直接加入。

② 有机液体增稠剂

a. 碱活化缔合型增稠剂（如ASE-60），先用ASE-60：水＝1：（3～5）（质量比）将其稀释成水溶液，然后在乳液和色浆混合均匀后，再在搅拌下，将增稠剂的水溶液慢慢地加入；将增稠剂的水溶液分散到颜填料浆中参与研磨，可避免因局部增稠剂浓度过高

而使乳液结团或形成颗粒的弊端。

b. 聚氨酯增稠剂（如 WT-102 和 LR-8475 等）可直接加入到研磨色浆中，或将 LR-8475 兑稀成 5％溶液后加到基料中。

（3）无机增稠剂（如 SM-P 无机凝胶）　将 SM-P 制成 85 水预凝胶，然后加入到待研磨的水稀释色浆中。

提示：在乳胶漆中使用 SM-P、SM-HV、钠基膨润土或钠改性的钙基膨润土作增稠剂时，它们会在水中电离出离子。应将其与乳液进行相容性试验，以避免增稠剂电离产生的离子与乳液中乳化剂的离子因电性相异而引起破乳现象。

5. 防结皮剂用量及加入方式

（1）防结皮剂的用量　一般肟类防结皮剂用量为总涂料的 0.1％～0.3％。加入量过多会产生如下弊病：影响涂膜干燥性；对涂料和涂膜色泽有损害，造成色差；导致涂膜泛黄。

（2）防结皮剂加入方式　防结皮剂应在调漆剂的最后阶段加入，需要避免防结皮剂与催干剂混合，否则会影响防结皮剂的效果。

6. 防霉、杀菌剂使用方法

（1）使用防霉、杀菌剂的物理与化学法

① 物理掺合法　将粉末状、固块状和液体状的防霉、杀菌剂直接加入漆浆中，然后研磨分散均匀。

② 化学结合法　将防霉、杀菌剂通过化学反应固定在基料分子上，使其成为成膜物组成的一部分。可最大限度发挥药效、维持时间长久。

（2）选择防霉、杀菌的要点

① 关注防霉、杀菌剂的本质特性　如稳定性、低毒性、杀菌抑菌效率、低挥发性等。

② 防霉、杀菌剂与基料配伍性　如防霉、杀菌剂对基料性能无负面影响、二者相容性好等。

③ 防霉、杀菌剂的易分散性　保持防霉、杀菌剂的粒子 5～6μm，保持具有最高的防霉、杀菌效果。

④ 协同效应　两种防霉、杀菌剂配合使用时，产生协同增效作用，如在多菌灵（苯并咪唑氨基甲酸酯）中加入少量氧化锌，就

产生协同效应，显著提升药效、增加抑菌效果；内吸型杀菌剂与非内吸型杀菌剂匹配，达到互补增效作用，克服抗性、延长有效期。

7. 抗静电剂的作用与选择

把添加到材料之中的抗静电剂称为内加型（内用型）抗静电剂；把涂覆于材料表面的抗静电剂称为外涂型（或外用型）抗静电剂。导静电涂料用抗静电剂为内加型。

（1）抗静电剂的导静电方式

① 离子型抗静电剂可增加涂膜表面的离子浓度，并提升涂膜导电性能。

② 介电常数大的抗静电剂可增大涂膜表面的介电性，有利于电荷泄漏。

③ 抗静电剂可增加涂膜表面的平滑性、降低摩擦系数，不利于电荷产生与积累。

④ 抗静电剂的亲水基可增加涂膜表面吸湿性，形成单分子导电层，构成泄漏电荷通道。

（2）选择抗静电剂的要点

① 抗静电剂的稳定性　应关注抗静电剂的热稳定性、导静电持久性、迁移性和耐擦洗性。

② 抗静电剂的匹配性　应注意抗静电剂与涂料及胶黏剂的基料有好的相容性和储存稳定性。

③ 关注抗静电剂的导电性对湿度的敏感性。

④ 掌握抗静电剂用途及添加量　如抗静电剂 SN，化学名称是硬脂酰胺乙基二甲基-β-羟乙基铵-硝酸盐，可用于塑料和涂料，是一种外用或内用型抗静电剂，其添加量为涂料总质量的0.5%～2.0%。

（3）钛酸酯偶联剂降低涂膜电阻作用　钛酸酯偶联剂（CT 136和JSC）对环氧-铜粉导电涂料导电性的影响。

在偶联剂质量分数为1.5%～2%的范围内，均能适当降低涂层的电阻。对于 JSC，质量分数为2%时涂膜电阻达到最低值0.18Ω，而CT 136质量分数为1.5%时，电阻为0.3Ω。因此从导电性考虑，最适合的偶联剂是 JSC，最佳质量分数为2%。

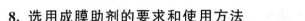

8. 选用成膜助剂的要求和使用方法

（1）选用成膜助剂的要求

① 成膜助剂应能够明显地降低聚合物的玻璃化温度，并且和聚合物之间有很好的互容性。

② 成膜助剂应有一定的挥发性，其挥发速度低于水和乙二醇的挥发速度，这样在乳胶漆成膜前能保留在乳液类涂料中，在成膜之后逐渐挥发掉。

③ 成膜助剂应微溶于水，这样能够为乳液中聚合物粒子所吸附而能很好地聚结；其微弱的水溶性又能使之被乳液类涂料中分散剂和保护胶体等所乳化。

④ 成膜助剂不应对乳液的稳定性产生不利影响。

应当指出，成膜助剂和增塑剂一样，都具有降低乳液聚合物的玻璃化温度的功能。但是，二者的使用目的是不同的。增塑剂和软单体一样，主要目的是软化聚合物，而改进成膜性能则是其辅助功能。使用成膜助剂的目的只是为了改进成膜性能。

（2）成膜助剂的使用方法　使用成膜助剂时，首先应注意成膜助剂对于乳液的适应性，很多乳液生产厂都有与其相配套的成膜助剂，应优先选用其配套产品；如果乳液生产厂没有配套的成膜助剂，则应向乳液生产厂咨询选用何类的成膜助剂。其次应注意成膜助剂的用量。一般来说，与乳液配套的成膜助剂对其用量都有规定，不过这种规定多为较宽的范围。

此外，在成膜助剂的加入方式上也有一些值得注意的问题。例如，由于成膜助剂对乳液有较大的凝聚性，因而应避免加入高浓度的成膜助剂，最好是在涂料生产过程中的适当阶段加入，因为在某些生产程序中加入不会损害乳液的稳定性。

成膜助剂的加入方式有直接加入、预混合加入和预乳化加入三种。

① 直接加入　直接加入就是在涂料生产过程中直接将成膜助剂加入到涂料中。可以在乳液加入前直接加入到颜填料混合物中，最好是在涂料研磨时加入，以使之能很好地分散乳化；也可以在乳液加入涂料中以后加入，但这时必须以很缓慢的速度并在搅拌的状态下进行添加。

② 预混合加入　对于有些直接加入成膜助剂会使乳液破坏的情况，可以使其先与表面活性类助剂和丙二醇预先混合后加入。

③ 预乳化加入　这种方式主要是对罩光剂及某些颜填料体积分数很低的有光乳胶漆等类乳液型建筑涂料而言的。可在成膜助剂加入前对其进行预乳化处理，即将助剂同水、增稠剂和分散剂一起进行乳化处理，然后再加入。

9. 乳化剂的选择和乳化性能的控制

（1）乳化剂的选择依据

① 乳化剂的 HLB 值　HLB 值的计算式如下

$$HLB = 7 + \sum 亲水基团常数 - \sum 亲油基团常数 \qquad (4\text{-}14)$$

HLB 值越大，乳化剂的亲水性能越好；HLB 值越小，乳化剂的亲油性能越好。HLB 值也适用于其他表面活性剂亲水性与亲油性比较。主要乳化剂的 HLB 值列于表 4-23。

表 4-23　主要乳化剂的 HLB 值

分类	乳化剂的化学组成	HLB
阴离子型	三乙醇胺油酸酯	12
	油酸钠	18
	油酸钾	20
阳离子型	N-十六烷基-N-乙基吗啉乙基硫酸酯（Atlas G-251）	25～35
非离子型	油酸	约 1
	山梨糖醇酐三油酸酯（Span85）	1.8
	山梨糖醇酐油酸半酯（Arlacel C）	3.7
	山梨糖醇酐单油酸酯（Span 80）	4.3
	山梨糖醇酐单月桂酯（Span 20）	8.6
	聚氧乙烯山梨糖醇酐单油酸酯（Tween 81）	7～13.5
	聚氧乙烯山梨糖醇酐单硬脂酸酯（Tween 80）	15.0
	聚氧乙烯山梨糖醇酐单硬脂酸酯（Tween 60）	14
	聚氧乙烯山梨糖醇酐单月桂酯（Span 20）	16.7

计算 HLB 值时采用的亲水基团和亲水油基团数列于表 4-24。

表 4-24 计算 HLB 值时的基团常数

亲水基团	常数值	亲油基团	常数值
—SO₄Na	38.7	—CH₂— —CH= —CH₃	−0.475
—COOK	21.1		
—COONa	19.1		
—SO₃Na	11.0		
N（季铵）	9.4	衍生基团	常数值
脂（山梨糖醇酐环上）	6.8	＋CH₂CH₂CH₂O＋	−0.15
脂（游离）	2.4	＋CH₂CH₂O＋	+0.35
—COOH	2.1		
—OH	1.9		
—OH（山梨糖醇酐环上）	0.5		
—O—	1.3		

② 乳液聚合体系对 HLB 值的要求　HLB 值法是亲水亲油平衡值（hydropHile-lipohile balance）的英文缩写，显示所用表面活性剂的适用范围的数值。当 HLB 值为 3～6 时，适用于 W/O 型乳液；为 7～9 时，适用于 O/W 型乳液；为 13～15 时，适用于洗涤场合；为 15～18 时，适用于增溶场合。

不同种类的单体进行乳液聚合各有其最佳的 HLB 值范围，例如聚醋酸乙烯的最佳 HLB 值范围为 14.5～17.5；聚甲基丙烯酸甲酯的 HLB 值为 12.1～13.7；聚丙烯酸乙酯的 HLB 值为 15.5（60℃）；聚丙烯酸丁酯的 HLB 值为 15.5；聚甲基丙烯酸甲酯与丙烯酸乙酯的 1:1 混合物的 HLB 值为 11.95～13.05 等；当从实践或表格中查出被乳化物所要求的乳化剂的 HLB 值后，可以选用具有相应 HLB 值的乳化剂进行乳化试验。例如，醋酸乙烯要求的 HLB 值为 14.5～17.5，选用 HLB 值为 13.0 的乳化剂 OP-10，再辅以聚乙烯醇复合乳化作用，就能够得到比较稳定的乳液体系（当然还需要有合适的乳化程序）。实际上，使用复合乳化剂其效果比单一乳化剂要好。复合乳化剂的 HLB 值可由组分中各个乳化剂的 HLB 值按质量平均求出。例如,要得到 HLB 值为 12.86 的复合乳化剂,可将 20% 的 HLB 值为 4.7 的 Span-60(山梨糖醇酐单硬脂酸酯)和 80% 的 HLB 值为 14.9 的 Tween-60(聚氧乙烯山梨糖醇酐单硬脂酸酯)进行复合得到。计算方法为 (4.7×20%) + (14.9×80%)=12.86。同样,混合待乳化物所需要的 HLB 值的计算方法也是这样。

(2)选择乳化剂的要点 选择乳化剂时,应注意考虑以下要点。

① 优先选用离子型乳化剂,因为它可赋予分散粒子以静电荷,通过静电斥力作用使乳液获得分散稳定性。

② 选择与乳化物质结构类似的乳化剂以增强乳化效果。

③ 乳化剂若能溶于被乳化物质,则会提高乳化效果。

④ 采用阴离子型乳化剂与非离子型乳化剂混用,可取得更好的乳化和乳液稳定效果。

⑤ 使用对单体有更大增溶能力的乳化剂。

⑥ 所用的乳化剂不应干扰乳液聚合反应并有良好的聚合稳定性和储藏稳定性。

⑦ 若能选用既能满足上述要求又具有 cmc 低的特点,则可提高乳化剂的利用效率。cmc 是开始形成胶束时的乳化剂浓度,称为临界胶束浓度。

(3)控制乳化性能的基本要素 以制备环氧树脂乳液为例,介绍萜烯-马来酸酐缩水甘油酯型环氧树脂(TME)在乳化剂 TP 存在下,通过相反转法制备 TME 乳液,控制其乳液性能的基本要素如下。

① 相反转乳化过程及终点控制 主要掌控点:体系导电率、相反转点的水质量分数和相反转点反应体系的状态。

② 乳化剂质量分数对乳液性能的影响

a. 乳液的体积平均粒径、粒径分布、黏度及离心稳定性。

b. 环氧基保留率,当乳化剂质量分数为 16.7% 时,环氧基保留率>90%。

c. 乳液的应用性和储存稳定性。

③ 温度对乳液性能的影响　随着温度下降而反应物黏度上升，水乳化更困难；在 75℃时发生不完全相反转，则乳液粒径一致性差；确定适宜温度为≤60℃。

④ 搅拌分散速度的控制　最适宜的速度控制为 500～900r/min。

⑤ 固含量对乳化液性能的影响　固含量 60%时的黏度是固含量 50%时的 10 倍，当固含量为 45%时，乳液黏度 850mPa·s，环氧值为 0.11mol/100g。

⑥ 制备 TME 乳液的最佳控制条件　乳化剂 TP 用量 16.7%，反应温度 60℃，搅拌速度 500～900r/min，固含量约 45%。

10. 阻聚剂的使用方法

自由基引发聚合成膜的涂料中，由于成膜物中有双键的存在，在室温及光和氧化物作用下，其黏度会逐渐增加甚至胶化。为防止这种现象发生，应在基料和活性稀释组成的混合物中加入阻聚剂。

阻聚剂可分为阻缓剂（可降低聚合反应速度，其阻聚能力大小与阻缓剂浓度成正比）和稳定剂（可防止基料在低温固化，当温度升高时，消失其稳定作用）。常用的阻缓剂有对苯二酚、对叔丁基邻苯二酚、三羟基苯、对甲氧基苯酚、芳香胺类、单宁、苯甲醛等，其加入量为基料的 0.01%。由于阻缓剂会消耗部分引发剂，应在成膜物中适当多加引发剂，稳定剂有环烷酸铜、丁酸铜、取代肼盐、季铵盐和取代对苯醌等。稳定剂对低温固化反应产生的阻聚效应持续时间长，大大延长基料和活性稀释剂构成混合物的适用期，同时在自由基引发聚合体系内不需要多加引发剂。实际上，可采用阻缓剂和稳定剂同时加入，其用量为基料的万分之几到千分之几，会取得好的协同效应。

11. 阻燃剂的选用要求

① 阻燃剂的热分解温度应低于基料固化膜的热分解温度。

② 避免使用吸潮性和高介电常数的阻燃剂。

③ 阻燃涂层在燃烧过程中应不产生毒害性及污染性低分子气体。

④ 阻燃剂的粒径不宜太大，粒径越小阻燃效果越好。

⑤ 采用偶联剂等助剂对涂料的颜填料进行表面处理，提升涂

料制造及涂膜应用性能。

⑥ 充分运用阻燃剂的协同效应、平衡涂膜阻燃性与其他应用性能的关系。

⑦ 选用阻燃性固化剂或活性稀释剂时，应保障涂料组分间有良好的相容性、固化涂膜的均一完整性。

12. 常规粉体助剂作用及用量

常规粉体助剂可分为有机粉体助剂和无机粉体助剂。部分常规粉体助剂的作用及参考用量见表 4-25。

表 4-25　部分常规粉体助剂的作用及参考用量

粉体助剂名称	规格	主要作用	参考用量/%
有机膨润土类	75μm	可产生触变、增稠、防沉降作用	0.2～2.5
气相二氧化硅[①]	2～4μm	具有触变、消光、分散等功效	0.2～4.0
脲类	7～10μm	作环氧系粉末涂料、无溶剂涂料、预浸料等促进剂	1.0～3.0
助剂 FE	600 目	作加成固化成膜环氧材料促进剂，提高耐蚀性	0.4～0.8
聚四氟乙烯粉	8～12μm	降低表面自由能，增加耐磨性、耐水性等	3.0～7.0
F 401（402）助剂	7～10μm	用作 120～175℃固化的环氧材料的促进剂	1.0～2.0
聚四氟乙烯改性聚乙烯蜡（MW-613）	9μm	赋予粉末涂料亚光砂纹效果，增加涂膜硬度、平滑性和抗划伤性	1.0～5.0
高分子交联蜡（MW-618）	5μm	抗划伤、耐温、耐久及抗粉化性优良	0.5～3.0
含水铝硅酸盐类[②]		具有强的吸附性、离子交换性和悬浮性等特征，在弱电解质作用下产生羟基负离子，可用于保健型内墙涂料，对氨和甲醛等的除去率达90%以上	适量
萘-磺酸钠缩合物（PD）	粉末	具有活性基的高分子化合物，用于炭黑分散	0.5～1.5
六偏磷酸钠	白色粉末	用于颜填料的分散	适量

续表

粉体助剂名称	规格	主要作用	参考用量/%
GLP 503 流平剂	浅黄粒状	用于粉末涂料促进流平,改善施工性	3.0~5.0
聚丙烯蜡 S363	粉末	用作消光剂	适量
氧化锌	粉末	UV 屏蔽剂,避免 UV 对材料破坏,提升耐候耐久性等	2.0~3.0
十溴联苯醚	粉末	作涂料、包封料、专用阻燃材料的阻燃剂	3.0~7.0

① CAB-0-SIL 气相 SiO_2 在涂料中不同用途时的用量(质量分数)如下:防止流挂 0.25%~3.00%、防止沉淀 2%~3%、自由流动 0.25%~1.00%、疏水 0.5%~2.0%、消光 2%~3%。

② 含水铝硅酸盐酸盐类是层状或架状的膨润土、凹凸棒土和沸石等硅酸盐。

三、选择涂料助剂组分

1. 高固体分涂料用助剂

(1) 防流挂及防沉淀剂

① 高固体分涂料产生流挂的原因

a. 高固体分(或无溶剂)涂料的喷涂雾化程度低,雾滴较大,由枪口至被涂物面喷射过程中挥发面要小得多。

b. 高固体分涂料中使用高官能度树脂及活性稀释剂、溶剂也采用了相互作用强的极性溶剂、促进了涂料体系黏度下降。

c. 由于涂膜层厚、溶剂释放很慢。

② 高固体分涂料加热固化时的黏度变化　在烘烤加热过程中的"炉中流挂"现象主要是由于在烘烤加热时出现的"热稀释"现象,在升温过程中,常规型漆的热稀释引起的黏度降低程度基本可与溶剂挥发的黏度增高程度相抵,不出现明显的黏度下降,待开始交联之后,黏度即迅速上升,所以不易流挂。高固体分涂料则不同,在升温过程中,热稀释的黏度降低程度远远高于溶剂挥发的黏度升高程度,在交联反应发生之前,黏度已大幅度降低,以致出现流挂。

③ 防流挂及防沉剂的选用　涂料的流挂速度与湿膜黏度成反

比，刚施工后的高固体分涂料湿膜黏度低，故比传统溶剂型涂料湿膜易产生流挂。防止高固体分涂料施工流挂的主要措施是添加防流挂剂，如丙烯酸微凝胶（用量为丙烯酸涂料的5%）、碱性磺酸钙凝胶（用量为氨基-聚酯涂料的4%）和气相 SiO_2（用量为涂料的1%～2%）等。如在双包装聚氨酯高固体分面漆中加入0.5%的碱性磺酸钙凝胶，可得抗流挂性达165～178μm的湿膜。值得注意的是，碱性磺酸钙凝胶不能改善涂膜的物理力学性能，而丙烯酸微凝胶可改善涂膜的物理力学性能，但前者制备方法简便、价格便宜。

最常用的助剂为气相二氧化硅，涂料中的二氧化硅颗粒外面有一个吸附层，在漆雾喷出枪口时，高剪切力使吸附层的粒子变成扁圆形，这样可使装填因素ϕ变大，同时施工黏度下降，雾滴离开枪口后，粒子外面的吸附层在到达物面时又恢复成原形，黏度也随之增高，从而减少了流挂的倾向。

（2）流平剂和消泡剂　聚酯高固体分涂料的助剂选择，应充分考虑助剂的功效和对性能的影响。例如，流平剂用量小于0.4%时涂膜流平性不佳，出现橘皮；消泡剂用量小于0.2%时，起不到消泡效果；流平剂用量大于0.7%或消泡剂用量大于0.4%时，导致涂膜的层间附着力下降。经试验确定，流平剂用量为0.55%、消泡剂用量为0.3%时，涂膜光滑平整，附着力良好。

（3）防缩孔剂　高固体分涂料中所用基料和溶剂的极性都比常规涂料大，较经常遇到的涂膜缺陷就是涂膜表面产生缩孔现象。可供选用的防缩孔剂有醋丁纤维素、聚醋酸乙烯、含有机硅化合物（如BYK-306）等。

（4）润湿分散剂　高固体分（或无溶剂）涂料在制造过程中必须加入适量的润湿分散剂，保障色漆的颜填料充分润湿分散，并达到分散体系的稳定性。

另外，根据实用需求还应选用其他助剂。

（5）高固体分涂料的助剂用量举例　可供醇酸-丙烯酸高固体分涂料选用助剂品种及用量如下（助剂添加量为涂料总质量的分数）：

防流挂及防沉剂	0.4%～0.8%
消泡剂	0.01%～0.03%

润湿分散剂	0.2%～0.3%
防缩孔剂	0.2%
防结皮剂	0.12%
复合催干剂	0.5%

2. 无溶剂环氧涂料用助剂

（1）润湿分散剂 润湿分散剂属于表面活性剂，用于促使颜填料润湿、分散，对已分散的颜填料粒子保持分散状态，防止涂料出现絮凝、返粗、沉淀、浮色发花等弊病。如 DISPER BYK-163 对无溶剂型环氧涂料有很好的润湿分散效果。由于无溶剂型环氧涂料内不含或少含有机溶剂，颜填料润湿和分散较溶剂型环氧涂料困难。因此除加入润湿分散剂外，还应将涂料的各组分充分混合、熟化后，再研磨制造涂料。必要时应将颜填料进行表面活化处理或预先浸渍难于分散的颜填料，使涂料达到较理想的润湿、分散和稳定的目的。

颜填料润湿和分散较溶剂型环氧涂料困难。因此除加入表面活性剂外，还应将涂料各组分充分混合、熟化后，再进行研磨。必要时应将颜填料进行表面活化处理或预先浸渍，达到充分润湿及分散的目的。

（2）增韧剂 当采用低黏度双酚 A 型环氧树脂作无溶剂型环氧涂料的基料时，必定导致涂膜柔韧性不佳。应在涂料中加入适量的增韧剂（或增塑剂），调整涂膜的物理力学性能，增量稀释剂就是一种很好的增韧剂，苯并呋喃-茚系聚合物和煤焦油等是广泛应用的品种。

在配方设计中，可采用多种途径达到涂膜增韧或增塑的目的。如应用长链脂肪胺类固化剂，加入聚氨酯橡胶或羧基橡胶，加入含羟基的长链有机化合物，加入端羧基聚酯，加入液体聚硫橡胶和改变交联固化网络的结构组成（如形成互穿网络或引入柔性链段）等，都会实现较满意的效果。

（3）触变剂

① 触变剂品种 在无溶剂环氧涂料中除选用气相 SiO_2 外，还可以采用有机膨润土类、油墨型氢氧化铝和超细高岭土等品种，也会取得优良的触变效果。

② 触变剂的用量　根据触变指数、黏度、防沉淀性及涂装的实用需求，触变剂的添加量为 0.8%～5.0%，应通过试验考察确定最佳使用条件及最佳添加量。

(4) 偶联剂　偶联剂是无溶剂环氧涂料中可供选用的重要助剂品种之一。取得优良效果的硅烷偶联剂为 KH 550 和 KH 560。配位型钛酸酯偶联剂（如 KK-46B 等）可改善颜填料分散性，提升涂膜耐酸性，3，3，6-三（二辛基焦磷酰氧基）钛酸异丙酯（TTOPP-38s），加到环氧涂料中有良好的触变保持性，可提升涂膜光泽，附着力及耐蚀性。偶联剂的添加量为涂料总量的 0.5%～2.0%。

(5) 流平剂和消泡剂　在无溶剂环氧涂料中，可采用聚丙烯酸酯类流平剂（如 BYK-354 等）和聚醚改性聚二甲基硅氧烷溶液（如 BYK-302 及 BYK-331 等）；消泡剂可采用 6800 消泡剂和 BYK-A530 消泡剂。流平剂用量为 0.03%～1.5%，消泡剂用量为 0.02%～0.8%。

(6) 双包装无溶剂环氧涂料助剂用量举例　双包装无溶剂环氧涂料助剂用量见表 4-26。

表 4-26　双包装无溶剂环氧涂料助剂用量[①]

助剂名称	牌号或化学名称	参考用量/%	加入方式
润湿分散剂[②]	BYK-163	15.0	加入主剂组分中
增韧剂	亚磷酸三苯酯	1.8	加入主剂组分中
触变剂	A-300	1.0	制成浆料后加入
偶联剂	KH 550	0.8	加入固化剂组分中
流平剂	BYK-354	0.6	加入主剂组分中
消泡剂	6800	0.05	加入主剂组分中

① 表中助剂用量除润湿分散剂外，均为涂料主剂组分总量的质量分数。
② BYK-163 是亲颜填料基团的高分子型润湿分散剂，用量为颜填料总质量的质量分数。

3. 粉末涂料用助剂
(1) 流平剂

① 粉末涂料对流平剂的要求 流平剂的玻璃化温度不宜太高，保证涂料良好的熔融流动性；流平剂的相对平均分子质量不能太大，最好是低聚物，有利于形成单分子层；流平剂对被涂物（金属）有良好的润湿性；流平剂与基料呈现有限的相容性，不影响基料本质特性；流平剂应有较好的耐热性，能经受住粉末制造和涂装中的加温考验。

② 流平剂的选择性

a. 聚丙烯酸酯类流平剂 BLP 403 适用于环氧粉末涂料，BLP 404 适用于聚酯-环氧复配型粉末，GLP 505 适用于纯聚酯粉末涂料。

b. 醋丁纤维素类流平剂 如 CDS-55 适用于热固性和热塑性两类粉末涂料。

c. 聚乙烯醇缩丁醛（SD-1）和聚乙烯-醋酸乙烯共聚物（EVA-28/250）流平剂 两种流平剂均可用于热塑性粉末涂料。

提示：经试验证明，聚丙烯酸酯类具有最好的综合效果，无论是消除橘皮、抗缩孔、增加涂膜平整性，还是提升表面光泽、耐黄变性及性价比等方面都占有优势，具有很强的竞争力。

（2）紫外线屏蔽剂及吸收剂

① 紫外线屏蔽剂的作用 紫外线屏蔽剂是在紫外线照射将危及涂膜前就把紫外线吸收或反射出去，即紫外线屏蔽剂的功能是阻止或限制紫外线穿透到涂膜内部，起到保护涂膜的作用。光屏蔽剂有氧化铁、氧化锌、红丹、二氧化钛等无机颜料；偶氮、蒽醌、硫靛化合物、喹吖酮、酞菁系列等有机颜料。通过添加颜料，可保护涂膜的耐候性和耐久性。

② 紫外线吸收剂的作用与使用方法 紫外线吸收剂是在紫外线照射危及涂膜结构时，吸收剂分子内的氢键螯合环吸收光量子，把辐射能转化为对涂膜无害的热能释放，避免紫外线的破坏作用。将紫外线吸收剂与自由基清除剂（HALS）匹配使用，赋予涂膜优良的耐久性、保光性和抗开裂性等。用量为涂料总量的 0.01%～0.1%。

（3）消光剂和消泡剂的使用

① 消光剂 粉末涂料用消光剂可分为物理消光剂（如金属皂、

与基料不相容的聚合物、蜡与金属盐的复合物、金属有机化合物
等）和化学消光剂（如互穿网络型消光剂、单盐型消光固化剂、消
光固化流平剂和接枝型消光固化剂等）。

②消泡剂　粉末涂料中经常采用安息香作脱泡及消泡剂，安
息香也可起到一种固态溶剂作用。

（4）特殊助剂的选择　在花纹粉末涂料中加入丙烯酸酯聚合物
和甲基丙烯酸酯聚合物，可得到不同花纹和颜色的美术型涂膜；在
锤纹粉末涂料中加入锤纹助剂，在闪光粉末涂料中加入金属闪光
粉，均可得到锤纹涂膜和闪光涂膜；在粉末涂料中加入占粉末涂料
（质量比）0.25%～1.0%的胶体二氧化硅等松散剂，可改进粉末涂
料的松散性和干粉流动性；在粉末涂料中加入阻燃剂，可制得阻燃
性涂膜；在粉末涂料中加入适量的聚乙烯醇缩丁醛和胶体二氧化硅
等改进剂，可控制粉末涂料熔融流平时的黏度，防止被涂物边角部
位涂膜过薄或流挂；粉末涂料中加入阳离子型季铵盐或阴离子型烷
基磺酸酯，可提升粉末涂料带电效率，降低喷粉带电电压，减少喷
涂时间；蜡类、有机硅类和氟聚合物赋予涂膜表面耐磨性和滑爽
性，可改善涂膜的耐沾污性和耐化学药品性。

（5）粉末涂料助剂用量举例　纯聚酯粉末涂料中可选用助剂品
种及用量（占涂料总质量分数）如下：

Modaflow Ⅲ 流平剂	0.75%
消泡剂（安息香）	0.5%
紫外光吸收剂	0.05%
自由基捕获剂（HALS）	0.05%

4. 溶剂型聚氨酯涂料用助剂

（1）润湿分散剂的选择　EFKA-4060是一种用于聚氨酯涂料
的新型润湿分散剂，可用于各种溶剂型涂料特别是汽车面漆
（OEM）、卷材涂料和双包装聚氨酯涂料体系，用作有机和无机颜
填料的润湿分散。采用EFKA 4060可以明显地降低涂料黏度，提
升涂料光泽和鲜映度（DOI），减轻渗色和浮色等。

（2）流平剂的选择　聚氨酯涂料可选用丙烯酸酯类和有机硅类
防缩孔流平剂，如BYK-VP-320及BYK-344等品种。

（3）触变剂、防沉剂的选择　采用气相SiO_2和触变性黏土等

作聚氨酯系涂料的触变、防沉剂。

（4）消光剂的选择 木器家具用聚氨酯清漆，要求哑光漆或半光漆，涂膜经消光后不仅反光柔和，而且木面稍微不平整也不易察觉。常用的消光剂有 Syloid ED 30、Syloid ED 40 和 Syloid ED 50，其相应平均粒径为 $3.0\mu m$、$4.0\mu m$ 及 $5.0\mu m$，供不同涂膜厚度及不同消光度选用。采用此类消光剂时可添加适量的 BYK-323，促使消光剂排列均匀，取得优异的消光效果，节省消光剂用量。

（5）光稳定剂的选择 当聚氨酯用于汽车金属闪光罩光清漆时，涂膜受太阳紫外线照射易老化，必须添加光稳定剂。通常将紫外光吸收剂（如 Tinu Vin 1130 苯并三唑系和 Tinu Vin 900 紫外线吸收剂）与位阻胺（HALS）配合使用，有效地延长涂膜使用寿命。

（6）溶剂型聚氨酯涂料助剂用量举例 聚氨酯涂料用助剂多数添加到颜填料浆中，助剂在颜填料浆中占质量分数如下：

触变性黏土	1.27％	防沉剂	1.27％
润湿分散剂	0.9％	消泡剂	0.02％
流平剂	0.5％		

5. 水性涂料助剂用量示例

（1）水性氟碳涂料助剂用量

① 水性氟碳涂料色浆中助剂用量

SN 5027 分散剂	3.5％
FS 90 消泡剂	0.05％

② 水性氟碳涂料配方组成 由 PFEVE-AC 乳液、色浆、二酰肼和助剂等组成单包装室温固化水性氟碳涂料配方见表 4-27。

表 4-27 水性氟碳涂料配方

原料名称	质量份	原料名称	质量份
PFEVE-AC 乳液	69.27	聚氨酯型复合增稠剂	0.07
十二烷基磺酸钠（乳化剂）	0.03	色浆	24.73①
FS 90 消泡剂	0.01	二酰肼	适量
TEXANOL 成膜助剂	5.89		

① 水性氟碳涂料色浆中，钛白粉：基料＝50：100（质量比）。

（2）水性带锈防锈涂料助剂用量（质量分数）

成膜助剂	1%～5%	分散剂	0.2%～0.8%
润湿剂	0.1%～0.6%	增稠剂	1%～2%
消泡剂	0.3%～0.6%		

（3）水性木器涂料助剂用量　水性木器涂料参考配方见表 4-28。

表 4-28　水性木器涂料参考配方

原料名称	质量份	原料名称	质量份
ER-05 乳液	85～90	808 消泡剂	0.1～0.2
pH 值调节剂	0.05～0.1	流变控制剂	0.3～0.5
成膜助剂（二乙二醇乙醚）	3～5	复配增稠剂（RM 2020 与 SN 612）	0.3～0.5
450 润湿剂	0.5～0.6		

（4）水性防腐涂料助剂用量

① 底漆助剂用量（占总质量的分数）

SN-621N 流平剂	0.33%	SN-612 增稠剂	0.98%
BYK-346 润湿剂	0.38%	3015 消泡剂	0.19%

② 面漆助剂用量（占总质量的分数）

SN-612 增稠剂	1.17%	SN-621N 流平剂	0.39%
BYK-346 润湿剂	0.39%	901W 有机硅消泡剂	0.39%
SN-5029 分散剂	0.60%		

（5）气干型水稀释性醇酸涂料助剂用量（占总质量的分数）

润湿分散剂	0.2%	有机膨润土	2.3%
匹配催干剂	1.0%～1.3%	消泡剂	0.1%

（6）常规乳胶漆用助剂选择

① 润湿分散剂　润湿分散剂可将很多个微细粒子聚集体（二次粒子）解离成一次粒子。每种颜填料都需要一定量的润湿分散剂分散，选用润湿分散剂时，一定采用给定的限量，以达到颜色、稳定性及耐水性等乳胶漆性能要求。可采用的润湿分散剂有 BYK-346、SN-5029 等，用量为 0.3%～0.5%。

② 增稠剂　增稠剂对乳胶漆在生产、储存和涂装中起到增稠、稳定及流变等改进作用。增稠剂有有机增稠剂（如纤维素类和合成高分子）和无机增稠剂（如粉状硅酸盐纤维和膨润土等）。采用SN-612聚氨酯改性聚醚与纤维素类增稠剂匹配，用量为 0.1％～1.0％，适用于高光及半光乳胶漆，达到增稠效率高、流平性好及不消光的效果。

③ 消泡剂　乳胶漆中使用消泡剂后，应考察其消泡效率、涂装效果、对颜料色泽及遮盖力等影响。注意消泡剂组成、特性及用量。通常由硅、酯和乳化剂组成的消泡剂用于苯丙、乙丙和纯丙等乳胶漆中；由疏水固体与破泡聚硅氧烷组成的消泡剂适用于纯丙乳胶漆和丙烯酸酯-聚氨酯复合体系消除微细泡沫。用量为 0.05％～0.3％（由试验确定实际添加量）。

④ 成膜助剂　不加成膜助剂乳液的 MFT（最低成膜温度）为 23℃，加入 7％的丙二醇丁醚后乳液的 MFT 为 5℃。乳胶漆可选用的成膜助剂：松节油、二丙酮醇、二乙醇（醚）和醇脂-12 等。

⑤ 防霉杀菌剂　防霉剂和杀菌剂一般不能截然分开，二者都属于防止涂料（涂膜）腐败变质的助剂，可统称为防霉杀菌剂。

在水性涂料或其他容易受微生物侵蚀的涂料中必须加入能阻止和抑制微生物生存的防霉杀菌剂。用量为涂料总量的 0.3％～3.0％。

值得提示的是：在涂料的生产过程中要保证各种原材料不含有酶（例如不使用淀粉类增稠剂），否则即使加了防霉杀菌剂，涂料仍然会腐败变质。因为防霉杀菌剂只对细菌有毒杀作用，而对酶则不起作用。

6. 环氧耐磨地面涂料用助剂选择

（1）润湿分散剂　采用聚羧酸酯类润湿分散剂（如 BYK 公司的 Anti-Terra-203）有良好的润湿分散、降低黏度、防止浮色及发花现象，还可以提高涂膜光泽、促进流平及防止硬底沉淀等作用，用量为涂料总量的 0.5％～1.5％。

（2）流平剂　采用流平剂（如 BYK-VP-354 等）降低涂料表面张力、延长使用期、提升流平性。由于流平剂是丙烯酸酯共聚物类，其表面张力较低，与环氧树脂相容性有限，可在短时间内迁移到涂膜表面，形成单分子层，使表面张力均一化，减少因表面张力梯度而引起的橘皮、波纹、缩孔及针孔等各种涂膜表面缺陷。用量为涂料总量的0.5%～1.0%。

（3）消泡剂 采用非硅系消泡剂（Henkel公司的E 40和F 45）和含疏水粒子的有机硅聚合物（如德谦公司的6800等），前者的扩散渗透性好，使泡壁变薄而破裂，当与丙烯酸酯类流平剂匹配使用时，有很好的协同效应；6800消泡剂有优异的抑泡和消泡功效，用量为涂料量的0.05%～0.10%。

（4）触变防沉剂 采用有机膨润土（如881或801-D）和德谦公司的229防沉剂，都可得到好的效果。881用量为涂料量的0.5%～0.8%。

四、用助剂解决涂料及涂膜的弊病

1. 防止缩孔、橘皮及针孔等弊病的措施

① 烘烤固化和气干型涂料在涂装时出现缩孔、针孔和橘皮等，可在搅拌下加入占涂料总量2%的高沸点芳烃、酯及酮混合物，促进涂料流平，消除缩孔等。

② 丙烯酸、环氧和聚氨酯涂料在涂装时出现缩孔和鱼眼等弊病，可加入占涂料总量0.1%～0.2%的聚丙烯酸酯系流平剂（如492或495），促进流平、消除弊病、提升涂膜耐光、抗老化性。

③ 溶剂型涂料在涂装时发现缩孔、橘皮及发花等弊病，加入聚酯改性有机硅流平剂（如906流平剂，用二甲苯稀释后使用）或聚醚改性聚甲基硅氧烷流平剂，占涂料总量的0.03%～0.1%，可防止缩孔、浮色发花等弊病，增加涂膜表面滑爽及光泽。

④ 消除自由基引发聚合涂料涂装时的缩孔等弊病，在不饱和聚酯或乙烯基酯涂料中，加入少量的高丁酸基的醋丁纤维素，可提升涂膜干燥速度、消除缩孔、缩短不粘尘时间、增加硬度和减少流挂等。

2. 防止涂料储存期间产生凝胶

有些涂料在储存过程中黏度不断上升，最后会变成凝胶状。在

涂料中加入脂肪酸甘油酯、氨基醇和有机酸，就可以防止凝胶产生。这些可防止涂料产生凝胶的物质，称作防凝胶剂或稳定剂。

3. 调整涂料涂装时的触变指数

高固体分涂料或具有触变性的溶剂型涂料，当涂料的触变指数低于 1.6，无法防止流挂时在涂料中加入分散性胶体型触变剂（如聚乙烯蜡、聚酰胺蜡和气相 SiO_2），可将涂料的触变指数提升至满足涂装要求。提示：不可采用在基料中润湿分散型的防沉剂（如有机膨润土、蓖麻油衍生物和金属皂）调整涂料的触变指数。

4. 解决浮色色差等问题的措施

① 在调配复色漆时，加入 1% 硅油二甲苯溶液，可防止浮色发花现象。

② 在调配复色漆时，添加含高沸点溶剂的流平剂，可降低涂料表面张力、消除浮色及橘皮等问题。

③ 在施工调配复色的溶剂型涂料、金属闪光涂料和锤纹漆时，加入顺酐改性聚羧酸与甲基硅油混合物（如 TJ-89S 防发花剂）占颜填料量的 1%～2%，可以消除色差、促进锤纹漆中铝鳞片定位。

5. 解决涂膜起泡和针孔问题

在醇酸、环氧、聚氨酯及丙烯酸等溶剂型涂料涂装时，发现涂膜起泡及针孔问题，可在强力搅拌下加入占涂料总量 0.05% 的聚硅烷溶液（如 550 消泡剂）或加入丙烯酸酯聚合物（如 OX-880 消泡剂），搅拌均匀后再熟化 60min，即可进行涂装。

6. 提升涂膜附着力的措施

在环氧、酚醛、氨基、丙烯酸、聚氨酯、聚氯乙烯、不饱和聚酯和有机硅等涂料涂装时，可加入硅烷化合物（如 1121 附着力促进剂）、硅烷偶联剂（如 KH 550、KH 560 和 KH 570）提升涂膜的附着力，同时增加耐水性、抗潮性、耐盐雾性和耐热性等。如在环氧树脂与聚酰胺双包装涂料中加入 1% 的 KH 550 后，涂膜的剪切强度为 11.3MPa，而未加 KH 550 的涂膜剪切强度为 9.5MPa，即加入 KH 550 后涂膜附着力明显改善。

7. 解决聚氨酯涂膜抗沾污性的措施

在涂装双包装聚氨酯涂料时，发现涂膜的滑爽性和抗沾污性下降时，可在涂装现场配漆时加入 1.0%～2.0% 含羟基有机硅助剂

（L-9000）或 1.0%～1.5%含异氰酸酯有机硅助剂（EFKA-3886），可有效增加涂膜滑爽性及耐候性、提升永久的抗沾污性及抗划伤性。如加入 1.0%含羟基有机硅助剂，由于羟基与—NCO 反应固定在涂膜表面，其表面张力非常低，则可有效保证涂膜耐沾污持久性，涂膜耐沾污指数（DC）大于 90%。

涂料溶剂体系设计

溶剂是溶解或分散成膜物、降低涂料黏度及改善涂装效果的组分。运用溶剂的基本性能，选择溶解分散力强、促进溶剂型及水性涂料中各组分界面间交互渗透融合并提升涂料加工性与涂膜表观性的混合溶剂体系。发掘溶剂的应用特性，关注溶剂安全性与环境友好溶剂开发，拓展溶剂应用空间。

第一节　溶剂的作用与种类

一、溶剂的作用

溶剂是溶解基料树脂或分散涂料组分的分散介质，正确地选用溶剂对涂料的生产、储存、涂装会产生重要作用，也是影响溶剂型涂料的生产成本、涂膜质量的重要因素。具体地说，溶剂在涂料中的作用有：

① 溶解涂料中的成膜物质，降低涂料的黏度，使之适合于所选定的涂装方式；

② 增加涂料的储存稳定性，防止成膜物质出现凝胶；在涂料的包装桶内充满了溶剂的蒸气，能延缓涂料表面的结皮；

③ 增加涂料对被涂饰基材表面的润湿性，提高涂膜对基层的附着力；

④ 使涂膜具有良好的流平性，从而避免涂膜出现过厚、过薄或者厚薄不均以及刷痕和起皱等不良现象。

二、溶剂的种类

按类别分，溶剂可以分为烃类、煤焦溶剂、萜烃溶剂、醇类、酯类、乙二醇醚和醚酯类、酮类和氯化烃类等。

1. 烃类溶剂

(1) 甲苯（$C_6H_5CH_3$）　甲苯是一种无色易挥发的溶剂，有芳香气味，有毒。甲苯不溶于水，溶于乙醇、乙醚和丙酮，其蒸气可与空气形成爆炸性混合物，爆炸极限为 1.2%～7.0%（体积分数）。甲苯属芳香族烃类溶剂，常用作乙烯类涂料和氯化橡胶涂料的混合溶剂中的一种组分，在硝酸纤维素涂料中则用作稀释剂。

(2) 二甲苯 [$C_6H_4(CH_3)_2$]　二甲苯有三种异构体，即邻二甲苯、间二甲苯和对二甲苯。常用的是三种异构体的混合物，称作混合二甲苯，其中以间二甲苯的含量较多。工业用二甲苯还含有甲苯和乙苯；是一种无色、透明易挥发的溶剂，有芳香气味，不溶于水，溶于乙醇或乙醚。二甲苯是一种芳香族烃类溶剂。在溶剂型涂料中它的使用量很大。它常用作短油度醇酸、乙烯类涂料、氯化橡胶涂料、聚氨基甲酸酯涂料的溶剂。由于二甲苯的溶解力较大，蒸发速度适中，也常常用于烘干型涂料以及喷涂涂装的涂料中。

(3) 200 号溶剂汽油　200 号溶剂汽油是一种含有 15%（以下）芳香烃的脂肪烃混合物。其蒸发速度较慢，能溶解大多数的天然树脂、油基树脂和中油度、长油度醇酸树脂，200 号溶剂汽油广泛地用作上述树脂为基料的、刷涂涂装的装饰性涂料和保护性涂料中。它也可用作清洗溶剂和脱脂溶剂。

200 号溶剂汽油还是常用稀释剂松香水的主要组分，将 200 号溶剂汽油、松节油和二甲苯按照适当的比例混合均匀就是松香水。

2. 醇类和醚类溶剂

(1) 丁醇（C_4H_9OH）　丁醇有 4 种异构体，主要是正丁醇和异丁醇。

正丁醇的简化结构式为 $CH_3(CH_2)_2CH_2OH$，外观为无色液体，有酒的气味，溶于水，能与乙醇和乙醚混溶，其蒸气和空气的混合物能形成爆炸性混合物，爆炸极限为 3.7%～10.2%（体积分数）。

异丁醇的简化结构式为 $(CH_3)_2CHCH_2OH$，外观同正丁醇一样，有特殊气味，也能溶于水或者和乙醇及乙醚混溶，蒸气和空气的混合物也能引起爆炸，下限为 2.4%（体积分数）。

两种丁醇都属于蒸发速度较慢的溶剂，主要用作油性和合成树脂（特别是氨基树脂和丙烯酸树脂）涂料的溶剂，也是硝酸纤维素涂料的溶剂。

（2）乙醇（C_2H_5OH） 乙醇也称酒精，是一种蒸发速度较快的醇类溶剂。工业乙醇中通常含有一定量的甲醇。它是聚乙烯醇缩丁醛的溶剂，也是硝酸纤维素混合溶剂的组分之一。

（3）丙二醇乙醚（$C_2H_5OCH_2CH_2CH_2OH$） 丙二醇乙醚是醇醚类溶剂中的一个品种。醇醚类溶剂的特点是溶解力强，蒸发率慢，在涂料中加入一定量的醇醚类溶剂能控制涂料溶剂系统的挥发速度，改善涂料的流平性。由于它们还具有水溶性，也广泛用作水溶性涂料的助溶剂和乳胶漆的成膜聚结剂，如乙二醇甲醚、乙二醇乙醚和乙二醇丁醚以及它们的醋酸酯（如乙二醇乙醚醋酸酯），近年来由于发现乙二醇醚类溶剂有较大的毒性，现在大多数情况下都建议改用溶解性能和蒸发速度相似但毒性低微的丙二醇醚类，如丙二醇乙醚、丙二醇甲醚、丙二醇丁醚以及它们的醋酸酯。丙二醇乙醚醋酸酯是聚氨酯涂料的良好的溶剂。

3. 酯类和酮类溶剂

（1）丙酮（CH_3COCH_3） 丙酮是最简单的饱和酮，为无色易挥发和易燃的溶剂，有微香气味。丙酮能与水、甲醇、乙醇、乙醚和氯仿等混溶。丙酮的蒸气与空气的混合物也是可爆炸性气体，爆炸极限为 2.55%～12.80%（体积分数）。丙酮的化学性质比较活泼，能起卤代、加成、缩合等反应。丙酮是一种蒸发速度很快的强溶剂，常用作乙烯类树脂和硝酸纤维素涂料的溶剂。

（2）甲乙酮（$CH_3COC_2H_5$） 甲乙酮也是一种蒸发速度较快的强溶剂。主要用于乙烯类树脂、环氧树脂和聚氨酯树脂涂料的溶剂系统。

（3）甲基异丁基酮 $[CH_3CO \cdot CH_2CH(CH_3)_2(MIBK)]$ 甲基异丁基酮的性能、用途与甲乙酮相似，但蒸发速度稍慢一些。甲乙酮和甲基异丁基酮主要与其他溶剂一起组成混合溶剂，调整混合溶剂的溶解力和蒸发速度，以改善涂料的性能。

（4）环己酮（$C_5H_{10}CO$）　环己酮也是一种强溶剂，但它的蒸发速度较慢。主要用于聚氨酯、环氧和乙烯类树脂涂料等。环己酮的外观为无色油状液体，有丙酮的气味。微溶于水，溶于乙醇和乙醚，其蒸气与空气能形成爆炸性混合物。

（5）醋酸丁酯（$CH_3COOC_4H_9$）　醋酸丁酯又称乙酸丁酯，是一种澄清微香的可燃性气体，微溶于水，溶于乙醇、乙醚和苯等，其蒸气和空气能形成爆炸性混合物。醋酸丁酯是一种蒸发速度适中，通用性较广的溶剂。它的溶解力也很强，但比酮类溶剂要差一些。醋酸丁酯主要用于硝酸纤维素涂料及合成树脂涂料如丙烯酸酯涂料、聚氨酯涂料等。

（6）醋酸乙酯（$CH_3COOC_2H_5$）　醋酸乙酯的性能和用途与醋酸丁酯相似，但挥发速度比醋酸丁酯快。

4. 香蕉水

香蕉水是用作喷漆的溶剂和稀释剂，具有香蕉气味的混合液。由酯（如醋酸丁酯、醋酸乙酯、醋酸戊酯）、酮（如丙酮、甲乙酮、环己酮）、醇（如乙醇、丁醇）等和苯类溶剂配合而成。其外观呈透明状态，挥发性大。在喷漆制造中用以溶解硝酸纤维素。并用于稀释喷漆，以降低其黏度而便于涂装。表5-1中给出了香蕉水的配方。

表5-1　香蕉水配方

原材料	用量/%	原材料	用量/%
醋酸丁酯	20	甲苯	50
醋酸乙酯	10	环己酮	5
丁醇	5	乙二醇乙醚	5
乙醇	5		

按照表5-1中的配方，将各种原材料称量后放在一起，搅拌均匀，即成为成品香蕉水，由于所用的原料都是挥发性极大的溶剂，操作过程中应高度注意安全，严禁明火出现。配制好以后要注意密封并于阴凉干燥处存放。

第二节　溶剂的基本性能

一、溶剂的溶解力

溶解力是溶剂能够把溶质（高聚物树脂）分散和溶解的能力。判断溶剂对高聚物溶解力的强弱，一般可以通过观察一定浓度溶液的形成速度或一定浓度溶液的黏度来决定。溶解力愈强，溶解速度愈快，溶液的黏度愈低。也可采用测试溶剂的稀释比值的方法来衡量溶解力，即溶解力愈强，溶剂可以容忍非溶剂的加入量愈多。还可以考虑溶液的稳定性或溶液适应温度变化的能力来判断，溶解力愈强，溶液储存中没有不溶物析出或分层，受温度变化产生的不良影响也愈小。

溶剂对成膜物的溶解力由溶剂与聚合物两方面特性决定，判断溶剂的溶解能力时，应综合考量以下原则。

1. 极性相似原则

"同类溶解同类"是极性相似原则的核心。极性相似原则也称相似互溶原则，其判断依据是溶剂的偶极矩，即偶极矩越大，其极性也越大。

2. 溶解度参数相近原则

溶解度参数是物质分子间吸引力的一种测量。有机化合物的溶解度参数（δ）由范德华力产生的溶解度参数（δ_d）、偶极力产生的溶解度参数（δ_p）和氢键力产生的溶度参数（δ_h）组成：

$$\delta = \sqrt{\delta_d^2 + \delta_p^2 + \delta_h^2}$$

设溶剂的溶解度参数为 $\delta_{溶剂}$，树脂的溶解度参数为 $\delta_{树脂}$，在同等氢键力溶解度参数下可用 $|\delta_{溶剂} - \delta_{树脂}| < 3.3$ 判定溶解性，即绝对值 < 3.3 时，可部分或全部溶解。

3. 溶剂化原则

聚合物的溶胀、溶解度与溶剂化作用有关。溶剂化作用是高分子聚合物和溶剂接触时，溶剂分子对聚合物分子相互产生的作用，当此作用力大于聚合物分子之间的内聚力时，则可使聚合物分子彼此分离而溶于溶剂中。通常，聚合物内的电子接受体（亲电体）与溶剂内的电子给予体（亲核体）或聚合物内的电子给予体（亲核体）与溶剂内的电子接受体（亲电体）起溶剂化作用而将聚合物溶解。

总之，只有将极性相似、溶解度参数相近和溶剂化作用综合考虑，才会得到准确的结果。还有测定溶剂溶解能力的其他办法：贝壳松脂-丁醇值（KB值）试验、苯胺点法和稀释比法等。

二、溶剂的挥发性

1. 溶剂的挥发性对性能的影响

溶剂作为制造涂料的媒介物，可以溶解基料树脂、调节施工黏度、满足涂装要求。当施工结束后，要求溶剂以合适的挥发速度挥发掉。溶剂的挥发速度是确定溶剂的品种的关键之一。涂料溶剂的挥发性对涂膜性能的影响见表5-2。

表 5-2   溶剂挥发性对湿膜和最终涂膜的影响

涂料溶剂的挥发性	施工中对湿膜的影响	对最终涂膜的影响
挥发太快，其中溶解力较强的组分挥发太快	流动性差 与底材润湿差 诱发潮气凝结 对树脂溶解力变差	易产生橘皮、针孔、刷痕 附着力变差 发白现象 有析出树脂颗粒
挥发太慢，其中溶解力较强的组分挥发太慢	流动性太好 涂膜不能喷厚 干燥时间延长 不易干燥	流挂 光泽、丰满度变差 抗沾污性变差 溶剂保留量增加

溶剂的各种内部因素以及施工工程中的外部条件直接与涂料的挥发干燥性能有关。例如溶剂本身的蒸气压、沸点、分子量、分子结构等。外部条件有温度、表面积、表面空气流动速度、湿度等。涂料中混合溶剂的挥发性还受到溶剂分子之间及其与高分子聚合物分子之间吸引力的影响。

2. 溶剂的沸点及相对挥发速率

（1）沸点　以沸点预测溶剂的挥发性并不科学，它仅适用于同系物之间和石油溶剂之间。沸点差值小于 30℃ 时，很难从沸点判断在室温下的挥发速率。

（2）相对挥发速率 ASTM D 3593—76（81）规定了用 Shell 薄膜挥发仪将一定体积的溶剂分布在标准面积的滤板上，在一定温度和相对湿度下，气流以一定流量通过时，90％的溶剂挥发的时间与醋酸正丁酯或乙醚 90％挥发所需时间的比值定义为该溶剂的相对挥发速率。表 5-3 列出了常用涂料溶剂的相对分子质量、沸点和相对挥发速率。

表 5-3 常用涂料溶剂的相对分子质量、沸点和相对挥发速率
（以醋酸正丁酯挥发速率＝1.0）

名称	化学式或成分	相对分子质量	沸点/℃	相对挥发速率
石油醚	低级烷烃混合物		30～120	
200 号油漆溶剂油	主要成分为戊烷、己烷、庚烷、辛烷		145～200	约 0.18
正庚烷	C_7H_{16}	100.21	98.4	约 0.2
正辛烷	C_8H_{18}	114.23	125.6	约 0.2
苯	C_6H_6	78.11	79.6	5.0
甲苯	$C_6H_5CH_2$	92.13	110.0	1.95
二甲苯	$C_6H_4(CH_3)_2$	106.13	135.0	0.68
Solvesso 100	$C_6H_3(CH_3)_3$	120.19	157～174	0.19
Solvesso 150	$C_6H_3(CH_3)_3$	120.19	188～210	0.04
Solvesso 200	$C_{10}H_6(CH_3)_2$	156.22	226～279	0.04
溶剂石脑油	主要成分为甲苯、二甲苯、乙苯及异丙苯		120～200	
松节油	由 α-蒎烯及 β-蒎烯组成		150～170	0.45
双戊烯	$C_{10}H_{16}$	136.23	160～190	
甲醇	CH_3OH	32.04	64.65	6.0
乙醇	C_2H_5OH	46.07	78.3	2.6
正丙醇	$CH_3(CH_2)_2OH$	60.10	97.2	1.0
异丙醇	$(CH_3)_2CHOH$	60.09	82.5	2.05
正丁醇	$C_2H_5CH_2CH_2OH$	74.12	117.1	0.45
异丁醇	$(CH_3)_2CHCH_2OH$	74.12	107.0	0.83
仲丁醇	$CH_3CHOHC_2H_5$	74.12	99.5	1.15
乙酸甲酯	$CH_3CO_2CH_3$	74.08	59～60	10.4
乙酸乙酯	$CH_3CO_2C_2H_5$	88.10	77.0	5.25

续表

名称	化学式或成分	相对分子质量	沸点/℃	相对挥发速率
乙酸正丙酯	$CH_3CO_2C_3H_7$	102.14	101.6	2.3
乙酸异丙酯	$CH_3CO_2CH(CH_3)_2$	102.13	89.0	4.35
乙酸正丁酯	$CH_3CO_2C_4H_9$	116.15	126.5	1.0
乙酸异丁酯	$CH_3CO_2CH_2CH(CH_3)_2$	116.15	118.3	1.52
乙酸戊酯	$CH_3CO_2C_5H_{11}$	130.18	130.0	0.87
乙酸异戊酯	$CH_3COOCH_2CH_2CH(CH_3)_2$	130.18	142.0	
乳酸丁酯	$CH_3CHOHCO_2C_4H_9$	146.18	188.0	0.06
乙二醇乙醚	$C_2H_5OC_2H_4OH$	90.12	135.0	0.4
乙二醇丁醚	$C_4H_9OC_2H_4OH$	118.17	170.6	0.1
乙二醇乙醚乙酸酯	$CH_3COOCH_2CH_2OC_2H_5$	132.16	156.3	0.2
二甘醇乙醚	$C_2H_5O(CH_2)_2OC_2H_4OH$	134.17	201.9	<0.01
二甘醇丁醚	$C_4H_9OC_2H_4OC_2H_4OH$	162.2	230.4	<0.01
二甘醇乙醚乙酸酯	$CH_3COOC_2H_4OC_2H_4OC_2H_5$	176.51	217.4	<0.01
二甘醇丁醚乙酸酯	$CH_3COOC_2H_4OC_2H_4OC_4H_9$	204.26	246.8	<0.01
丙酮	CH_3COCH_3	58.08	56.1	7.2
环己酮	$(CH_2)_5CO$	98.14	155.0	0.25
二丙酮醇	$(CH_3)_2COHCH_2COCH_3$	116.15	166.0	0.15
丁酮	$CH_3COC_2H_5$	72.10	79.6	4.65
甲基异丁基酮	$CH_3COC_4H_9$	100.15	118.0	1.45
异佛尔酮	$C_9H_{14}O$	138.21	215.2	0.03
二乙基酮	$C_2H_5COC_2H_5$	86.10	102.0	2.8
甲基丙基酮	$CH_3COC_3H_7$	96.08	103.0	2.5
二氯甲烷	H_2CCl_2	84.94	39.8	29.0
1,1,1-三氯乙烷	Cl_3CCH_3	133.41	74.0	1.5
2-硝基丙烷	$CH_3CHNO_2CH_3$	89.1	120.3	1.2

3. 溶剂的保留性

涂料中溶剂的蒸发分为两个连贯而有些重叠的"干"和"湿"两个阶段。"湿"阶段溶剂蒸发的模式多少类似单一溶剂的掺和物的蒸发行为，蒸发相对较快，溶剂从液体表面逃逸由其表面来控制。"干"阶段挥发损失受控于溶剂从相对干的聚合物扩散到聚合物表面的能力，然后才从表面逃逸，因此溶剂损失很慢，最终导致在涂膜中保留。

溶剂在涂膜中的保留量除随膜厚增加外，还与类型有关。同一系列的溶剂其保留量在一定干燥时间内随着沸点的升高而增加。溶剂保留与其摩尔体积有关。影响溶剂保留的主要因素是其分子的形状和大小。支链化程度和立体结构增多时，在涂膜中保留的可能性也增加。聚合物性质也影响溶剂保留，软树脂释放溶剂较硬树脂快。表 5-4 按保留能力增加的次序列出了溶剂相对分子质量、摩尔体积、沸点和相对挥发速率。

表 5-4　溶剂保留能力增加的次序

次序	溶剂名称	相对分子质量	摩尔体积/(cm³/mol)	相对挥发速率	沸点/℃
溶剂保留能力增加次序	甲醇	32.04	40	2.1	64.6
	丙酮	58.08	73	6.3	56.5
	乙二醇甲醚	76.09	79	0.51	124.3
	甲乙酮	72.10	90	4.5	79.6
	乙酸乙酯	88.10	97	4.6	77.1
	乙二醇乙醚	90.12	97	0.35	135.0
	正庚烷	100.21	146	3.3	98.4
	乙二醇丁醚	118.17	130	0.076	170.6
	乙酸正丁酯	116.15	132	1.0	126.3
	苯	78.11	88	5.4	81.1
	乙二醇甲醚乙酸酯	118.13	117	0.35	143.9
	乙二醇乙醚乙酸酯	132.16	135	0.23	156.0
	甲苯	92.13	106	2.1	110.8
	2-硝基丙烷	89.1	90	1.5	120.0
	甲基异丁基酮	100.15	124	1.4	115
	乙酸异丁酯	116.15	133	1.5	112
	2,4-二甲基戊烷	100.20	148	5.6	80.5
	环己烷	84.16	108	5.9	81.0
	二丙酮醇	116.15	123	0.095	167.9
	甲基环己烷	98.19	126	3.5	100.3
	环己酮	98.14	103	0.28	155.7
	甲基环己酮	112.17	122	0.18	169.00

三、溶剂的表面张力

表面张力是涂料内在性质的重要指标，与涂料制造过程中颜料的润湿、施工时对底材的润湿、流平及涂膜的缩孔缺陷等密切相关。涂料的表面张力，尤其是高固体分涂料的表面张力是提高涂料施工性和涂膜质量的关键因素。因此，选择适度表面张力的溶剂是调整涂料表面张力的可行措施。常用溶剂的表面张力见表 5-5。

表 5-5　溶剂的表面张力[①]

名称	表面张力/(mN/m)	名称	表面张力/(mN/m)	名称	表面张力/(mN/m)
甲醇	22.55	二异戊基酮	24.9	Ektasolve DB 乙酸酯	30.0
乙醇	22.27	环己酮	34.5	乙二醇乙醚	28.2[③]
丙醇	23.8	二丙酮醇	31.0	乙二醇丁醚	27.4[③]
异丙醇	21.7	苯	28.18	二甘醇乙醚	31.8[③]
正丁醇	24.6	甲苯	28.53	二甘醇丁醚	33.6[③]
异丁醇	23.0	间二甲苯	28.08	乙二醇乙醚乙酸酯	31.8[③]
仲丁醇	23.5	乙酸乙酯	23.75	二氯甲烷	28.12
丙酮	23.7	乙酸正丙酯	24.2	1,1,1-三氯甲烷	25.56
甲基丙酮	23.97[②]	乙酸异丙酯	21.2	硝基乙烷	31.0
丁酮	24.6	乙酸丁酯	25.09	硝基苯	43.35
甲基异丁基酮	23.9	乙酸异丁酯	23.7	Solvesso 100	34.0
甲基丙基甲酮	24.1	乙酸戊酯	25.68	Solvesso 150	34.0
二异丁基酮	22.5	乙酸异戊酯	24.62	Solvesso 200	36.0
甲基异戊酮	25.8	乳酸丁酯	30.6		
甲基戊基甲酮	26.1	Ektasolve E 乙酸酯	28.2		

① 表中表面张力除标注的外，皆为 20℃时的数据。
② 为 24.8℃时的表面张力。
③ 为 25℃时的表面张力。

四、溶剂的电性能

采用静电喷涂施工的涂料电阻率可通过选用适当溶剂来调整。在高电阻涂料中加入低电阻极性溶剂（如正丁醇）；在低电阻涂料中加入非极性溶剂（如二甲苯、溶剂汽油等）。另外，溶剂会有一定数量存留在涂膜内，有必要掌握有机溶剂的电性能。常用溶剂的电阻率和介电常数见表 5-6。

表 5-6 常用涂料溶剂的电性能[①]

极性	类别	溶剂名称	电阻率/$\Omega \cdot m$	介电常数 ε
极性溶剂	醇类	甲醇	6.2×10^5	32.1
		乙醇	1.9×10^6	24.3
		异丙醇	2.0×10^7	20.4
		正丙醇	1.4×10^6	17.4
		苯丙醇	3.2×10^6	14.5
	酮类	甲乙酮	7.7×10^5	19.5
		甲基异丁基酮	2.1×10^7	14.1
		二丙酮醇	2.8×10^6	27.5
		异佛尔酮	1.8×10^7	20.5
		环己酮	3.9×10^7	
	酯类	乙酸丁酯	1.7×10^9	5.1
		乙二醇乙醚	8.5×10^7	14.7
		乙二醇乙醚乙酸酯	7.0×10^7	8.0
		乙二醇丁醚	1.4×10^7	9.5
非极性溶剂	烷烃	漆用溶剂汽油		2.1
		正己烷	9.1×10^8	1.9
	芳香烃	甲苯	2.8×10^9	2.4
		二甲苯	1.8×10^{10}	2.4

① 电阻率和介电常数是在 20~21℃下测定工业用溶剂的值。

五、溶剂的黏度

溶剂本身的黏度一般相差几个毫帕秒，但不同溶剂会使聚合物溶液黏度相差甚大（几百甚至几千毫帕秒）。溶剂本身黏度对聚合物溶液黏度和性质的影响是选择溶剂品种的重要依据之一。常用溶剂的黏度见表 5-7。

理想的（不相互作用的）混合溶剂的黏度可由下式计算求得：

$$\lg \eta = \sum \omega_i \lg \eta_i \qquad (5-1)$$

式中　η——混合溶剂的黏度，mPa·s；

ω_i——第 i 组分溶剂的质量分数，%；

η_i——第 i 组分溶剂的自身黏度，mPa·s。

表 5-7　常用溶剂的黏度（20℃）　　单位：mPa·s

溶剂名称	黏度	溶剂名称	黏度	溶剂名称	黏度
甲苯	0.5866	二丙酮醇	2.9000	乳酸丁酯	3.5800
间二甲苯	0.5790	苯甲醇	7.7600	乙二醇单乙醚	2.0500
S-100	0.8000	丙二醇单乙醚	2.2000	乙二醇单丁醚	3.1500
S-150	1.0000	丙二醇单丁醚	3.4000	二甘醇乙醚	3.8500
S-200	2.8000	丙酮	0.3160	二甘醇丁醚	6.4900
苯乙烯	0.6960	异佛尔酮	2.6200	乙二醇乙醚醋酸酯	1.0250
甲醇	0.5945	环己酮	2.2000	乙二醇丁醚醋酸酯	1.8000
工业乙醇	1.4100	丁酮	0.4230	环己烷	0.3200
异丙醇	2.4310	醋酸乙酯	0.4490	环庚烷	0.4090
正丁醇	2.9500	醋酸丁酯	0.7340	二氯甲烷	0.4250
异丁醇	3.9500	醋酸正戊酯	0.9240	1,1,1-三氯乙烷	0.9030
四氢呋喃	0.5500	二氧六烷（二噁烷）	1.3000	N,N-二甲基甲酰胺（DMF）	0.8020

六、溶剂的其他性能

（1）相对密度　不同溶剂的相对密度是不同的，因而其是区别不同溶剂的物理性能之一。相对密度的测试方法很多，如比重计、比重瓶、韦氏天平等。

（2）水分　如果溶剂中含有水分太多，也会对涂料的性能产生不利影响，检测溶剂中是否含有水分的方法是把无水硫酸铜放在被检测溶剂中，含有水分的溶剂将使白色的硫酸铜变成蓝色。

（3）酸碱度　如果溶剂含有水或乙醇，可配成水或乙醇的溶液，以标准酸或碱溶液滴定之（以酚酞作指示剂）。不溶于水或乙醇的溶剂，可用中性蒸馏水抽出溶剂中的酸碱物质，然后滴定水抽出液。

（4）不挥发分　不挥发分一般是溶剂中的杂质，对其含量应有一定限制。其检测方法是在测定蒸发速度时，如果滤纸上留有残痕，则表示溶剂中含有不挥发物质；或用蒸发皿盛定量溶剂在水浴中蒸干，测试残余量。

（5）蒸馏范围　表示溶剂纯度的一个参数，因为纯溶剂在一定气压下的沸点是固定的。由于工业级溶剂很少是纯的，因而用100mL标准仪器蒸馏时，沸点一直上升，该沸点的幅度就是溶剂的蒸馏范围。蒸馏范围一般记录溶剂的初馏点、蒸馏50％及99％体积的温度。

七、水及助溶剂性能

1. 水的主要性能

水是乳胶粒子的分散介质，占乳液总量的50％左右；水也是颜填料的分散介质，占乳胶涂料总量的35％～50％。水的主要性能见表5-8。

表5-8　水的主要性能

项目	性能	项目	性能
毒性	无毒，无味，无污染	黏度（20℃）/mPa・s	1.0
安全性	不爆炸，不燃烧	相对蒸发速率	0.31（25℃，RH＝0.5％）

续表

项目	性能	项目	性能
闪点（闭口）/℃	—	（醋酸丁酯为1）	0（25℃，RH＝100%）
沸点/℃	100	蒸气压/kPa	23.8（25℃）
凝固点/℃	0	比热容/[J/(g·℃)]	4.2
溶解度参数/（kJ$^{0.5}$/m$^{1.5}$)		介电常数（20℃）	80.1
δ_d	12.6	热导率/[kW/(m²·℃)]	5.8
δ_p	32.1	蒸发潜热（101.3kPa）/(kJ/mol)	44.0
δ_h	35.1	相对密度	1.0
δ	49.3	折射率	1.3
氢键参数	39.0		
偶极矩/D	1.8		
表面张力(20℃)/(mN/m)	72.8		

水无毒、无味，可满足环保要求，不燃、不爆，安全无害，来源易得、节省资源，作为水性涂料分散介质可达到应用需要，但也存在以下不利因素。

① 水的表面张力比有机溶剂高得多，这就导致对颜填料和被涂基材润湿较差的问题。需加入表面活性剂来降低表面张力。表面活性剂的加入也会造成气泡的问题，又需加消泡剂，从而使配方复杂化。另外，表面活性剂留在涂膜中，降低涂膜耐水性，并且可能成为渗透剂。

② 水具有与有机溶剂完全不同的溶解度参数。与有机溶剂相比，水具有明显的极性，可形成很强的氢键。在乳胶漆中，水不是溶剂，不能溶解乳液聚合物，只是分散介质而已。而在溶剂型涂料中，溶剂是要溶解成膜物的。

③ 与有机溶剂相比，水的蒸发热高，因此乳胶漆干燥成膜时需要更多的热量，也需要更长的时间。

④ 水的挥发速率与环境的相对湿度和温度以及基材的温度关系甚大。25℃、RH为0～5%时，水在滤纸上的相对蒸发速率是0.31，当RH＝100%时，水的相对蒸发速率成为0。温度愈高，水

的挥发速率越快。

⑤ 水在0℃结冰。尽管加入防冻剂、成膜助剂和溶质后，冰点会下降，以致乳胶漆能通过－5℃的低温储存稳定性的检验，但为了保险起见，乳胶漆还是应储存在水的凝固点0℃以上。

⑥ 水的介电常数高，可以通过静电斥力使体系稳定。而有机溶剂介电常数低，一般空间位阻稳定。当然，水性体系也有空间位阻稳定性。

⑦ 水的电导率高，易使金属腐蚀，乳胶漆最好采用塑料桶包装。电导率高还使乳胶漆静电喷涂困难。

⑧ 与溶剂型涂料的基料相比，水的黏度低，乳胶漆需要增稠剂增稠，才能保持较好的储存稳定性和施工性。

⑨ 水是微生物生存的温床，乳胶漆生产用水应注意杀菌防腐保洁。自动化程度越高，越要重视此问题。

2. 助溶剂作用及性能

乳胶涂料的助溶剂可起四种作用：一是调节水挥发速率，防止涂膜出现接痕；二是与成膜助剂产生协同效应，促进乳胶涂料成膜；三是降低乳胶涂料的冰点，起防冻剂作用；四是降低水的表面张力，提高对颜填料和基材的润湿能力。

助溶剂能软化或溶解乳胶粒子，对乳胶涂料黏度有调节作用。二醇类助溶剂会降低缔合型增稠剂的增稠效果。

助溶剂的功能与许多因素有关，如极性、HLB值和挥发速率等，与其在乳胶中所处的位置紧密相关。如果较取向于在水中，则较多地表现为流变助剂、防冻剂、干燥调节剂和润湿剂的作用，如果较取向于在聚合物粒子中，则较多地表现成膜助剂的作用。几种助溶剂的性能列于表5-9。

表 5-9 几种助溶剂的性能

项目	助溶剂性能			
	乙二醇	1,2-丙二醇	200 号溶剂油	EXXSOL D60
沸程（101.3kPa）/℃	198	187	145～200	181～216
熔点/℃	－12.6	－59.5	—	—

续表

项目	助溶剂性能			
	乙二醇	1,2-丙二醇	200号溶剂油	EXXSOL D60
相对密度（20℃）	1.1155	1.0381	0.780	0.787
折射率（20℃）	1.4318	1.4329	—	—
介电常数（20℃）	38.66	32.0	—	—
黏度/mPa·s	25.66（16℃）	56.0（20℃）	—	1.28
表面张力/(mN/m)	46.49（20℃）	72.0（25℃）	—	24.9
闪点/℃	111.1	98.9（闭口）	≥33（闭口）	64
燃点/℃	118	421	—	—
溶解性	能与水混溶	能与水混溶	不溶于水	不溶于水
蒸发热/(kJ/mol)	57.11	538.1kJ/kg	—	—
爆炸极限（下限，体积分数）/%	3.2	2.6	—	—
相对挥发速率	—	—	3~4.5	5
芳香烃含量/%	—	—	≤15	0.7

第三节　溶剂应用特性

一、丙二醇丁醚在水性涂料中应用

丙二醇丁醚是沸点为170℃、相对挥发速率为0.3、水中溶解度为6g/100g、表面张力为27.5mN/m、冻结温度为−80℃、微溶于水的强溶剂。

1. 作为水稀释性涂料的助溶剂

丙二醇丁醚作为助溶剂可有效地溶解基料、调节黏度、平衡整个涂料体系混溶性及润湿作用，对成膜过程的增塑及涂装性等起着极其重要的作用。助溶剂已成为水稀释性涂料不可缺少的组分，由于丙二醇丁醚的低毒性及无污染性，替代影响血液和淋巴系统、并损伤动物生殖系统的乙二醇醚类，已成为必然趋势。助溶剂的用量一般占树脂量的30％以下。

2. 作为乳胶漆的成膜助剂

丙二醇丁醚作为乳胶漆的成膜助剂，具有良好的相容性，在水中的溶解度小，易被乳胶粒子吸附，有优异的聚结性能；由于微弱的水溶性，易被乳胶漆中的其他组分乳化；丙二醇丁醚可使乳胶漆形成优良的连续涂膜并明显降低乳液粒子的最低成膜温度（MFT）；有时会在乳胶漆中加入200号煤焦溶剂等作为成膜助剂。

二、苯甲醇的不同功效

苯甲醇又称苄醇，相对分子质量108.14。无色透明液体，稍有芳香味。相对密度（d_4^{20}）1.0445，沸点205.3℃，凝固点−15.3℃，折射率（n_D^{20}）1.5380～1.5410，黏度（15℃）7.8mPa·s表面张力（15℃）40.40mN/m，闪点（开杯）100.6℃，燃点436.1℃，比热容2.26kJ/(kg·K)。稍溶于水，能与乙醇、乙醚、氯仿等混溶。可燃、低毒，LD_{50}为3100mg/kg，对黏膜有刺激作用。

1. 制造复合固化剂

取亲电试剂、脂肪胺和苯甲醇，在催化剂存在下，110～120℃反应2h后，得到低温固化的复合固化剂。该固化剂与环氧树脂固化形成涂膜，具有优异的耐水性和耐蚀性。

2. 作无溶剂涂料的稀释剂

在无溶剂涂料中加入3％～4％的苯甲醇，改善涂料制造性，储存稳定性和涂装性，少量苯甲醇存留在涂膜内，对应用效能无负面影响。

3. 作涂料助剂的功效

苯甲醇作无溶剂或高固体分涂料的助剂，可消泡、防缩孔、促进流平，同时也可作涂料的防腐剂和成膜助剂。

三、二甲苯应用特性

1. 二甲苯增加乳化型涂料体系稳定性

在乳化型涂料体系中，加入乳液量2％～3％的二甲苯，可增加储存稳定性，改善施工性。

2. 用二甲苯制造合成树脂

二甲苯和甲醛在强酸催化剂条件下生成二甲苯甲醛树脂：

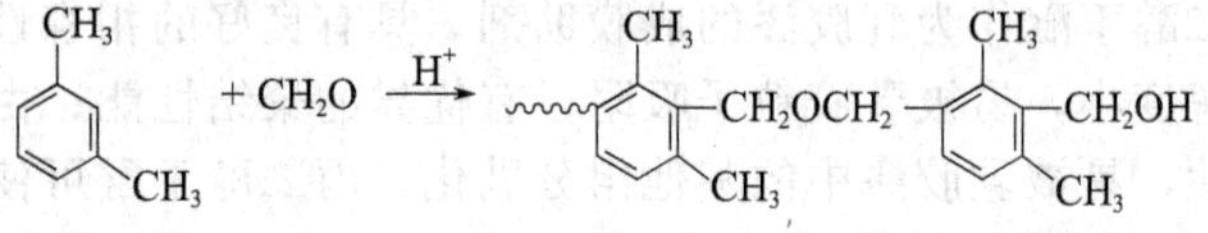

$$(5\text{-}2)$$

(二甲苯甲醛树脂)

用苯酚在酸性催化剂作用下与二甲苯甲醛树脂反应，得到苯酚改性的二甲苯甲醛树脂（简称 PXF 树脂）：

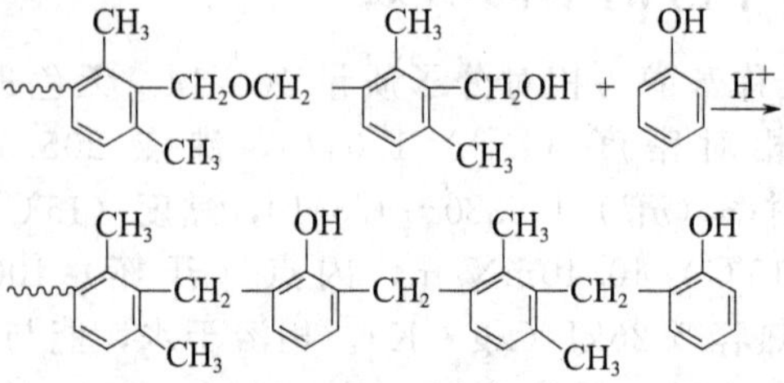

$$(5\text{-}3)$$

(PXF树脂)

用环氧氯丙烷在碱催化剂存在下与 PXF 树脂进行环氧化反应，得到 PXF 环氧树脂（简称 EPXF 树脂）：

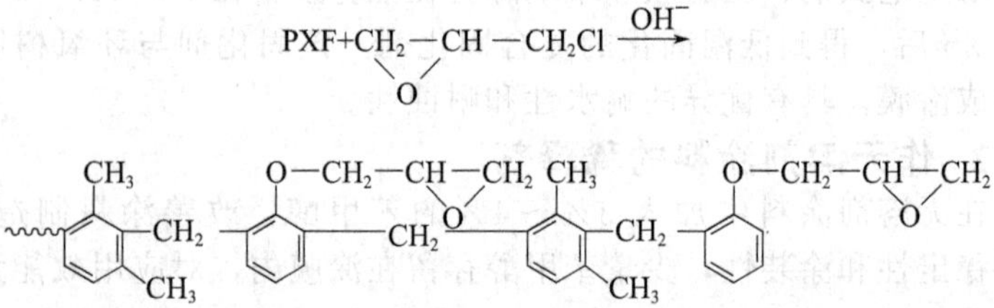

$$PXF + CH_2\text{-}CH\text{-}CH_2Cl \xrightarrow{OH^-}$$

(EPXF树脂)

$$(5\text{-}4)$$

在合成二甲苯甲醛树脂反应中，间二甲苯与甲醛反应概率大于邻二甲苯和对二甲苯。

四、酮类溶剂结构及专用性能

1. 酮类溶剂结构与反应性

酮类溶剂的主要品种有：丙酮、丁酮、甲基异丁基酮和环己酮。分子中的羰基 $\left(C{=}O \right)$ 是氢键接受体基团，可与活泼氢形成氢键，在常温下会抑制活泼氢与环氧基及异氰酸酯基（—NCO）的亲核加成反应；羰基可与氨基及羟基的活泼氢进行加成-缩合反应；羰基的两侧碳原子上有 α-H，可以参与 α-H 的相关反应；酮类溶剂与其他溶剂有优异的匹配性。

2. 酮及其混合溶剂改善涂料性能

（1）调整涂料适用期 通常在涂装亲核加成固化的双包装涂料时，加入适量的丁酮或环己酮，会抑制加成反应，延长涂料适用期，满足施工要求。同时提升涂料施工铺展性，消除涂膜厚边等弊病。

（2）改善涂料储存稳定性及涂装性 取环己酮∶苯甲醇＝4∶1（质量比）的混合溶剂，加入溶剂型涂料中，可有效地防止涂料储存期间返粗、结块，改善涂料施工流平性，避免涂膜产生缩孔。

（3）用环己酮制造合成树脂 利用环己酮分子中的 α-H 与甲醛分子中的羰基进行加成-缩合反应，合成酮醛树脂（简称 CF 树脂）：

$$\text{（化学反应式）} \qquad (5\text{-}5)$$

（CF树脂）

CF 树脂和环氧氯丙烷在三氟化硼-乙醚络合物催化下，进行开环反应，然后开环物在 NaOH 水溶液存在下，进行闭环反应，得到酮醛环氧树脂（E-4）：

$$CF + CH_2\!-\!CH\!-\!CH_2Cl \xrightarrow{\text{三氟化硼-乙醚络合物}} 开环物 \xrightarrow{OH^-}$$

$$\begin{array}{c}CH_2\!-\!CH\!-\!CH_2OCH_2 \end{array} \quad (5\text{-}6)$$

(E-4)

$$CH_2OCH_2\!-\!CH\!-\!CH_2$$

3. 用丁酮及甲基异丁基酮合成酮亚胺

丁酮及甲基异丁基酮分子中的羰基与胺分子的活泼氢反应生成酮亚胺。

胺与羰基化合物的反应（酮亚胺化）如下：

$$RNH_2 + R^1\!-\!\overset{\displaystyle O}{\underset{\displaystyle \|}{C}}\!-\!R^2 \longrightarrow RN\!=\!C(R^1R^2)+H_2O \qquad (5\text{-}7)$$

常用的胺类如乙二胺、二乙烯三胺等，酮类如甲乙酮、丙酮、丁酮、甲基异丁基酮等。此反应为可逆反应，必须在反应过程中用吸水剂（如无水 $AlCl_3$）等方法移走生成的水，使反应向生成酮亚胺的方向进行，结束反应得到红棕色黏稠液。产品必须密闭保存，防止水汽进入。此固化剂属于常温潜伏型，一遇到水分即离解为多元伯胺和相应的酮，多元伯胺与环氧树脂固化，因此可以作为潮湿性固化剂，而离解的酮则挥发掉，要求酮类具有良好的挥发性。涂膜厚度不宜超过 $200\mu m$，否则，酮亚胺离解困难，内层固化不完全，涂膜内层的酮不易挥发，被外层树脂固化物所包裹，影响固化物性能。

此外，酮亚胺品种中，酚醛变形酮亚胺是一种各项性能指标较优的固化剂，先由苯酚、甲醛、间苯二甲胺反应生成酚醛胺，再与甲基异丁基酮反应生成酚醛改性酮亚胺，其反应历程为：

$$\qquad (5\text{-}8)$$

$$\underset{\text{OH}}{\bigcirc}-CH_2HNCH_2-\bigcirc-CH_2NH_2 + (CH_3)_2CHCH_2-\overset{O}{\overset{\|}{C}}-CH_3 \rightleftharpoons$$

$$\underset{\text{OH}}{\bigcirc}-CH_2NHCH_2-\bigcirc-CH_2N=\overset{CH_3}{\underset{}{C}}-CH_2-\overset{CH_3}{\underset{CH_3}{CH}} + H_2O \qquad (5\text{-}9)$$

提示：酮分子的羰基可以与醇分子中的羟基上的活泼氢进行缩酮化反应，在三羟基丙烷（TMP）脱水时，不得采用环己酮作溶剂，避免环己酮与 TMP 发生缩酮化反应而损失 TMP；在羟基及氨基参与固化反应的烘烤涂料体系中禁用酮作溶剂！

五、高沸点溶剂应用特性

当涂料中溶剂挥发速度过快时，基料的溶解性下降，则易产生缩孔，或烘烤涂料中产生沸痕、起泡等弊病。当选用高沸点溶剂时，可使施工后的湿膜较长时间保持表面开放、对基料有强的溶解性，防止因溶剂快速挥发而产生弊病。用高沸点混合溶剂可作为防缩孔、流平剂，见表 5-10。

表 5-10　溶剂类防缩孔、流平剂

名称\项目	BYKETOL-OK[①]	BYKETOL-Special[①]	F-q 硝基漆防潮剂	F-2 过氯乙烯漆防潮剂
组成	高沸点芳烃、酮、酯的混合物	高沸点芳烃、酮、酯及硅酮树脂的混合物	高沸点酯、酮、醇的混合物	高沸点酯、酮的混合物
外观	水白色液体	水白色液体	无色透明液体	无色透明液体
相对密度 (d_4^{20})	0.86	0.87		

续表

名称 项目	BYKETOL-OK①	BYKETOL-Special①	F-q 硝基漆防潮剂	F-2 过氯乙烯漆防潮剂
闪点/℃	约 43	约 43		
沸程/℃	150～180	160～185		
挥发时间（或倍数）	≈50 倍	≈55 倍	16～25 倍	不大于 14 倍
用途	自干、烘干漆中防止气泡、针孔、缩孔。氯化橡胶及环化橡胶漆中防止在喷刷中搅拌所产生的网纹现象。硝基漆中可防发白	自干、烘干漆中防止气泡、针孔、缩孔。聚氨酯和环氧涂料中较突出。防止喷涂时产生橘皮。硝基漆中可防止发白	用于硝基漆在相对湿度较大的环境下施工时防止发白	用于过氯乙烯漆在相对湿度较大的环境下施工时防止发白
用量/%	占总量 2～7	占总量 2～5		
用法	调漆时加入	调漆时加入	与硝基漆稀释剂配合使用，施工前调入漆中	与过氯乙烯稀释剂配合使用，施工前调入漆中

① 为 BYK 公司产品。

　　另外，改性的高沸点酯类溶剂（EFKA 3037）等，也是可供选用的流平剂，用量占涂料总量的 1%～3%。

六、溶剂对涂膜内应力的影响

　　采用三亚乙基四胺作固化剂，当产物的胶化量达到或接近 100% 形成网状结构时，溶剂在固化物内的残留量对内应力影响甚大。其结果见表 5-11。

表 5-11　溶剂残留量对固化物内应力的影响

| 最初溶剂含量 | | 残留溶剂含量 | | 胶化量 /% | 玻璃化 温度/℃ | 玻璃态 的线收 缩率/% | 内应力 | | |
质量份	质量分 数/%	质量份	质量分 数/%				实测值 /MPa	计算值 /MPa	两者比
0	0	0	0	100	130	0.65	6.85	8.28	1.19±
5	4.4	1.8	1.5	98	121	0.57	6.04	7.10	0.02
10	8.3	5.0	4.1	99	109	0.51	5.10	6.13	
15	11.8	6.8	5.3	100	104	0.46	4.73	5.69	

注：1. 环氧树脂配方为双酚 A 型环氧树脂エピユート 828；固化剂为三亚乙基四胺；溶剂为乙二醇甲醚。

2. 固化条件为 80℃/4h 后，130℃/4h。

3. 内应力计算为：

$$\sigma = \int_{25}^{Tg} E(\alpha_r - \alpha_2)\mathrm{d}t \tag{5-10}$$

式中，α_r 为树脂膨胀系数；α_2 为铝板膨胀系数；E 由动力学测定以 G 值算出（$E = 2.66G$）。

第四节　选择溶剂关注点

一、选择溶剂注意事项

正确选用的溶剂应当对成膜物质有良好的溶解能力，在涂装时有适当的蒸发速度，没有挥发不掉的残余物，还应与其他溶剂有良好的混溶性。在选用溶剂时，必须注意以下问题。

① 颜色及杂质。好的溶剂应尽可能纯净无色，澄清透明。如果溶剂的颜色较深，则会对涂料干燥后的涂膜色彩产生不利影响。

② 对基料具有较好的溶解能力，在涂料中不应引起混浊和沉淀。一般地说，溶剂的溶解力越强，涂料的黏度越小。

③ 毒性以及对施工人员健康的影响应尽可能小，应选择毒性小的溶剂，例如乙二醇丁醚和丙二醇丁醚作为溶剂使用时有类似的性能，但乙二醇丁醚的毒性较大，一般都用丙二醇丁醚。

④ 应注意溶剂的挥发性，如果挥发速度太快，会导致涂料的流平性不好，反之则会产生流挂或干燥太慢。

⑤ 从生产安全角度考虑，应注意溶剂的可燃性。如果溶剂的闪点较低，可加入其他溶剂提高之。

⑥ 在保证质量及性能的前提下，应选择价格低廉的溶剂，以降低涂料的生产成本。

二、涂料用溶剂选择示例

1. 环氧系涂料用溶剂选择

以溶剂的基本性能为依据，充分考量极性相似原则、溶解度参数相近原则、溶剂化原则及溶剂协同效应等选择环氧涂料用溶剂的基础参数，同时也必须关注溶剂的安全性，确保溶剂的挥发效率及低污染性。从溶剂的溶解力考虑，通常采用混合溶剂是最有效的，因为混合溶剂体系可充分发挥溶解力的协同效应，如 E-20 环氧树脂在二甲苯中溶解为 2%，在正丁醇中溶解为 7%，而在二甲苯-正丁醇（6：4）混合溶剂中可溶成含量为 75% 的环氧树脂液，在环氧涂料配方设计中，应利用溶剂的协同效应，选择溶剂解力强、低污染的混合溶剂体系。

双包装环氧涂料用混合溶剂见表 5-12，单包装环氧涂料用混合溶剂见表 5-13。

表 5-12　双包装环氧涂料用混合溶剂

环氧涂料名称	混合溶剂代号	混合溶剂组成（质量比）
输气管道内壁用防护涂料	S 03	正丁醇：丙二醇甲醚醋酸酯（MPA）：醋酸丁酯=1：1：1
环氧煤沥青防腐涂料	S 41	二甲苯：环己酮=8：2（或 7：3）
耐核辐射环氧涂料	S 63	二甲苯：正丁醇：丙二醇乙醚=6：3：1
	S 62	二甲苯：正丁醇：环己酮=6：2：2
溶剂型环氧地坪涂料	S 21	二甲苯：丙二醇乙醚=13：8

表 5-13　部分单包装环氧涂料用混合溶剂

环氧涂料名称	混合溶剂代号	混合溶剂组成（质量比）
环氧酯底漆	S 73	二甲苯：正丁醇=7：3
石油钻杆内壁用环氧涂料	S 50	环己酮：二甲苯：PMA=2.5：1.5：1.0
防垢耐蚀环氧涂料	S 30	二甲苯：丁酮：PMA=1：1：1

2. 聚氨酯涂料用溶剂选择

（1）NCO 的特性

① NCO 的反应性　前面已经讲过能与 NCO 反应的物质，在溶剂中不能含有能与 NCO 反应的任何有机或无机材料，否则会引起涂料变质。

② 溶剂对 NCO 反应性的影响　含有羟基、氨基等活泼氢类溶剂都可以与 NCO 发生反应。所以醇、醇醚类溶剂不能采用。烃类溶剂稳定，但溶解力低，常与其他溶剂合用。酮类溶剂，如甲氧基

醋酸丙酯 $\left(\mathrm{CH_3-O-CH_2-CH-O-\overset{\displaystyle O}{\overset{\|}{C}}-CH_3} \right)$ 、甲乙酮、环己酮、

（下标 $\mathrm{CH_3}$）

甲基异丁基酮等采用较多，但臭味大，使涂膜颜色变深。二丙酮醇是由两个丙酮分子结合而成，虽具有羟基，但属叔羟基，与 NCO 反应性极低，配漆时若用于乙组分（羟基组分）中无显著影响。二丙酮醇的分子结构式如下：

$$\mathrm{{}^{H_3C}_{H_3C}\!\!>\!\!\underset{OH}{C}-CH_2-\overset{\overset{\displaystyle O}{\|}}{C}-CH_3}$$

普通的工业级溶剂外观虽然透明，但实际上多少含些水分，这是因为溶剂和水分之间具有一定的溶解度，可见表 5-14。

表 5-14　水在溶剂中的溶解度

溶剂	溶解度/g	溶剂	溶解度/g
丙酮	全溶	醋酸乙酯	3.01（20℃）
丁酮	35.6（23℃）	甲基异丁酮	1.9（25℃）
环己酮	8.7（20℃）	醋酸丁酯	1.37（20℃）
醋酸溶纤剂	6.5（20℃）	苯	0.06（23℃）

溶剂中所含水分带到多异氰酸酯组分中会引起胶凝，使漆罐鼓胀，在涂膜中引起小泡和针孔，每 1 分子中的水与 1 分子的异氰酸酯反应生成胺：

$$\mathrm{RNCO + H_2O \longrightarrow RNH_2 + CO_2 \uparrow} \qquad (5\text{-}11)$$

胺再与 1 分子异氰酸酯反应，生成脲：

$$R—NCO + RNH_2 \longrightarrow RNHCONHR \qquad (5\text{-}12)$$

所生成的脲还能以一定的速度（芳脲约为伯醇的 1/6，脂肪脲则比伯醇还快）与异氰酸酯反应，生成缩二脲，因此溶剂所含水分不仅会引起生成脲和缩二脲的支链，而且同时消耗了不少的异氰酸酯。即 1mol H_2O 消耗 1mol 以上的 TDI。因此，不论在树脂制造过程中或稀释过程中都必须用无水的溶剂。

酯类溶剂还必须尽量减少游离的酸和醇的含量，以免与 NCO 反应。所谓"氨酯级溶剂"就是指含杂质极少，可供聚氨酯漆用的溶剂，它们的纯度比一般的工业品高，检验它是否可使用的标准是抽样与过量的苯异氰酸酯反应，再用二丁胺分析残留的苯异氰酸酯量。消耗苯异氰酸酯多者不宜用，它表示酯中所含水、醇和酸三者消耗异氰酸酯的总值，以"异氰酸酯当量"表示之。"异氰酸酯当量"是指消耗 1molNCO 所需溶剂的质量（g），数值越大，稳定性越好。表 5-15 介绍 3 种"氨酯级"酯的数据，一般"异氰酸酯当量"低于 2500 以下者不合格。

表 5-15 3 种"氨酯级"酯的数据

溶剂	纯度/%	沸程/℃	异氰酸酯当量
醋酸乙酯	99.5	76.0～78.0	5600
醋酸丁酯	99.5	122.5～128.0	3000
醋酸溶纤剂	99.0	150～160	5000

溶剂对 NCO 反应速率的影响以苯异氰酸酯与甲醇在 20℃下反应为例，列于表 5-16。

表 5-16 溶剂对 NCO 反应速率影响

溶剂	$K / [\times 10^{-4} L/(mol \cdot s)]$	溶剂	$K / [\times 10^{-4} L/(mol \cdot s)]$
甲苯	1.2	甲乙酮	0.05
硝基苯	0.45	二氧六环	0.03
醋酸丁酯	0.18	丙烯腈	0.017

从表 5-16 可见，溶剂的极性愈大，则 NCO/OH 的反应愈慢，甲苯与甲乙酮之间相差 24 倍，这是因为溶剂分子极性大则能与醇的羟基形成氢键而缔合，使反应缓慢。

对聚氨酯涂料来讲，在制造树脂过程中，若用烃类溶剂（如二甲苯）则反应速率比酯、酮类快。在双包装配漆后，则酯、酮类溶剂的施工期限可长些。经涂布后，则溶剂挥发而影响相差不大。同理，在造漆时宜选用聚酯级的溶剂以保证储存稳定性，施工期间的临时少量稀释可用些普通级溶剂，因溶剂在涂布后迅速挥发，影响不大。

（2）溶剂表面张力对性能的影响

溶剂的表面张力对聚氨酯涂料的施工性、涂膜表面状态及应用性能影响较大。

经研究表明，涂料的表面张力超过 35mN/m 就不易起泡。各种溶剂的表面张力不同，所以溶剂与涂膜起泡也有关系。

（3）溶剂体系确定

① 关注溶剂对聚氨酯体系的影响

a. 溶剂中微量的水及杂质与 NCO 反应产生的弊病。

b. 溶剂对 NCO 反应速率的影响。

c. 溶剂表面张力对施工性、涂膜表面状态及应用性的影响。

② 确定适宜的溶剂体系　建议聚氨酯涂料可采用的溶剂体系如下。

a. 二甲苯-环己酮混合溶剂。

b. 二甲苯-环己酮-醋酸丁酯混合溶剂。

c. 二甲苯-甲乙酮-丙二醇乙醚醋酸酯混合剂。

3. 其他涂料用溶剂选择

除环氧系涂料及聚氨酯涂料用溶剂选择外，其他含溶剂涂料用溶剂、水性涂料用水及助溶剂的选择将在第六章中介绍。

三、溶剂的安全性

为确保溶剂使用安全，必须了解掌握溶剂安全性的重要参数。

1. 常用溶剂的闪点，自燃点及爆炸极限

常用溶剂的闪点、自燃点及爆炸极限见表 5-17。

表 5-17 常用溶剂的闪点、自燃点及爆炸极限

名称	闪点（闭杯）/℃	爆炸极限（体积分数）/%		自燃点/℃
		下限	上限	
石油醚	<0	1.4	5.9	
200 号油漆溶剂油	33	1.0	6.2	
苯	−11.1	1.4	21	562.2
甲苯	4.4	1.27	7.0	552
二甲苯	25.29	1.0	5.3	530
松节油	35	0.8		253.3
甲醇	12	6.0	36.5	470
乙醇	14	4.3	19.0	390～430
丙醇	27（K）	2.6	13.5	440
异丙醇	11.7	2.02	7.99	460
正丁醇	35.0	1.45	11.25	340～420
异丁醇	27.5（K）	1.65		
仲丁醇	24.4（K）	1.45	11.25	
丙酮	−17.8	2.55	12.80	561
甲基丙酮	−7.2	1.81	11.5	
异佛尔酮	96（K）			462
环己酮	44	1.1	8.1	420
二丙酮醇	9.0	1.8	6.9	
醋酸乙酯	−4.0	2.18	11.4	425.5
醋酸丁酯	27	1.4	8.0	421
醋酸异丁酯	17.8	2.4	10.5	422.8
醋酸戊酯	25	1.1	7.5	378.9
醋酸异戊酯	25	1.0	7.5	379.4
乳酸丁酯	71			382.2
乙二醇乙醚	45	1.8	14.0	238
乙二醇丁醚	61	1.1	10.6	244
二甘醇乙醚	94			
二甘醇丁醚	110			
乙二醇乙醚醋酸酯	51	1.7		

续表

名称	闪点（闭杯）/℃	爆炸极限（体积分数）/%		自燃点/℃
		下限	上限	
乙二醇丁醚醋酸酯	88（K）			
硝基乙烷	41（K）	4.0		414
硝基丙烷		2.6		421
二氯甲烷	34（K）			622
1,1,1-三氯甲烷	无	10.0		

注：括号内 K 表示用克利费兰开杯测定值。

2. 溶剂的害气比

在确定溶剂品种时，可根据溶剂的危害性有效浓度符号和害气比（Q_v）选用高固体分涂料的溶剂。参见表 5-18。

表 5-18　常用溶剂的害气比

溶剂	闪点/℃	危害性有效浓度符号[①]	暴露极限/（mg/m³）	饱和浓度/（g/m³）	害气比[②]Q_v	
二氯甲烷	13	Xn	360	1535.0	4263.9	
三氯乙烯		Xn	270	417.0	1544.4	
甲醇	11	F.T	266	168.0	646.2	暴
甲苯	6	F.Xn	190	110.0	578.9	露
全氟乙烯		Xn	345	127.0	368.1	危
乙二醇单乙醚醋酸酯	51	T	110	14.0	127.3	害
丙二醇单甲醚醋酸酯	47	Xi	275	29.3	106.5	增
异佛尔酮	96	Xi	28	1.9	67.9	大
DBE	100	无危害	10	0.5	52.5	
丙酮	−1	F	1200	55.0	45.8	
乙二醇单丁醚醋酸酯	78	Xn	135	2.6	19.3	
N-甲基-2-吡咯烷酮	95	Xi	400	1.7	4.3	

① Xn 代表危害性的；F 代表非常可燃的；T 代表有毒的；Xi 代表刺激性的。

② 害气比（vapour hazard ratio）$Q_v = \dfrac{饱和浓度}{职业暴露极限（OEL）}$。

四、溶剂低污染化及绿色化

1. 溶剂低污染化

采用无毒、无污染的混合溶剂替代溶剂型涂料中的有毒、有污染性的有机溶剂，解决现在占我国涂料总产量75％以上的溶剂型涂料施工产生的污染问题，可采用新开发的混合溶剂配制涂料，实现涂料低污染化。

2. 溶剂绿色化

原料绿色化、化学工艺绿色化和产品绿色化正在不断地取得可喜的进展，呈现美好的前景。其中，采用绿色化溶剂不会引起环境污染及损害人体健康，是溶剂型涂料走向低污染化的重要途径，为开发涂料增添了活力。溶剂绿色化作为发展方向和迫切使命，深受关注，意义重大。

溶剂绿色化已取得应用方面的突破如下。

① 苯系溶剂被取代　人们在溶剂型氯丁胶配制中采用非芳烃多元混合溶剂替代苯系溶剂，已取得良好应用效果，明显减少环境污染和对人体危害。

② N-甲基吡咯烷酮的应用　采取 N-甲基吡咯烷酮替代乙腈或二甲基甲酰胺作为抽提溶剂，在蒸气裂解的 C_4 馏分中抽提丁烯获得成功；同时，N-甲基吡咯烷酮已作为涂料的无污染、无毒害的溶剂使用。

③ 超临界二氧化碳的开发　溶剂绿色化中最活跃、最突出的品种是超临界流体（如超临界二氧化碳）作溶剂的开发应用。二氧化碳在超过其临界温度及压力（$T_c=31.8℃$、$p_c=7.37MPa$）时，呈现流体介质物理状态，具有液体密度及常规液体的溶解度，又具有气体黏度及很好的传质速度，这些性质可通过改变其压力及温度来调节。超临界二氧化碳是一种无色、无臭、无味、无毒、不燃烧、化学性质稳定的价廉易得的新型无污染溶剂。它作为无毒发泡剂替代氟利昂已用于泡沫塑料，作为反应介质用于聚合反应，作为

溶剂替代挥发性有毒溶剂，用于涂料及胶黏剂等均有许多成功报道。如：荷兰和意大利等国采用超临界二氧化碳作溶剂配制高固体分涂料，呈现低黏度及极好的雾化性。超临界二氧化碳显示出减少有机溶剂污染的应用前景。

3. 环境友好溶剂应用举例

（1）1,1,1-三氯乙烷的应用　为了达到要求日益严格的环保法规要求，采用非光化学活性溶剂部分取代光化学活性溶剂，1,1,1-三氯乙烷是所选择的溶剂，它没有光化学活性，进入大气不产生化学烟雾的光化学反应，且具有合适的蒸发速率，这种溶剂按标准检测无闪点，引起人们极大的兴趣。1,1,1-三氯乙烷溶解能力介于脂肪烃和含氧溶剂之间，氢键力较小。考察了1,1,1-三氯乙烷在醇酸、聚酯和丙烯酸涂料中的流变性能和对涂膜固化性能的影响，表明1,1,1-三氯乙烷与通常的含氧溶剂及烃类溶剂的性能相似。

将1,1,1-三氯乙烷作为稀释剂用于九种工程塑料的聚氨酯涂料中，VOC 量低于 419.3g/L（符合当前环保规定），对涂膜固化性能没有影响，与其他溶剂配合使用，降低 VOC 是可行的。

（2）混合二价酸酯（DBE）性能及应用　DBE 作为环境友好溶剂具有如下特点：

① 无色、淡香、低毒、低成本；

② 常温挥发慢，高温挥发快，适用于工业涂料，可作为污染性溶剂的替代品；

③ 溶解力强，可溶解环氧树脂、聚酯树脂、醇酸树脂、丙烯酸树脂和聚氨酯等，可与大多数有机溶剂混溶；

④ 改善涂料的流平性、光泽、柔韧性和附着力，减少针孔、结皮，消除白雾；

⑤ 可生物降解，能干净地焚烧，燃烧值高，每磅（1lb＝0.4536kg）约 9000BTU（1BTU＝1055.06J）。

DBE 系列溶剂的组成及性能见表 5-19。

表 5-19　DBE 系列溶剂规格

性能	DBE	DBE-2	DBE-3	DBE-4	DBE-5	DBE-6	DBE-9
组成（质量分数）/%							
己二酸二甲酯	10~15	20~28	85~95	0.1（最大）	0.2（最大）	98.5（最小）	0.3（最大）
戊二酸二甲酯	55~65	72~78	5~15	0.4（最大）	98.0（最小）	1.0（最大）	65~69
丁二酸二甲酯	15~25	1.0（最大）	1.0（最大）	98.0（最小）	1.0（最大）	0.15（最大）	31~35
物理性能							
蒸馏范围/℃	169~225	210~225	215~225	196	210~215	227~230	196~215
相对密度（20℃）	1.092	1.081	1.068	1.121	1.091	1.064	1.099
水中的溶解度（20℃，质量分数）/%	5.3	4.2	2.5	7.5	4.3	2.4	约5
闪点（泰格闭杯）/℃	100	104	102	94	107	113	94
溶解度参数（汉森）[1]							
非极性	8.3	8.3	8.3	8.3	8.3	8.3	8.3
极性	2.3	2.2	2.1	2.5	2.3	2.1	2.3
氢键	4.8	4.7	4.5	5.0	4.8	4.5	4.8

[1] 表中溶解度参数的单位是 $cal^{0.5}/cm^{1.5}$，（$1cal^{0.5}/cm^{1.5} = 2.0546J^{0.5}/cm^{1.5}$）。

通过与其他几种溶剂危害性对比，显示出 DBE 溶剂的低毒及低污染性，其结果见表 5-20。

表 5-20　DBE 与其他常用溶剂对比

溶剂	闪点/℃	老鼠 LD_{50}/（mg/kg）	危害健康情况
DBE	100	8192	对眼睛及皮肤刺激温和
异佛尔酮	96	2330	吞咽有害，通过皮肤吸收
1,1,1-三氯乙烷		14300	
乙二醇单甲醚	41	2330	过度暴露会导致变态
乙二醇单乙醚	42	2460	过度暴露会导致变态
乙二醇单乙醚醋酸酯	52	2900	潜在毒性扩大及再生性毒素
乙二醇单丁醚	66	470	多次过度暴露会破坏红血素

第六章

> > > ▶ ▶ ▶ Chapter 06

涂料配方组成体系设计

运用涂料配方设计的基本原理，应用技术及设计规程，将涂料的成膜物、颜填料、助剂和溶剂各基元组分合理组配，设计涂料基础配方；涂料配方的系列化、配套化、组分优化、非原标考量及试样实测等实用化设计，为涂料制造、涂装及涂膜应用提供基础保障；推荐常规、专用、功能性涂料配方及水性涂料品种。

第一节　涂料配方组成设计要求与程序

一、涂料配方组成设计要求

涂料配方组成设计没有最好，只有最适用。以涂料及涂膜应用为切入点，将涂料成膜物、颜填料、助剂和溶剂（包括水）各基元组分科学合理地组配，设计出具有可操作性与可靠性的涂料配方，具体要求如下。

（1）以涂膜服役环境及使用寿命为依据　充分考察掌握涂膜服役环境特征及使用寿命要求，选取适用的涂料类型与品种，利用底漆、中间漆和面漆复合层方式，采用适宜的涂装方法与涂装技术，解决较复杂的涂料应用问题。

（2）对涂料应用性能分析评价　根据涂膜服役环境及应用要求，对涂料及涂膜性能给予综合分析评价，确定主要性能指标及实现对策，提出具体分析方案及可实施的技术路线；选取配套化涂料品种（被涂物底材与涂料品种适应性，底、中、面各层间配套性与实用性）；提供涂料试样进行现场考核等。

(3) 运用基本原理与技术　将涂料各基元组分特性与作用、成膜物固化机理与成膜方式、配方设计方法与程序、涂膜结构及预见性规律等基本要素整合交融，运用新理论、新技术及创新思维方法，拓宽涂料配方设计新思路，设计出各具特色的涂料品种。

(4) 保证涂膜结构的均一完整性　有针对性地选用基料、交联剂及固化剂（含固化促进剂），组成成膜物固化体系，竭力创造有利于固化成膜反应的环境，保障固化体系中各组分间协调相容、同步反应（在特殊需要时，合理地控制反应按先后顺序进行），使涂膜内的固化交联点有效且均一分布；正确地选择颜填料、助剂及溶剂组分，使颜填料及助剂组分均一且合理地分布在涂膜内部，采取有效的保障措施，确保涂膜的结构完整性与稳定性，展示涂膜优良的耐候性、耐温性、耐水性、耐化学药品性、防介质渗透性、耐盐雾性及抗泛黄性等诸项应用指标，满足实际应用要求。

(5) 便于涂料制造与涂装　设计涂料配方时，应保证涂料制造时的可操作性，各基元组分间有很好的相容性，颜填料在涂料体系中有好的润湿分散性，溶剂无污染毒害性，涂料有好的储运稳定性与安全性；应保证涂料有优良的可涂装性，涂料对被涂物件有好的渗透性、附着性，各层间有良好的粘贴性与配套性，有良好的重涂性，涂装时不产生流挂、缩孔及起泡等弊病。

(6) 确定合理的涂料成本　确定合理的涂料成本是涂料配方设计的任务之一，在满足涂料实际应用性能的前提下，应设计出用户可接受的涂料产品及其成本。在实践中，给涂料配方设计者施展才华的创造空间，开发出适宜性价比且达到应用要求的涂料产品，是涂料配方设计者的责任。

二、涂料配方组成设计程序

涂料配方组成设计是将涂料各基元组分定量化的过程。设计程序是依据各基元组分在涂料及涂膜中的功效，规定涂料成膜物固化体系组成、颜基比（P/B）或颜填料体积分数（PVC）、助剂用量、固体含量及相关涂装指标等内容。可将涂料配方组成设计程序称为确定涂料配方参数。涂料基础配方设计的具体操作程序如下。

（1）成膜物固化体系组成　确定基料（树脂及活性稀释剂）、交联剂、固化剂及固化促进剂在涂料中的用量。例如，可取基料100份，计算出100份基料应加入交联固化剂的量或固化促进剂的量，组成符合涂料配方设计需要的成膜物固化体系。

（2）确定P/B或PVC　根据涂料及涂膜应用指标与需求，确定合理的P/B或PVC。

P＝涂料体系中的颜填料＋以粉体状态分散于涂料内的助剂。

B＝涂料体系中的基料＋交联剂＋固化剂。

（3）助剂添加量　坚持有益于涂料制造、储运及涂装的基本原则，确定助剂的添加量，其用量可采取占基料、颜填料或涂料总质量的质量分数计量。有些助剂应规定正确的使用方法及加入方式。

（4）确定固体含量　以涂料的质量分数或体积分数计量涂料的固体含量，由固含量决定涂料中应加入的溶剂（或水）数量。

（5）确定涂料的涂装参数　涂装参数包括涂料黏度、触变指数、涂装方法、成膜条件等内容。

（6）确定涂料配方组成　采用质量份、质量分数及体积分数表示涂料配方组成。

三、涂料基础配方组成设计示例

1. 双包装涂料配方设计

（1）双包装无溶剂聚氨酯涂料配方设计（表6-1）

表6-1　双包装无溶剂聚氨酯涂料配方设计

设计程序	包装组分	原料名称	规格	质量份	质量分数/%
1. 固化体系组成　取多羟基树脂（羟值298mgKOH/g）：粗MDI（含NCO29.8%）：三亚乙基二胺＝100：75：9.1（质量比），按式（2-8）计算NCO：OH＝1：1（摩尔比） 2. P/B＝0.5，B＝多羟基树脂＋粗MDI 3. 固体含量为100% 4. 涂装方法　刷涂或无空气喷涂	涂料主剂	多羟基树脂	羟值：298mgKOH/g	100.0	36.8
		碳酸钙	600目	36.8	13.5
		沉淀硫酸钡	600目	15.0	5.5
		钛白	金红石	30.9	11.4
		酞菁绿	工业	2.3	0.8
		氧化铁黄	工业	0.3	0.1
		合成沸石	工业	2.3	0.8
		三亚乙基二胺	≥98%	9.1	3.5

设计程序	包装组分	原料名称	规格	质量份	质量分数/%
主剂与固化剂分装	涂料固化剂	粗 MDI	含 NCO 29.8%	75.0	27.6

配漆时，取涂料主剂：固化剂＝72.4：27.6 或 100：38（质量比）

（2）双包装溶剂型环氧地坪涂料配方设计（表 6-2）

表 6-2　双包装溶剂型环氧地坪涂料配方设计

设计程序	包装组分	原料名称	规格	质量份	质量分数/%
1. 固化体系组成 混合环氧树脂（E20 占 37.5%，E44 占 62.5%）：聚酰胺加成物（50%）：DMP-30＝100：85：1（质量比）。按式（2-5）计算，环氧基：氨基＝1.0：0.5（摩尔比） 2. P/B＝0.67 B＝混合环氧树脂＋聚酰氨加成物 3. 助剂用量 确定为涂料主剂总质量的 2% 4. 涂料主剂固体分≥78%，S21 混合溶剂用量为涂料主剂总质量的 21%	涂料主剂	E 20 环氧树脂	环氧值：0.20eq/100g	37.5	15.0
		E 44 环氧树脂	环氧值：0.44eq/100g	62.5	25.0
		钛白粉	锐钛型	37.5	15.0
		沉淀硫酸钡	600 目	30.0	12.0
		滑石粉	600 目	25.0	10.0
		有机膨润土	801D	2.5	1.0
		消泡剂	BYKA 530	1.25	0.5
		流平剂	BYK 315	1.25	0.5
		混合溶剂①	S 21	52.5	21.0
主剂与固化剂分装	涂料固化剂	聚酰胺加成物	50%，胺值 116mg KOH/g	85.0	34.0
		DMP-30	工业	1.0	0.4

① S21 混合溶剂组成为二甲苯：丙二醇乙醚＝13：8（质量比）

配漆时，取涂料主剂：固化剂＝100：34.4 或 25：8.6（质量比）。

2. 单包装涂料配方设计

（1）单包装涂料配方设计的适用体系及条件

① 适用于物理成膜的涂料体系 该涂料体系成膜的基本条件

是，涂料涂装后，通过溶剂及分散介质挥发或聚合物粒子凝聚形成涂膜。

② 适用于部分化学成膜的涂料体系　单包装化学成膜涂料应满足如下条件。

a. 固化剂具有潜伏性。在常温下固化剂不与基料发生固化反应。

b. 交联剂与基料混合后，在常温下保持相对惰性，保证涂料储存稳定性。

c. 涂料体系中的固化促进剂在涂料制造、储存过程中，不激活成膜物组分间的化学反应；

d. 涂料涂装后，在温度升高、溶剂及分散介质挥发、吸收氧气、改变外界环境条件等手段，按设计的固化反应程序形成所需要涂膜。

（2）单包装化学成膜涂料配方设计

① 水稀释性醇酸涂料配方设计（表 6-3）

表 6-3　水稀释性醇酸涂料配方设计

设计程序	原料名称	规格	质量份	质量分数/%
1. 固化体系组成　水稀释性醇酸树脂（35%）：匹配催干剂＝100：1.9（质量比）	水稀释性醇酸树脂	35%	100.0	66.1
	匹配催干剂	工业	1.9	1.25
2. P/B＝1.1：1.0	氧化铁红	Y190	9.1	6.0
3. 匹配助剂用量　占涂料总量的 6.45%	沉淀硫酸钡	600～800 目	9.1	6.0
	滑石粉	800 目	3.3	2.2
4. 涂料固体分≥50%，不需添加水等分散介质	复合防锈颜料	自制	18.2	12.0
	匹配助剂①		9.8	6.45

① 匹配助剂由 928 触变剂（8%）；消泡剂；YB-405 高效助剂＝20：1：5（质量比）组成。

② 单包装多用型防垢耐蚀面漆配方设计　单包装多用型防垢耐蚀面漆配方设计见表 6-4。

表 6-4　单包装多用型防垢耐蚀面漆配方设计

设计程序	原料名称	规格	质量份	质量分数/%
1. 固化体系组成 MR 051 树脂（75%）：H 908 潜伏固化剂（60%）=100：8.2（质量比）	MR 051 树脂[①]	75%	100.0	79.2
	H 908 潜伏固化剂	60%	8.2	6.5
2. P/B = 0.15，P = 颜填料 + 气相 SiO_2	重晶石粉	800 目	4.8	3.8
	钛白粉	R902	3.4	2.7
3. 助剂添加量 F 610 匹配助剂占涂料总质量的 4.9%	滑石粉	800 目	1.4	1.1
	石墨	3500 目	0.8	0.6
4. 涂料固体含量≥72% 用 S 30 混合溶剂调整涂料的固体含量	匹配助剂[②]	F610	6.2	4.9
	混合溶剂[③]	S30	1.5	1.2

① MR 051（75%）是一种含氨酯键及硅烷的环氧树脂，环氧值是 0.30eq/100g，羟基值是 32.5mgKOH/g。

② F 610 匹配助剂由 229 防沉剂（25%）：气相 SiO_2：435 流平剂：6800 消泡剂 = 22.0：4.5：4.0：0.3（质量比）组成。

③ 混合溶剂 S 30 由二甲苯：丁酮：PMA=1：1：1（质量比）组成。

3. 粉末涂料配方设计举例

粉末涂料配方设计见表 6-5。

表 6-5　纯聚酯粉末涂料配方设计

设计程序	原料名称	规格	质量份	质量分数/%
1. 固化体系组成 羧基聚酯树脂（酸值：35mgKOH/g）：PT 910 环氧化合物（环氧值：0.65eq/100g）=100：9.6（质量比），用式（2-7）计算，取羧基：环氧基=1：1（摩尔比）	羧基聚酯树脂	酸值：35mgKOH/g	100.00	68.55
	PT 910 环氧化合物	环氧值：0.65eq/100g	9.60	6.58
	钛白粉	金红石型	23.41	16.05
2. P/B=0.32，B = 羧基聚酯树脂 + PT 910 环氧化合物	轻质碳酸钙	600 目	11.60	7.95
	群青	工业	0.10	0.07
3. 助剂用量（占涂料总质量分数），安息香为 0.50%，流平剂为 0.30%	安息香	工业	0.73	0.50
	流平剂	工业	0.44	0.30
4. 制粉与固化 制粉温度：110～120℃，固化条件：200～215℃/20min				

第二节 涂料配方实用化设计

一、涂料配方系列化设计

1. 涂料配方系列化设计内容及要求

采用同系基料设计出用于不同服役环境的系列涂料品种；采用不同系基料设计出用于同种被涂物件同种服役环境及发挥同种功效等不同系列涂料品种，以上内容统称作涂料配方系列化开发设计。

（1）含同系基料的涂料配方系列化设计 采用同种（同系）基料，不同的颜填料及助剂，设计不同服役环境的系列化涂料品种时，应依据使用需求，运用涂料配方技术，选用颜填料品种及用量，改变 P/B 与助剂品种等技术措施，完成涂料配方系列化设计。

（2）同种被涂物件或服役环境用涂料配方系列化设计 对同种被涂物件，同种服役环境及同种功效用涂料品种系列化设计，其配方设计要求如下。

① 在保障涂膜满足应用性能的前提下，应使涂料配方系列化设计由溶剂型涂料向环境友好型涂料转变，做到涂料配方系列化设计助推涂料品种向低污染及无污染的方向发展。

② 以提升质量与创新产品为切入点，设计出特性突出，优质高效的涂料系列化品种，为涂料工业技术进步与产品创新传递正能量。

2. 涂料配方系列化设计举例

（1）内外墙用乳胶漆配方系列化设计（表 6-6）

表 6-6 内外墙用乳胶漆配方系列化设计

原料名称	规格及牌号	用量/%			
		配方 1	配方 2	配方 3	配方 4
苯丙乳液	46%	55.0	20.0	30.0	14.0
钛白粉	锐钛型	25.0[①]	4.0	8.0	—
立德粉	工业	—	4.0	—	10.6
碳酸钙	工业	—	22.5	22.5	21.5

续表

原料名称	规格及牌号	用量/%			
		配方 1	配方 2	配方 3	配方 4
滑石粉	工业	—	10.0	10.0	15.0
成膜助剂	工业	—	0.6	0.9	0.6
Texanol 醇酯	Eastman 公司	0.7	—	—	—
润湿分散剂	Tamol 731	0.5	0.2	0.1	0.2
通用润湿分散剂	工业	—	1.8	2.0	2.0
流平剂	Primal 1020PR	2.0	—	—	—
消泡剂	SPA-202	0.2	0.2	0.3	0.2
通用消泡剂	工业	0.5	0.05	0.05	0.01
匹配防霉剂	自配	0.3	0.1	0.15	0.04
增稠剂	HEC	—	0.2	0.15	0.4
触变型增稠剂	工业	0.3			
氨水	调 pH 值	0.3	0.1	0.15	0.1
水	分散介质	15.2	36.25	25.7	35.35
颜填料及 P/B 变化	钛白粉用量/%	25	4	8	0
	立德粉用量/%	0	4	0	10.6
	填料用量/%	0	32.5	32.5	36.5
	P/B	0.99 : 1.0	4.4 : 1.0	2.9 : 1.0	7.3 : 1.0
性能及应用		耐水、耐洗刷、耐粉化性优异,光泽高、装饰效果好,用于高档外墙涂料	遮盖力小于 250g/m²,耐擦洗性大于 600 次,用作普通平光内用乳胶漆	耐擦洗性超过 1000 次,耐污染性满足要求,用于中档平光外墙涂料	P/B 值高,成本低,可用作配方 1 的配套底漆;是一种性能要求不高的内墙乳胶漆

① 采用金红石钛白粉。

　　根据内外墙用乳胶漆的实用需求,将涂料配方组成中的钛白粉、立德粉、填料及助剂等基元组分进行优化组配,同时改变 P/B,设计出不同应用性能及档次的内外墙乳胶漆系列化品种,扩大涂料配方设计的应用视野。

　　(2) 钢管外壁防护涂料配方系列化设计　钢质管道外壁防护涂

料（简称外防护涂料）是 20 世纪 60 年代正式在国内应用的涂料产品，在几十年的应用实践中，逐步形成系列化的涂料品种，大体上分为清漆和色漆（以黑色漆为主）、无味型（LH 11 透明黑漆）、耐蚀性（如耐蚀性清漆）、水性及 UV 固化涂料。这些涂料分别用于钢质管道外壁防护，均可达到应用要求。该系列涂料产品的开发应用展示出涂料品种的发展趋向，即由溶剂型涂料向环境友好型涂料发展，钢质管道外壁防护涂料配方系列化设计示例见表 6-7。

表 6-7　钢质管道外壁防护涂料配方系列化设计示例

单位:%（质量分数）

原料名称	规格	SH 03 黑漆	LH 11 透明漆	耐蚀性清漆	水性涂料	UV 固化涂料
热塑性丙烯酸树脂	50％	21.5	—	—	—	—
SB 04 热塑性树脂	68％	21.4	25.0	—	—	—
热塑性树脂	软化点 120～130℃	—	—	16.0	—	—
改性树脂	MR 052	—	28.0	—	—	—
水稀释醇酸树脂[①]	35％	—	—	—	66.7	—
热固性树脂	55％	—	—	29.8	—	—
丙烯酸酯化环氧树脂	100％	—	—	—	—	20.0
丙烯酸酯化聚酯树脂	100％	—	—	—	—	30.0
PA 耐蚀剂	100％	—	—	0.4	0.4	—
匹配催干剂 MC	3.6％	—	—	2.7	3.5	—
BU 025 助剂	有效成分 25％	—	—	8.4	—	—
触变剂	8％	—	—	—	4.4	—
MT 20 助剂	20％	—	8.0	—	—	—
透明黑	进口	—	1.4	—	—	—
炭黑浆	70％	14.3	—	—	—	—
水性黑浆	45％	—	—	—	25.0	—
丙烯酸-β-羟丙酯	简称 HPA	—	—	—	—	15.0
1,6-己二醇二丙烯酸酯	简称 HDDA	—	—	—	—	20.0
二甲苯	工业	42.8	—	—	—	—
混合溶剂油	工业	—	37.6	42.7	—	—
二苯基甲酮	工业	—	—	—	—	9.0
1173 光敏剂	工业	—	—	—	—	6.0

① 除水稀释性醇酸树脂外，还可采用水性环氧酯树脂。

在设计系列化外防护涂料配方时，采用 4 种不同的成膜方式如下：物理成膜方式（SH 03 黑漆和 LH 11 透明黑漆）、物理-化学复合成膜方式（耐蚀性清漆）、自动氧化聚合成膜方式（水稀释性涂料）和能量引发聚合成膜方式（UV 固化涂料）。

（3）防污涂料配方系列化设计　按其渗出机理，防污涂料分为溶解型、接触型、扩散型和自抛光型 4 类，典型的配方系列设计示例见表 6-8。

表 6-8　防污涂料配方系列化设计示例

单位：%（质量分数）

原料名称	溶解型 防污漆	接触型 防污漆	扩散型 防污漆	水解自抛 光型防污漆
氧化亚铜	30.0	55.0	—	35.0
氧化汞	5.0	—	—	—
DDT	3.0	—	—	—
氧化锌	18.0	—	—	—
氧化铁红	5.4	—	—	—
三丁基氟化锡	—	—	10.0	—
40℃煤焦沥青	4.9	—	—	—
松香	17.7	5.5	4.0	—
三元氯醋共聚体	—	5.5	11.8	—
甲基丙烯酸三丁基锡共聚体（50%）	—	—	—	44.0
磷酸三甲酚酯	—	2.1	—	—
钛白粉	—	—	21.5	5.0
滑石粉	—	—	3.6	—
有机膨润土	—	—	0.5	1.0
甲醇	—	—	0.2	—
对苯二酚	—	—	—	0.01
甲基异丁基酮	—	18.9	28.4	—
二甲苯	—	13.0	20.0	—
200 号煤焦溶剂	16.0	—	—	—
混合溶剂	—	—	—	14.99

二、涂料配方配套化设计

1. 底、中、面涂料配套体系的作用

（1）底漆的作用　底漆是在被涂物件表面上打好基础，对底材

（被涂物表面）有优良的附着力，具有防锈性能。底漆对底材要有很好的润湿作用，既提升与底材的黏结力，又能与中间层（或面层）有优良的匹配性及附着性。

（2）中间漆的作用 中间漆用于增加涂膜厚度，起到更有效的屏蔽作用。通常中间漆是具有触变性的厚浆型涂料。中间漆要与底漆及面漆有很好的结合效能，中间层要有良好的表面平整性，有利于面漆涂装。有时，中间漆可以单独作为底漆使用。

（3）面漆的作用 防止外界环境中有害的腐蚀介质侵蚀，起到美观装饰作用，有时，在涂膜最外层涂上清漆，既起到美化装饰效果，又起到很好的屏蔽作用。

2. 涂料配方配套化设计的内容

底、中、面各层在配套体系中既起着各自独有的功效，它们又互为补充，密不可分。根据应用及涂装要求，进行涂料配方配套化设计。

（1）底、中、面漆配套设计 许多涂膜的服役环境及其使用寿命需要采用底、中、面配套涂层才可达到装饰与保护目的。设计涂料配方时，必须科学准确地匹配底、中、面漆配方组成，并为它们之间的适应性、相容性及配套性等提供技术支撑及保障条件。

（2）底漆与面漆配套设计 有时根据涂膜服役环境，只需采用底漆与面漆 2 层配套涂层，就可以达到实用要求。设计涂料配方时，要凸显底漆与面漆的应用特性，为促进配套涂层在应用中产生协调效应创造条件。

（3）底面合一的涂料配方设计 在特种或专用涂料配方设计中，有时会采用底面合一的设计路线，通过严密的配方组成设计，严格的涂装工艺及质量控制手段，保证底面合一涂膜能经受特殊的服役环境考验，如玻璃鳞片涂料、无机富锌涂料、烧蚀隔热涂料、示温涂料及保健涂料等，都可以采用底面合一的涂料配方设计路线。

3. 涂料配方配套化设计举例

（1）防腐蚀涂料配套体系设计 大气腐蚀是最常见的涂膜服役环境，可采用底漆、中间漆和面漆构成的配套体系，满足涂膜使用要求。

① 环氧富锌底漆　环氧树脂有很好的附着力和耐蚀性，锌粉与钢材紧密相连而导电，对钢底材起到阴极保护作用。

② 环氧云铁中间层漆　云铁有优良的耐温性、耐酸碱盐性和耐磨性，在涂膜内平行排列，能有效地阻挡腐蚀介质的入侵，云铁表面有一定的粗糙度，有利于与面漆的重涂。锌粉和云铁相对密度大，必须选用润湿分散剂和防沉剂。

③ 丙烯酸聚氨酯面漆　选用含羟基丙烯酸树脂与 HDI 缩二脲组成固化体系，形成涂膜坚韧耐磨、耐蚀、耐候、保色保光、装饰性好。

由以上设计思路及性能考量，防腐涂料配套体系见表 6-9。

表 6-9　底漆/中间漆/面漆的配方组成（质量份）

包装组分	原料名称	规格及型号	环氧富锌底漆	环氧云铁中间漆	丙烯酸聚氨酯面漆
主剂	环氧树脂	E 20	5.7	22.4	—
	丙烯酸树脂	50%	—	—	60.0
	钛白粉	金红石型	—	10.0	23.0
	滑石粉	400 目	—	7.9	—
	锌粉	325 目	5.0①	—	—
	云铁	325 目	—	10.0	10.0
	润湿分散剂	聚羧酸酯类	0.1	0.1	0.2
	防沉剂	改性膨润土	—	—	0.1
	催化剂	工业	适量	适量	适量②
	混合溶剂	自配	6.3	15.0	12.5
固化剂	改性胺	100%	1.3	5.0	—
	HDI 缩二脲	75%	—	—	25.0

① 锌粉应根据需要，在配漆时选用加入量。
② 采用与底漆和面漆不同品种的催化剂。

（2）飞机蒙皮涂料配套体系设计　飞机蒙皮涂层采用底漆与面漆配套体系可达到防腐、抗酸雨、抗静电及隐身等效能。可供选用的底漆有锌黄环氧酯底漆、双包装锌黄环氧聚酰胺底漆及双包装锌黄脂肪聚氨酯底漆等品种。可供选用的面漆及功能专用涂料有丙烯酸树脂、聚酯聚氨酯面漆、丙烯酸聚氨酯面漆、有机硅聚氨酯面漆、有机氟聚氨酯面漆、抗酸雨涂料、防静电涂料及伪装涂料等品种。

飞机蒙皮涂料配套底漆与面漆配方组成见表 6-10 及表 6-11。

表 6-10　飞机蒙皮涂料配套用底漆配方组成

包装组分	原料名称	规格及牌号	质量分数/%	
			a. H 06-2 锌黄环氧酯底漆	b. 锌黄环氧聚酰胺底漆①
a. H 06-2 锌黄环氧酯底漆 b. 锌黄环氧聚酰胺底漆主剂	亚麻油酸环氧酯	50%	50	—
	氨基树脂	50%	5	—
	环氧树脂	工业	—	22
	混合溶剂	二甲苯：丁醇=7：3	—	22
	二甲苯	工业	6	—
	锌铬黄	工业	20	10
	氧化锌	工业	6	7
	柠檬铬黄	工业	—	12
	滑石粉	600 目	5	3
	碳酸钙	400 目	5	—
	催干剂	匹配型	3	—
环氧聚酰胺底漆固化剂	聚酰胺	胺值：200mgKOH/g		12
	混合溶剂	二甲苯：丁醇=7：3		12

① 锌黄环氧聚酰胺底漆配制：取锌黄环氧聚酰胺底漆主剂：固化剂=76：24（质量比）。

表 6-11　飞机蒙皮涂料配套用面漆参考配方

包装组分	原料名称	规格	质量份	
			丙烯酸聚氨酯面漆	有机硅聚氨酯面漆
面漆主剂	羟基丙烯酸树脂	树脂40%	100	—
	色浆	羟基含量 0.15%	—	—
	羟基有机硅树脂	65%,羟基含量 0.15%	—	61.5
	钛白粉	R 902	—	30.1
	调色蓝或黑浆	—	—	少量
	T-12	5%	—	0.7
固化剂	HDI 缩二脲	50%，含 NCO11%	28	45.0

三、涂料配方组分优化设计

1. 涂料配方组分优化设计内容

涂料配方组分优化设计包括成膜物及其固化体系、颜填料及其复配体系、助剂及其匹配体系、混合溶剂体系四大基元组分的选择与用量优化设计；涂料基元组分调配（调整与调换）试验的优化设计。涂料配方组分优化设计的主要内容如下。

（1）涂料各基元组分体系选择及用量优化试验　以成膜物及其涂膜结构与性能关系为基础，运用成膜物的固化体系组成，运用颜填料的应用特性、反应性、功能性、复配技术及选用规则，通过选择、对比试验，确定各具特色的不同系列的复配颜填料体系组成；利用助剂的敏感性、选择性、凸显效应、特性叠加效应及协同效应，采用正确的使用方法与加料方式，注重发挥匹配助剂的正效应，通过试验选择，确定助剂品种及用量；运用溶剂的基本性能、应用特性及作用，选择适用的混合溶剂体系组成。各基元组分选择试验详见第二章至第五章。将以上各基元组分组配成涂料配方时，需做综合选择试验，经过比较、优选后，确定涂料配方组成。

（2）涂料配方组分调配优化试验　经试验结果比对、选择，确定各基元组分在涂料中的用量，就完成了涂料配方组成设计任务。将已确认的涂料配方或已生产实用的涂料配方作为基准（参考）涂料配方，通过调整、调换及微调涂料的基料、颜填料、助剂及溶剂品种与用量等技术手段，设计出与基准涂料配方不同组成的涂料配方。涂料配方组分调配优化试验是涂料配方实用化设计的重要部分，它为拓展涂料应用空间，提升涂料质量及更新涂料品种，提供有指导意义的设计思考。

2. 涂料配方组分优化设计举例

（1）涂料配方组成及试验结果　选取工业化生产的石油钻杆及油管内壁用防护涂料配方作为基准涂料配方，调整或调换基准涂料中的固化剂、树脂、助剂和溶剂品种及用量；改变涂料的P/B，固体含量等配方参数，涂料配方组成及试验结果见表6-12及表6-13。

表 6-12　石油钻杆及油管内壁防护涂料组分优化配方及参数

| 项目 | 原料 | 规格 | 质量分数/% | | | | |
			生产配方	调配方1	调配方2	调配方3[④]	调配方4[④]
涂料配方组成调配	环氧树脂溶液	50%，环氧值：0.015eq/100g	54.5	60.1	—	—	—
	E 44 环氧树脂	环氧值：0.44eq/100g	—	—	57.2	57.2	—
	E 51 环氧树脂	环氧值：0.51eq/100g	—	—	—	—	60.0
	酚醛树脂	50%	15.0	—	—	—	—
	GL 2004 固化剂	60%	—	6.2	7.2	7.2	9.0
	复配活性稀释剂[①]		—	—	—	—	6.0
	复配颜填料 S[②]		23.0	24.0	26.1	—	—
	复配颜填料 A	表2-22	—	—	—	26.1	22.0
	消泡剂	进口	0.4	0.4	0.4	0.4	0.4
	流平剂	进口	0.6	0.6	0.6	0.6	0.6
	触变剂 A	进口	1.5	1.5	—	—	—
	触变剂 B	国产	—	—	1.8	1.8	2.0
	混合溶剂[③]		5.0	7.2	6.7	6.7	—

续表

项目	原料	规格	质量分数/%				
			生产配方	调配方1	调配方2	调配方3④	调配方4④
配方参数	涂料固化体系组成（质量比）		环氧树脂溶液(50%)：酚醛树脂(50%)=100:26.5	环氧树脂溶液(50%)：GL 2004固化剂(60%)=100:10.3	E 44环氧树脂：GL 2004固化剂(60%)=100:12.5	同调配方2	E 51环氧树脂：GL 2004固化剂(60%)=100:13.6
	P/B		0.71	0.76	0.45	0.45	0.34
	涂料固体含量/%		59.3	59.3	89.4	89.4	≥96
	涂料触变指数(25～35℃)		1.8	1.9	2.2	2.2	2.3

① 复配活性稀释剂由苄基缩水甘油醚（502）：新戊二醇二缩水甘油醚（5749）=3:1（质量比）组成。

② 复配颜填料S由钛白粉（R 902）：防锈颜料：铁黄：铁黑=18.0:3.9:0.8:0.3（质量比）组成。

③ 混合溶剂由丙二醇甲醚醋酸酯（PMA）：正丁醇：丁酮：环己酮=1:1:1:2（质量比）组成。

④ 调配方3和调配方4是采用底面合一的配方组成。

表6-13 几种涂料试验结果

试验项目	检测结果				
	生产配方	调配方1	调配方2	调配方3	调配方4
耐环己酮(60℃)/15d	涂膜表面完好，无变化	表面有微泡，底材有变化	涂膜表面完好，无变化	涂膜表面完好，无变化	涂膜表面完好，无变化
耐25%硫酸(60℃)/15d	涂膜表面完好，无异常变化s	底材有锈蚀	涂膜表面完好，无异常变化	涂膜表面完好，无异常变化	涂膜表面完好，无异常变化

续表

试验项目	检测结果				
	生产配方	调配方 1	调配方 2	调配方 3	调配方 4
耐混酸（12%盐酸＋6%氢氟酸）(90℃)/8h	涂膜表面完好，无异常变化	表面 6h 起泡	8h 试棒底部产生少量微泡	涂膜表面完好，无异常，无损伤	涂膜表面完好，无异常，无损伤
耐化学药品试验①/3a	涂膜完好无损伤通过	—	—	涂膜完好无损伤	涂膜完好无损伤
耐高压水煮试验②/16h	通过	涂膜表面起泡	通过	通过	通过
耐盐雾试验/1000h	通过	—	936h 通过	通过	通过

① 化学药品包括 H_2SO_4（10%）、NaOH（10%），NaCl（5%）、污水、原油，在常温下浸泡 3a。

② 试验条件：水的 pH＝12.5，压力 70MPa，温度 150℃，试片经试验后，无龟裂，无泡，无鼓起，无脱落，附着力良好，底材无锈蚀，评价为通过。

（2）试验结果评估　通过对石油钻杆及油管内壁专用涂料配方组成中的树脂、固化剂、复配颜填料及助剂组分调整、调换及微调优化试验，设计出高固体分和无溶剂两种环境友好涂料，其应用性能指标达到国内外生产的溶剂型石油钻杆及油管内壁用涂料水平。

石油钻杆及油管内壁用高固体分涂料，固体含量比溶剂型涂料高 30.1%，节省资源、减少污染，受到用户欢迎认可。

新开发的无溶剂涂料（质量固体分≥95%时称为无溶剂涂料），除可用于石油钻杆及油管外，还可用于耐酸碱盐等强腐蚀环境，其推广应用前景可观。

四、涂料非原标考量设计

涂料非原标考量设计是除涂料配方设计时规定（原定）的性能指标外，还对涂料及涂膜进行超原定性能指标、增添性能指标及极端（破坏）试验等检测考量，后追加的性能指标及极端试验统称为涂料非原标考量。

1. 涂料及涂膜非原标试验的作用与意义

涂料及涂膜非原标试验是涂料配方设计内容的扩充与延伸，是涂料配方设计创新的有益探索之一。其主要作用与意义如下。

（1）超原定性能指标试验　当达到涂料配方设计时原定性能指标后，可选择 1～2 项主要应用性能指标，试做超标考量。仔细观测超标试验过程中的涂膜表面状态变化，准确选定突破原指标的创新指标，涂膜的某项性能指标的突破与创新，都是涂料配方设计的新发现。

（2）增添检测指标试验　在满足原定应用性能指标检测后，可适当增添与原性能指标相关联的检测指标，进一步扩充试验内容，探寻各项性能指标间的关联度，增强对涂料配方设计规律性的认知度，为预测涂膜某些性能积累数据及经验。

（3）涂料及涂膜性能的极端（破坏）试验　极端（破坏）试验是涂料配方设计的组成部分，其具体操作规定及指导作用如下。

① 能做极端试验的性能指标　可做极端试验的性能指标有涂料储存稳定性、涂膜的耐水性、耐盐水性、耐溶剂性、耐盐雾性、抗老化性、耐光性、抗介质渗透性、抗烧蚀隔热性等。对于经极端试验会产生污染与毒害作用的性能指标，应在严格防护下做极端试验。

② 涂膜不得在极端指标下使用　当涂膜无力承受某一性能指标时，就是涂膜被破坏的指标，即在该指标下，涂膜无法完成服役任务。

③ 确定涂膜被破坏的临界点　在极端试验过程中，应认真观察涂膜由完好转变损坏的过程，确定产生破坏的临界点。

④ 极端试验的指导作用　涂膜被破坏的指标是采用有限规定的涂料配方组成条件下测得的，当涂料配方设计者转变配方设计理念、改变配方组成并确定更科学有效的成膜方式后，就会激发出更新更高的设计梦想，今天的被破坏指标就可能成为明天的应用指标，极端（破坏）试验是涂料配方设计的新起点。

2. 涂料非原标考量设计举例

（1）减阻耐磨涂料配方组成　减阻耐磨涂料配方组成见表 6-14。

表 6-14 减阻耐磨涂料配方组成

包装组分	原料名称	规格	用量/%
涂料主剂	E 44 环氧树脂	环氧值 0.44eq/100g	44.2
	复配颜填料 051[①]		33.8
	匹配助剂 034[②]		11.1
	S03 混合溶剂[③]		10.9
涂料固化剂	H 0758 固化剂	60%	50.0
配方参数	环氧基:氨基=1.0:0.6（摩尔比）		
	涂料主剂固体分:86%		
	P/B=0.46		
	涂料主剂（86%）:H 0758（60%）=100:50（质量比）		

① 复配颜填料 051 组成为沉淀硫酸钡（800 目）:氧化铁红（y190）:滑石粉（600 目）:防锈颜料 K:钛白粉（R 902）:防锈颜料 P=15.8:12.1:4.0:3.0:1.7:1.0（质量比）。

② 匹配助剂 034 组成为润滑耐磨剂:触变树脂Ⅱ（50%）:流平剂（BYK 354）:消泡剂（EFKA 2720）=5.0:5.6:0.4:0.1（质量比）。

③ S 03 混合溶剂组成为正丁醇:丙二醇甲醚醋酸酯（PMA）:醋酸丁酯=1:1:1（质量比）。

（2）涂料及涂膜试验结果 涂料及涂膜原定指标及非原标试验结果见表 6-15。

表 6-15 涂料及涂膜原定指标及非原标试验结果

性能指标	检测项目	规定指标	检测结果
①原定指标	a. 固化条件:		
	表干(25～35℃)/h，≤	6	6
	实干(25～35℃)/h≤	48	48
	b. 耐磨性（1000g，1000r）/mg	3.5	3.3
	c. 饱和碳酸钙蒸馏水溶液浸泡（25～30℃)/21d	距试片边缘 6.3mm 处范围内涂膜表面无气泡	通过
	d. 等容量甲醇-水混合液浸泡（25～30℃)/5d	距试片边缘 6.3mm 处范围内涂膜表面无气泡	通过
	e. 耐盐雾试验/500h	通过一级	一级

续表

性能指标	检测项目	规定指标	检测结果
②增添指标	a. 耐水煮试验/7d	—	涂膜表面完好，无泡
	b. 耐3.5％盐水（60℃）/35d	—	涂膜表面完好，无泡，底材无锈蚀
③超标试验	耐盐雾试验/700h	500h	700h通过
④破坏试验	耐盐雾试验	—	720h时观测涂膜表面无起泡现象；760h涂膜起泡，底材生锈

（3）试验结果分析

① 增添指标与相关指标的关系　关注涂料及涂膜性能指标间的关联度是认识涂料配方设计规律的手段之一。通过耐水煮7d的检测结果，揭示出与通过原定指标中c、d两项指标的关联度，即涂膜通过水煮7d，就通过c指标的21d，d指标的5d；通过耐3.5％盐水（60℃）/35d的涂膜，预示该涂膜会通过耐盐雾700h。

② 超标试验　超标试验的目的是创造出高于预定性能指标的新性能指标，应根据涂膜结构特性，预定新的性能指标。本试验的耐盐雾指标原定为500h，超标定为700h，经试验考量达到耐盐雾700h的预定要求。因此，新开发的减阻耐磨涂料既可用于输送天然气管道内壁防护，也能用于输送腐蚀性气液管道内壁防护。

③ 极端（破坏）试验　涂膜在超标试验中，耐盐雾通过700h后，再继续进行耐盐雾试验，当试验至720h时，涂膜表面完好，没发现异常变化，在进行至760h时，观测到涂膜表面起泡，局部涂膜鼓起，底材出现锈蚀，即涂膜耐盐雾760h涂膜被破坏。

认真观测极端试验过程中的涂膜状态变化，获取有价值的实况信息。

五、涂料试样现场考核

将符合设计要求的涂料配方进行中试或扩试生产，取生产试样供现场实用考核，其主要内容如下：

① 从中试或扩试稳定的涂料产品中取样（有时需供批量）为现场试用；②考核涂料性能指标；③考核涂膜性能指标；④涂装试用及应用建议。

第三节 涂料配方组成与应用举例

一、常规及专用涂料配方及应用

常规及专用涂料的配方组成、性能及应用举例见表 6-16 至表 6-36。

表 6-16 卷材用底漆配方及固化条件

项目	原料及用量（质量份）	
配方组成	环氧磷酸酯 85.0（固体计） 脲醛树脂 15.0（固体计） 对甲苯磺酸（4%）1.0 钛白粉 12.5	二甲苯 150.0 正丁醇 75.0 铬酸锶 37.5 丙二醇甲醚 150.0
固化条件	烘烤温度 280℃ 烘烤时间 75s 金属板最高温度（PMT） 224℃	

表 6-17 环氧丙烯酸涂料配方及用途

项目	原料名称	规格	用量/%
配方组成	B 01-35 丙烯酸树脂	54%	50.5
	环氧树脂	60%	4.8
	复配颜填料	按要求配制	30.0
	溶剂	混合	14.7
特性及用途	涂料可实现快速固化（180℃/2min），涂膜的耐候性、保光性、耐水性、柔韧性等相当突出。配合面漆后，可作装饰性保护涂料。用于户外、设备仪器及钢卷尺等		

表 6-18　铁路客车采暖管用防腐阻垢底面漆配方及性能检测

项目	原料名称	规格	面漆	底漆
参考配方 （质量分数）/%	环氧树脂溶液	50%	50	45
	丁醇醚化三聚氰胺 甲醛树脂	50%	21	16.5
	铁红	320 目	—	20
	铬绿	320 目	20	—
	磷酸锌	一级	2.0	6.0
	铬酸锌	一级	1.0	2.0
	氧化锌	99%	0.5	1.0
	铝银浆	漂浮型	3.5	3.0
	滑石粉	800 目	2.0	6.5
性能检测	底面配套涂层耐 95℃的水（纯水、海水及工业循环水）和常温的有机溶剂（二甲苯、汽油、煤油、丙酮、乙醇及醋酸乙酯等），经 1080d 后，涂膜完好无变化；耐 10%的（硫酸、盐酸、磷酸及醋酸）酸溶液（常温）浸泡 360d 后，涂膜完好，无变化			

表 6-19　环氧酯防霉绝缘漆配方及应用

项目	原料名称	质量分数/%	原料名称	质量分数/%
配方	环氧酯	66.7	催干剂	1.0
	氨基树脂	6.4	二甲苯-丁醇（7∶3）	8.0
	钛白粉	15.3	防霉剂	2.5
	松烟	0.1		
特性及应用	该漆经抗甩试验 2500r/min，1h 后不飞溅。形成涂膜的耐热为 B 级，防霉性 0～2 级。用于湿热带电机、电器及精密仪表等绕线外层防霉绝缘保护			

表 6-20　抗阴极剥离重防腐环氧粉末涂料参考配方及应用

项目	原料名称	规格	质量份
配方组成	JENP-02A 酚醛环氧树脂	环氧值 0.11~0.13eq/100g	100.0
	JECP-01B 固化剂	羟基当量 200~210g/eq	20.0
	沉淀硫酸钡（表面处理）	400~600 目	40.0
	硅灰石粉	400~600 目	16.0
	活性硅微粉	600~800 目	15.0
	云母粉	100~400 目	7.5
	气相二氧化硅	纳米级	0.1
	钛白粉	R 902	2.5
	流平剂	801	0.5
	安息香	工业	0.2
	调色颜料	工业	适量
性能及应用	涂膜抗阴极剥离及耐蚀性满足了埋地钢质管道的应用要求。涂层有优良的耐化学药品、耐溶剂，抵御 H_2S、CO_2、O_2、酸、碱、盐、有机物等介质腐蚀性；涂层耐磨、抗冲击、附着力优，使用过程中防止植物根系和土壤环境应力的损坏；涂层 T_{gx} 高、绝缘性好，能在 $-30~100℃$ 之间保持最佳性能；在（60 ± 2）℃，1.5V 阴极剥离 7mm（30d）。主要用于石油及天然气管道外壁重防腐。可采用单层环氧粉末涂层防腐；也可采用环氧粉末底层/聚合物胶黏剂中间层/聚乙烯面层组成的三层防腐结构（简称 3PE 防腐结构）		

表 6-21　隔热防腐卷材涂料参考配方

原料名称	规格	质量份	
		底漆	面漆
氟改性环氧酯树脂	FH 100	30.0	—
封闭异氰酸酯	A 370	10.0	15.0
复配防锈颜料①		20.0	—
氟改性聚酯树脂	FZ 200	—	50.0
解封催干剂	SFL 180	—	2.0
沉淀硫酸钡	超细	25.0	

　① 复配防锈颜料由铬酸锶/铬酸锌/K-白混合而成，两种铬酸盐可催化促进封闭异氰酸酯解封，不必另加解封催化剂。

表 6-22 抗蚀型卷材涂料配方

原料名称	规格	质量份
E 44 环氧树脂	环氧值 0.44eq/100g	15.0
丁醇高醚化度氨基树脂	60%	20.0
油度为 48% 的蓖麻油醇酸树脂	50%	30.0
对甲基苯磺酸	1%	0.3
有机硅油流平剂	1%	0.15
有机膨润土	881	5.0

表 6-23 光纤用 UV 固化清漆配方

原料名称	质量份
丙烯酸酯化的氨基甲酸酯	80.0
丙烯酸酯活性稀释剂	20.0
安息香醚光敏剂	2.5
KH 550 偶联剂	0.5

表 6-24 过氯乙烯地面涂料配方

原料名称	质量份	原料名称	质量份
过氯乙烯树脂	14.5	氧化锌	2.5
松香改性酚醛树脂	1.5	氧化铁红	6.0
增塑剂①	5.0	炭黑	1.0
滑石粉	3.0	润湿分散剂	0.6
重质碳酸钙	3.0	消泡剂	0.05
轻质碳酸钙	2.0	混合溶剂②	65.0

①增塑剂由邻苯二甲酸二丁酯:蓖麻油改性醇酸树脂=3:2（质量比）组成。
②混合溶剂由二甲苯:乙酸丁酯:丙酮=50:38:12（质量比）组成。

表 6-25 无溶剂型润滑耐磨涂料主剂配方①

原料名称	质量分数/%	原料名称	质量分数/%
E 44 环氧树脂	36.2	铁粉	9.0
苯二甲酸二丁酯	3.6	石墨粉	9.0
丁基缩水甘油醚	5.4	二硫化钼	36.1
气相 SiO_2	0.7		

① 采用有机胺化合物作固化剂，涂料主剂:固化剂=100:16（质量比）。

表 6-26　B04-6 型丙烯酸飞机蒙皮面漆配方

原料名称	质量分数/%	原料名称	质量分数/%
AC 丙烯酸树脂	20.0	醋酸丁酯	16.0
氨基树脂	8.0	醋酸乙酯	16.0
钛白粉	12.0	正丁醇	5.0
苯二甲酸二丁酯	1.0	二甲苯	21.0
磷酸三甲酚酯	1.0		

注：取聚酯树脂（80%）：硅醇中间体（65%）＝100：32（质量比）得到有机硅改性聚酯树脂，采用 HDI 缩二脲和 HDI 三聚体作固化剂，加入颜填料和助剂可制得高固体分、耐冷热循环、耐候性好的常温固化涂料，适用于超音速飞机蒙皮面漆。

表 6-27　聚氨酯防水涂料主剂配方及用途

原料名称	用量/%	原料名称	用量/%
氧化铁红（Y 190）	10.0	轻钙（工业）	16.1
铁黄	3.0	活性稀释剂	4.5
钛白（锐钛型）	2.5	羟基丙烯酸树脂（55%）	50.0
滑石粉（400 目）	13.5	催化剂（10%）	0.4
涂料配制与用途	配漆：涂料主剂：PET 固化剂（混合羟基聚醚与 TDI 加成物，固体分 75%，含 NCO 为 6.2%）＝100：25（质量比）。丙烯酸聚氨酯防水涂料形成的涂膜具有弹性，防水性优异，使用寿命长；可整体施工，形成的防水层无接缝；适应基体面的扩张和收缩，涂膜不开裂；耐候性及抗老化性优良；可任意调色，涂装简便。该涂料用于建筑物层面、地下室、卫生间及大坝、水池、隧道及地铁等工程的抗渗透		

表 6-28　摩托车用 UV 固化罩光清漆配方

原料名称	用量/%	原料名称	用量/%
脂肪族聚氨酯丙烯酸酯	15	丙烯酸丁酯	20
丙烯酸酯化的环氧树脂	30	光引发剂 1173	4
TMPTA	15	光引发剂 184	2
TPGDA	13	助剂	1

表 6-29 气干型无溶剂醇酸-丙烯酸防腐涂料配方及应用

原料名称	质量份	原料名称	质量份
醇酸-丙烯酸酯树脂①	65.0	消泡剂	0.01
沉淀硫酸钡	10.0	触变剂	0.4
滑石粉	5.0	钴催干剂（含 Co 6%）	0.5
钛白粉	20.0	甲乙酮肟	0.12
性能及应用		提示：在涂装前加入占涂料总质量 1%的过氧化甲乙酮引发剂，充分搅拌均匀。涂料在常温下交联固化，可厚涂、不起皱、不咬底，涂膜耐水性好，抗冲击及挠曲性优异。用于储罐、桥梁、钢构件及管道等领域的防腐蚀	

① 醇酸-丙烯酸酯树脂由长油度醇酸树脂 55 份、丙烯酸羟丙酯 10 份和丙烯酸-1,4-丁二醇酯 10 份组成，其黏度（25℃）为 0.16Pa·s。

表 6-30 丙烯酸改性聚酯-氨基高固体分涂料参考配方及应用

原料名称	质量份	原料名称	质量份
聚酯树脂	36.0	润湿分散剂	0.3
丙烯酸树脂	20.0	流平剂	0.6
氨基树脂	15.0	消泡剂	0.1
钛白粉	26.0		
应用		主要用于客车、摩托车等车辆的罩面涂装保护，可采用喷涂和刷涂等方法施工，经 140℃/30min 烘烤成膜，经实车使用考核 5a 后，车身涂膜完好，耐候性优，取得用户认可	

表 6-31 稳定型带锈涂料配方

原料名称	质量份
亚桐油酸环氧酯（50%）	60.0
重质碳酸钙	20.0
铁酸钙	20.0
氧化锌	1.0
渗透剂①	0.15
催干剂	0.24

① 渗透剂可采用聚氧亚乙基烷基酚或二辛基丁酸磺酸钠。

表 6-32 耐核辐射 NC 系列环氧底面漆等参考配方 (质量份)

原料名称	底漆主剂[①]		面漆主剂	
	NC-3-2	NC-3-4	NC-2-Ⅱ(1)	NC-2-Ⅱ(3)
E 51 环氧树脂	48.0	48.0	58.0	58.0
改性树脂	6.0	6.0	6.0	6.0
S 63 混合溶剂[②]	5.0	5.0	—	—
S 62 混合溶剂[②]	—	—	5.0	5.0
复配填料 (表面处理)	29.2	29.2	19.2	19.2
含锌铬黄复配颜料	10.0			
含铁红复配颜料	—	10.0		
复配颜料 A			10.0	—
复配颜料 B			—	10.0
匹配助剂 018[③]	1.8	1.8	1.8	1.8

① 取底漆主剂的 E 51 环氧树脂、改性树脂和 S 63 混合溶剂可制成 NC-4 清漆主剂；取清漆主剂与适量的易打磨填料可制成 NC-11 腻子主剂。

② S 63 混合溶剂由二甲苯：正丁醇：丙二醇乙醚＝6：3：1 (质量比)组成；S 62 混合溶剂由二甲苯：正丁醇：丙二醇乙醚＝6：2：2 (质量比)组成。

③ 匹配助剂 018 由触变剂：耐蚀助剂＝10：89 (质量比)组成。

注：1. 固化剂选用。底漆固化剂用改性聚酰胺 (90%)；NC-2-Ⅱ(1) 面漆固化剂用芳胺加成物，NC-2-Ⅱ(3) 面漆固化剂用脂肪胺加成物。

2. 应用 NC 系列环氧涂料已在秦山核电站二期工程恰希玛核电站大面积使用，获得用户好评，也在秦山核电联营公司作修补涂料使用，用在大亚湾核电站与国外修补涂料的性能相当，NC 系列环氧涂料可在其他核电站上推广使用。

表 6-33 环氧聚氨酯涂料配方及应用

原料名称	规格	用量 (质量分数)/%	
		白色涂料主剂	黑色涂料主剂
609 环氧树脂液	40%	48.6	48.6
钛白粉	金红石型	28.6	—
炭黑	硬质	—	3.7
邻苯二甲酸二丁酯	工业	1.4	1.4
T-12	5%	4.0	4.0
环己酮	工业 (无水)	17.4	23.7
沉淀硫酸钡	600 目	—	18.6
应用	涂装时，取涂料主剂：TDI-TMP 加成物＝7：3 (质量比)。形成的涂膜具有环氧及聚氨酯的共同优点，尤其是明显提升涂膜的光泽和丰满度，呈现良好的装饰与防护效果。该涂料用于仪器、仪表等装饰性防护		

表 6-34　聚氨酯亚光木器清漆

原料名称	规格	用量/%	原料名称	规格	用量/%
短油度醇酸树脂	70%	64.1	DBTDL	工业	0.1
改性聚乙烯蜡	FS-421	1.6	流平剂	BYK 306	0.3
消光剂	ED-30	3.2	消泡剂	BYK 141	0.2
醋酸丁酯（1）	工业（无水）	9.6	1/2s硝化棉液①	21%	9.6
二甲苯	工业（无水）	6.4	醋酸丁酯（2）	工业（无水）	4.9

① 取混合溶剂（醋酸丁酯：二甲苯＝1：1）：1/2s硝化棉（含酒精30%）＝70：30（质量比）溶剂得到21%的1/2s硝化棉液。

固化剂　采用固体分40%的TMP-TDI预聚物。

配漆比例　羟基组分：固化剂：混合溶剂（二甲苯：环己酮：醋酸丁酯：MPA＝65：5：10：20）＝1.0：0.5：1.0（质量比）。

表 6-35　汽车面漆参考配方及应用

原料名称	质量份	原料名称	质量份
复配共聚物（60%）①	75.0	炭黑	2.7
HMMM	25.0	酞菁蓝	7.5
钛白粉	19.8	乙二醇乙醚醋酸酯	25.0
性能及应用	复配共聚物易于对颜填料润湿分散，涂膜的光泽高、硬度强、耐溶剂好、250℃不泛黄、涂料的固化条件为125℃/30min。该涂料用于汽车面漆、家具、器械及卷材等防护		

① 取醇酸树脂（70%）：羟基丙烯酸树脂（50%）：HMMM：乙二醇乙醚醋酸酯＝344：121：12：50（质量比），在140℃反应2h，脱出水12份得到复配共聚物（60%）。

表 6-36　阴极电泳涂料原漆参考配方及应用

原料名称	规格	质量份
胺改性环氧树脂	75%	68.0
异氰酸酯封闭物	60%	22.0
颜填料浆	80%	24.0
混合助溶剂	自配	9.0

续表

原料名称	规格		质量份
匹配助剂	自配		2.5
配方参数	P/B		0.3
	单包装原漆固体分/%		66.5
	胺改性环氧树脂：封闭物（质量比）		100：25.9
	中和度（乳酸为中和剂）		部分中和
	原漆细度/μm	≤	30
	储存稳定性（常温）/月		4
产品特性及应用	阴极电泳涂料（阳离子电沉积涂料）的主要特性是涂膜防介质渗透能力强、物理机械性好、耐蚀性优、涂料的泳透率和库伦效率高等。阴极电泳涂料广泛用于汽（轿）车、自行车、五金、家用电器、仪表仪器及工艺品等表面的防护与装饰。尤其在汽车工业中，90%以上的汽车车身涂装线都已采用阴极电泳涂料，简称CED涂料		

二、功能性涂料配方及应用

功能性涂料配方组成、性能及应用举例见表 6-37 至表 6-47。

表 6-37　抗菌性纳米复合粉末涂料配方

原料名称	质量份	原料名称	质量份
羧基聚酯树脂	64.0	流平剂	1.0
TGIC	4.5	安息香	0.5
沉淀硫酸钡	10.0	纳米复合抗菌剂①	2.0
钛白粉	20.0		
产品应用	抗菌粉末涂料广泛用于建筑材料（如门窗、预制板、管道、把手）、厨房设备（炉灶具、洗碗机、储粮柜等）；医疗设备（病床、药柜、医用器械和医用推车等）、家用电器（电冰箱、洗衣机、冷冻机等）、其他需要随时杀菌的金属器件		

① 纳米复合抗菌剂的主要成分是银系抗菌剂活性成分＋纳米 TiO_2＋纳米 SiO_2；纳米复合抗菌剂的最佳用量范围是占聚酯-TGIC 粉末涂料总质量的 2%～3%，此用量时粉末涂料形成涂膜的抑菌率＞99%。

表 6-38　防红外隐身涂料配方

原料名称	质量份	原料名称	质量份
氧化铁红	3.7	含水硅酸微粒子	4.4
铬黄	9.3	油长 53%的豆油改性醇	
铁蓝	6.7	酸树脂（50%）	42.7
炭黑	0.8	催干剂	0.9
滑石粉	14.8	石油溶剂	12.9

表 6-39　烧蚀隔热涂料参考配方及应用

原料名称	质量分数/%	原料名称	质量分数/%
环氧有机硅树脂	27.2	SiO$_2$ 纤维（3～5mm）	1.9
偶联剂	13.6	聚硫橡胶	6.8
催化剂	2.9	无机颜填料	47.6
特点与应用			

特点与应用	该涂料可常温固化，涂层厚度可达到0.5～5mm。在高温下涂层内生成的碳质残留物可与 SiO$_2$ 发生吸热反应，反应生成的 SiO 和 CO 气体离开涂层时带走热量，提升涂层的隔热性。该涂料是我国第一代在苛刻条件下达到设计要求的涂料品种，可用于飞行器外表面、级间段、舵翼等部位防热，也可用于发动机燃烧室衬里、导弹发射台的导流槽、发射架及电缆的插头、插座等高温隔热

表 6-40　录音盘用磁性涂料配方

原料名称	质量分数/%	原料名称	质量分数/%
γ-Fe$_2$O$_3$ 磁粉	27.4	异丙基三（二辛基焦磷酸）钛酸酯	0.4
环氧树脂	6.9	流平剂	1.5
酚醛树脂	13.7	混合溶剂	50.1

表 6-41　油罐内壁用环氧聚氨酯防腐导静电涂料主剂配方[①]

原料名称	质量份	原料名称	质量份
E 03 环氧树脂	100	有机膨润土	2～5
导电云母	35	导静电助剂 TM-931	0.5～3
滑石粉	10	二甲苯：醋酸丁酯（1:1）	35

① 涂料主剂：TDI-TMP 加成物=2:1（质量比），干膜体积电阻率 $10^5 \sim 10^6$ Ω·m。

表 6-42　HF 8502 阻燃涂料主剂配方、涂装要点和应用

原料名称	用量/%	原料名称	用量/%
E 44 环氧树脂	28.0	有机-无机复配阻燃剂	22.8
复配颜填料	30.2	混合溶剂	15.0
改性树脂	4.0		
涂装要点		HF 8502 阻燃涂料在涂装时，取主剂：H 102 快干固化剂＝100：（25～30）（质量比），充分搅拌后倒入漆盒内，在自动涂装线上施工。若涂三道面漆时，调整第一道黏度（涂-4 杯）为 55s 左右，第二道和第三道黏度为 70～80s，涂膜总厚度为 0.25～0.30mm。注意调整烘区温度、自动线链条运行速度和涂料黏度等参数，避免流坠及针孔等弊病，保证产品合格率	
特性及应用		HF 8502 阻燃涂料形成涂膜除有保护装饰外，还能满足高低温循环、耐电压、水煮负荷、耐溶剂、耐温和耐湿热等技术性能要求。同时，涂膜具有出色的阻燃自熄性和优良的电气绝缘性。该涂料施工时调配方便、快速固化、使用期长、有良好的适应性和配套性。为设计高质量、高可靠性电子元器件提供保证。 该涂料可用于金属膜电阻器、碳膜电阻器和卧式电感器等元器件的阻燃绝缘保护	

表 6-43　防蚊蝇涂料配方

原料名称	用量/%	原料名称	用量/%
苯丙乳液（46%）	25～30	消泡剂	依需求定量
润湿分散剂	0.2～0.4	颜填料	35～40
成膜助剂	3～5	杀虫药液①	10～15
增稠剂	0.2～0.6	水	25～30
防霉剂	0.1～0.2		

① 包括复合杀虫剂和增效剂。

表 6-44　电感器用阻燃涂料主剂配方、特性及应用

原料名称	用量（质量分数）/%	
	辊涂涂料主剂	浸涂涂料主剂
E 44 环氧树脂	32.13	32.13
混合溶剂	10.26	15.26

续表

原料名称	用量（质量分数）/%	
	辊涂涂料主剂	浸涂涂料主剂
复配颜料	4.42	4.42
复配填料	46.95	33.92
复合阻燃剂	4.63	4.63
触变剂	—	8.03
匹配助剂	1.61	1.61
配漆	在涂装时，卧式电感器用阻燃涂料（辊涂）主剂：复配固化剂（复合型固化剂：封闭型促进剂＝8：2）＝100：25（质量比）；立式电感器用阻燃涂料（浸涂）主剂：GA327固化剂＝100：20（质量比）	
特性及应用	电感器用阻燃涂料施工方便，适用期长、快速固化；涂膜具有优良的绝缘性、阻燃性和"三防"性等特点。主要用于电感器、薄膜电容器和其他电子元器件等阻燃绝缘包封保护	

表 6-45　水性防火涂料配方（质量份）

原料名称	规格	非膨胀型防火涂料	膨胀型防火涂料
聚醋酸乙烯乳液	45%	19.0	—
聚丙烯酸酯乳液	45%	—	30.0
羟乙基纤维素钠水溶液	1.25%	20.0	—
羟甲基纤维素	工业	—	0.07
三聚磷酸钾	工业	0.2	—
聚氧乙烯壬基酚	工业	0.2	—
磷铵化肥	工业	—	22.4
钛白粉	金红石型	15.0	5.0
防腐剂	工业	0.03	—
防火剂	FR-28	3.0	—
硼酸	工业	3.0	—
云母粉	325目	2.5	—
三聚氰胺	工业	—	8.4

续表

原料名称	规格	非膨胀型防火涂料	膨胀型防火涂料
滑石粉	600 目	25.0	—
消泡剂	NOPCO NDW	0.1	—
水	去离子	17.5	27.4
β-三氯乙基磷酸酯	工业	2.6	—
季戊四醇	工业	—	4.2
氯化石蜡	含氯 42%	—	2.0
乳化剂（平平加）	OS-15	—	0.3
六偏磷酸钠	工业	—	0.4

表 6-46　导静电防腐涂料参考配方及应用

项目	原料名称	规格	质量份
甲组分	WT-2 水性环氧固化剂 匹配助剂[①] 导电颜填料 助溶剂 水	60% 铝粉、石墨等复配 工业 去离子	21.3 3.5 58.2 4.1 12.9
乙组分	E 51 环氧树脂 丙二醇乙醚	环氧值 0.51eq/100g 工业	21.0 4.0
涂料应用	水性环氧导静电防腐涂料可满足油罐内壁导静电防腐蚀的应用要求。该涂料形成涂膜具有良好的防腐蚀、防水、耐油、耐碱及导静电效果		

① 匹配助剂由 BYK-019、BYK-348 和 BYK-080 等组成。

表 6-47　水性防结露涂料参考配方

原料名称	质量分数/%	原料名称	质量分数/%
丙烯酸酯乳液	10.0	Texanol 酯醇	0.4
硅溶胶	20.0	匹配防霉剂	0.5
膨胀珍珠岩粉	20.0	氨水	0.2
轻质细填料[①]	18.0	钛白粉（锐钛型）	4.0
阳离子型分散剂	0.5	酞菁蓝	微量
六偏磷酸钠	0.2	水	26.2

① 轻质细填料可从轻质碳酸钙、硅藻土、海泡石粉和无机粉状硅酸盐纤维等填料中选用。

三、水性涂料品种及应用

1. 用于工业系统的部分水性涂料品种示例（表 6-48）

表 6-48　用于工业系统的部分水性涂料品种示例

涂料类型	涂料名称	性能与应用
水性聚氨酯涂料	双组分水性聚氨酯涂料	涂膜光泽（60°）88%、耐冲击 50cm；耐 3%硫酸、耐 3%氢氧化钠、二甲苯和水等介质，涂膜均不起泡、不起皱，无异常变化，用作汽车面漆、修补漆及汽车零部件等防护
	水性双组分丙烯酸-聚氨酯涂料	涂膜有强的干湿附着力，优异的耐水、耐有机溶剂和耐化学药品性，透光率>96%，用作水性玻璃涂料
	水性聚氨酯-含硅丙烯酸酯织物涂层胶	胶膜有优良的耐候、耐水和柔韧等特性，作为织物涂层胶有满意的胶膜断裂强度、断裂伸长率和摩擦牢度等应用性能，应加强在弹性、耐水和高透湿透气性等性能方面的应用研究
	水性聚氨酯纸张涂料	涂料表干 48min，涂膜拉伸强度 14.2MPa，摆杆硬度 0.65，附着力一级，应用效果优异
	水性脂肪族聚氨酯涂饰剂	固体含量 25%，黏度 80mPa·s，表干 1h，涂膜光泽 92%，硬度（邵氏 A）69，拉伸强度 12.5MPa，断裂伸长率 450%，脆性温度−28℃，耐寒性（−100℃曲折 1000 次）不网裂，回黏性（60℃/15min）2 级，耐黄变性优，用作皮革的光亮剂
	水性聚氨酯胶黏剂	胶黏剂中含有氨酯键、脲键和离子键等极性基团，对极性材料及多孔材料均有牢固的黏结性，AH-0201A 真空吸塑胶和 AH-0203 水机复合胶广泛用于软体材料、刨花板、木材、橱柜、复合面料、汽车内饰件和箱包等
	丙烯酸-聚氨酯阴极电泳漆	有电泳性好、不变黄、耐腐蚀、耐候优等特点，涂膜具有金属质感和艳丽色彩，广泛用于门窗把手、灯饰等装饰行业，家用电器、机器零部件和五金工具等轻工业，是一种具有开发应用潜力的新型阴极电泳涂料产品

续表

涂料类型	涂料名称	性能与应用
水性丙烯酸酯涂料	丙烯酸酯乳胶涂料	涂膜有丰满、抗热黏、高光泽、不变黄、耐磨好等优点，用于皮革、皮边油和油墨等
	水性氨基-丙烯酸清漆	水稀释性高支化丙烯酸树脂与水稀释性氨基树脂相容性好，配合后储存稳定性好，在140℃，30min固化，用于冰箱、洗衣机和变压器等涂装防护
	苯丙乳胶防腐蚀涂料	涂膜有良好的柔韧性、耐冲击性和耐盐水性，可实现低温快干，用于一般的防腐蚀环境
	水性带锈防锈涂料	涂膜耐候1000h，防锈效果好，用于石油化工管道、煤气储罐、抽油机和汽车底盘等防锈保护
	有机硅改性丙烯酸酯微乳胶涂料	有优异的储存稳定性和剪切稳定性，用于织物、皮革和纸张等领域
	阳极电泳涂料	阳极电泳清漆的涂膜硬度高、透明度好，平整光亮，有优良的防腐蚀性、耐候性和装饰性，主要用于铝型材和五金制品等；阳极亚光电泳涂料具有电泳性好、不变黄、耐蚀和耐候等特点，广泛用于装饰镀层、金属表面保护，在装饰和轻工领域取得满意的应用效果
水性环氧涂料	水性环氧丙烯酸酯涂料	涂膜耐沸水2h，耐盐雾≥300h，耐蚀性好，用于汽车部件、压缩机和农机等防护
	水性双包装环氧防腐涂料	涂膜耐盐雾600h，耐蚀和耐化学药品性等接近溶剂型环氧涂料，用于石油化工等场所的防腐蚀
	阴极电泳涂料	以改性阳离子型环氧树脂为基料制造的阴极电泳涂料，涂膜耐蚀性优，用于汽车底漆和自行车等涂装保护
	单包装水稀释性环氧涂料	涂膜交联密度高，抗介质渗透性强，耐蚀性优，耐碱水（100℃，pH＝12.5）32h，耐3.5%盐水（60℃）60d，附着力一级，用于特种腐蚀性介质的防护
	水性环氧胶黏剂	可制成单包装或双包装两种类型的胶黏剂，用于汽车制造等，黏结强度达到应用要求
	水性纳米复合环氧涂料	采用纳米SiO_2、三亚乙基四胺和单环氧化合物等制备自乳化纳米复合环氧固化剂，用它制造纳米复合环氧涂料，涂膜附着力优，透明性、耐水和耐化学药品性好，有望用于轻工等行业
	水性环氧接枝丙烯酸涂料	有好的储存及热稳定性、抗起泡性和附着力强，用于食品与罐头包装内壁，也用于其他金属、ABS、聚烯烃和聚酯等表面

续表

涂料类型	涂料名称	性能与应用
水性 UV 固化材料	水性 UV 固化油墨	水性 UV 固化丝印油墨用于户外广告、宣传牌等耐候保光场所；凹印油墨正在拓展应用领域，解决稳定性及适应性问题；喷墨油墨用于大幅画、广告牌和户外指示牌
	水性 UV 固化涂料	用于皮革和织物的保护，具有广阔的应用空间，水性 UV 固化环氧丙烯酸酯涂料可用于轻工业
水性含氟聚合物涂料	水性含氟（热塑性和热固性）聚合物涂料	用于家电、运动器材、包装材料、织物、皮革和纸张；用于化工厂管道、反应设备、传热设备、水利设施等防护；用于电子行业、医用功能材料及耐磨润滑剂材料等领域

2. 用于建筑系统的部分水性涂料品种示例（表 6-49）

表 6-49　用于建筑系统的部分水性涂料品种示例

涂料类型	涂料名称	性能与应用
水性丙烯酸酯涂料	零 VOC 乳胶涂料	采用较高 T_g、低 MFT 和良好冻融稳定性的零 VOC 乳液生产的乳胶涂料，涂膜有优异的耐擦洗及物理性能，是一种有开发应用前景的建筑涂料品种
	纯丙乳胶涂料	有优异的耐候、耐光、耐碱及耐水等性能，常用于外墙和高档内墙涂料；纯丙乳液与弹性乳液配合可制造高耐候弹性建筑防水涂料
	聚合物水泥防水涂料	用丙烯酸酯单体与官能单体制造 BA-3168 丙烯酸乳液，再与水泥相混合配制防水涂料或防水腻子，涂膜柔韧性及抗老化性优良，对基材附着力强、延伸率高、防水功能好，用于屋顶和卫生间，防水效果极佳
	Poyldurex 硅丙乳胶涂料	采用无皂聚合技术改进涂膜的耐水性、光泽度和透明度，聚合物分子引入 Si—O 键，提升了抗紫外线及抗氧化分解能力，可制造高耐候性外墙涂料及高性能内墙涂料等
	空气净化水性功能内墙涂料	用稀土激活无机抗菌净化剂等制造的建筑内墙涂料，涂膜对室内的 VOC、NO_x 和 NH_3 等有净化功能，消除室内空气污染
	抗菌乳胶涂料	涂膜可消除异味、广谱抗菌，对大肠杆菌和金黄色葡萄球菌的抑菌率约 99%，适用于家居装修和医院等特殊需求

续表

涂料类型	涂料名称	性能与应用
水性丙烯酸酯涂料	防氡内墙乳胶涂料	易施工、快干、附着力强、耐擦洗、抗老化、防氡效率＞80％，是一种与提升人们生活质量密切相关的涂料
	多功能保健杀虫乳胶涂料	新型的多功能复合生态涂料，有装饰、防氡、抗菌、远红外保健、空气净化等功能，对各类细菌的抑菌率＞98％（平均），远红外发射率85％，防氡率＞80％，对室内有害气体的脱除率达80％
	水性纳米复合功能专用系涂料	以苯丙乳液为基料加入适量的纳米胶体等制成纳米改性弹性外墙涂料，防止长期日晒雨淋、暴晒、冷热交变和紫外线侵蚀，提升涂膜伸升率和拉伸强度，避免墙体裂缝而引起涂膜开裂；以硅丙乳液为基料加入适量的纳米 SiO_2 和纳米 TiO_2 等制成纳米复合耐候外墙涂料，其耐水、耐碱、耐洗刷、耐人工老化、抗沾污和耐温变等应用性能都优于不含纳米材料的同种外墙涂料；采用创新的工艺技术路线，对纳米组分进行优化设计，制成超强耐洗刷性、耐候性及抗菌自洁型纳米复合外墙涂料；在内墙乳胶涂料中加入特殊的纳米 TiO_2，能以光催化方式分解甲醛抗菌，甲醛浓度净化率为81.1％，新的多重功效光催化自洁内墙涂料已开发成功
水性环氧涂料	薄涂型水性环氧地坪涂料	表干≤4h，实干≤24h，涂膜硬度2H，耐25％NaOH溶液30d，耐冲击40cm，耐水30d，透气性良好，用于较潮湿环境
	水性环氧自流平地涂料	由脂肪族水性胺与水性环氧树脂等组成，固化快，涂膜收缩率低，耐压、耐磨、耐化学药品腐蚀，克服了溶剂型环氧自流平地坪起泡的弊病
	双乳型环氧地坪涂料	该涂料有优良的湿面施工性和重涂性，涂膜具有水汽透过性和水汽释放能力等特点，广泛用于生产厂房、办公室、仓库、实验室、地下室、停车场、卫生间和一楼地面等场所涂装保护
	水性环氧胶黏剂	建筑用水性环氧胶黏剂对水泥黏结强度为3.1MPa，压缩强度71.6MPa，弯曲强度11.5MPa
	水性环氧砂浆材料	环氧乳液与水泥、砂子等多种材料配合，在潮湿及水性环境下固化黏结，用于大坝、水闸等水利工程和道路桥梁修补增强，防漏效果好，水性环氧涂料与水泥砂子配合使用，有好的堵漏防渗效果，水性环氧砂浆涂料形成的涂膜的耐磨性（700g，500r）12mg、压缩强度≥50MPa、耐碱、耐盐水、耐汽油等，多种化学药品性优良，用于耐磨、耐重压、耐冲击、易清洗的水泥或混凝土地面

续表

涂料类型	涂料名称	性能与应用
水性聚氨酯涂料	水性聚氨酯防水涂料	有水稀释性和水乳型两类水性聚氨酯防水涂料，可用于建筑内外墙涂料、地板涂料等领域
	水性聚氨酯瓷砖涂料	涂膜有良好的装饰性和防护性，用于瓷砖和卫生器材等涂装防护
水性含氟聚合物涂料	水性含氟聚合物耐候涂料	国内每年有10亿平方米以上的基建工程及维修，需要具有优异耐温、抗紫外线、抗污及耐候的水性含氟聚合物涂料；水坝、水电站、核电站等防护也需要水性含氟聚合物涂料；采用聚偏二氟乙烯（PVDF）乳液制造超耐候性建筑材料，用于多种基材表面及屋顶防护，应用市场看好

涂料配方应用体系设计

涂料配方应用体系包括涂料制造、涂料涂装及性能检测。涂料制造是考量涂料配方组成设计合理性及可操作性的重要手段,研磨分散设备、制造工艺、操作技巧及安全措施是涂料制造的关键环节;涂料涂装(涂膜制造)是考察涂料施工性及可用性的唯一手段,被涂物件表面处理、涂料品种及配套体系、涂装方法与工艺、涂装质量是保证涂料产品转变成涂膜的重要步骤;检测评价涂料及涂膜性能既可保障产品质量,又为准确预示涂膜应用效能传递可靠信息;关注涂料配方设计创新及效率、涂料开发应用建议。

第一节 涂料制造技术

一、涂料制造设备与工艺选择

选择涂料制造设备与工艺的目的在于制造合格的涂料产品,凡是可制造合格涂料产品并满足环保要求的研磨分散设备与工艺程序,都可以选用。选择设备与工艺的灵活性是涂料制造工艺的特点。

1. 涂料制造设备

制造涂料所需的主要研磨分散设备有高速分散机、球磨机、三辊机、砂磨机、挤出机和粉碎机等,辅助设备及工具有储罐、配漆罐、包装机、振动筛、计量秤、电子仪器及加料工具等。不同的研磨分散设备有不同的使用参数及生产工艺流程。

2. 选择研磨分散设备与工艺的主要依据

选择研磨分散设备与工艺时，应着重考虑涂料或漆浆的流动状况（如易流动、膏状、色片及固体粉末）、颜填料分散的难易程度（如细颗粒易分散、粗颗粒难分散、微细化颜填料、耐蚀颜填料及纳米助剂）、基料对颜填料润湿效果（润湿效果好、中等及差）和涂料产品加工精度（如涂料细度≥40μm、15～20μm 及＜15μm）四方面因素，决定选用研磨分散设备与工艺类型。

3. 研磨分散设备与工艺选择示例

（1）制造粉末涂料设备及生产工艺　粉末涂料制造用研磨分散设备与工艺选择不是唯一的。通常，热塑性粉末涂料选用单螺杆挤出机及其生产工艺，热固性粉末涂料选用单（双）螺杆挤出机及其生产工艺，双螺杆挤出机效果更好。除采用熔融挤出法制造粉末涂料外，还有蒸发法、喷雾干燥法、沉淀法、水分散法及超临界流体法等制造粉末涂料的设备及生产工艺方法。热固性粉末涂料生产工艺流程见图 7-1。

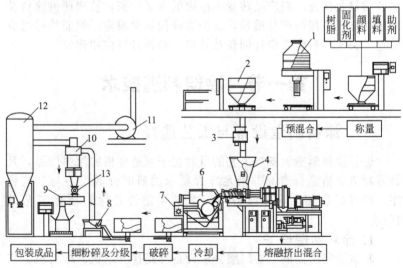

图 7-1　热固性粉末涂料生产工艺流程

1—混合机；2—预混合物加料台；3—金属分离器；4—加料机；5—挤出机；
6—冷却辊；7—粉碎机；8—空气分级磨；9—筛选机；10—旋风分离器；
11—排风机；12—过滤器；13—旋转阀

（2）制造溶剂型涂料用设备及生产工艺　涂料组成比较简单的溶剂型涂料可采用一种研磨分散设备与工艺；涂料组成比较复杂并有特定组成需要用设备与工艺时，可采用两种或两种以上的研磨分散设备与工艺，才能完成涂料制造。溶剂型涂料用研磨分散设备及生产工艺流程见图 7-2。

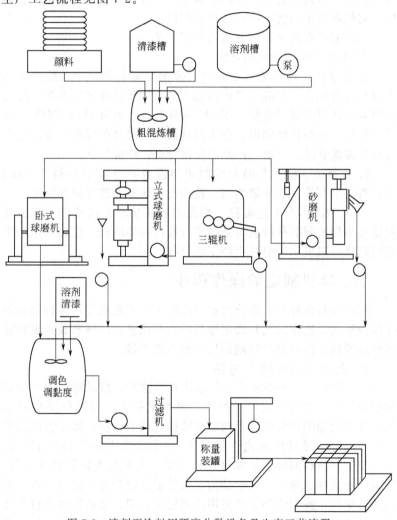

图 7-2　溶剂型涂料用研磨分散设备及生产工艺流程

图 7-2 提示：图中给出高速分散机、球磨机、三辊机和砂磨机主要研磨分散设备。应根据涂料制造的实际需要，决定其中的研磨分散设备与工艺；图中的研磨分散设备与生产工艺流程适用于水稀释性涂料的制造。砂磨机分为立式密闭式砂磨机、卧式砂磨机、双轴砂磨机、篮式砂磨机、方形砂磨机、双锥形砂磨机和棒销式砂磨机。它们各有不同的结构特点与使用优点。

（3）制造水乳型涂料方法与生产工艺

① 生产水乳型涂料的方法

a. 色浆法。将颜填料加入含有润湿分散剂的水中，然后加入消泡剂进行混合，在混合料中再加入增稠剂和防霉剂等助剂，经过高速分散或研磨制得色浆。用 pH 调节剂将乳液的 pH 值调至 7～8 后，根据工艺条件将助剂、色浆与乳液均匀混合制成乳胶漆。色浆可反复多次分散、研磨，产品细度值较低，性能优良。

b. 直接法。将含有助剂的颜填料混合料分散于基料（乳液）中，再与助剂等一起分散均匀，接着进行研磨分散得到乳胶漆。

② 乳胶漆生产工艺流程　　根据乳胶漆生产方法要求，制造乳胶漆可采用的研磨分散设备是高速分散机和砂磨机，它们的生产工艺用高速分散机和砂磨机生产工艺流程。

二、涂料制造的操作程序

制造涂料选择的研磨分散设备决定生产工艺流程，涂料制造的操作程序（或操作技艺）决定涂料的生产质量。严格掌握并更新涂料制造的操作技术是涂料制造技术创新的手段。

1. 涂料制造的操作方法

（1）原料质量规格确认　　严格认真地检测、核对涂料配方给定的原料名称、质量及规格。如测定基料的指标，羟基树脂的羟基值、环氧树脂的环氧值等；测定交联固化剂的指标，胺化物的活泼氢值或胺值、异氰酸酯化合物的 NCO 值及氨基树脂的烷氧基值等；检查颜填料的纯度、粒度、吸油量、密度及表面处理程度等；核对助剂品种、牌号、化学结构及有效成分含量等；测试溶剂对基料的溶解性、挥发性并了解使用溶剂安全知识。上述四种涂料基元组分的质量与用量决定涂料制造、储运、涂装及涂膜应用性能，必须把好各基元组分的质量关，不符合规定要求的原料，一律不得使用！

（2）掌握加料顺序与时间　涂料各基元组分间会产生不同的物理-化学作用，应为这种物理-化学作用产生正效应创造条件，原材料合理的加入顺序和时间会促进涂料各基元组分间相互作用产生正能量，提升涂料品质。实践表明，不同的加料顺序与时间对涂料性能影响明显，在涂料制造工序中应规定加料顺序与时间；不同类型与品种的涂料，在制造工序中规定不同的加料顺序与时间，通常，先溶解分散基料。加入颜填料的顺序为密度低者先加，密度高者后加；每种组分在搅拌下加入的时间间隔为 2～3min。加入助剂的方式另有规定。不许随意变更规定的加料顺序！

（3）涂料组分加入方法与方式

① 基料加入方法　溶剂型涂料用基料可先用溶剂溶解兑稀（有的基料购买时含溶剂），一部分用于制造漆浆，其余部分用于最后调漆，有时采用部分基料与助剂配合，然后加入研磨前的漆浆中或用于最后调漆；乳胶漆用的基料（乳液）经调节 pH 值后与色浆调漆，或直接用于制造乳胶漆；粉末涂料用基料可直接与涂料的其他部分混合制造粉末涂料。

② 交联固化剂及固化促进剂加入方法与方式　溶剂型、高固体分、无溶剂型、水稀释性的单包装液体涂料和粉末涂料用交联固化剂及固化促进剂可一起加入涂料组分中，按规定制造工艺生产涂料产品。双包装液体涂料用固化剂与含基料组分分装，既可用基料制造漆浆后再调配成涂料的主剂组分，也可用固化剂制造成含颜填料的固化剂组分；根据固化促进剂分子结构与固化反应机理，决定固化促进剂加入方法与方式，如加成固化成膜的环氧涂料，促进剂可分别加入基料、颜填料和固化剂组分中，通常亲电型促进剂及金属盐类加入基料组分中、粉体促进剂加入颜填料中进行预混合，亲核型促进剂加入固化剂组分中；加成固化成膜的聚氨酯涂料用催化剂一般加入羟基组分中。

③ 颜填料加入方法　炭黑等难润湿分散的颜料，应经表面处理或浸泡后才可加入待研磨的漆浆中；按本书第三章中对颜填料表面处理的技术要求，将需要表面处理的颜填料经表面处理才可加入待研磨的

漆浆中；有的颜填料与某种助剂混配处理后加入待研磨漆浆中。

④ 助剂加入方法和方式　涂料制造时，助剂的加入方法、方式及技巧是保障涂料制造质量的关键环节。在制造乳胶漆时，助剂的加入方法与方式如下。

a. 增稠剂

（a）有机固体增稠剂　先将其溶解成 1%～2% 的水溶液，然后再加入待研磨的色浆中，也可在调浆时直接加入。

（b）有机液体增稠剂　碱活化缔合型增稠剂 ASE-60：水＝1：（3～5）（质量比）稀释成水溶液，然后在乳液和色浆混合均匀后，再慢慢加入；聚氨酯增稠剂可直接加入待研磨色浆中，或兑稀成 5% 溶液后进入到乳液中。

（c）无机增稠剂（如 SM-P 无机凝胶）。将 SM-P 制成 8% 的水预凝胶，然后加入待研磨的色浆中。

b. 成膜助剂

（a）直接加入法　在乳胶生产过程中直接将成膜助剂加入涂料中。

（b）预混合加入法　将成膜助剂与表面活性剂及丙二醇预先混合后再加入。

（c）预乳化加入法　成膜助剂进行预乳化处理程序：将成膜助剂与水、增稠剂及分散剂混合进行乳化处理，然后再加入。

c. 消泡剂　可分两次加入，每次加入量为消泡剂总量的 1/2。

（a）抑制泡沫的消泡剂　在研磨颜填料阶段加入。

（b）破泡沫效果的消泡剂　在色浆与乳液混合阶段加入。

在制造乳胶漆时消泡剂的加入方式：最好先将消泡剂总量的 30%～50% 加入到色浆中，其余部分加入到乳液中。

（4）测定产品出厂指标　测定涂料黏度、细度、密度、涂装性、固化性及固体含量等规定的产品出厂指标，所有要求的产品出厂指标都达到规定标准后，涂料产品才可入库。

2. 涂料制造举例

（1）白色外墙硅丙乳胶漆制造

① 乳胶漆制造的操作程序　色浆法制造乳胶漆的操作程序见图 7-3。

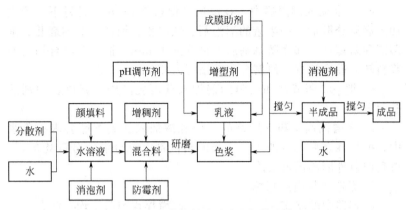

图 7-3 色浆法制造乳胶漆操作程序

② 白色外墙硅丙乳胶漆参考配方 白色外墙硅丙乳胶漆参考配方见表 7-1。

表 7-1 白色外墙硅丙乳胶漆参考配方

原料名称	规格及牌号	质量份	原料名称	规格及牌号	质量份
水		160	增稠剂 I	TT-935	4
pH 调节剂	AMP-95	2	硅丙乳液	50%,pH=8.0	500
润湿分散剂	Rohm&Hass	18	杀菌剂	德国舒美	2
成膜助剂	Texanol 酯醇	30	防霉剂	德国舒美	10
消泡剂	Sn 313	5	遮盖性乳液	Rohm&Hass	30
钛白粉	金红石型	200	增稠剂 II	聚氨酯类	5
填料	工业	80			

③ 操作步骤

a. 清洗研磨分散设备及使用工具，检查生产工艺系统运行状态。

b. 核对乳胶漆配方给定原料名称、规格及牌号，测定硅丙乳液固体分及 pH 值，检测其他原材料牌号及性能指标，全部原材料达到规定要求后，才可正式投料。

c. 将水加入调漆罐中，在高速分散机 300r/min 运行下，依次加入润湿分散剂、一半量的消泡剂、钛白粉、填料、增稠剂Ⅱ、杀菌剂和防霉剂。加完防霉剂后，再分散 10min，把分散混合均匀的浆料转入砂磨机内，研磨分散至细度为 65μm。

d. 把 pH 调节剂和成膜助剂加入硅丙乳液中，调成含助剂的硅丙乳液。

e. 将增稠剂Ⅰ和含助剂的硅丙乳液加入达到细度要求的色浆中，搅拌混合后，再加入另一半的消泡剂，充分混合分散均匀后，得到白色外墙硅丙乳胶漆。

f. 测定产品出厂指标

在容器中的状态	搅拌均匀后呈均一状态
固体含量（120℃，2h）	≥50%
施工性	刷涂二道无障碍
表干时间	≤2h

产品达到出厂指标后，入库存放。

（2）单包装多用型防垢耐蚀面漆制造

① 单包装多用型防垢耐蚀面漆配方（见表 6-4）

② 操作步骤

a. 清洗研磨分散设备、容器及用具，检查生产工艺系统运行状态。

b. 核对面漆配方给定原材料名称、规格及产地，测定 MR 051 树脂的环氧值及固体分，检测 H 908 潜伏固化剂的固化效果，测定填料的粒度及其他材料规格，全部原材料都符合规定要求后，才可正式投料。

c. 触变浆料制备。从 F 610 匹配助剂取出气相 SiO_2 用量，按 MO 051 树脂（75%）：气相 SiO_2＝12：1（质量比）搅拌混合均匀，将混合物料在三辊机上（或球磨机内）研磨成透明状的面漆用触变浆料。

d. MR 051 树脂兑稀。将减去制备触变浆料的剩余 MR 051 树脂和混合溶剂加入调漆罐中，慢慢启动高速分散机至 300～400 r/min，分散 5min。

e. 加入固化剂和助剂。按顺序加入 H 908 潜伏性固化剂、229

防沉剂、435 流平剂及消泡剂，分散 5min。

f. 加入颜填料及触变料浆。依次加入石墨、滑石粉、钛白粉、重晶石粉及触变料浆（每种物料加入的时间间隔为 2min），全部原料加完后，将高速分散机速度由 300～400r/min 调至 700～800 r/min，继续分散 20min 停止高速分散机运行，将已分散好的物料加盖，在温室下放置 12h。

g. 研磨。将在室温下放置 12h 后的物料转入砂磨机内进行研磨分散，当面漆细度≤50μm 时，测定面漆黏度（25℃，60r/min）为 2500～4000mPa·s，过滤（120 目），装入 20L 包装桶，24kg/桶。

h. 测定产品出厂指标

固体含量（160℃，1.5h）　　　≥75%

黏度（25℃，60r/min）　　　　2500～4000mPa·s

细度　　　　　　　　　　　　≤50μm

固化条件　　　　　　　　　　（195～200）℃/50min

检测产品出厂指标且达到规定要求后，将产品入库

（3）快干型环氧粉末防腐涂料制造

① 快干型环氧粉末防腐涂料配方（表 7-2）

表 7-2　快干型环氧粉末防腐涂料配方

原料名称	规格	质量份	原料名称	规格	质量份
环氧树脂	环氧值 0.10～0.15eq/100g	100.0	氧化铁红	Y190	2.7
HP091 快干固化剂	软化点≥45℃	12.0	流平剂	GLP503	2.5
沉淀硫酸钡	400～600 目	30.0	气相 SiO_2	A200	0.5
活性硅微粉	600～800 目	14.0	安息香	工业	0.4
钛白粉	R902	9.3			

② 操作步骤

a. 核对。检测配方给定原料名称、规格及性能指标，合格后开始加料，将表 7-2 中所有原料加到高速混合机内，预混合 10min。

b. 取出已混合好的物料,放入双螺杆挤出机内加热熔融,控制加料温度为 70~90℃,挤出段温度为 110~115℃,物料在挤出段停留时间≤2min。

c. 将挤出物料轧成 1mm 薄片,冷却后转入粉碎机内。

d. 粉碎,分级筛选 180~200 目,按规定要求包装。

e. 检测快干型环氧粉末防腐涂料的固化性:(175~180)℃/3~5min,施工性:涂膜表面平整光滑,无针孔,无气泡。性能达到指标规定后,产品入库。

③ 产品应用 快干型环氧粉末防腐涂料比普通型环氧粉末防腐涂料降低固化温度 25~30℃,减少固化时间 20~25min,是节能型的环氧粉末涂料创新品种,可用于金属罐内壁、食品储罐、钢瓶、钢筒内外壁及埋地管道等防腐保护。

三、涂料质量问题及解决办法

1. 预混合后漆浆增稠

在色浆生产中经常遇到漆浆在预混合后(有时发生在砂磨分散过程中)明显增稠的现象,严重影响生产的正常进行。其原因有两点:一是颜料因加工与储存不善所致,含水量过高,用于溶剂型涂料中会出现假稠;二是颜料的水溶盐过高或含有其他碱性杂质,在与基料接触后,因脂肪酸与碱反应成皂而导致增稠。解决方法是,轻者加少量溶剂稀释或补加部分基料降低漆浆中颜料含量便可以继续生产,严重者需加入极少量的第三组分,水分过高可加入少量乙醇胺或其他有机胺类或丁醇等醇类物质;若由于碱性杂质存在所致,可加入少量亚麻油油酸或其他有机酸中和。解决上述问题的关键是加强对颜料生产工艺的控制和储运环节的管理。

2. 研磨漆浆细度达不到要求

(1)颜料本身的细度大于色漆要求的细度,无法研细 如重质碳酸钙用于调合漆,细度很难达到 40μm;云母氧化铁用于底漆,细度很难达到 50μm;常规石墨粉用于导电涂料,细度很难达到 80μm。这种情况皆系颜料的原始颗粒大于色漆要求的细度所致。解决的办法只能将颜料进一步加工粉碎,使其本身粒径大小达到色漆要求的细度以下,因为色漆研磨的"分散过程"解决不了使颜料原始颗粒进一步变小的问题。

（2）颜料颗粒聚集紧密很难分散　如炭黑、铁蓝很难分散。在生产中遇此情况可作如下处理：一是合理调整工艺，如研磨分散工艺，可采取球磨或三辊磨配合后再经砂磨机分散；三辊磨分散工艺可采取多道研磨的方法，第一、第二道松车稠浆分散，第三道将漆浆补基料或溶剂后紧车分散；二是使用润湿分散剂，如炭黑的溶剂预浸也可提高分散效率。根本办法是进行颜料的表面处理，提高其研磨分散性能，如经环烷酸锌表面处理的铁蓝易于分散，经表面氧化处理的炭黑较未处理的易于分散，经表面处理的金红石型钛白较未处理的锐钛型钛白易于分散。

总之，颜料的超微粉碎和表面处理是保证色漆质量、提高生产效率的重要前提，应当加以重视。

（3）颜料杂质含量多，无法研细　如混入纤维、漆皮、灰尘、细砂粒等杂质。解决办法是首先要依靠颜料供应部门加强管理，严禁混入杂质，保证产品质量；其次是色漆生产车间配料时加强基料过滤，注意粉料中能辨别出的杂质要及时除净，防止带入漆浆。对已经混入的杂质，用三辊磨分散时可采取满斗、余斗操作；或串联使用单辊磨充分利用其滤渣作用；砂磨机可采取出口处挂滤网袋的方法，但较细杂质难以分散除去。

（4）基料本身的细度达不到色浆要求　如生产细度 $20\mu m$ 的醇酸漆，所使用的醇酸树脂本身的细度却达不到 $20\mu m$，则研磨漆浆将无法达到要求的细度。因此基料细度必须符合规定细度标准，否则色漆的细度将无法保证。

（5）采取对颜填料润湿分散技术措施　见本书第三章涂料颜填料体系设计中的提升颜填料润湿分散效率内容。

3. 涂料（色漆）黏度不合格

基料串罐误投、研磨工序加溶剂量过大、投料不准及调漆工序有误等都会引起黏度不合格。严格加强操作工艺管理，按操作规程生产，准确测定。

4. 氨基烘漆光泽低

（1）氨基烘漆光泽低的原因　涂膜光泽低，表面呈白雾状或网纹状是氨基烘漆常见的质量问题，以红色、紫棕、深棕氨基烘漆尤

为严重,其原因有以下几方面:

① 作为主要成膜物的醇酸树脂和氨基树脂由于极性不同,导致混溶性不好;

② 颜填料本身质量差,在漆浆中的湿润性能较差等;

③ 短油度醇酸树脂对颜填料的湿润性差;

④ 混合溶剂组成不合理,未挥发的溶剂对成膜物的溶解力差。

(2) 解决氨基烘漆光泽低的途径

① 提高醇酸树脂与氨基树脂的混溶性,二者匹配比例适宜;

② 合理控制颜填料颗粒大小,适当小颗粒颜填料可增加光泽,改进色泽;

③ 选用经表面处理的颜填料,可提升颜填料润湿分散效果,提升涂膜光泽;

④ 确定合理的混合溶剂体系;

⑤选择合适的研磨分散设备,一般三辊机分散优于球磨机,球磨机分散优于砂磨机;

⑥ 采用润湿分散剂、加入溶纤剂及高沸点的芳烃(醚酯),有利于提升光泽。

5. 涂料体系内的颜填料沉淀

色漆产品在储存过程中出现颜填料沉淀结块的现象是一种常见的弊病。产生的原因比较复杂,它和颜填料与基料之间的密度差、颜填料颗粒大小、形状、电荷、凝聚性以及基料的黏度、密度以及颜填料粒子的湿润程度多方面的因素有关,缓解颜填料沉淀的措施如下。

① 选择密度轻的颜填料。

② 使用经过表面处理的颜填料,如经微絮凝剂处理的氧化铁红等。

③ 使用湿润分散剂提高基料对颜填料粒子的湿润程度。

④ 使用触变型增稠剂,提高漆液储存时的黏度。

颜填料沉淀现象有时会表现在生产过程中,如铬黄在研磨漆浆中就迅速沉淀,影响研磨工序的正常生产,这时需从颜料质量进行分析,如水溶盐是否太高等。

6. 浅色涂料的浮白

生产以钛白粉为主的浅灰色、天蓝色复色漆时往往出现浮白现象，即漆膜表面出现白色的浮色，严重影响涂膜外观。钛白粉表面带正电荷大小是主要影响因素，当表面处理剂中 $Al_2O_3：SiO_2 > 1$ 时，粒子表面带正电荷，比例愈大，带正电荷的量愈大。而含有 Zn 和 Zr 时电荷减小。在灰色或天蓝色浅色漆涂膜干燥过程中，由于带正电荷的钛白粉粒子互相排斥力大，随着溶剂的挥发上浮的也快。特别是钛白粉粒径小、粒径分布窄时，更有助于上浮，使浮白现象更为严重。解决的方法如下。

① 改变钛白粉的品种，选择表面带正电荷少及粒径大的钛白粉。但要注意用表面以 ZnO、SiO_2 包覆量比较大的钛白粉时往往会降低光泽。

② 增加施工黏度，尽量少用极性溶剂。

③ 避免在空气湿度大的环境施工。

④ 使用干燥快的基料。

⑤ 使用助剂。在漆浆研磨分散阶段按规定量加入卵磷脂或 TEXAPHOR 963 等分散剂，同时配合使用德谦 923S 或 BYK P104-S 等，可以缓解浮白现象。二者单独使用其效果不明显。

7. 底漆的增稠或凝胶

铁红脂胶底漆、铁红醇酸底漆的增稠凝胶是底漆生产或储存过程经常遇到的质量问题。其主要原因是颜基比高，对因颜料含水量高或含有碱性物质遇脂肪酸成皂所致的增稠敏感性较强。克服的办法是：

① 精心选用颜填料，避免含水量过高或含有其他碱性物质；

② 保证配料准确，预混合时加入适量溶剂；

③ 在研磨漆浆时使用分散剂，对已经增稠的或凝胶的产品，可加入少量乙醇胺和适量松节油重新经高速分散后使用，但不可再长期储存。

8. 黑色涂料储存后变稠返粗

由于炭黑难于分散且表面积又比较大，基料润湿炭黑全部表面比其他颜料困难。有时会出现尽管黑色研磨漆浆或色漆产品细度已经合格，但由于在储存过程中，基料进一步润湿炭黑未完全湿润表面，也即填满于炭黑颗粒之间的基料减少，漆液会变稠；严重者由于基料量减少，导致炭黑颗粒间空间障碍减少，有可能导致炭黑颗粒又重新絮凝，出现返粗现象。解决问题的有效措施是使用对炭黑有特效的润湿分散剂，使研磨漆浆中炭黑充分分散、完全湿润；采用表面处理的或高分散性的炭黑，会明显提升润湿分散性，防止储存后变稠返粗并保障黑色涂料质量。

四、涂料制造安全防护及废弃物治理

涂料生产属于精细化工行业，具有化工生产的特点。在生产过程中，存在着易燃易爆、有毒有害等危险特性，一旦管理不善、操作失控就会引起火灾、爆炸、中毒、灼伤等事故及危害。随着涂料生产的迅速发展，其生产规模、工艺技术、生产设备及原辅助料等都发生了新的变化。因此，应遵循涂料生产的客观规律，以科学的态度不断去探索、研究涂料生产中的安全问题，从中掌握和采取必要的安全技术措施，有效地控制和预防事故和灾难，保护涂料生产者的生命安全和健康，保证国家和企业财产免受损失，促进涂料生产的持续发展。

1. 涂料生产中的安全问题

涂料生产中的安全问题涉及到许多方面的因素，如生产设备、生产工艺、原辅材料、操作者以及生产环境等。在涂料的生产、使用、储存、运输的全过程中都有不安全的因素存在，主要有以下几方面。

（1）使用各种危险化学品多　在涂料生产中使用的危险化学品种类多，性质各异，大多数具有可燃性，如各种油脂（桐油、亚麻油、蓖麻油等）；也有易燃的有机溶剂，如200号溶剂汽油、甲苯、二甲苯等。有机溶剂蒸气与空气混合达到爆炸浓度，遇见火源就会立即引起爆炸。同时，还有如苯、甲苯、甲苯二异氰酸酯等有毒物质，易引起职业中毒，所以，涂料生产存在易燃、易爆、有毒有害的危险。

（2）生产过程中火源多　目前，在涂料生产试制、检验分析中使用各种电烘箱、电炉等加热设施；在检修过程中有时有电（气）焊等火源，更增加了涂料生产火灾、爆炸的危险性。

（3）电气设备引起的不安全因素 在涂料生产现场中，使用的电气设备如机电设施、配电设施、电气线路、排风扇、开关等较多，并存在线路老化、安全性差等不安全因素，是导致燃烧、爆炸的重大因素。

（4）储存容器的密闭性问题 在色漆生产中使用的各种大小调漆缸（桶）、槽、罐比较多，但有相当一部分设备是不密闭的容器。因此，在生产现场还会散发易燃的溶剂蒸气或粉尘，易引起人员的职业中毒和火灾或爆炸危险。

（5）人的不安全行为 虽然不断加强了涂料工业的技术改造，使生产工艺、设备、作业环境等得到明显的改善和提高，增加了涂料生产的安全可靠性，但是生产最终还要靠人去掌握和控制。人的不安全行为操作失误、违章作业仍是导致事故发生的主要因素，提高操作人员的防范意识和安全技术知识水平，加强安全操作技能的教育、培训，仍是涂料生产的一项重要工作。

（6）生产设备导致人员伤害 涂料生产中经常使用三辊机、双辊机、球磨机、砂磨机、高速搅拌机等设备，若不严格操作会造成人员的伤害。

（7）涂料生产厂房、车间、储罐等布局不合理，不符合规范，这也是引起事故发生的主要因素。

2. 涂料生产中的操作安全注意事项

① 涂料生产人员要树立"安全第一"的思想，遵守劳动纪律和安全操作规程，不违章作业。

② 作业人员上岗前应正确使用好防护用品，认真执行交接班制度，仔细检查本岗位设备、物料和有关安全的设施等是否齐全完好。

③ 生产过程中要静心操作，严格执行工艺操作规程及岗位安全操作法。

④ 反应釜岗位要按工艺指标控制反应温度，升温应缓慢，反应过程中要随时检查运行情况，及时取样分析，控制反应终点，防止火灾和胶化；反应釜操作过程中一旦发生着火或胶化，立即停止升温和搅拌，采取相应的灭火措施，并用水对釜外冷却降温。同时应及时报警，使用灭火器材扑救。物料稀释时，要控制稀释温度。

⑤ 色漆生产过程中，投加颜料要轻、慢，防止粉尘飞扬和异物调入容器内，开启通风除尘设施。砂磨机运行时，要控制流量，开启降温设施，避免漆浆温度过高而导致溶剂挥发过多和导致燃烧。生产现场尽力实现密闭作业，严禁使用有机溶剂擦洗设备、衣物和地面。加强通风，降低爆炸性气体浓度。

⑥ 生产过程中用于擦洗等用途的纸屑、纱头、碎布、手套等废弃物，不准乱抛，应投入装有冷水的铁桶内并及时运送到指定地点。

⑦ 生产场所严禁吸烟。防止静电及铁器撞击。在生产场所从事危险作业时，必须严格执行《化工企业厂区作业安全规程》。

⑧ 操作转（传）动等危险设备时，严格执行操作规程，正确使用防护用品，在未停机的情况下，不准接触和检修设备以及打扫设备卫生。

⑨ 试制、分析、检验工作中，要防止火灾、触电。要慎用各种易燃、有毒、有腐蚀物质，防止燃烧、中毒、灼伤和其他意外伤害。

⑩ 正确使用各种专用工具和消防器材。

⑪ 工作完毕后，清理检查生产现场中的设备、工具，搞好卫生，切断水、电、气（汽）、物料及火源，关闭门窗，确认无误后，方可离开。

3. 涂料生产中的有害因素

（1）生产性毒物　指的是涂料中的原料、中间产物、产品及废弃物等可引起各种职业中毒的物质，如苯、甲苯、二甲苯、甲醛、丙酮、铅、溶剂汽油等。

（2）生产性粉尘　是指生产中接触的粉尘。涂料生产中主要是色漆生产的配料岗位，经常接触炭黑、滑石粉及防锈颜料等各种粉体颜填料。

（3）高温　涂料生产中植物油精制、清油热炼及树脂生产等操作环境都具有高温的影响。

（4）噪声、振动　生产过程中所使用的各种设备如空气压缩机、搅拌机、砂磨机、球磨机、真空泵、冲床及输送泵等发出噪声和振动对人可引起职业性耳聋和振动病。

涂料行业中常见的职业危害大多数是由化学性有害因素引起的职业中毒事故。

4. 对有害物的预防措施

（1）生产工艺改革

① 改革工艺条件，采用低毒或无毒原料代替高毒或有毒原料。用重芳烃代替二甲苯，用氧化铁红、铁黄代替红丹、黄丹生产防漆锈漆等。

② 努力开发无毒无害的新型涂料是涂料发展的方向，也是防止职业中毒的根本措施。如开发以水性涂料为代表的无毒无害涂料。

③ 严格操作，避免人为失误而造成毒物的泄漏事故和乱排现象，减少毒物对环境的污染和对人员的危害。

（2）设备改造

① 逐步改造和更换较为陈旧的敞开式、不安全、污染重的设备，如用密闭砂磨机代替三辊机，用密闭式过滤器代替板框压滤机等，努力实现密闭化作业，减少毒物危害。

② 对噪声、振动较大的鼓风机、空压机、球磨机、冲床等设备，可采取吸声、隔声、减振、使用防噪用品或建立隔离操作间等防噪减振措施，降低噪声、振动的危害。

③ 建立设备定期检修和维护保养制度，加强设备的检查维护，防止设备的跑、冒、滴、漏现象，确保设备安全完好、正常运行。

（3）通风净化

① 从事粉尘作业的岗位，如配料、轧片、树脂投料等，必须设置通风防尘装置，保持完好有效，降低生产性粉尘对人体的危害。

② 对敞开式或密闭不良的岗位及设备，如对硝基稀料及成品包装、溶剂和漆浆储存、调漆缸等采取强制性的抽、排风装置，降低作业场所的易燃、有毒气体浓度，确保操作者的安全和健康。

③ 涂料生产中其他生产现场也应加强自然通风或机械通风，以降低毒物浓度和防暑降温。

（4）管理措施

① 建立健全安全管理制度，切实加强有毒物质的储存、运输、

使用、领取的管理工作。防止毒物的泄漏、扩散和遗失。

② 认真执行"新建、改建、扩建"工程项目"三同时"规定，即劳动安全卫生及尘毒治理措施，必须与主体工程同时设计，同时施工，同时投产。

③ 加强生产场所尘毒作业点的定期监测及管理工作，随时掌握有毒物质浓度变化，及时发现和解决存在的问题，促进安全文明生产。

④ 坚持"三级安全教育"制度，利用"毒物周知卡"等有效形式广泛对操作者进行安全卫生、尘毒危害及预防的教育，提高广大职工的安全、健康意识和自我防护素质。

（5）个人防护措施

① 加强个人防护是保障操作者安全、健康的重要措施。因此，操作者在生产过程中必须坚持正确使用个人防护用品，使用好防护服、防护口罩、防护手套和防尘器具等，自觉养成勤洗手、工作后洗澡，不在生产场所进食、吸烟、喝水等良好的卫生习惯，以防止误食毒物，造成中毒。

② 进入容器、设备内进行作业时，除应严格办理审批手续外，必须正确使用防毒设施，防止人员中毒。

③ 对从事有毒有害作业的职工定期组织体检，对查出患有职业危害疾病的职工组织疗养和治疗，不适于从事有毒有害作业的人员应及时调离或调换工作。

④ 对新入厂的员工除应进行职业卫生教育外，还应组织进行健康检查，建立健全健康检查和职业病档案，加强职业病监护工作。

5. 涂料生产的废水治理

不同的涂料生产企业由于其产品类型及品种的不同，则产生的废水中污染物的种类与含量各异，废水处理方法不尽相同。对于一般涂料生产企业的废水治理采用物理、化学、生物化学相结合的治理工艺。涂料品种比较单一的企业可从以上方法中进行选用。涂料废水治理的典型工艺为：废水——→隔油沉淀——→混凝浮选——→水量水质调节——→生物氧化——→沉淀过滤——→排放。

6. 涂料生产的废气及粉尘治理

(1)炼油尾气 采用冷凝-吸收法治理。

① 冷凝 将炼油尾气中高沸点大分子有机物降温形成液态从而使其从气体中分离。一般采用直管冷凝器与冷凝缓冲罐配合进行。

② 吸收 运用相容性原理,采用适当的吸收剂吸收炼油尾气中的小分子有机物。一般采用柴油作为吸收剂。

③ 树脂制备尾气 采用冷凝-吸收-吸附法进行治理。如亲水性环氧树脂制备产生尾气的治理就采用该工艺过程。其中所谓吸附是指利用多孔性固体吸附剂处理流体混合物,使其中所含的一种或数种组分吸附于固体表面以达到分离的目的。涂料生产废气治理一般采用物理吸附方式。吸附引力为分子间引力,固定表面与被吸附的气体之间不发生化学反应,可以看作是气体组合在固体表面的凝聚。树脂制备尾气一般用焦炭作吸附剂。

(2)挥发性有机溶剂气体 采用吸附法治理,吸附剂一般采用活性炭。该类吸附在常温下为物理吸附。吸附一段时间后,活性炭将饱和,吸附有机溶剂的能力将下降,此时应将活性炭进行再生。

(3)生产性粉尘(颜料、填料粉尘) 一般采用过滤除尘法。除尘设备采用袋式除尘器。所谓过滤除尘就是使含尘气体通过过滤将尘粒分离捕集的方法。袋式除尘器以布袋作为过滤介质是一种干式高效除尘器,用以净化含微细粉尘(粒径$>0.1\mu m$)的气体,除尘效率一般可达99%以上。它的除尘机制是粉尘通过滤布时产生筛滤、碰撞、拦截、扩散、静电和重力沉降等作用而被阻留得以捕集。袋式除尘器一般设有自动振灰装置,布袋应定期清洗和更换。

7. 涂料生产噪声和固体废物治理

(1)噪声治理

① 设备的更新改造 以之消除设备本身的原因导致的噪声污染。

② 吸声 借助某些声学材料或声学结构,人为提高物体表面吸收声波能量的能力,减少噪声源周围壁面的反射声,达到降低噪声的目的。如设立吸声墙等措施。

③ 隔声 利用屏蔽物来改变从声源至接受者之间途径上的噪

声传播，如设立隔声室等措施。

④ 控制振动　有许多噪声是由设备振动诱发产生的，控制振动就能消除噪声污染。涂料生产中控制振动的方法主要有：采用隔振元件和隔振器，对振源进行隔离，采用减振技术等。

（2）固体废物治理　对涂料生产如漂油所产生的皂类物质进行水皂分离后，对皂类物质实施综合利用；对于大部分涂料生产固体废物，应送到专门渣场进行堆存或无公害化处理。

第二节　涂料涂装技术

采用涂膜对仪器设备、管道管线、建筑系统、舰船及海洋工程、飞机蒙皮、宇宙飞行器、桥梁及道路设施、汽（轿）车、饮料食品罐、电气设备、家用电器、家具、油（气）储罐、电站设备设施、港口、石油采输系统，电子元器件等进行防护、装饰及发挥某种功能作用，是行之有效的措施之一。要使涂膜充分展现其防护装饰及特种功能，首先要对涂料的适应性、配套性、安全性和施工性能等方面进行综合考虑，做好涂装设计。其次，还必须正确地选购和使用涂料，有良好的涂装质量，才能使涂层很坚固地黏附在被涂物体的表面，起到有效的防护、装饰和某些特殊作用，达到设定的功能和使用寿命。

一、被涂物件表面处理及其质量评定

不论是钢铁、有色金属、塑料、木材、混凝土、织物等都会附有氧化皮、锈和油脂、灰尘等污物。为提高涂膜与底层的附着力，延长涂层使用寿命，在涂装前都必须进行严格而完善的表面处理。否则，达不到预期的涂装效果。表面处理是涂装的基础，表面处理的质量直接影响涂膜的应用效果。

1. 金属的表面处理

金属分为黑色金属（钢铁）和有色金属。有色金属的除锈和黑色金属基本一样，但有色金属表面处理中的金属表面氧化与黑色金属的氧化差异较大，其主要目的也是为了提高金属表面的耐腐蚀性和对涂膜的附着力。其具体方法如下。

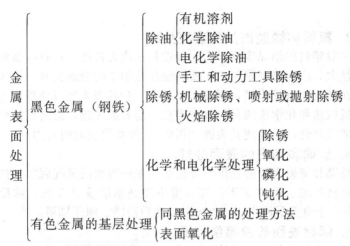

2. 水泥制品的表面处理

在污水处理池、工业循环水冷却塔等水泥制品的表面进行涂装时，必须对水泥制品的表面进行处理。因为水泥混凝土、水泥砂浆表面呈多孔性，有水分和碱性物质，如果水泥制品含有较高的水分，涂层就容易鼓泡、脱皮，甚至被酸性物质皂化。

（1）除去水分　新的水泥制品应在自然条件下风干半年左右，使其表面水分充分挥发，碱性物质析出后，才能涂漆。水泥制品的内壁还可以采用加热的方法使表面水分挥发，一般要求深 20mm 内的含水量不大于 6%。

（2）中和碱　一般水泥制品呈碱性，特别是新的水泥制品，碱性更强，因此必须用盐类或稀酸中和，其方法有以下几种。

① 用 15%～20% 的硫酸锌或氯化锌水溶液涂刷表面数次，并用水冲洗。

② 用碳酸水溶液中和，然后水洗。

③ 用 0.3% 的盐酸水溶液刷洗，然后水洗。

④ 用氟硅酸镁水溶液涂刷，然后水洗。

（3）对于旧的水泥制品表面，如在用的工业循环水冷却塔的风筒、梁、柱等部位，则可用砂轮或钢丝刷等手工方法打磨表面，或用机械喷砂法清除表面旧漆、污物、油渍、水垢及疏松的水泥。最好采用喷砂的方法彻底清除上述附着物，并使基层形成均匀的粗糙面。

3. 塑料和橡胶制品的表面处理

一般塑料的结晶度都很大，极性较小或无极性，且有些塑料的静电性大，表面易吸附灰尘；塑料制品在加工时表面又有一层脱膜剂，在其表面直接涂漆，附着力会较差。对其表面进行处理的方法分为机械法和化学法两种。其主要点一是表面脱脂，提高在极性介质中的浸润性；二是使其表面"粗化"，提高涂层的附着力。

4. 玻璃和陶瓷的表面处理

玻璃和陶瓷表面的处理的方法是：先用溶剂或蒸气脱脂，然后用洗涤液处理。配方如下：50%重铬酸钠水溶液 3.5 份；浓硫酸 100 份；于室温下浸泡 15～20min，然后洗净、晾干即可。

5. 钢材表面除锈等级标准

对于采用喷射或抛射除锈、手工和动力工具除锈以及火焰方式处理的钢材表面等级要求和评定，我国国家标准为 GB/T 8923.1《涂覆涂料前钢材表面处理　表面清洁度和目视评定　第 1 部分：未涂覆过的钢材表面和全面消除原有涂层后的钢材表面的锈蚀等级和处理等级》。该标准规定了涂装前钢材表面锈蚀程度和除锈质量的目视评定等级。它等效采用国际标准 ISO8501-1：2007。

该国家标准将未涂装过的钢材表面原始锈蚀程度分为 A、B、C、D 四个"锈蚀等级"。其中 A 级最好，表示全面覆盖着氧化皮而几乎没有铁锈的钢材表面，D 级最差，表示氧化皮已因锈蚀而全面剥离，并已普遍发生点蚀的钢材表面。每个锈蚀等级都给出了相应的样板照片。

该国家标准将钢材表面除锈后的质量分为若干个"除锈等级"。除锈等级以代表所采用的除锈方法的字母"Sa"、"St"、"FI"表示。字母"Sa"表示喷射或抛射除锈，字母"St"表示手工或动力工具除锈，字母"FI"表示火焰除锈。后面的阿拉伯数字表示清除氧化皮、铁锈和旧涂层等附着物的等级，数字越大，除锈越彻底。每个除锈等级也都给出了相应的样板照片。例如，某设备钢表面的除锈等级为 B 级，选用了 Sa2 级除锈，就可以在该国标中查找出代表该钢材除锈质量的 BSa2 照片，BSa2 就代表了该钢表面除锈后应具有的外观。表 7-3 列出了一些涂料对钢材表面除锈等级的要求。

表 7-3 底层涂料对钢材表面除锈等级的要求

底层涂料种类	除锈等级		
	强腐蚀	中等腐蚀	弱腐蚀
酚醛树脂底漆	Sa2 $\frac{1}{2}$	St3	St3
沥青底漆	Sa2 或 St3	St3	St3
醇酸树脂底漆	Sa2 $\frac{1}{2}$	St3	St3
过氯乙烯底漆	Sa2 $\frac{1}{2}$	Sa2 $\frac{1}{2}$	—
乙烯磷化底漆	Sa2 $\frac{1}{2}$	Sa2 $\frac{1}{2}$	—
环氧沥青底漆	Sa2 $\frac{1}{2}$	St3	St3
环氧树脂底漆	Sa2 $\frac{1}{2}$	Sa2 $\frac{1}{2}$	—
聚氨酯防腐蚀底漆	Sa2 $\frac{1}{2}$	Sa2 $\frac{1}{2}$	—
有机硅耐热底漆	—	Sa2 $\frac{1}{2}$	Sa2 $\frac{1}{2}$
氯磺化聚乙烯底漆	Sa2 $\frac{1}{2}$	Sa2 $\frac{1}{2}$	—
氯化橡胶底漆	Sa2 $\frac{1}{2}$	Sa2 $\frac{1}{2}$	—
无机富锌底漆	Sa2 $\frac{1}{2}$	Sa2 $\frac{1}{2}$	—
TH 系列涂料底漆	Sa2 $\frac{1}{2}$	Sa2 $\frac{1}{2}$	Sa2 $\frac{1}{2}$

6. 表面处理的质量控制

表面处理后，要进行宏观检查和局部抽样检查。宏观检查主要检查表面是否有漏除（锈、油）部位，特别注意检查转角部位的除锈质量和表面油污、浮尘的清除情况。同时还要进行局部抽样检查，抽样检查就是将除锈表面与国标 GB 8923.1 中的典型样板照片对照检查。设备要逐台检查，每台至少检查 5 处，每处检查面积不小于 $100mm^2$；管道按同管径、同一除锈等级总延长米进行检查，长度小于或等于 500m 至少抽查 5 处，大于 500m 时，每增加 100m 增加一处，每处检查面积不小于 $100mm^2$；附属钢结构按类别检查，对同类钢结构抽查 5 处，每处检查面积为 $50\sim100cm^2$。表面检查中发现有不符合表面除锈等级要求时，应重新处理，直到合格为止。

表面处理除了要达到规定的除锈等级外，影响涂膜黏结力和耐久性的因素还有表面粗糙度。经过喷射处理的表面必然变得粗糙，适当的表面粗糙度可以增加金属与底涂层的结合力，但当粗糙度过大时，在波峰处的涂膜易变薄，如果处理不当就不能形成完整的涂膜，而涂膜不均就会产生针孔、生锈甚至剥落。当粗糙度过小，也就是表面较光滑时，则影响涂膜黏结力，这些都是要避免的。通常，表面粗糙度应控制在 $30\sim70\mu m$ 之间，但是埋地钢质管道采用三层结构防腐蚀时，表面除锈粗糙度（锚纹深度）为 $50\sim75\mu m$，埋地管道熔结环氧粉末内涂层表面粗糙度（锚纹深度）为 $30\sim100\mu m$，且不能超过涂膜厚度的 1/3。表面粗糙度主要与喷射作业用的弹丸、砂粒的粒径有关，并通过投射角度、速度的控制达到表面粗糙度的要求。

表面处理后必须认真清扫，尤其是坑洼、凹槽、接缝、转角等易残存沙尘的地方，必须清扫干净。因为残存的沙尘会影响涂层与钢铁表面的黏结力，表面处理后的金属如不及时进行防腐蚀涂料施工，则又会重新发生锈蚀。实践证明：相对湿度小于 60％时，表面处理后应在 8h 内涂底漆；相对湿度在 60％～85％时，表面处理后应在 4h 内涂底漆；相对湿度大于 85％时，表面处理后应在 2h 内涂底漆。当发现有新锈时，应重新进行表面处理直至合格。

二、涂料品种及配套体系选择

1. 选择涂料品种及配套体系的原则

（1）选择涂料品种的原则

① 与使用环境相适应　一种涂料不可能同时满足所有的要求，而只能在一定的范围内使用，必须根据被涂物所处的使用环境条件进行取舍，如在酸性介质下使用，应选择酚醛树脂系防腐蚀涂料；在碱性介质下使用，应选择环氧树脂系防腐蚀涂料；在高温下使用，应选用耐高温涂料；在接触渗透性较大的液体或气体时，应选择具有良好抗渗性能的涂料。就防腐蚀而论，腐蚀介质的类型、浓度、温度、压力和设备使用状况等应优先考虑。

② 与应用目的相适应　不同的被涂物表面，对涂料有不同的要求，应选择具有不同功能的涂料。例如，暴露在大气中的一般设备、管道外壁只要求选择耐候、耐紫外线的涂料；热交换器运行中要防止由于水垢和腐蚀引起的堵管和泄漏，要选用阻垢、防腐蚀性能良好的涂料；舰船外壁水下部分为防止海洋生物的附着要选用防污涂料；飞机蒙皮要选择耐紫外线和耐温差变化大的涂料等。

③ 与被涂物表面的材质相适应　不同材料的表面，应选择不同品种的涂料，如铝镁等轻金属及其合金不允许用铁红和红丹防锈底漆，否则将发生电化学腐蚀；木材制品、纸张、皮革、织物和塑料等不能选择烘烤成膜的涂料；而镀锌铁皮表面只能选择锌黄或锶铬黄防锈底漆；水泥表面可选择耐碱的乳胶漆等。

④ 安全可靠，经济合理　由于大多数涂料使用的溶剂都是可燃、易燃和有毒物质，如甲苯、二甲苯、汽油、丙酮、环己酮等，选用时应充分考虑其安全性。

（2）确定涂料配套体系的原则　涂料配套体系也称涂料涂装体系，通常是指有几层不同功能的涂层配套组合，这种组合能达到防护目的（也可以用一种涂料组成涂装体系）。在进行涂装体系设计时，各层涂料正确配套是主线，也是涂装工程是否成功的关键。包括两个方面的内容，一是底涂料（底漆）和基材之间的配套，底涂料和基材应有很好的结合力和防护性能；二是各层涂料之间的配套，尤其是底、面漆之间的配套，防止面漆咬起底漆，底、面漆之间应有很好的结合力。若底、面漆各自的性能都很好，但底、面漆之间结合不好，则可采用中间涂料将两者牢固地结合起来。中间层是以改善底漆和面漆的附着力，缓和底、面漆之间的差异而产生的各种问题，或以增加涂膜厚度为目的，多数选择同时兼备底、面漆性能的涂料。面漆要选择具有美观、耐候、耐蚀、耐磨、抗渗性强、机械强度高等性能的涂料。要掌握好涂料可以配套使用的条件，首先要求底漆、腻子、面漆之间要有良好的层间附着力，第二道漆对第一道漆不产生咬底作用，以保证形成连续完整的涂膜。其次，各涂层之间应有相同或相近的热膨胀系数，以免因温度变化而产生龟裂现象，使涂层失效。

总之，要做好涂装设计，首先要充分了解被涂物本身的材质、性能、所处的环境、工况条件及要求涂膜达到的寿命；其次，要熟悉和掌握各种涂料的特性和用途，要从树脂结构上熟悉各种基团和化学键对涂层性能的影响，各种树脂的相容性和各种颜料对涂层性能的影响，以便视其使用要求而灵活应用；第三，对涂膜要求的各种性能要和涂装施工综合考虑，选择技术上、经济上都可行的涂装体系，方能取得预期的效果。

2. 涂料配套体系示例

（1）船舶不同部位用涂料配套体系（表 7-4）

表 7-4　船舶不同部位用涂料配套体系

部位	涂料配套体系	干膜厚度 /μm	备注
平底和直底	氯化橡胶防锈漆 自抛光防污染	3×80 2×75	① 乙烯沥青及改性环氧沥青作为中间漆使用 ② 应该使用无锡自抛光防污染 ③ 平底的自抛光防污染漆通常可以比直底的涂膜厚度薄一些，具体设计请参考厂家推荐数据
	乙烯沥青防锈漆 自抛光防污染	3×80 2×75	
	环氧沥青防锈漆 乙烯沥青涂料/改性环氧沥青涂料 自抛光防污染	2×150 1×50 待定	

续表

部位	涂料配套体系	干膜厚度/μm	备注
水线和干舷	氯化橡胶防锈漆 氯化橡胶/丙烯酸面漆	2×80 2×40	① 氯化橡胶面漆目前已不使用 ② 水线区的面漆以前专门分为水线漆,目前有与干舷面漆合并使用的趋势
	纯环氧防锈漆 环氧/聚氨酯面漆	2×100 2×40	
	醇酸/酚醛防锈漆 醇酸面漆	2×40 2×40	
甲板、上层建筑外表面、舱口围外表面	氯化橡胶防锈漆 丙烯酸面漆	2×80 2×40	
	改性环氧防锈漆 环氧/聚氨酯/丙烯酸面漆	2×125 2×40	
	无机富锌涂料 环氧封闭漆 环氧厚浆涂料 环氧/聚氨酯/丙烯酸面漆	1×75 1×30 1×100 2×40	防锈性能最强的配套方案
压载水舱	改性环氧 无溶剂环氧 纯环氧	2×150 1×300 2×150	要求使用浅色,方便于施工和检查
原油舱	无溶剂焦油环氧 焦油环氧 纯环氧	1×300 2×150 3×100	通常只涂原油舱的顶部和底部,也有全舱进行涂装的
成品油舱	纯环氧 酚醛环氧 无机硅酸锌	3×100 3×100 1×300	
饮水舱、淡水舱	无溶剂纯环氧涂料 纯环氧 酚醛环氧涂料	1×300 3×100 3×100	要求具有饮用水卫生证书
干货舱	氯化橡胶防锈漆 丙烯酸面漆 焦油环氧 纯环氧/改性环氧 环氧玻璃涂料	2×75 1×50 2×150 2×150 2×250	耐磨性极强

部位	涂料配套体系	干膜厚度/μm	备注
上层建筑内部	醇酸防锈漆	2×40	
	醇酸面漆	2×40	
机舱和泵舱	焦油环氧/改性环氧	2×125	花铁板以下
	醇酸防锈漆	2×40	
	醇酸面漆	2×40	花铁板以上

(2)电站用涂料配套体系

① 风力发电的塔筒涂料配套体系　风力发电设备主要由桨叶、风机和塔筒组成,塔筒外壁用涂料配套体系见表7-5。

表7-5　塔筒外壁用涂料配套体系

方案	涂料配套体系	干膜厚度/μm
1	环氧富锌底漆	50～75
	环氧厚浆涂料	100～150
	脂肪族聚氨酯面漆	50～80
2	水性环氧富锌底漆	40
	水性环氧中间漆	150
	水性丙烯酸面漆	50
3	环氧富锌底漆	30
	环氧玻璃鳞片/聚酯玻璃鳞片涂料	500
	脂肪族聚氨酯面漆	50

② 核电站用涂料配套体系　核电站用涂料按其使用部位分核级涂料和非核级涂料。核级涂料用于核辐射场所及结构的防护;非核级涂料用于普通场所的防护。环氧涂料形成涂膜有优异的附着力、防介质渗透能力、耐蚀性和耐辐射性,因此被广泛认可、采用。

NC-2-Ⅱ反应堆储水器防护涂料、NC-2-Ⅱ(3)压水堆防护涂料和NC-2-Ⅱ(1)安全壳内防护涂料等NC系列环氧涂料。NC系列环氧涂料包括清漆、底漆、腻子和面漆,用于核电站安全壳内、外混凝土、金属表面等防护。NC系列环氧涂料品种见表7-6。

表 7-6 NC 系列环氧涂料品种

品种	清漆	底漆		腻子	面漆		
组分 1 牌号	NC-4	NC-3-2	NC-3-4	NC-11	NC-2-Ⅱ(1)	NC-2-Ⅱ(3)	NC-2-Ⅲ
使用部位	混凝土	金属		混凝土	安全壳内混凝土	安全壳外混凝土、金属	储水容器
配比	取组分 1（主剂）100 份时所需组分 2（固化剂）的质量份（或体积份）						
组分 2 质量份	40	30	30	18	30	30	25
组分 2 体积份	43	50	50	—	41	45	—

（3）食品饮料罐用涂料体系　通常，食品和饮料的罐头盒主要是由马口铁板或铝材制成。为了吸引消费者购买以及防止通常存放在冰箱中的饮料罐的外壁生锈，罐头外壁就需要涂料的保护和包装，而罐头内壁也同样需要涂料涂装来防止金属与其内容物的化学反应，导致食品的变味变质。

食品饮料罐用涂料体系见表 7-7。

表 7-7 食品饮料罐内外壁用涂料体系

容器	基材	涂料体系	
		内壁	外壁
饮料罐	马口铁	水性环氧漆；乙烯基环氧漆	溶剂型丙烯酸喷漆；白色聚酯喷漆，配以聚酯印刷油墨
	铝	环氧酚醛底漆，配以乙烯基系漆；啤酒罐，单用环氧酚醛漆即可	环氧清漆罩面；水性聚氨酯烘漆
食品罐	马口铁	环氧酚醛漆；聚酯聚氨酯漆环氧酚醛铝粉漆添加 ZnO 的油性树脂漆马口铁表面高锡含量涂层	水性聚氨酯烘漆；溶剂型丙烯酸喷漆；白色聚酯喷漆，配以聚酯印刷油墨

（4）油罐内壁用涂料配套体系（表 7-8）

表7-8 油罐内壁用涂料配套体系及其适用油种

涂料配套体系	适用油种
环氧富锌底漆＋环氧沥青面漆	原油、重油
环氧底漆＋环氧面漆	汽油、煤油、轻油、液化石油气
无机富锌底漆＋环氧面漆	所有油类
无机锌底漆＋无机锌面漆	汽油、煤油、轻油
环氧防锈底漆＋聚氨酯面漆	汽油、煤油、轻油
底漆＋不饱和聚酯玻璃钢衬里	所有油类
底漆＋玻璃片不饱和聚酯面漆	所有油类

（5）煤气罐干湿交替部分用涂料配套体系设计方案（表7-9）

表7-9 煤气罐干湿交替部分用涂料配套体系设计

方案		防腐蚀涂料名称	表面处理	干膜厚度	施工方法	寿命
一	底漆	环氧铁红底漆	喷砂 Sa2$\frac{1}{2}$	80～100μm	高压无气喷涂与刷涂	8a
	中间漆	环氧沥青漆		70～80μm		
	面漆	氯化橡胶面漆		160～180μm	高压无气喷涂	
二	底漆	环氧富锌底漆	喷砂 Sa2$\frac{1}{2}$	50～60μm	高压无气喷涂与刷涂	10a
	中间漆	环氧云铁中间漆		70～80μm	高压无气喷涂	
	面漆	丙烯酸聚氨酯面漆		160～180μm	高压无气喷涂	
三	底漆	环氧红丹底漆	喷砂 Sa2$\frac{1}{2}$	70～80μm	高压无气喷涂与刷涂	10a
	中间漆	环氧中间漆		80～100μm	高压无气喷涂	
	面漆	丙烯酸聚氨酯面漆		160～180μm	高压无气喷涂	
四	底漆	氯化橡胶底漆	喷砂 Sa2$\frac{1}{2}$	80～100μm	高压无气喷涂与刷涂	8a
	中间漆	氯化橡胶中间漆		60～80μm	高压无气喷涂	
	面漆	氯化橡胶面漆		60～80μm	高压无气喷涂	

（6）飞机蒙皮用涂料体系

① 飞机用涂料系统的要求

a. 飞机的机种对涂料要求。客机采用装饰性高的涂料，如丙烯酸系涂料等。超音速飞机应选用耐高温、抗雨蚀的有机硅聚氨酯涂料。

b. 飞机的服役环境对涂料要求。在湿热海洋性气候使用的飞机，应选用耐湿热、耐盐雾、防霉性好的涂料品种，如聚氨酯涂料和含氟涂料等。

c. 涂料的配套性及性价比。选用底漆与面漆配套适应性优异的涂料配套体系；选择质量好、性能优、寿命长、价格合理、污染低和施工方便的涂料体系。

② 飞机外表面用涂料体系（表 7-10）　飞机蒙皮用底漆必须符合美军标 MIL—P—23377，如铁黄环氧聚酰胺底漆和锌黄聚氨酯底漆。飞机蒙皮用面漆必须符合美军标 MIL—C—83286，如聚氨酯面漆和改进型聚氨酯面漆。原型聚氨酯面漆形成的涂膜很难用酸性脱漆剂脱掉，维修困难；改进型的优点在于容易脱漆和维修。

提示：在外涂层表面喷涂一层含有紫外线吸收剂的聚氨酯清漆，提升涂膜的保光性和保色性，延长涂膜的使用寿命；用于维护和应急的外蒙皮排水化合物涂料，当飞机蒙皮涂层出现破损或其他缺陷时，可以应急涂敷，保护飞机蒙皮免受腐蚀等损伤，这种涂料可降低日常维护费用，提高飞机的出勤率及完好率。

表 7-10　飞机外表面用涂料体系

公司名称或机型	涂料体系				
	阿罗丁-1200	阳极化	磷化底漆	中间底漆	聚氨漆面漆
空中客车			√	√	√
A 300，A 310		铬酸阳极化			
波音公司的所有型号	√			√	√
MDC 公司的所有型号	√			√	√
MDC 公司，F 15		√		√	
英国宇航 BAF 146					
福克公司 F 27		√	√	√	√

续表

公司名称或机型	涂料体系				
	阿罗丁-1200	阳极化	磷化底漆	中间底漆	聚氨漆面漆
F 28		√			√
DORNIER 公司 DO 228			√	√	√
通用动力公司 F 16		√		√	√
NORTHROP 公司 F 5		√		√	√
中国歼击机		√		√	√
上海飞机公司 MD 82	√				

注：√表示使用该工艺。

（7）铁（公）路桥钢梁用涂料配套体系　钢梁防护目前是以涂层防护为主，通过合理选材和发挥涂层屏蔽、缓蚀和阴极保护复合防护功能，提高钢梁腐蚀防护效果。涂层防护一般采用底层、中层、面层3个防护层，底层要求有良好的防蚀和对钢铁的附着性能，主要有硅酸锌、富锌涂料、锌铝基涂料和喷锌（铝）层；中间层要求对底漆和面漆的涂层间有附着结合力，并有较好的屏蔽作用，以便阻止水、氧及腐蚀介质的渗入，主要有环氧云铁涂料和封闭涂料；面层要求耐水、耐化学性、耐候性优良和外观协调，主要有橡胶涂料、聚氨酯涂料、氟碳涂料等。这样配套的涂层复合防护效果较优，是长效、实用和经济的防腐涂装体系。

① 铁路钢桥钢梁用涂料配套体系（表 7-11）

表 7-11　铁路钢桥钢梁用涂料配套体系

大桥名称	建成时间	涂料配套体系	备注
武汉长江大桥	1957 年	红丹防锈底漆；长油度醇酸面漆（316 灰色面漆）	
南京长江大桥	1969 年	2 道红丹防锈底漆；3 道灰铝锌醇酸面漆（66 灰色面漆）	
枝城长江大桥	1971 年	硼钡酚醛防锈底漆；灰铝锌醇酸面漆	
九江长江大桥	2000 年	2 道红丹防锈底漆；3 道云铁醇酸面漆	

续表

大桥名称	建成时间	涂料配套体系	备注
芜湖长江大桥	2001 年	2 道环氧富锌底漆；1 道环氧云铁中层漆；2 道铝粉石墨醇酸面漆	设计寿命 10a
长寿长江大桥	2003 年	1 道硅酸锌底漆；1 道环氧云铁中层漆；2 道脂肪族聚氨酯面漆	设计寿命 20a
万州长江大桥	2007 年	2 道环氧富锌底漆；1 道环氧云铁中层漆；2 道氟碳面漆	设计寿命 30a
天兴洲长江大桥	2009 年	2 道环氧富锌底漆；1 道环氧云铁中层漆；2 道氟碳面漆	
大胜关长江大桥	2010 年	2 道环氧富锌底漆；1 道环氧云铁中层漆；2 道氟碳面漆	

注：武汉长江大桥和南京长江大桥的防护在 1976 年更换为 2 道云母氧化铁酚醛底漆和 2 道云母氧化铁醇酸面漆。

② 公路大桥钢梁用涂料配套体系（表 7-12）

表 7-12　公路大桥钢梁用涂料配套体系

大桥名称	建成时间	涂料配套体系	备注
广东虎门珠江大桥	1997 年	1 道无机富锌底漆；1 道环氧封闭漆；2 道环氧云铁中层漆；2 道聚氨酯面漆	悬索桥
江阴长江大桥	1999 年	1 道硅酸锌底漆；1 道环氧封闭漆；2 道环氧云铁中层漆；2 道聚氨酯面漆	悬索桥
武汉白沙洲大桥	2000 年	钢板表面电弧喷铝；1 道环氧封闭漆；2 道环氧云铁中层漆；2 道聚氨酯面漆	斜拉桥
武汉军山长江大桥	2001 年	表面电弧喷铝；1 道环氧封闭漆；1 道环氧云铁中层漆；2 道聚氨酯面漆	斜拉桥
润扬长江大桥北汊桥	2004 年	1 道无机富锌底漆；1 道环氧云铁封闭漆；1 道环氧云铁中层漆；2 道氟碳面漆	斜拉桥
南京长江三桥	2005 年	1 道无机富锌底漆；1 道环氧云铁中层漆；2 道聚氨酯面漆	斜拉桥
杭州湾大桥	2008 年	表面电弧喷铝；1 道环氧封闭漆；1 道环氧云铁中层漆；2 道聚氨酯面漆	斜拉桥

续表

大桥名称	建成时间	涂料配套体系	备注
太平湖大桥	2007年	热喷铝150μm；2道环氧封闭漆；2道环氧云铁中层漆；2道聚氨酯面漆	拱桥
黄埔珠江大桥	2008年	1道环氧富锌底漆；1道环氧封闭漆；1道环氧云铁中层漆；2道聚氨酯面漆	悬索桥、斜拉桥
西堠门大桥	2009年	表面电弧喷铝；1道环氧封闭漆；1道环氧云铁中层漆；2道聚氨酯面漆	悬索桥

（8）汽（轿）车身内外塑料部件用涂料体系　用塑料代替汽（轿）车的金属部件不仅可以节约能源，降低成本，提升防腐蚀性能，而且具有装饰（控制光泽颜色，看起来像铬金属色、木货色、羊皮色及金属色）、美观（豪华气派感）和特殊效能（如车灯镜片有耐划伤性、使保险杠仪表有耐化学药品及汽油性、使车身外有耐UV及耐候性）。

① 汽（轿）车车身内塑料及其所选用涂料体系（表7-13）

表7-13　汽（轿）车车身内塑料及其所选用涂料体系

塑料类型	一般应用	选用原因	涂料体系
ABS	仪盘表 控制台	成本	丙烯酸清漆 水性漆
ABS/PC	仪盘表 控制台	冲击 高热	丙烯酸清漆 水性漆
氧化聚乙烯	麦克风 格栅	高热 成本	丙烯酸清漆 水性漆
尼龙	顶灯	高热	清漆
PVC	软仪表盘	柔软	丙烯酸/乙烯基 聚氨酯、水性漆
酚醛	烟灰缸	耐火耐热	烘干漆
PC	仪盘表 控制台	冲击 耐热	丙烯酸清漆 水性漆

续表

塑料类型	一般应用	选用原因	涂料体系
PP	多用	成本	丙烯酸清漆 氯化聚乙烯底漆/丙烯酸漆
TPO	气袋盖	展开时不破碎	双组分聚氨酯漆

② 汽（轿）车车身外塑料及其所选用涂料体系（表 7-14）

表 7-14 汽（轿）车车身外塑料及其所选用涂料体系

塑料类型	一般应用	选用原因	涂料体系
ABS	格栅	成本	丙烯酸清漆 双组分聚氨酯涂料
ABS/PC	车轮盖	耐冲击	双组分聚氨酯涂料 丙烯酸清漆
BMC	灯头反射镜	高热	UV 固化涂料
尼龙/TPO	车轮盖	耐热	双组分环氧涂料 双组分聚氨酯涂料
PC	灯头镜片	耐冲击、定型、降低重量	UV 固化涂料 聚硅氧烷烘干涂料
PP	尾灯反射镜	成本	空气干燥漆 双组分聚氨酯涂料 丙烯酸/MF(或封闭异氰酸酯)烘干漆
RIM	车窗包覆物	降低自动装配成本	模塑中，聚氨酯清漆模塑后，双组分聚氨酯清漆
增强 RIM	挡板	柔软性	环氧树脂底漆/双组分聚氨酯
SMC	旅行车小型货车后门挡板	降低重量 强度 高热	丙烯酸/MF 底漆，一般汽车面漆
TPO	仪表 保险杠	成本	氯化聚乙烯底漆/双组分聚氨酯 氯化聚乙烯底漆/封闭异氰酸酯

续表

塑料类型	一般应用	选用原因	涂料体系
PC/PBT 合金	仪表 保险杠	冲击	双组分聚氨酯涂料

(9) 铁塔、体育馆及机场用涂料配套体系（表 7-15）

表 7-15　铁塔、体育馆及机场用涂料配套体系

建筑物名称	涂料配套体系	表面处理	干膜厚度/μm
上海"东方明珠" 电视塔（高 450cm）	无机硅酸富锌底漆 环氧云铁中间漆 丙烯酸聚氨酯面漆（塔顶部） 防火涂料	Sa2$\frac{1}{2}$	75 2×（80～100） 60～80 2000
广东惠州体育馆	无机硅酸锌车间底漆 环氧磷酸锌防锈中间漆 防火涂料 丙烯酸面漆	Sa2$\frac{1}{2}$	20 50 2000 2×40
机场航站楼、 货运站、机 库等设施	无机硅酸富锌底漆 环氧封闭漆 环氧云铁中间漆 丙烯酸聚氨酯面漆	Sa2$\frac{1}{2}$[①]	75 25 120 2×40

① 有时采用喷铝方法对钢材表面处理、钢材喷砂等级为 Sa3 级，可提升防锈效果。

三、涂料用量及价格计算

1. 涂料计算的基本概念
① 干膜厚度（DFT）
② 湿膜厚度（WFT）
③ 固体体积分数（Vs）
④ 稀释后的湿膜厚度（WFT after thinning）
⑤ 涂料的理论用量（theoritical consumption）
⑥ 涂料的实际用量（practical consumption）
⑦ 涂料的理论涂布率（theoritical spreading rate）

⑧ 表面粗糙度所产生的绝对消耗值（dead volume）

⑨ 每平方米单价

⑩ 每升单价和每公斤单价的换算

2. 涂料固体体积分数及涂膜厚度

（1）固体体积分数　固体体积分数（percent volume solids）是涂料中固体成分所占体积的百分比，固体成分在被涂物表面干燥固化成膜，是真正在被涂表面上起到防腐蚀作用或其他功能的实质性材料，其他物质如溶剂和稀释剂则挥发了。

固体体积分数是进行涂料用量计算的唯一基础。使用固体质量含量进行涂料的施工计算是没有多少实际意义的。在规定相同的膜厚情况下，使用密度不同的涂料，密度大的涂料当然使用量就多，从而使费用增加；在每平方米上规定使用一定质量的涂料，则密度大的涂料涂膜就会薄，就屏蔽作用的涂料而言，则保护作用明显减弱。

固体体积分数是涂料计算中最重要的概念，它不仅表明了干膜和湿膜之间的关系，而且在计算涂料的涂布率、理论用量和实际用量时也要用到固体体积分数的概念。

（2）干膜厚度和湿膜厚度　由涂料的固体体积分数和干膜厚度，可计算出湿膜厚度。同样由固体体积分数和湿膜厚度（WFT），也可计算出干膜厚度（DFT）。

$$DFT = \frac{WFT \times V_s}{100\%} \qquad (7-1)$$

$$WFT = \frac{DFT \times 100\%}{V_s} \qquad (7-2)$$

式中　DFT——干膜厚度，μm；

　　　WFT——湿膜厚度，μm；

　　　V_s——固体体积分数。

① 计算干膜厚度　一钢结构上要涂用 200μm 的湿膜，该涂料的固体体积分数为 60%，

计算其干膜厚度（DFT）。固体体积分数 60%，说明有 40% 的溶剂要挥发掉。

$$DFT = \frac{200 \times 60\%}{100\%} = 120\mu m$$

② 计算湿膜厚度　一钢结构上要涂用 $100\mu m$ 的干膜，该涂料的固体体积分数为 65%，

计算其湿膜厚度（WFT）。固体体积分数 65%，说明有 35% 的溶剂要挥发掉。

$$WFT = \frac{100 \times 100\%}{65\%} = 153.8 \ (\mu m) \approx 154\mu m$$

（3）计算稀释后中的涂料固体体积分数及湿膜厚度

一钢结构涂料干膜厚度（DFT）为 $75\mu m$，固体体积分数为 50%，加入稀释剂 20%，计算其湿膜厚度（WFT）。

计算稀释后的湿度厚度，必须先知道加稀释剂 20% 以后涂料的固体体积分数，1L 涂料稀释 20%，涂料将增至 1.2L。新的固体体积分数可以得出：

$$V_{s新} = \frac{V_{s旧}}{新的涂料量}$$

$$= \frac{50\%}{1.2} = 41.7\% \qquad (7\text{-}3)$$

根据式（7-1），得出新的湿膜厚度为：

$$WFT = \frac{75 \times 100\%}{41.7\%} = 180\mu m$$

还可以推导出计算稀释后的湿膜厚度式：

$$WFT = \frac{DFI \times (1 + T)}{V_s} \qquad (7\text{-}4)$$

式中　T——稀释量。

则　　　　$$WFT = \frac{75 \times (1 + 20\%)}{50\%} = 180\mu m$$

3. 涂料使用量计算

计算涂料使用量时，应了解掌握涂料产品的固体体积分数、所需干膜厚度、涂覆层数、被涂物件面积、表面粗糙度、施工方法、涂料密度和损耗系数等相关参数。

例如，一个储罐的外表面有 $500m^2$，喷砂处理至表面粗糙度

Rz75μm 时，高压无气喷涂的涂装体系见表 7-16。

表 7-16 涂料涂装体系示例

涂料品种	固体体积分数/%	密度/(kg/L)	干膜厚度 DFT/μm	价格/(元/L)
无机富锌底漆	60	2.7	75	72.00
环氧封闭漆	42	1.3	25	28.00
环氧厚浆涂料	80	1.4	150	38.00
聚氨酯面漆	50	1.2	50	64.00

（1）涂料的理论用量 如果知道被涂物面积（A，m^2）、固体体积分数（V_s）和规定的干膜厚度（DFT），就可以计算出涂料的理论用量。

首先，$1m = 10^6 μm$，得出以下公式：

$$涂料用量 = \frac{A \times DFT \times 100\%}{10^6 \times V_s} （单位为 m^3）$$

由 $1m^3 = 1000L$，可得

$$涂料用量 = \frac{A \times DFT \times 100\% \times 1000}{10^6 \times V_s} （单位为 L）$$

$$涂料理论用量 = \frac{A \times DFT}{10 \times V_s \times 100} （单位为 L） \tag{7-5}$$

假定在进行施工时没有任何损耗，计算出每一品种的理论用量如下：

$$无机富锌底漆 = \frac{500 \times 75}{10 \times 60} = 62.5 （L） \approx 63L$$

$$环氧封闭漆 = \frac{500 \times 25}{10 \times 42} = 30L$$

$$环氧厚浆涂料 = \frac{500 \times 150}{10 \times 80} = 94L$$

$$聚氨酯面漆 = \frac{500 \times 50}{10 \times 50} = 50L$$

（2）涂料的实际用量 在实际施工情况中，涂料是会有很大的损耗的：①大风时进行喷涂会产生很大量的额外涂料消耗；②由于复杂的几何形状，或者是很差的施工技能而产生的过度涂覆；③施工后在喷漆泵、喷漆管和涂料桶内都会留有一定的涂料量；④表面粗糙度产生的损耗绝对值（dead volume）。

涂料损耗通常在 $25\% \sim 40\%$，也可能高至 50% 以上，甚至达到 100%。当进行总的涂料用量计算，特别是进行实际的订货时，必须包括这部分涂料损耗。

$$涂料的实际用量 = \frac{A \times DFT}{10 \times V_s \times 100 \times CF} \qquad (7-6)$$

假如有 100L 涂料，施工时有 60% 的损耗，实际上只有 40% 的涂料是真正喷到构件表面的。其损耗系数 CF（consumption factor）是 0.6。其正确的涂料订量应该是：

$$\frac{100L \times 100}{60} 或者 \frac{100}{0.6} = 167L$$

（3）涂料消耗的绝对值 通常，涂料是涂在经过喷砂具有一定粗糙度的表面上，钢材表面积实际上增加了，因此需要额外增订涂料用量。究竟要增订多少涂料，取决于表面粗糙度。不同的粗糙度用涂料来填平的涂料用量，称为"绝对值"（dead volume），见表7-17。

表 7-17 粗糙度与"绝对值"

粗糙度 Rz/μm	绝对值 DV/(L/m²)	粗糙度 Rz/μm	绝对值 DV/(L/m²)
30	0.02	75	0.05
45	0.03	90	0.06
60	0.04	105	0.07

$$绝对消耗量 = \frac{A \times DV \times 100\%}{V_s \times CF} \qquad (7-7)$$

如果要计算绝对总值时，表面粗糙度 Rz 为 75μm，那么绝对值是 0.05，则第一道无机富锌底漆的绝对总值为：

$$绝对消耗量 = \frac{500 \times 0.05 \times 100\%}{60\% \times 0.6} = 69L$$

（4）涂料理论涂布率 涂料的理论涂布率表明了每升涂料理论上可以涂覆的面积，计算公式如下

$$理论涂布率 = \frac{10^3 \times V_s}{DFT} \qquad (7\text{-}8)$$

计算每一涂料品种的理论涂布率 TSR ：

$$无机富锌底漆 = \frac{10^3 \times 60\%}{75} = 8.0 \text{m}^2/\text{L}$$

$$环氧厚浆涂料 = \frac{10^3 \times 80\%}{150} = 5.3 \text{m}^2/\text{L}$$

$$聚氨酯面漆 = \frac{10^3 \times 50\%}{50} = 10 \text{m}^2/\text{L}$$

如果知道了涂装面积，又得出了理论涂布率，就可以方便地计算出理论和实际涂料用量。用涂装面积除以该理论涂布率，就可以得出理论用量，再除以消耗系数，就可以计算出涂料的实际用量。

涂料的涂布率与涂膜厚度关系归纳如下：

① 干膜厚度 $(\mu\text{m}) = \dfrac{固体体积\% \times 10}{涂布率 \ (\text{m}^2/\text{L})}$

如：固体体积 $=51\%$ ，涂布率 $=15\text{m}^2/\text{L}$ ，则

$$干膜厚度 = \frac{51 \times 10}{15} = 34\mu\text{m}$$

② 理论涂布率 $= \dfrac{固体体积\% \times 10}{干膜厚度 \ (\mu\text{m})} \ (\text{m}^2/\text{L})$

如：固体体积 $=36\%$ ，所需干膜厚度 $=30\mu\text{m}$ ，则

$$需要的涂布率 = \frac{36 \times 10}{30} = 12\text{m}^2/\text{L}$$

③ 实际涂布率

$$涂布率 \ (\text{m}^2/\text{L}) = \frac{1\text{L} 涂料的质量 \ (\text{kg})}{每平方米所用涂料量 \ (\text{kg})}$$

④ 试板所需湿涂料的质量

$$所需湿涂料 \ (\text{g}) = \frac{1\text{L} 质量 \times 板面积 \ (\text{cm}^2)}{涂布率 \ (\text{m}^2/\text{L}) \times 10}$$

如：涂料的密度 $=1.17\text{kg/L}$ ，涂布率 $=15\text{m}^2/\text{L}$ ，试板尺寸 $=20\text{cm} \times 30\text{cm}$ ，则

$$所需湿涂料 = \frac{1.17 \times 600}{15 \times 10} = 4.68\text{g}$$

4. 涂料的价格计算

(1) 计算每平方米单价 固体体积分数高的产品即使单价稍高，也比那些价格低而固体体积分数也低的产品还要低。

每平方米价格 $= [DFT \times$ 体积单价(元$/L)]/(10^3 \times V_s)$ (7-9)

比如有一被涂物件，要求施工干膜厚度为 $120\mu m$ 的环氧涂料，传统环氧防锈漆的固体体积分数是 50%，假定单价为 32 元$/L$；高固体分的改性环氧涂料固体体积分数为 80%，假定单价为 49 元$/L$。可以计算出每平方米单价为：

$$传统环氧防锈漆 = \frac{120 \times 32}{10^3 \times 50\%} = 7.68 （元/m^2）$$

$$高固体分改性环氧涂料 = \frac{120 \times 49}{10^3 \times 80\%} = 7.35 （元/m^2）$$

即使用高固体分的改性环氧涂料，每平方米单价要低。根据每平方米单价和被涂物的总面积，就能很方便地计算出涂料所需要的费用。

(2) 每公斤单价与每升单价的换算 通过涂料密度（kg/L）就可以表达每公斤涂料单价与每升涂料单价的换算关系式：

每公斤涂料单价 = 每升涂料单价 / 涂料密度 　　(7-10)

涂料的密度通常都要高于 $1.0kg/L$，除非是溶剂或稀释剂有时密度会低于 $1.0kg/L$，每升单价都要比每公斤单价看上去数据要大。

四、涂料涂装操作要点

1. 涂装方法及工艺

(1) 涂装方法 涂料的涂装方法多种多样，一般有刷涂、滚涂、喷涂、浸涂、抹涂、灌涂、淋涂及电泳涂装等方法。喷涂又可分为空气喷涂、高压无空气喷涂、挤涂及高压旋转杯喷涂。应根据被涂物件的材质、形状及尺寸、表面状态、涂料品种性能、施工设备条件、涂装环境等具体情况选出一种或几种涂装方法。

(2) 涂装工艺

① 涂料的调配 涂料自包装、储运到使用，要经过一定的时间，一些有色涂料易发生沉淀，涂料在开桶前，应上下晃动，开桶

后上下搅拌均匀，避免颜料及填料沉积桶底影响质量。使用前，还要进行搅拌，使颜填料均匀分散，如有结皮或粗粒时还需用相应符合标准要求的丝网过滤后使用。

调配涂料时，不同工厂或不同种类的涂料产品，在未了解产品成分及性能前，不要随便混合调配，以免发生结块、漆膜不干、失光、起皱等弊病。涂料调色时，也要选择同一品种的不同颜色的涂料相互调配。

如果使用的是双组分涂料，如环氧树脂涂料则应按给定的混合比进行调配，并注意调配后的静置熟化时间及有效使用时间，配好的涂料须在规定的时间内用完。否则将影响涂层质量。

自制的涂料，其原料规格、质量等必须符合要求，才能调配涂料，否则影响涂层的防护效果。

② 涂料的施工操作程序　涂料在施工时，为了达到较好的防护效果和装饰目的，常常要涂好几层，包括底漆、腻子、面漆和清漆等，通常的施工程序可分为以下五个部分。

a. 底漆。底漆直接涂在被涂物表面上，与物面紧密结合，是整个涂层的基础，起到防锈、防蚀和防水等作用。但是在水泥砂浆、混凝土及木制表面上涂漆，不应先涂刷底漆，应先涂一道稀释的清漆，再用腻子刮平，最后涂底漆和面漆。

b. 腻子。腻子是涂刮在底漆的上面，局部的涂刮在物面的凹坑处，起到平整物面的作用。

c. 二道底漆。二道底漆在腻子层上面，起到填补腻子细孔的作用，一般工程可不用，只在比较精细的工程上采用。

d. 面漆。面漆是直接与大气或其他介质接触的外层涂料，它起到防护层的作用，并使物面获得所需要的颜色与色泽，因此施工时要求较精细。

e. 清漆。清漆是为了增加涂层的耐蚀性和光泽，常在面漆上再涂一层罩光清漆。

③ 涂料的干燥固化条件确定　涂料干燥固化成可用的涂膜（层）是涂料施工中不可缺少的重要工序，不同的涂料有不同的干燥固化成膜机理和方式，应选用不同的干燥固化方法和工艺，才能保证涂膜交联固化质量及实用效果。

　　a. 常温固化型涂料。常温固化型涂料的主要品种如下。

　　溶剂或分散介质挥发成膜涂料：硝酸纤维素涂料、SBS、过氯乙烯涂料、热塑性丙烯酸涂料等。

　　聚合物粒子凝聚成膜涂料：以水分散乳液、水分散胶体、有机溶胶和非水分散体等为基料的水性涂料。

　　自动氧化成膜涂料：含不饱和碳碳双键的天然树脂涂料、醇酸涂料、环氧酯涂料、酯胶和聚氨酯油等。

　　加成固化成膜涂料：以环氧树脂（含活性稀释剂）与胺类化合物为成膜物的涂料、以羟基树脂与异氰酸酯化合物为成膜物的涂料。

　　自由基引发聚合成膜涂料：不饱和聚酯涂料和乙烯基酯树脂涂料等。

　　b. 加温固化型涂料。加温固化型涂料主要品种如下。

　　含羧（羟）基树脂与交联剂（氨基树脂、酚醛树脂及羟烷基酰胺化合物等）为成膜物的缩聚固化成膜涂料、环氧树脂与含酚羟化物为成膜物的涂料、环氧树脂与潜伏性固化剂制成的涂料及羟基树脂与封闭异氰酸酯化合物制成的涂料等。

　　c. 辐照固化成膜涂料。该系涂料以紫外线或电子束作为能量引发聚合在光引发剂存在下，非常迅速地产生自由基加聚反应。其代表示例为由辐射固化型不饱和聚酯、丙烯酸酯化环氧树脂、丙烯酸酯化聚酯树脂、丙烯酸酯化氨基甲酸酯、丙烯酸酯化丙烯酸树脂和活性稀释剂等组成的 UV 固化涂料。

　　以上三类涂料受到固化温度及辐射条件限定，同时应考虑被涂物件结构、涂装环境湿度及通风状况等对涂料干燥固化的影响。在确定涂料干燥固化条件时，应重点掌控各种涂料的成膜机理及方式、涂料的干燥固化温度、涂装环境湿度及通风状况四个基本要素。

　　2. 涂装质量控制

　　(1) 涂装过程中质量控制　涂料的涂装过程是由涂料制成涂膜的操作过程。应严格按操作规定工序施工、考察涂料用量、施工性、固化性；观测涂料及涂膜外观变化，如表面颗粒、流挂、返黏、渗色、起泡、收缩、咬底、失光、刷痕、发花等，发现质量问题及时采取防治方法。值得注意的是，不同涂料品种采用同种涂装方法及同种涂装工艺流程进行施工时，不会产生同种质量问题，即A种涂料和B种涂料在同种涂装工艺中，出现质量问题无重现性；同样，同种涂料采用不同的涂装方法及涂装流程施工时，出现质量问题也无重现性。解决涂装过程中质量问题的基本方法是：根据涂料各基元组分在涂装过程中的变化，运用涂料成膜的相关知识及实践经验，采取有针对性操作技能解决具体质量问题。

（2）涂装后质量检查及对发现问题的防治

① 外观检查 涂层施工完成后进行外观检查，达到固化完全，涂膜颜色一致，光亮均匀，纹理通顺；无流坠、无皱褶；无脱皮、漏刷、泛锈、气泡、透底和针孔。

② 测厚检查 在涂料涂装施工中，应认真检查涂装道数和每道涂层的涂装质量。底、中、面涂料分别测定其厚度，以免产生涂覆道数够了而总厚度不够的现象。

涂层厚度用磁性涂层测厚仪进行测定，达不到要求时，应增加涂装道数直至合格。测厚检查应逐台进行，每台抽测三点，其中两点以上不合格即为不合格，如其中一点不合格，再抽测两点，如仍有一点不合格时，则全部为不合格。此时应增加涂装道数，直至合格。

③ 针孔检查 针孔可用针孔探测仪、涂层检漏仪等仪器进行检查。SH/T 3022—2011《石油化工设备和管道涂料防腐蚀设计规范》中规定用5～10倍放大镜检查。涂层不允许有针孔。

④ 附着力检查 现场施工的涂层一般采用十字划格法、交叉切痕法、拉开法（撕开法）测定附着力达到标准要求。

⑤ 发现的问题及防治措施（表 7-18）

表 7-18 涂装后发现的问题及防治措施

问题	产生问题的原因	防治措施
倒光	① 稀释剂用量过多或使用不当，油性调和漆内含有煤油	① 稀释剂应配套且不宜过多，油性调和漆用松节油稀释，其漆膜耐久性好
	② 一般室内用漆耐光性差，或颜料含量多的涂料，若用于室外，短期内也会倒光	② 室内用漆不宜用在室外，已涂上的应复涂用于室外同类型的面漆或再加涂清漆，耐光性较好

续表

问题	产生问题的原因	防治措施
粉化	① 强烈的日光曝晒，水、露、霜、冰、雪的侵蚀	① 选择耐候性好的涂料
	② 清漆黏度小或膜层太薄	② 涂料黏度要适中，如室内涂两层，室外要涂三层
	③ 白色颜料的涂料及磁性调和漆（尤其是室外）极易粉化	③ 室外最好不用或少用白色漆，如用应选用耐光性好的金红石型钛白粉作白色颜料的涂料
龟裂	① 面漆使用不当，在长油度漆膜上罩油度短的面漆，或底漆未干透即涂面漆	① 用长油度配套，漆膜柔韧性一致，不易龟裂，底漆要干透再复涂面漆
	② 木质制件含有松脂未经清除和处理，在日光曝晒下会溶化渗出漆膜，造成局部龟裂	② 将松脂铲除，用酒精揩干净，松脂部位涂以虫胶清漆封闭后再涂漆
	③ 第一层面漆厚，未经干透又复涂面漆，二层漆内外伸缩不一致	③ 第一层漆宜稀宜薄，干后再涂第二层漆
	④ 室内用漆用于室外，漆内含天然树脂（松香）较多，室外涂料涂层太厚，不但龟裂，还会产生脱落	④ 要合理施工，尤其是室外用漆，要选用耐候性好的涂料
脱落	① 被涂物面过分光滑，涂漆前未经表面处理，或残存水分、油污、氧化皮等	① 过分光滑的物面要用砂纸打磨成平光，对水分、油污、氧化皮要彻底清除
	② 烘烤时温度过高或时间过长，或涂层太厚	② 烘干温度和时间应按涂料品种、技术条件控制
生锈	① 物件表面铁锈、酸液、污物等未彻底清除，日久锈蚀蔓延	① 表面处理时彻底清除铁锈、酸液、污物等
	② 漆膜总厚度不够，水分和腐蚀气体透过漆层腐蚀金属	② 漆膜总厚度要按技术要求，达到规定的厚度
	③ 涂漆不均匀，有漏涂或漆膜有针孔	③ 涂漆要均匀一致，注意不漏除，并避免漆膜产生针孔

续表

问题	产生问题的原因	防治措施
起泡	① 金属表面除锈不彻底，涂漆后锈蚀扩大，引起锈泡	① 必须彻底清除锈蚀，一般采用喷砂法
	② 底层有水分或潮湿存在，特别在夏天，涂腻子和面漆后，底层水分聚集，引起水泡	② 金属表面处理后及时涂底漆，避免潮气及水分附着在表面
	③ 酸洗后余酸未彻底清除，涂漆后产生气泡	③ 彻底清除余酸，并充分干燥后再涂漆

表 7-18 只介绍常规涂料在涂装后发现的部分质量问题及防治措施，仅供读者参考。

3. 涂层维护保养

施工验收合格后的涂层，必须按规定养护，一般在正常温度下养护 7～14d，特殊涂料按说明养护。在设备正常运转过程中或在设备的检修过程中难免发生磕碰，涂层很可能发生局部损伤和破坏，破坏的部位如不及时修复，腐蚀性介质就会侵蚀设备，造成设备局部腐蚀破坏。因此，对设备进行定期的维护保养是非常必要的。

（1）定人、定期检查 防腐蚀处理的设备要定人定岗，定期检查，尤其是易磨损、碰撞的部位以及阴阳角部位要特别留心，发现问题要及时解决。

（2）破损部位的修补 对破损部位修补时，首先要选择与原涂料相同品种的涂料或性能相近的涂料，其次，对基层处理一定要彻底，否则就起不到良好的保护效果。

4. 涂装安全注意事项

（1）被涂物件表面处理的安全操作 钢质基材表面喷射清理时，安全问题来自喷嘴的高速磨料粒子流和气流。操作者要注意不被气流内的磨料所伤。喷嘴处的压力通常为 0.686MPa，速率达到 180m/s。这对身体的损害将是严重的。安全操作要点如下。

① 千万不可将喷枪对着人的身体部位。

② 定期检测安全设施。

③ 佩戴喷砂专用帽和保护性服装，必须带有护脸盔甲。佩戴的护镜要定期更换。

④ 戴好防护手套以防喷射材质的跳弹。最好使用橡胶手套，能长时间使用。

⑤ 喷砂工要使用认可的、牢固的保护靴。

⑥ 设备妥善保养，修理前要释放压力，或对设备进行调整。

⑦ 检查管子的连接和装置，以及流体管子是否有破损处。

⑧ 操作者必须使用安全制动手柄。

⑨ 黑暗环境中喷砂作业要装有专业的喷涂施工照明灯。

（2）预防起火或爆炸的措施

① 涂装过程中，不能有任何明火或电焊工作，尤其是在货舱、液舱或其他封闭空间。

② 使用设备应具有防爆认可，电源线、发电机以及照明系统也必须被认可。液舱内不能使用外接电源，设备应该妥善接地。

③ 使用 24V 的照明电，电源线不能从附近乱牵乱拉，避免有火花产生，施工时要穿橡胶鞋底的工作鞋。

④ 涂装结束后，要继续通风，保证涂料的干燥和固化。气体浓度不能超过最低爆炸极限的 10%，在使用低闪点涂料或稀释剂时尤其要注意这一点。

⑤ 确保所有设备的妥善保养。检查所有连接用的软管和连接装置，因为流体软管在其破损点可能会发生泄露。

（3）施工现场的安全措施

① 计划工作的内容、时间以及涉及人员等。

② 获取与工作有关联的信息，确定其对工作的影响。

③ 了解并掌握安全防火设备使用方法、注意事项，有熟练的灭火技能，正确识别爆炸和起火源。

④ 发生火灾事故应立即报警，说明事故内容、要求及行动路线。

⑤ 有毒害物质产生释放时，应组织人员撤离现场，采取有效的净化措施，排除毒性物质，保障人身安全。

⑥ 施工现场应备齐安全防火设备及用具，采取防爆措施。

（4）防止溶剂、粉尘及噪声对健康的危害

① 限定涂装现场内空气中溶剂气体和粉尘的最高允许浓度（见表 7-19）。

表 7-19　空气中有害气体和粉尘的最高允许浓度

物质名称	最高允许浓度/（mg/m³）	物质名称	最高允许浓度/（mg/m³）
二甲苯	100	溶剂汽油	350
甲苯	100	乙醇	1500
丙酮	400	含有 10%以上二氧化硅粉尘（石英、石英岩）	2
环己酮	50	含有 10%以下二氧化硅的水泥粉尘	6
苯	40	其他各种粉尘	10
苯乙烯	40		
煤油	300		

② 防止溶剂、粉尘和噪声的措施见本章第一节四、涂料制造安全防护及废弃物治理有关内容。

五、涂料涂装举例

1. 高固体分石油钻杆涂料的涂装

（1）涂装工艺

① 调整涂料　将钻杆涂料底漆和面漆分别搅拌均匀；采用专用稀释剂调整涂料黏度至 3200～4000mPa·s，触变指数为 1.6～2.0，施工时的固体质量分数 85%左右，施工温度 30～40℃。

② 涂装工艺流程与工艺操作

a. 涂装工艺流程。采用高压无空气旋转杯喷涂方法施工，其工艺流程是：检验合格的喷砂处理钢管──→喷涂底漆──→连续炉烘烤固化──→喷涂表面──→批式炉烘烤固化──→涂膜质量检测──→产品出厂。

b. 涂装工艺操作。第一道喷涂底漆，湿膜厚度控制 140～175μm，喷完后放置 30min，烘烤条件为 160℃/40～50min（固化程度为80％），无流挂、无漏涂、厚度均匀；第二道喷涂面漆，湿膜厚度控制 $175\sim200\mu m$，喷完后放置 30min，烘烤条件为 $145\sim155℃/30min+190\sim200℃/50min$，形成涂膜表面平整光滑、无针孔、无气泡等弊病。

（2）涂装质量

① 质量检查

a. 钢管内表面处理质量检查。钢管内表面喷砂处理后，应达到清洁度及粗糙度的标准，表面无影响涂装的杂质，保证涂料能涂装于"新鲜"的钢管内壁表面上。

b. 涂料质量检查。石油钻井内壁用环氧涂料是高固体分环境友好涂料，其涂装质量要求比溶剂型涂料严格得多。打开钻杆涂料的底漆和面漆包装封盖，观测涂料是否有返粗、沉淀结块等现象；在常温下搅拌 60min 达到均匀无沉降后，采用稀释剂调整施工黏度，测定涂料触变指数达到要求时，可进行试涂；一定要满足涂料固化条件及达到良好的涂膜表面状态才能投入涂装线施工。

c. 喷涂底漆后质量检查。测定湿膜厚度、观察是否有漏涂、流挂等弊病，湿膜表面平整均匀时，才能将钢管转入连续炉烘烤固化；调控炉内温度比固化条件给定温度高出 $10\sim15℃$；底漆固化后，检查干膜平整性，应保证涂膜无针孔、无气泡。

d. 喷涂面漆后质量检查。测定湿膜厚度、观察涂膜表面均匀性，达到要求后才能将钢管转入批式炉烘烤固化；调整炉内温度比固化条件给定温度高出 $10℃$；面漆固化后，检查干膜固化效果、测定涂膜总厚度、观察涂膜表面状态，应保证涂膜表面无针孔、无气泡。

e. 最终质量检查。检测涂膜的固化性、涂膜的最低厚度及最高厚度（最低厚度应达到应用指标）、涂膜表面平整性、光滑性及结构完整性，取样进行耐高碱水试验。全面质量检查达到要求后，产品才可出厂。

② 涂装中产生的弊病及其预防措施（表 7-20）

表 7-20 常见弊病及其预防措施

弊病	现象	产生原因	预防措施
流挂	湿膜受到重力影响朝下流动,由于过度流动就会产生流挂	涂料触变性差;颜填料密度大;施工时混入杂质;被涂物件表面形状影响;湿膜太厚等	调整涂料触变指数≥1.6;按规定湿膜厚度施工;注意涂装环境影响
颗粒	涂装后涂膜表面出现不规则的粒(块)状物	涂料中颜填料返粗;施工现场有污浊物或被涂物表面有积聚粉尘等	不得采用返粗的涂料;严格控制涂料细度;保证施工现场无污浊物等
缩孔	涂膜不均匀地附着,局部露出被涂物表面(湿膜回缩成小圆形,露出底材或底层)	湿膜上下部分表面张力不同,上层表面张力低于下层表面张力时就会产生缩孔;施工前涂料熟化不足;涂料与被涂物间温差大等	稀释涂料时采用酮类溶剂、改善涂料流展性;涂装车间及涂料温度应保持30~40℃;涂料应搅拌熟化2h
失光	涂膜外观不平整光亮,有雾影	施工现场湿度太高;涂膜在固化前吸收水分等	控制施工现场湿度不不超过75%;避免涂料中混入水分
针孔或气泡	涂膜固化后,涂膜内含有气泡,破开的气泡形成针孔	涂料中带入空气;施工时混入空气;湿膜释放气体能力差;涂料已超过保质期等	采取缓和搅拌防止空气进入涂料中;保证涂料有足够的熟化时间;控制涂膜厚度
涂膜厚度不均,连续性差	涂膜薄处与厚处的厚度相差太大,涂膜的连续性及完整性差	湿膜流平性不佳;旋杯导漆槽不流畅;由于撞击作用使旋杯杯头边缘翻边,涂料雾化性下降等	处理好触变性与流平性关系;疏通导漆槽;定期清洗或更换旋杯杯头;调节旋杯转速,保证喷漆细腻、均匀雾化,增加湿膜叠加率等
斑纹或麻点	在钢管两端的管口处涂膜表面出现斑纹或麻点	烘烤炉内的温度不均;管口处风速过快;涂装环境有污染物等	调整烘烤炉内温度均一分布;湿膜不能太薄;管两端不得过度吹风等
涂膜固化不良	涂膜烘烤固化后,用环己酮擦磨时涂膜表面发黏,涂膜硬度过低,称为涂膜固化不良	每道涂得过厚;固化温度偏低;固化时间不足等	每道涂膜厚不得超过规定指标;提升固化温度或调慢链条输送速度等

2. 电冰箱用 UV 固化涂料的涂装

(1) UV 光源及设备　紫外光源有汞蒸气灯和氙灯两种。前者在 UV 固化法上使用较为普遍，有低压、中压和高压汞灯之分。

低压汞灯即我们日常使用的普通荧光灯管紫外线灭菌灯，发射光波波长为 185nm 和 253.7nm，在较低温度（均 40℃）下工作。

高、中压汞灯在 253.7nm 的线谱较弱，但在 365nm 和 366.3nm 的线谱波长占有极大优势，这对 UV 固化十分有利，许多引发剂体系在此波长的区域都有较强的吸收，因此在涂料 UV 固化中应用最广泛。此外，工件表面温度达 90℃，对涂膜的固化还起协同作用。当然，这个温度对涂膜固化来说是太高了点，在选择应用时，设计了排风降温装置。为了充分地利用光源的有效功，还应设计安装反射器，以捕捉利用更多的紫外光。高、中压汞灯输出功率在 40～300W/cm 之间可供选择，具体确定时，还应考虑光固化涂料的组成。

氙灯最先用于摄影方面，现在已成功地应用于光固化涂料，如用于涂装木器的光固化涂料。

(2) 涂装工艺

① 上料前清理　操作人员应戴手套、穿工作服，彻底清理工作环境和工件。保证被涂工件上无尘、无油污、无水，使工件背面有良好的导电性。

② 静电除尘　采用风幕分离涂装车间进出口，用静电作用将操作板面灰尘进一步清除，尘埃由上抽风排出。

③ 施工

a. 静电喷涂。喷涂前将涂料用 300 目滤网过滤，调整涂料黏度（涂-4 杯）10～25s，静电压 112kV，电流输出 10～50mA，供气压力 0.6～0.8MPa，涂料固体分高于 85%。

施工时，被涂工件以 2.7～3.5m/min 的线速度水平行进；喷枪距工件距离为 100～150mm。

b. 红外线流平。喷涂后的工件以 3.8～4.0m/min 的传送速度进入红外线区段，红外线段温度 25～30℃，流平时间 2.5～3.0min。

c. 紫外光固化。紫外光固化时间 3～15s（可按气温及涂膜要求进行调整）；紫外灯与工件距离 150～400mm，固化区段温温度 <70℃。

d. 冷却。经光固化后的工件温度较高，应用冷风冷却 2min 后放下，并按规定对涂膜性能进行检测。

3. 杭州湾跨海大桥钢管桩用粉末涂料的涂装

（1）整体钢管桩涂层结构 杭州湾跨海大桥整体钢管桩涂层结构可分为泥下区（21～38m）钢管桩，采用单层涂层，如图 7-4（a)所示；承台以下约 42m 范围钢管桩，采用双层涂层，如图 7-4（b)所示；钢管桩承台以下约 8m 范围钢管桩，采用三层涂层，如图 7-4（c）所示。

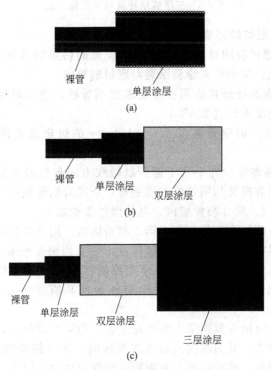

图 7-4 钢管桩涂层结构

（2）三层熔结环氧粉末涂装工艺流程　涂装工艺流程见图 7-5。

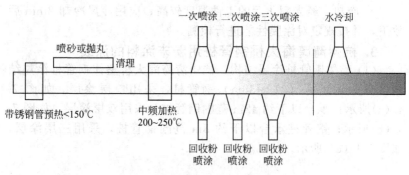

图 7-5　三层熔结环氧粉末涂装工艺

（3）三层熔结环氧粉末涂料喷涂工艺要点

① 钢管桩表面处理　将钢管桩表面的污染物及油污垢清除、抛丸、净化，达到粉末涂料涂装对底材的要求。

② 经表面处理并达到相应要求的钢管桩，进入可控中频加热炉，加热温度不超过 250℃。

③ 经加热的钢管桩以 0.6～1.0m/s 的恒定速度进入分体喷粉室。

④ 在喷粉室中有平行于钢管桩轴线方向布置的 3 组喷枪，每组喷枪喷粉方向又与钢管桩轴线垂直，依次对钢管桩进行涂喷。形成第 1、第 2、第 3 喷粉层区，具体操作步骤如下。

第 1 组喷枪在钢管桩进入第 1 喷粉区后，用单层粉末立即启动喷粉。该组喷枪在启动后，连续作业，一直到钢管桩末端离开第 1 喷粉作业区为止，该层喷涂层厚度控制在 300μm（说明：该层喷涂时加热温度超过 230℃ 时，涂层外表面具有 30～100μm 的粗糙度）。

第 2 组喷枪在紧跟第 1 组喷枪之后，为第 2 喷粉区，钢管桩以恒定速度前进，其前端进入第 2 喷粉区时，第 2 组喷枪相应启动，喷涂双层粉末，喷涂在第 1 喷涂粉区喷涂形成的涂层上，直到钢管柱前进 35～41m 时（要求的普通双层粉末的保护范围），停止第 2

喷粉区的喷涂，该层喷涂层厚度控制在 $300\mu m$。

第 3 组喷枪在紧连第 2 组喷之后，为第 3 组喷枪粉区，当钢管柱以恒定速度前进，其前端进入第 3 喷粉区时，第 3 组喷枪相应启动，喷涂 3 层粉末，在第 2 喷涂粉区形成的涂层上，直到钢管桩前进 7~8m 时（要求耐候粉末保护范围），第 3 组喷枪自动关闭，该层喷涂层厚度控制在 $200\mu m$。

按照以上过程操作就能按要求在钢管柱上形成不同厚度和不同性能要求的涂层。

4. 水性浸涂底漆的涂装

（1）浸涂工艺

① 浸涂工艺流程　水性浸涂漆在沟槽管件及一般金属制品上涂装的工艺流程如下：抛丸──→打磨──→上线──→浸漆──→闪蒸沥漆──→修补──→烘烤──→冷却──→下线。

② 被涂工件处理　正式浸漆前必须对工件进行预处理，预处理包括除油脱脂、水洗烘干，除油脱脂是为了防止油污或其他杂质带入浸漆槽，抛丸除锈能提高漆膜的附着力和耐腐蚀性能；视工艺要求，也可以进行磷化处理。

③ 涂装系统清洗及槽液配制　在投漆前需对浸涂设备进行清洗，主副槽及循环系统的油污杂物必须清理干净，尤其不能带有油性物质，以免造成爆孔等漆膜弊病。

a. 系统清理。采用系统清洗方法，对整个循环系统进行清洗处理；即主槽、副槽、泵、喷管及喷嘴的清洗；先往主、副槽注入碱性溶液，注入量为能开启循环为宜，然后开启循环泵，把主、副槽及泵内的油污去除，并冲洗循环泵系统管道、喷管、喷嘴内的锈渣、尘土，然后排空污水；随后重新灌入 $50\sim60℃$ 热水进行循环，目的是把循环系统内残余的碱液清洗掉，反复数次直至清洗干净，排空污水；如果效果还不理想，可以用火焰烧，烧完后用干净的抹布擦，直到无油污为止，最后注入自来水，开启循环进一步清洁系统，开启循环 24h，查看循环系统的承压能力及有无跑、冒、滴、漏的现象，最后静置观察，直至上层无油污为止，然后待用（如果条件允许也可再注入去离子水进行循环数次更好）。

b. 清洗效果确认。设备清洗效果确认的方法：注入去离子水，开启循环搅拌后取样，观察液面没有漂油渍，酸度计测量 pH 在 6.0～7.5 范围内；取槽内水样作为稀释剂配槽液，浸样板观察，应不出现漆膜缺陷。

c. 槽液配置。先估算主、副槽容量，计算出保守的加漆量和稀释比，并留有调整槽液的余地。按照上述估算投入原漆，用去离子水稀释，稀释比为原漆：去离子水≈5：1（质量比），槽液黏度 50～69s（涂-4 杯，25℃），固体含量大于 40%。具体稀释比根据现场浸涂效果进一步调节，槽液液面超过溢流口以保证循环正常。启动循环泵连续搅拌 4h 以上，消泡。检测槽液黏度、固体含量，达到要求后待用。

④ 槽液黏度、固体含量满足要求后，槽液气泡完全消除后就可以浸涂工件，浸漆时间约 1min，其中应确保整个工件在槽液液面下有 0.5min，使漆液能充分润湿工件底材，保证工件各个部位都能浸涂上漆。

⑤ 沥漆流平与闪蒸　工件经过一段时间的沥漆后在进入高温炉烘烤之前必须进行强制性闪蒸。这是因为水性浸涂漆以水为稀释剂，相对有机溶剂难以挥发，若直接进入高温烘干炉，外表面的漆膜接触热空气后首先固化成膜，而内部的大部分水和其他溶剂没来得及挥发只能慢慢挥发，后挥发的气体自然会顶破先固化的表面漆膜造成针孔和气泡，影响漆膜外观和耐腐蚀性能。因此先将浸涂完后的工件在常温下放置 15min，使水在沸点以下温度先行蒸发，而外层漆膜又没有固化，待水分挥发大部分以后再进入高温炉烘干，就不会产生暴孔等现象。闪蒸时间和闪蒸温度的选择可见表 7-21 中的数据，建议闪蒸时间为 10～15min，闪蒸温度控制在 30～60℃。

表 7-21　浸涂后漆膜闪蒸时间和闪蒸温度的选择

闪蒸时间/min	闪蒸温度/℃	漆膜外观
10	8～9	有流痕，底部有缩孔
15	9	底部有肥边，有缩孔，有流痕
15	30	底部有少量缩孔，无流痕

续表

闪蒸时间/min	闪蒸温度/℃	漆膜外观
15	25～60	底部缩孔基本消失，无流痕
15	28～64	底部无流痕，无缩孔

⑥ 烘干　烘干段必须达到指定的烘干条件 140℃/30min，只有达到漆膜的交联固化反应温度，才能保证漆膜的物理机械性能。高温炉的设定必须保证有一段实际温度能达到 140℃。

（2）涂装工艺操作

① 浸漆槽液的管理

a. 温度：浸漆温度为 15～30℃，太低黏度不好调节，太高溶剂和水分挥发快。

b. 黏度：（涂-4 杯）：通常与调节温度相结合，根据现场施工膜厚度调整浸漆黏度为 40s 左右。

c. pH（酸度计）：控制在 8～9。

d. 固体含量：控制在 40%左右，根据漆膜厚度和外观进行调整。

② 设备控制及操作　为了确保正常、连续生产，必须定期地对各种设备监控，并进行维护与保养，延迟使用年限。

a. 浸槽液位差高度。每天检查一次浸槽液位高度是否达到标准，保证工件能完全浸没入液面不露。还要注意主副槽的液位差不要太大，保持在 10～15cm 为宜，注意补漆。

b. 循环系统检查。每月检查循环系统是否泄漏及阻塞，尤其是动力泵，要定期换过滤袋。检查是否有来自预处理的化学物品带入槽中或者来自传送链油脂掉入槽中。

c. 长期停产应对办法。包括由生产安排及假期等原因不进行连续生产，漆槽仍应循环搅拌，并加盖子，防止灰尘掉入。如停产时间过长应将槽液转入转移槽中，密封好，以防有机溶剂大量挥发。槽液、原漆的储存都应当在特定地点，确保通风，不能暴晒，环境温度在 5～35℃。

d. 浸槽维护。定期清理掉入槽中的工件，浸槽每半年清理一次。

　　e. 加补漆。每次刚投完槽都应该搅拌均匀后静置几个小时，待消完泡后再浸涂施工，循环启动以后再往槽子里补漆就不用再静置，可连续作业。

　　f. 挂具除漆。浸涂施工时，挂具上也被浸涂上漆膜经烘烤固化后，很难处理。

　　随着生产累积到了一定程度，必须要进行处理，把漆膜除掉。目前最常用的办法就是烧，用火焰把漆膜烧掉，此方法确实可行，但也在一定程度上增加了生产成本。

　　(3) 弊病及解决对策 (表 7-22)

表 7-22　涂料及涂膜弊病及解决对策

弊病	产生原因	解决对策
涂层太薄	槽液黏度过低，固体含量低	补加原漆，提高固体含量及黏度
涂层偏厚	黏度过高，固体含量高，温度低，流平时间短	提高槽液温度，补加去离子水及专用稀料
流挂积漆	槽液黏度高，沥漆时间短，温度低，环境湿度大	调整挂具，延长流平，降低槽液黏度，提高漆温
发花	沥漆时间长，湿度大，溶剂及胺类挥发，槽液溶解性变差，不溶物油类等混入浸槽内	适当缩短沥漆时间，除去槽液表面异物，加强循环，保证施工环境良好
失光	浸件出槽时溶剂偏低，烘干不彻底	补加部分溶剂，彻底烘干
缩边、露底	槽液黏度低，固体含量低，颜料沉淀	补加原漆，加强槽液循环分散
气泡、针孔	温度低，气泡附着，泵管路漏气，槽内气泡未消完全	充分静置消泡，检查相应管线
槽液表面起皮	静置时间过长，溶剂挥发过多	移至副槽溶解，加强槽液循环
工件积漆	工件复杂，存在凹面，挂具低落，无工艺孔	改善吊挂方法，调整好挂具角度，增加沥漆槽
涂膜不干	温度低或烘干时间短	对工艺、烘烤设备及温度进行确认
涂膜有气泡、针孔，底部有肥边	主副槽液面差较大，闪蒸效果不佳，温度过高	加强循环，补加新漆，控制闪蒸温度
槽液 pH 低	有机胺类中和剂挥发	补加中和剂进行调整

第三节 涂料及涂膜性能检测

一、概述

1. 涂料质量检验的功能及步骤

(1) 质量检验的功能

① 鉴别功能 判定产品质量是否符合规定的质量特性要求。

② 把关功能 剔除不合格品并予以"隔离",使之不投产、不转序、不出厂。

③ 决策功能 通过汇总、整理、分析检验所获得的数据和信息,为质量控制、质量改进以及领导层进行质量决策提供依据。

(2) 质量检验的步骤

① 熟悉技术要求和检验方法 首先了解产品相关标准或技术文件规定的质量特性以及每个质量特性的检验方法,然后做好计量器具或仪器设备、环境条件以及被测样品等准备工作。

② 检测 按确定的检验方法,由持证上岗人员对产品质量特性进行定量或定性的检测,求得所需的量值和结果。

③ 判定 由专职人员根据检测结果和规定的要求,确定每一项质量特性的符合性,从而判定被检验的产品合格与否。

④ 记录 将检验条件、观察到的现象及所得结果,以规范化的格式记载并保存下来。

⑤ 签字确认 根据记录和判定的结果,由授权签字人对产品可否接受或放心做出决定。

2. 涂料产品检验通则

相关标准:HG/T 2458—1993《涂料产品检验、运输和贮存通则》

(1) 型式检验和出厂检验 涂料产品的检验分为型式检验和出厂检验两种。

① 型式检验是对产品质量进行全面考核,即对标准中规定的技术要求全部进行检验。

在正常情况下,标准中应规定型式检验的时间间隔(周期)。

此外，新产品最初定型时，产品配方、工艺及原材料有较大改变时，产品长期停产后恢复生产和国家质量监督机构提出进行型式检验要求时均应进行型式检验。

② 出厂检验为已进行过型式检验的产品，在每批产品出厂交货时必须进行的常规检验，出厂检验项目由产品标准明确规定。

（2）生产企业的质量检验部门应对涂料产品逐批进行检验，生产厂应保证所有出厂产品都符合相应产品标准的技术要求，附有合格证，必要时另附产品质量合格证书、使用说明及注意事项。

3. 涂料及涂膜性能检测的主要项目

涂膜与塑料、橡胶、纤维等高聚物材料不同，不能独立存在，必须黏附在其他被涂物件上才能成为装饰保护材料。涂料是为被涂物件服务的材料，因而涂料和涂膜必须具备被涂物件所要求的性能。

涂料及涂膜的性能 {
涂料本身的性能 { 涂料原始状态的性能 / 涂料施工性能 }
涂膜的性能 { 涂膜外观及光学性能 / 涂膜力学性能 / 涂膜耐液体介质和耐腐蚀性能 }
}

4. 涂料检测的特点

① 涂料检测的重点是对涂膜性能的检测，对涂料产品本身性能的检测主要是考察产品质量的一致性。

② 涂膜性能的检测大多是在相应的底材上进行检测，因此试验底材的选择、涂膜在底材上的制备工艺和质量对检测结果有显著的影响。

③ 同一检测项目有多种检测方法，所得结果往往有差异，因此应针对产品性能要求选择最合适的方法。

④ 有些检测项目是通过目测观察或与标准状态比较，以变化程度表示，在评定结果时干扰因素较多，易造成主观误差。

5. 测试样品的取样标准及范围

取样是为了得到适当数量的品质一致的测试样品，要求对所测试的产品具有足够的代表性。取样工作是检测工作的第一步，取样的正确与否直接影响检测结果的准确性。国家标准 GB/T 3186—

2006《色漆、清漆和色漆与清漆用原材料—取样》等同采用了国际标准 ISO 15528：2000《色漆、清漆和色漆与清漆用原材料—取样》。

标准规定了色漆、清漆和色漆与清漆用原材料的几种人工取样方法。这些产品包括液体以及加热时能液化却不发生化学变化的物料，也包括粉状、粒状和膏状物料。可以从罐、柱状桶、储槽、集装箱、槽车或槽船中取样，也可以从鼓状桶、袋、大包、储仓、储仓车或传送带上取样。

二、液态涂料性能检测

液态涂料性能检测主要包括清漆、清油和稀释剂外观及透明度测定，清漆、清油和稀释剂颜色测定，色漆和清漆密度测定，基料的酸值测定，涂料不挥发物含量测定，涂料细度测定，涂料黏度测定及涂料储存稳定性测定等。液态涂料性能检测举例如下。

1. 色漆和清漆密度测定

按 GB/T 6750—2007 标准方法测定色漆和清漆密度如下。

（1）仪器设备　比重瓶：比重瓶有两种，一种是容量为 10mL 或 100mL 的玻璃比重瓶；另一种是容量为 50mL 或 100mL 的金属比重瓶。在工厂成品检验中，较多的是使用金属比重瓶，操作方便，易清洗。

（2）操作要点　将已称重的比重瓶中注满蒸馏水，擦去溢出物质，立即称量该注满蒸馏水的比重瓶，按下式计算比重瓶的容积 V：

$$V = \frac{M_1 - M_0}{\rho} \tag{7-11}$$

式中　M_0——空比重瓶的质量，g；

M_1——比重瓶及水的质量，g；

ρ——水 23℃或其他商定温度下的密度，g/mL。

用试样代替蒸馏水，称量注满试样的比重瓶，按下式计算出试样在试验温度下的密度 ρ_t：

$$\rho_t = \frac{M_2 - M_0}{V} \tag{7-12}$$

式中 M_0——空比重瓶的质量，g；

M_2——比重瓶及试样的质量，g；

V——在试验温度下测得的比重瓶的体积，mL。

2. 涂料固体含量测定

按 GB/T 1725—2007 标准方法测定涂料固体含量如下。

（1）材料及仪器设备　平底皿，金属或玻璃的，直径为（75±5）mm，边缘高度至少为 5mm。烘箱，对于最高温度 150℃ 的情况，要能保持规定或商定的温度 ±2℃ 的范围；对于 150～200℃ 温度的情况，要能保持规定或商定的温度 ±3.5℃ 的范围内。分析天平，能准确称量至 0.1mg。干燥器，装有适宜的干燥剂，如用氯化钴浸过的干燥的硅胶。

（2）操作要点　在烘箱中于规定或商定的温度下将器皿干燥规定或商定的时间。准确称量洁净干燥的器皿的质量（m_0），精确至 1mg。准确称取受试样品（m_1），精确至 1mg 至器皿中铺匀。在产品是高黏度或结皮的情况下，用一个已去皮称重的金属丝（如未涂漆的回形针）将试样铺平。如有必要，可另加 2mL 合适的溶剂。如加溶剂，建议将盛有试样的器皿于室温下放置 10～15min。

称量完毕并加入稀释剂后，将器皿转移至事先调节到规定或商定温度的烘箱中，保持规定或商定的加热时间。

加热时间结束后，将器皿转移至干燥器中使之冷却至室温，或者放置在无灰尘的大气中进行冷却。

称量皿和剩余物的质量（m_2），精确至 1mg。

（3）结果的表示　用下面的公式计算不挥发物的含量 NV，用质量百分数表示。

$$NV = \frac{m_2 - m_0}{m_1 - m_0} \times 100\% \tag{7-13}$$

式中 m_0——空皿的质量，g；

m_1——皿和试样样品的质量，g；

m_2——皿和剩余物的质量，g。

如果色漆、清漆及漆基的两个结果之差大于 2%（相对于平均值）或者聚合物分散体的结果大于 0.5%，则需重做。

3. 涂料细度测定

细度是涂料中颜料及填料分散程度的一种量度。即在规定的条件下，于标准细度计上所得到的读数，该读数表示细度计某处凹槽的深度，一般以微米（μm）表示。

（1）涂料研磨细度的测定　按 GB/T 6753.1—2007 标准方法进行测定

① 测试原理与仪器设备　将试样充分搅拌均匀，用小调漆刀将试样滴入刮板细度计的最深部位（最上端）数滴，以双手持刮刀从刮板细度计的最上端垂直匀速刮过，在规定的时间、角度及最小分度线内，对光观察颗粒均匀显露处，最终判断涂料的细度。测定涂料研磨细度时主要使用调漆刀和刮板细度计。

② 操作要点　首先对试样进行预测以选择量程最适宜的细度计。细度在 $40\sim90\mu m$ 范围内，应选择 $100\mu m$ 量程的细度计；细度在 $15\sim40\mu m$ 范围内，应选择 $50\mu m$ 量程的细度计；细度在 $5\sim15\mu m$ 范围内，应选择 $25\mu m$ 量程的细度计；细度在 $1.5\sim12\mu m$ 范围内，应选择 $15\mu m$ 量程的细度计。用溶剂将细度计洗净擦干，再用小调漆刀将试样充分搅匀，在细度计的最上端滴入 $2\sim3$ 滴试样，并在 $1\sim2s$ 内从上到下匀速刮过，在 $3s$ 内，使视线与板面成 $20°\sim30°$ 角，对光观察颗粒密集点处，记下读数。

③ 结果表示　观察试样出现的颗粒密集点之处，寻找颗粒数不得超过 $5\sim10$ 个的 $3mm$ 宽的条带，以条带的上限读数为细度值，在密集点出现之处的前面出现的分散的颗粒点，可不予考虑。

（2）涂料产品细度的测定　按 GB 1724—1979 标准方法进行测定。

① 材料及仪器设备　调漆刀；刮板细度计：规格分别为 $0\sim50\mu m$，$0\sim100\mu m$，$0\sim150\mu m$。

② 操作要点　首先对试样进行预测，以选择量程最适宜的细度计。细度 $\leqslant30\mu m$，应选用 $0\sim50\mu m$ 量程的细度计；细度为 $31\sim70\mu m$ 时，应选用 $0\sim100\mu m$ 量程的细度计；细度在 $70\mu m$ 以上时，应选用 $0\sim150\mu m$ 量程的细度计。用溶剂将细度计洗净擦干，再用小调漆刀将试样充分搅匀，在细度计的最上端滴入 $2\sim3$ 滴试样，并在 $3s$ 内从上到下匀速刮过，在 $5s$ 内，使视线与板面成 $15°\sim30°$

角，对光观察颗粒均匀显露处，记下读数。

③ 结果表示　细度读数与相邻分度线范围内，颗粒不得超过三个，平行测定三次，结果取两次相同的读数。

4. 涂料黏度测定法

（1）测定黏度的方法

涂料黏度测定主要包括用涂-1杯及涂-4黏度计测定涂料黏度、用落球黏度计测定较高黏度的透明液体、用流出杯测定色漆及清漆流出时间、用NDJ-1旋转黏度计测定胶黏剂的黏度、用斯托默黏度计测定建筑涂料的黏度、用GB/T 9751.1—2008标准方法测定涂料在高剪切速率下的黏度。

（2）用涂-1杯及涂-4黏度计测定涂料黏度

① 涂-1黏度计法

a. 测试原理。涂-1黏度计测定的黏度是条件黏度。即为一定量的试样，在一定的温度下从规定直径的孔所流出的时间，以秒（s）表示。其适用于测定流出时间不低于20s的涂料产品。

b. 操作要点。每次测定之前须用纱布蘸溶剂将黏度计内部擦拭干净，在空气中干燥或用冷风吹干，对光观察，黏度计漏嘴应清洁，然后将黏度计置于水浴套内，插入塞棒，将试样搅拌均匀，有结皮和颗粒时用孔径为 $246\mu m$ 金属筛过滤，调整温度为（23±1）℃或（25±1）℃，然后将试样倒入黏度计内，调节水平螺钉使液面与刻线刚好重合。盖上盖子并插入温度计，保持试样温度。在漏嘴下面放置一个50mL量杯，当试样温度符合要求后，迅速将塞棒提起，试样从漏嘴流出时，立即开动秒表。当杯内试样达到50mL刻度线时，立即停止秒表，试样流入杯内50mL所需时间（s），即为试样的条件黏度。两次测定值之差不应大于平均值的3%，取两次测定值的平均值为测定结果。

② 涂-4黏度计法

a. 测试原理。涂-1黏度计测定的黏度也是条件黏度。其测试原理同涂-1黏度计法。其适用于测定流出时间在150s以下的涂料产品。

b. 操作要点。黏度计的清洁处理及试样的准备同涂-1黏度计测定法所述，调整水平螺钉，使黏度计处于水平位置，在黏度计漏嘴下面放置一个 150mL 的搪瓷杯，用手指堵住漏嘴，将（23±1）℃或（25±1）℃试样倒满黏度计中，用玻璃棒或玻璃板将气泡和多余试样刮入凹槽。松开手指，同时启动秒表，待试样流束刚中断时立即停止秒表。试样从黏度计流出的时间（s），即为试样的条件黏度。两次测定值之差不应大于平均值的 3%，取两次测定值的平均值为测定结果。

（3）用斯托默黏度计测定建筑涂料的黏度

① 测试原理。使用斯托默黏度计测试产生 200r/min 转速所需要的负荷，并以该负荷（以克表示）或该负荷的一种对数函数克雷布斯（Krebs）单位（KU）值表示涂料的黏度。

② 操作要点。将涂料充分搅匀移入容器中，使涂料和黏度计的温度保持在（23±0.2）℃，将转子浸入涂料中，使涂料液面刚好达到转子轴的标记处。分别按 A 法（无频闪计时器）、B 法（有频闪计时器）进行试验。重复测定，直至得到一致的负荷值。

③ 结果表示。试验结果以克或 KU 值表示。其中 A 法，根据试验得到的产生 100r/30s 时所需加的砝码的克数，从负荷与 KU 值的对应表中查得 KU 值。B 法，根据试验得到的产生 200r/min 或 100r/30s 图形所必需的砝码的克数，从负荷与 KU 值的对应表中查得 KU 值。

5. 涂料储存稳定性的测定

采用的相关标准有 GB/T 6753.3—1986《涂料贮存稳定性试验方法》、GB/T 9755—2001《合成树脂乳液外墙涂料》中 5.5、GB/T 9756—2009《合成树脂乳液内墙涂料》中 5.5。

（1）用 GB/T 6753.3—1986 标准方法测定涂料储存稳定性

① 材料和仪器设备 干燥箱，能保持（50±2）℃的鼓风干燥箱；容器，标准的压盖式金属漆罐，容积为 0.4L；天平，分度值为 0.2g；黏度计，涂-4 黏度计、涂-1 黏度计或其他黏度计；温度计，0～50℃，分度值为 0.5℃；调刀，漆用调刀，长 100mm 左右，刀头宽 20mm 左右，质量约为 30g；漆刷，狼毛刷，宽 25mm 左右；试板，120mm×90mm×（2～3）mm 的平玻璃板。

② 操作要点。按《涂料产品的取样》的规定，取出代表性试样，取三份试样装入规定的三个容器中，装样量离罐顶 15mm 左

右。将两罐试样称量，然后放入恒温干燥箱内，在（50±2）℃加速条件下储存30d，也可在自然环境条件下储存6～12个月。储存试验前将另一罐原始样检查各项原始性能，以便对照比较。

试样储存至规定期限后，首先开盖检查是否有结皮、容器腐蚀及腐败味等，按下列六个等级记分：10＝无，8＝很轻微，6＝轻微，4＝中等，2＝较严重，0＝严重。然后用一把漆用调刀对沉降程度进行检查，按表7-23来评定沉降的性质和级别。还可根据需要进行漆膜颗粒、胶块及刷痕检查和黏度变化的检查。

表7-23 沉降性质和级别

评级	产品情况
10	与初始状态相同，没有什么变化
8	铲刀面横向移动没有明显阻力，有轻微沉淀粘住铲刀
6	铲刀能以自重通过沉淀物下降到底部，铲刀面横向移动有阻力，部分结块粘住铲刀
4	以铲刀自重不能通过结块下降到底部，铲刀面横向移动困难，以铲刀刀刃移动有轻微阻力，用铲刀能容易地恢复均匀的悬浮液
2	铲刀面横向移动有很大的阻力，铲刀刀刃移动有一定的阻力，仍然能恢复成均匀的悬浮液
0	结块很硬，用铲刀搅动不能恢复成均匀的悬浮液，甚至于把上层清液倒出来以后也恢复不了

③ 结果表示 本方法最终评定以"通过"或"不通过"为结论性评定。当所有各条评定都为"0"级或只按沉降程度评定为"0"级时，试样被认为"不通过"，其他情况则为"通过"或按产品要求评定。

（2）合成树脂乳液内墙涂料低温稳定性的测定

① 材料和仪器设备 低温箱：（－5±2）℃。塑料或玻璃容器：高约130mm，直径约112mm，壁厚0.23～0.27mm。

② 操作要点 将试样装入约1L的塑料或玻璃容器内，密封，放入（－5±2）℃的低温箱中，18h后取出容器，在（23±2）℃相对湿度（50±5）%的条件下放置6h，如此反复三次，打开容器，

搅拌试样观察有无硬块、凝聚及分离现象。

③ 结果表示 若冻融循环后试样无硬块、凝聚及分离现象，则可用"不变质"表示。

三、涂料施工性能检测

1. 色漆流挂性测定

（1）操作要点 充分搅匀样品，将足够量的样品放在刮漆器前面的开口处。用 2～3s 完成刮涂。将刮完湿涂膜的试板立即垂直放置。放置时应使条膜呈横向且保持"上薄下厚"。待涂膜表干后，观察其流挂现象。若该条厚度涂膜不流到下一个厚度条膜内，即为该厚度的涂膜不流挂。涂膜两端各 20mm 内的区域不计。示例见图 7-6，1～5 条涂膜为不流挂，以第 5 条湿膜厚度为不流挂读数。

（2）结果表示 同一试样以两块样板进行平行试验。试验结果以不少于两块样板测得的漆膜不流挂的最大湿膜厚度一致来表示（以微米计）。

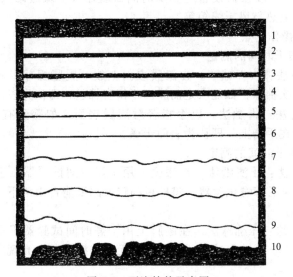

图 7-6 不流挂的示意图

2. 涂料遮盖力测定

以色漆均匀地涂刷在物体表面上，使其底色不再呈现的能力称为遮盖力，一般用两种方式来表示，即测定遮盖单位面积所需的最小用漆量，以 g/m^2 表示，或遮盖住底面所需的最小湿膜厚度，以 μm 表示。

相关标准 GB/T 1726—1979《涂料遮盖力测定法》、GB/T 9755—2001《合成树脂乳液外墙涂料》中 5.8、GB/T 9756—2009《合成树脂乳液内墙涂料》中 5.10 及 GB/T 9757—2001《溶剂型外墙涂料》中 5.7 对比率的测定。

3. 漆膜、腻子膜干燥时间测定

采用的相关标准 GB/T 1728—79《漆膜、腻子膜干燥时间测定法》、GB/T 6753.2—86《涂料表面干燥试验、小玻璃球法》、GB/T 9273—1988《漆膜无印痕试验》。

GB/T 1728—1979《漆膜腻子膜干燥时间测定法》主要内容如下。

(1) 材料和仪器设备　干燥时间试验器（干燥砝码）、恒温恒湿设备、电热鼓风干燥箱等。

(2) 操作要点

① 表干时间的测定

a. 甲法：吹棉球法。在漆膜表面上放一脱脂棉球，用嘴沿水平方向轻吹棉球，如能吹走而膜面不留有棉丝，即认为表面干燥。

b. 乙法：指触法。以手指轻触漆膜表面，如感到有些发黏，但无漆沾在手指上，即认为表面干燥。

② 实干时间的测定

a. 甲法：压滤纸法。在漆膜上用干燥时间试验器压上一片滤纸，经 30s 后移去试验器，将样板翻转，滤纸能自由落下，即认为实际干燥。

b. 乙法：压棉球法。在漆膜上用干燥时间试验器压上一脱脂棉球，经 30s 后移去试验器及棉球，无棉球痕迹及失光现象，即认为实际干燥。

c. 丙法：刀片法。用刀片对样板上漆膜或腻子膜切划，观察其底层及膜内，如均无黏着现象，即认为实际干燥。

d. 丁法：厚层干燥法。将干燥后的试块从铝片盒中取出，从中间切成两份，剪切处应无黏液状物存在，将剪切面合拢再拉开，也无拉丝现象，即认为实际干燥。

（3）结果表示及判定　记录达到表面干燥所需的最长时间，以小时（h）或分钟（min）表示。按规定的表干时间判定通过或未通过。记录达到实际干燥所需的最长时间，以小时（h）或分钟（min）表示。按规定的实干时间判定通过或未通过。

4. （涂）漆膜厚度的测定

（1）测定厚度的方法

① 测定干膜厚度的方法　漆膜涂布器法、千分尺法、指示表法、显微镜法、非破坏性仪器测量方法及 β 射线反向散射法。

② 测定湿膜厚度的方法　采用轮规法或梳规法测定湿膜厚度。

（2）测定涂（漆）膜厚度举例

① 用千分尺法测定干膜厚度　此法适用于实验室使用的小尺寸金属板或类似材料的平整表面，也可用于圆棒涂层的测量。

a. 测试原理及仪器设备。测定杠杆千分尺两个测量面之间的距离来得出相应的漆膜厚度。测定仪器是杠杆千分尺。

b. 操作要点。首先调整好仪器零点，测定未涂漆底板的厚度，涂漆干燥后，再于同一部位测量总厚度，两者之差即为漆膜厚度。以微米（μm）计。

② 用指示表法测定干膜厚度　此法适用于测定平整的涂漆试板。

a. 测试原理及仪器。利用仪器的触针测量漆膜与底材的高度差即可得到漆膜厚度。采用指示表，常见的有圆盘形干膜测厚仪。

b. 操作要点。先将漆膜刮破一很小部位，露出底材，然后按下仪器，使触针测量出高度差，漆膜厚度即显示于刻度盘上。以微米（μm）表示测定结果。

③ 用梳规法测定湿膜厚度

a. 测定仪器设备。仪器由梳齿组成，两端的外齿处于同一水平面，而中间各齿则距水平面有依次递升的不同间隙，指示有不同读数，如图 7-7 所示。

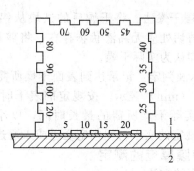

图 7-7　梳规
1—湿膜；2—底材

常见的有 SHG-100 型（测试范围 $0 \sim 100 \mu m$）、SHG-200 型（测试范围 $0 \sim 200 \mu m$）、SHG-700 型（测试范围 $0 \sim 700 \mu m$）、SHG-750 型（测试范围 $50 \sim 750 \mu m$）。

b. 操作要点。把梳规垂直压在被试湿膜表面，部分齿被沾湿，湿膜厚度为沾湿的最后一齿与下一个未被沾湿的齿之间的读数。

四、涂膜性能检测

1. 涂膜外观及光学性能检测

（1）涂膜颜色测定　采用 GB/T 9761—2008 和 ISO 3668：1998 标准方法测定涂膜颜色。

（2）涂膜光泽测定　GB/T 9754—2007《色漆和清漆不含金属颜料的色漆漆膜之 20°、60°和 85°镜面光泽的测定》（eqv ISO 2813：1978）；ISO 2813：1994《色漆和清漆——不含金属颜料的色漆漆膜之 20°、60°和 85°镜面光泽的测定》。

（3）涂膜雾影测定　雾影是指高光泽漆膜表面由于光线照射而产生的漫反射现象。雾影的测定一般是对于光泽 90 单位值（20°光泽）以上的涂层而言的。

在 ISO 13803：2000 标准中雾影的定义为：在规定光源和接收器角度下，从邻近于镜像方向的物体上反射及漫散射的光通量与从在镜像方向折射率为 1.567 的玻璃上反射的光通量的比值，该玻璃被指定为线性雾影刻度上的 100 数值。（注：镜面光泽是从镜像方向测量而雾影是从稍偏离镜像方向的方向测量。）

2. 涂膜力学性能检测

（1）涂膜附着力测定

①GB/T 1720—1979《漆膜附着力测定法（划圈法）》

a. 测试原理。将样板固定在一个前后可移动的平台上，在平台移动的同时，做圆圈运动的唱针划透漆膜，并能划出重叠圆滚线的纹路。对漆膜的破坏作用，除垂直的压力外，还有钢针做旋转运动所产生的扭力。

b. 操作要点。测试前先检查唱针针头是否锐利，如不锐利应予更换。再检查划痕与标准回转半径是否相符，不符时，应及时加以调整。测定时将样板固定在试验台上，使唱针尖端接触到漆膜，均匀摇动摇柄，转速以（80～100）r/min 为宜。划痕标准图长（7.5±0.5）cm。划完后，取出样板，除去划痕上的漆屑。

c. 结果表示。用 4 倍放大镜或目视观察划痕的上侧，依次标出 1、2、3、4、5、6、7 七个部位，相应分为 7 个等级。如图 7-8 所示。按顺序检查各部位漆膜的完整程度，如某一部位的格子有 70% 以上完好，则定为该部位是完好的，否则应认为坏损。以漆膜完好的最低等级表示漆膜的附着力，结果以至少两块样板的级别一致为准，1 级最好，7 级最差。

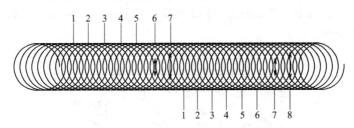

图 7-8　漆膜附着力划痕圆滚线示意

d. 注意事项。唱针针头必须锐利，否则应及时更换。标准回转半径应符合要求。

② GB/T 5210—2006《色漆和清漆　拉开法附着力试验》
在规定的速度下，在试样的胶结面上施加垂直、均匀的拉力，以涂层间或涂层与底材拉开时单位面积上所需的力表示该涂层的附

着力。

③ GB/T 9286—1998《色漆和清漆 漆膜的划格试验》 根据样板底材及漆膜厚度用不同间距的划格刀具对漆膜进行格阵图形切割，使其恰好穿透至底材，评价漆膜从底材分离的抗性。按漆膜从划格区域底材上脱落的面积多少评定，分 0～5 级，0 级最好，5级最差。

（2）涂膜柔韧性测定

① 测定涂膜柔韧性的相关标准 相关标准有 GB/T 1731—93《漆膜柔韧性测定法》、GB/T 6742—2007《色漆和清漆弯曲试验（圆柱轴）》、GB/T 11185—2009《色漆和清漆弯曲试验（锥形轴）》、GB/T 1748—79《腻子膜柔韧性测定法》、ISO 1519：2002《色漆和清漆—弯曲试验（圆柱轴）》。

② 涂膜柔韧性测定举例 以 GB/T 1731—93《漆膜柔韧性测定法》为例，介绍测定原理、仪器、操作要点及结果判定等内容。

a. 测试原理。通过将漆膜连同底材一起受力变形，检查其破裂伸长情况，其中也包括了涂膜与底材的界面作用。

b. 材料和仪器设备。柔韧性测定仪：QTX 型漆膜弹性测定器如图 7-9 所示，由粗细不同的 7 根钢制轴棒组成，每个轴棒长度35mm，曲率半径分别为 0.5mm、1mm、1.5mm、2mm、2.5mm、5mm、7.5mm。马口铁板：120mm×25mm×（0.2～0.3）mm。

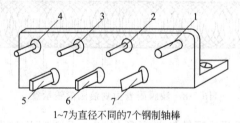

1~7为直径不同的7个钢制轴棒

图 7-9 柔韧性测定仪

c. 操作要点。将漆膜面朝上，用双手将涂漆样板紧压在所需直径的轴棒上，在 2～3s 内绕棒弯曲，弯曲后两拇指应对称于轴棒的中心线。

d. 结果判定。用目视或 4 倍放大镜观察漆膜有无网纹、裂纹及剥落等破坏现象，以样板在不同直径的轴棒上弯曲而不引起漆膜破坏的最小轴棒直径表示该漆膜的柔韧性。

e. 注意事项。样板应紧压于轴棒上。弯曲动作应在 2～3s 内完成。弯曲时两拇指用力应均匀。

③ 各方法间比较　漆膜柔韧性测定法的 5 种方法在测试原理上是相通的，但它们各有优缺点。GB/T 1731—1993《漆膜柔韧性测定法》操作简单方便，被国内大多数厂家所采用。GB/T 6742—2007《色漆和清漆　弯曲试验（圆柱轴）》是采用整板试验，且手掌不直接接触漆膜，消除了人体对试板温度升高的影响。GB/T 11185—2009《色漆和清漆　弯曲试验（锥形轴）》也采用整板试验，且避免了用一套常规轴棒进行试验带来的结果不连续性。GB/T 1748—1979《腻子膜柔韧性测定法》是专门用于腻子膜柔韧性测定的，针对性强，操作简单方便。

（3）涂膜耐冲击性测定

① 测定涂膜耐冲击性的相关标准　GB/T 1732—1993《漆膜耐冲击测定法》、ISO 6272-1：2002 GB/T 20624.1—2006《色漆和清漆　快速变形（耐冲击性）试验　第 1 部分：落锤试验（大面积冲头）》、GB/T 20624.2—2006《色漆和清漆　快速变形（耐冲击性）试验　第 2 部分：落锤试验（小面积冲头）》。

② 涂膜耐冲击性测定举例　采用 GB/T 1732—1993《漆膜耐冲击测定法》。

a. 测试原理。以一定质量的重锤落于涂膜试板上，使漆膜经受伸长变形而不引起破坏的最大高度表示该漆膜的耐冲击性，通常以厘米（cm）表示。

b. 操作要点。将涂漆样板平放在仪器下部的铁钻上，漆膜面朝上，将重锤提升到所需的高度，然后使重锤自由落下冲击样板，用四倍放大镜观察，观察被冲击处漆膜裂纹、皱皮及剥落等现象。

c. 结果表示。以不引起漆膜破坏的最大高度表示该漆膜的耐冲击性。

（4）涂膜的杯突试验　杯突试验是评价漆膜在标准条件下使之逐渐变形后，其抗开裂或抗与金属底材分离的性能。最初，杯突试验主要用来测定金属板材的强度和变形性能，若冲压出现裂纹，其压入深度即为金属板材的强度。试验金属底材上的漆膜，实际上就是在底材伸长的情况下，测定它的强度、弹性及其对金属的附着力，是卷钢涂料、罐头漆等必不可少的测试项目。

采用的相关标准有 GB/T 9753—2007《色漆和清漆　杯突试验》、ISO/FDIS 1520：2006《色漆和清漆—杯突试验》。

（5）涂膜硬度测定

① 测定涂膜硬度的相关标准　GB/T 1730—2007《色漆和清漆硬度测定法　摆杆阻尼试验》、GB/T 6739—2006《色漆和清漆　铅笔法测定漆膜硬度》、GB/T 9279—2007《色漆和清漆　划痕试验》、GB/T 9275—2008《色漆和清漆 巴克霍尔兹压痕试验》、ISO 1522：1998（E）《色漆和清漆—摆杆阻尼试验》、ISO 15184：1998《色漆和清漆—铅笔法测定漆膜硬度》、ISO 1518：1992《色漆和清漆—划痕试验》。

② 涂膜硬度测定举例　介绍铅笔法测定涂膜硬度（GB/T 6739—2006）

a. 材料和仪器设备。铅笔硬度试验仪，如图 7-10 所示。

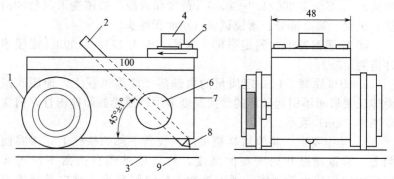

图 7-10　试验仪器示意（单位：mm）
1—橡胶 O 形圈；2—铅笔；3—底材；4—水平仪；
5—小的、可拆卸的砝码；6—夹子；7—仪器移动的方向；
8—铅笔芯；9—漆膜

中华牌高级绘图铅笔的硬度变化趋势如下。

9H、8H、7H、6H、5H、4H、3H、2H、H、F、HB、B、2B、3B、4B、5B、6B

硬————————————————————————————————→软

长城牌高级绘图橡皮、400 号水砂纸、马口铁板 50mm × 120mm × （0.2～0.3）mm、薄钢板 70mm × 150mm × （0.45～0.8）mm。

b. 操作要点　将铅笔的一端削去 5～6mm 的木头，留下完整的圆柱形铅笔笔芯。然后使铅芯垂直的在砂纸上画圆圈研磨，直至铅尖磨成平面，边缘锐利为止。每次使用铅笔前都要重复这个步骤。固定涂漆样板，将铅笔插入仪器中，铅笔的尖端放在漆膜表面上。当铅笔的尖端刚接触到涂层后立即推动试板，以 0.5～1mm/s 的速度朝离开操作者的方向推动至少 7mm 的距离。观察漆膜是否有划痕，如未出现划痕，在未进行过试验的区域用较高硬度的铅笔直到出现至少 3mm 长的划痕为止。如果已经出现超过 3mm 的划痕，则降低铅笔的硬度重复试验直到超过 3mm 的划痕不再出现为止。在观察过程中可用软布、脱脂棉擦和惰性溶剂一起擦拭涂层表面，或者用橡皮擦拭，当擦净涂层表面上铅笔芯的所有碎屑后，更容易评定漆膜的破坏。

c. 结果表示　铅笔硬度结果分为塑性变形（漆膜表面永久的压痕，但没有内聚破坏）和内聚破坏（漆膜表面存在可见的擦伤或刮破）两种。以没有使涂层出现 3mm 及以上划痕的最硬的铅笔的硬度表示涂层的铅笔硬度，需平行测定两次。

d. 注意事项　削铅笔时，应使削出的铅芯呈圆柱形，无任何破坏，且露出 5～6mm 长。每划一道，均应重新将铅笔芯端面用规定的水砂纸磨平。

（6）涂膜耐磨性测定　测定涂膜的耐磨性有两种方法，即 GB/T 1768—2006《色漆和清漆—耐磨性测定—第 2 部分：旋转橡胶砂轮法》（以涂膜质量损耗 mg 计）；SY/T 0315—2013 标准方法（落砂法，以 $L/\mu m$ 计）。

（7）涂膜耐洗刷性测定　采用 GB/T 9266—2009 标准测定建筑涂料的涂膜耐洗刷性。

3. 涂（漆）膜耐液体介质及耐腐蚀性能检测

（1）涂膜耐水性测定　GB/T 1733—1993《漆膜耐水性测定法》；GB/T 5209—1985《色漆和清漆耐水性的测定　浸水法》。两种标准测定涂膜耐水性的比较，见表 7-24。

表 7-24　GB/T 1733—1993 和 GB/T 5209—1985 的比较

标准 项目	GB/T 1733—1993	GB/T 5209—1985
底材	马口铁板	冷轧普通低碳钢
封边、背材料	1∶1 的石蜡和松香混合物	不含铬酸锌或其他任何类似水溶性颜料的优质保护性涂料
水质	蒸馏水或去离子水（符合 GB/T 6682—2008 中三级水规定的要求）	无色、清澈且电导率小于 2μS/cm 的去离子水
浸泡温度	(23±2)℃或沸腾的水	(40±1)℃
浸泡深度	2/3	3/4
方法	甲法：常温浸水法 乙法：浸沸水法	加速耐水法
检查	至规定时间检查	中间检查、最后检查
测试效率	通过试验发现：(40±1)℃流动水所做的试验，与 (23±2)℃常温浸水法做比较，白色氨基漆达到同样破坏的等级，其加速倍率将为 6～9 倍，这样原来 3d 时间的试验，现在可缩短至当天就能得出结果，大大提高了测试效率。	

（2）涂膜耐化学试剂性测定　涂膜耐液体介质、耐碱和盐水等化学试剂检测时，采用的相关标准有 GB/T 4893.1—2005《家具表面耐冷液测定法》、GB/T 9274—1988《色漆和清漆　耐液体介质的测定》（等同于 ISO 2812—1974）、ISO 2812-1：2007 (E)《色漆和清漆—耐液体介质的测定—第一部分：浸入除水以外的液体》、ISO 2812-3：2012 (E)《色漆和清漆—耐液体介质的测定—第三部分：吸收介质法》、ISO 2812-4：2007 (E)《色漆和清漆—耐液体介质的测定—第四部分：点滴法》、ISO 2812-5：2007 (E)《色漆

和清漆—耐液体介质的测定—第五部分：采用具有温度梯度的烘箱测试》、GB/T 9265—2009《建筑涂料涂层耐碱性的测定》、GB/T 10834—2008《船舶漆耐盐水性的测定 盐水和热盐水浸泡法》。

（3）涂层耐沾污性测定　涂层耐沾污性系指涂层抵抗所处环境中灰尘、煤烟粒子等污物污染而不变色的能力。涂料在使用过程中经常暴露和接触到各种环境的大气介质，当涂层本身固化不彻底或漆膜不够平整光滑时，漆膜表面就会程度不同地沾上煤灰、油斑、尘埃和动物的排泄物等各种外来污物，影响漆膜的外观、颜色和光泽。

采用的相关标准如下：GB/T 9780—2005《建筑涂料 涂层耐沾污性试验方法》、JG/T 24—2000《合成树脂乳液砂壁状建筑涂料》中6.15、GB/T 9755—2001《合成树脂乳液外墙涂料》（附录）和GB/T 9757—2001《溶剂型外墙涂料》（附录）。

（4）涂层耐温变性测定　耐温变性是指漆膜经受冷热交替的温度变化而保持原性能的能力。涂料在实际应用中往往会曝露在不同季节、不同气候条件下，随着季节、气候条件的变化，经常会出现起泡、粉化、开裂、剥落以及变色等现象，直接影响到涂料的使用寿命，因此应对户外使用的涂料尤其是外墙涂料进行耐温变性的测试。

采用的相关标准如下：JG/T 25—1999《建筑涂料 涂层耐冻融循环测定法》、GB/T 13492—1992《各色汽车用面漆》中5.12。

（5）涂膜耐黄变性测定　含有油脂的涂料漆膜在使用过程中经常会产生黄变，甚至有的白漆标准板在阴暗处存放过程中就会逐步地产生黄变现象，为了预先防止和判断黄变的产生，就有必要对此项目进行检验。

采用的相关标准如下：HG/T 2576—1994《各色醇酸磁漆》中附录B、GB/T 23983—2009《木器涂料耐黄变性测定法》。

（6）漆膜耐化工气体性测定法　漆膜耐化工气体性系指漆膜在干燥过程中抵抗工业废气和酸雾等化工气体的作用而不出现失光、丝纹、网纹和起皱等现象的能力。许多城镇都处于工业大气的环境中，空气中含有工业废气和酸雾等化工气体，尤其在化工厂及其邻近地区所使用的设备、构件、管道、建筑物等，危害更为严重，为此在这些地区所使用的涂膜不仅要具有一定的耐候性，更要具有较高的抗腐蚀性。除了在现场挂片或实地涂装进行考核外，为了能快速得出试验结果，在实验室一般采用 SO_2 或 NH_3 对漆膜进行耐化工腐蚀试验。采用 GB/T 1761—79（89）《漆膜抗污气性测定法》。

（7）涂膜耐候性试验

① 大气老化试验　采用 GB/T 9276—1996《涂层自然气候曝露试验方法》。

大气老化试验又称自然气候曝露试验，指在各种自然环境下研究大气各种因素对漆膜所起的老化破坏作用，通过对试验期间及试验结束后样板的外观检查以评定其耐久性，也可以在曝露过程中或曝露结束后进行漆膜的物理机械性能的测试。大气老化试验根据大气种类可分为普通大气、工业大气和海洋性大气；根据气候特征可分为寒冷气候、寒温高原气候、亚湿热气候、亚湿热工业气候、湿热气候、干热气候等。而曝露方法又可分为朝南 45°、当地纬度、垂直纬度及水平曝露等。

样板的检查按 GB/T 9276—1996 中规定以年和月作为曝露试验的时间单位，如无特殊规定，投试三个月内每半个月检查一次，三个月后至一年，每月检查一次，超过一年后，每三个月检查一次。由于涂料品种的要求不同以及曝露地区破坏速度的不同，检查周期可根据情况适当变更。规定的检查项目包括失光、变色、裂纹、起泡、斑点、生锈、泛金、沾污、长霉和脱落等。检查方法主要有仪器法和目测法两种，其中光泽和颜色测试，可按 GB/T 9754、GB/T 9761 和 GB/T 11186.2 进行。涂层的粉化评价按 GB/T 9277 进行。

② 人工气候老化试验　人工气候老化试验机是一种可以在试验室内创造出所谓人工气候（模拟自然界中多种特征气候因素）并能达到加速老化试验效果的大型仪器。人工气候老化试验机一般可根据试验所采用的光源来进行分类，常见的有：碳弧灯型、荧光紫外灯型、氙弧灯型及金属卤素灯型等。常见人工加速老化试验方法标准见表 7-25。

表 7-25 人工加速老化试验方法标准

国际标准代号	国内标准代号	标准名称
ISO 11341—1994	GB/T 1865—2007	《色漆和清漆 人工气候老化和人工辐射曝露（滤过的氙弧辐射）》
ISO 4892.2	GB/T 16422.2—1999	《塑料实验室光源暴露试验方法 第 2 部分：氙弧灯》
ISO 105-B02		《纺织品-色牢度测试- B02 部分：人工光源：氙灯》
SAE J1885		《汽车用内部材料氙灯暴露试验》
SAE J1960		《汽车用外部材料氙灯暴露试验》
ASTM G155		《非金属材料在氙灯试验箱中的试验方法》

（8）漆膜耐盐雾性试验方法 漆膜的耐盐雾性指漆膜对盐雾侵蚀的抵抗能力。沿海及近海地区的空气中富含呈弥散状微小水滴状的盐雾，含盐雾空气除了相对湿度较高外，其密度也较空气大，容易沉降在各种物体上，而盐雾中的氯化物具有很强的腐蚀性，对金属材料及保护涂层具有强烈的腐蚀作用。作为耐腐蚀试验之一的耐盐雾试验，现已广泛应用于评价和比较底材的前处理、涂层体系或它们的组合体的耐腐蚀情况，并在许多工业产品、采矿、地下工程、国防工程的鉴定程序中成为非常有效的手段。采用的标准如下：GB/T 1771—2007《色漆和清漆 耐中性盐雾性能的测定》、ASTM B 117—2003《盐雾试验》、ASTM B 287-74《醋酸-盐雾试验》、ASTM B 368-97《铜加速的醋酸-盐雾试验》（CASS 试验）。

（9）漆膜耐湿热试验 漆膜的耐湿热性指漆膜对户外高温高湿环境作用的抵抗能力。其破坏机理主要为：环境温度较高时，潮湿的空气及饱和水蒸气会对涂层保护的底材产生破坏作用，当水渗透漆膜到达金属底材时，对底材会产生电化学腐蚀作用。与此同时，漆膜本身也会吸收一部分水后发生膨胀，降低了漆膜与底材之间的附着力。而当高温、高湿的条件并存时，水汽向漆膜内部扩散的速度又会明显加快，很容易造成涂有漆膜的底材产生起泡、生锈、剥落、变色等破坏现象。漆膜的耐湿热性试验也是一种常见的耐腐蚀试验，一般与耐老化、耐盐雾试验同时进行。目前，在底材的前处理、涂层体系或它们的组合体耐腐蚀的评价和比较试验中仍有较广泛的应用。

采用 GB/T 1740—2007《漆膜耐湿热测定法》。

4. 专用及功能性涂膜的性能检测

用 HG/T 3330—2012 测定涂膜击穿强度；用 HG/T 3331—2012 和 GB/T 1410 测定涂膜体积电阻和表面电阻；用 ASTM D150-74 测定涂膜介电常数；用 ASTM D2863-74 测定涂膜及材料的氧指数；用本生灯法测定涂膜阻燃性；用 GB/T 15442.2、GB/T 15442.3 测定涂膜防火性；用 GB/T 7790—2008 和 SY/T 0315 附录 C 测定涂膜耐阴极剥离性；用 SY/T 0544—2010 测定涂膜耐高压水煮试验；用 GB/T 1735—2009 测定涂膜耐热性。

以上仅介绍部分专用及功能性涂膜的检测标准方法，专用及功能性涂膜的检测标准方法应进一步完善补充认定，更有效地规范标准，促进专用及功能性涂料快速健康有序地发展。

第四节　涂料配方设计创新与效率

一、涂料配方设计创新

1. 涂料配方设计方法运用及创新

涂料配方设计的常用操作方法有分步法、优选法、预测法、参比法、逆向法、计算机法及经验法等，涂料配方设计方法运用创新建议如下。

（1）配方设计方法的多样性　多样化无处不在，多样化丰富着涂料配方设计的惊奇感和创造性，无论采用哪种方法都不具有排他性并不是唯一的方法，这反映出涂料配方设计的复杂性和历史真实性。任何有效的操作方法皆是相对有效的而且是实用的，我国的涂料配方设计者利用自己的方法，设计出满足使用要求的涂料产品，这就是涂料配方设计的摸索史。涂料配方设计的具体操作方法不宜硬性规定，应给配方设计者足够的创造空间，完全可以创造适合自己个性的方法，只要开发出适宜性价比且满足应用的涂料新产品，就达到了涂料配方的设计目的。

（2）配方设计方法的协同性　由于涂料组分中可变的相互制约（或影响）因素多，导致涂料配方设计的复杂性，深入挖掘并思考各种方法间的内在逻辑及指导效果，使涂料配方设计丰富多彩、具有活力与创新力。涂料配方设计者根据配方设计原理与技术，可采用两种或两种以上的操作方法，使之交叉融合、协同增效、达到目的。

（3）创造性思维方法的指导性　创造是人类社会一个真正永恒的主题，创造性思维是人类创造性活动的灵魂和核心。创造性思维就是人类的抽象思维、形象思维和灵感（顿悟）思维形式的系统运用，其中灵感思维以其独特的突破性、创新作用居于创造性思维过程的重要位置。灵感思维是非逻辑思维方式，有跃迁性。科学家钱学森指出："光靠形象思维和抽象思维不能创造，不能突破；要创造要突破得有灵感"。灵感才能成为千年不败、万年不衰的智慧之花。在配方设计的全过程中都要用创造性思维方法作指导，才会有新发现、新突破和新理念，创造性思维方法是涂料配方设计创新的源泉。

2. 涂料配方设计技术创新

涂料配方设计技术创新是涂料产品发展与创新的内在动力，是涂料应用性能跃升的基础条件。在设计涂料配方时，科学合理的发掘运用成膜物结构更新、复配改性、协同效应、助剂匹配、纳米复合及表面物处理等配方设计技术，为开发涂料新品种提供强力技术支撑并持续增添创新活力；顺应潮流、推陈出新，用新技术淘汰落后技术，永不停息地创新超越。

3. 涂料制造技术创新

涂料各基元组分的加入方法、制造工艺、操作要点、配料技巧及采用适宜设备等制造涂料过程的每个环节都有严格的技术要求。涂料制造技术的科学与精细化，已成为涂料产品创新的重要保障。

4. 涂料涂装技术创新

从应用意义上讲，涂料并不是最终产品，只有按科学合理的涂装技术制成涂膜，才形成涂料的最终产品，因此涂装技术是涂料技术至关重要的组成部分。没有涂装技术，就无法实现涂料的应用。

在涂料行业，应加大对涂料涂装技术研究力度，充分利用合理的涂装技术，提升涂料的应用质量。对被涂物件表面选用正确的处理方法，采用自动化涂装工艺、先进的涂装设备与方法、严格调控涂料与施工参数，不断提升涂装技能及解决出现异常现象的技巧，是涂装技术创新的关键环节。

总之，涂料配方设计技术创新、涂料制造技术创新和涂料涂装（涂膜制造）技术创新是涂料工业发展的持续助推器。

二、涂料配方设计效率

1. 涂料及涂膜性能预测

（1）基元组分结构是涂料及涂膜性能的基本依据　构成涂料的成膜物、颜填料、助剂和溶剂各基元组分通过中和络合、特性叠加、协同增效、相互制约及交叉融合等物理及化学作用，得到涂料产品。了解并掌控各基元组分结构与性能，各基元组分间相互作用原理、过程及效果，就掌握了性能预测的主动权。涂料配方设计者充分应用各基元组分结构及应用特性，预测涂料及涂膜的性能，避免配方设计盲目性。如含硅原子聚合物用于制造耐高温涂料，含氟原子聚合物用于制造高耐候性涂料，含卤素或磷元素聚合物用于制造防火、阻燃涂料；二氧化钛具有无毒性及装饰效果，氧化铁红有保光性、耐候性及防锈蚀作用。滑石粉耐沸水性优异，比钛白和铁红等形成涂膜的内应力明显低；层状或架状含水铝硅酸盐有强的吸附性、膨润性、悬浮性、阳离子交换性及触变性，可用于制造功能性涂料；钛酸酯偶联性 $R_nTi(OX)_{4-n}$ 的 R 是不能水解的可与基料反应的有机官能团，OX 是可水解的能与底材或颜填料表面发生物理-化学反应的基团，是一种具有反应活性的功能助剂；纳米 ZnO 吸收 UV 能力强，可制造 UV 屏蔽涂料；酮类溶剂分子含有羰基，可以延长亲核加成固化涂料的适用期，提升涂料施工铺展性、消除涂膜厚边等弊病，另外，酮分子中的 α-H 可与醛分子的羰基进行加成-缩合反应，酮分子的羰基与胺进行酮亚胺化反应。

在预测涂料涂膜性能时，应为充分展示各基元组分本质特性、发挥正效应提供保障条件。

（2）利用交联密度预测涂膜性能　利用丙烯树脂涂膜的玻璃化温度（T_{gx}）、拉伸强度、硬度及弹性模量随涂膜的交联密度增加而上升的规律，在设计热固性丙烯酸涂料时，综合考量交联密度与涂膜的 T_{gx}、硬度、弹性、内应力和黏结强度关联度，确定满足需求的平衡点。

利用聚酯树脂涂膜的抗丙酮摩擦次数与涂膜交联密度成正比的规律，为预测聚酯树脂涂膜耐丙酮等溶剂提供信息。

环氧树脂涂膜的交联密度（ρ）或交联点间的摩尔质量（M_c）是涂膜网络结构的描述。在确保涂膜网络结构不被损坏的条件下，可采用交联密度或交联点间摩尔质量预测涂膜的致密性、硬度、耐溶剂性、防介质渗透性、T_{gx}、耐蚀性、剥离强度和力学性能等。

（3）利用渗透指数（PI）和渗透量（R_c）预测性能　在环氧树脂涂料配方设计中，用 PI 比较评价渗透介质对环氧树脂膜的渗透能力，减少实验次数，提高科研效率。通过考量 PI 值与渗水率及电阻值变化关系，选择了 PI 值低的涂膜作电阻涂料，涂膜具有优异的防水渗透能力并保证电阻器的电阻值变化小，满足了用户要求。计算渗透量（R_c）公式表达结构与渗透性间关系，用 R_c 预测水、水蒸气和液体醇对环氧树脂膜的渗透性，是一种创新的、行之有效的快速科学方法。

（4）利用有机聚合的线性烧蚀速率（AR）预测抗烧蚀性　AR 定量地揭示出有机聚合物结构与抗烧蚀性及隔热性关系，为选择烧蚀隔热涂料的基料提供了科学方法。选用 AR 值低的基料并利用活性锌粉与二氧化硅高温反应产生气体（SiO）带走热量的原理，设计烧蚀隔热涂料，其涂层的抗烧蚀隔热效果优异。在确保安全完成任务的前提下，利用 AR 预测最低涂层厚度，减少飞行器用燃料及动力消耗，具有使用价值。

2. 提升涂料配方设计效率的思考

涂料配方设计是一门延续传承、开拓探寻的艺术，个性化贯穿涂料配方设计全过程，其设计思路不能复制。在实践中，涂料配方设计理念应由重结果转向重过程、由只许成功转向允许失败、由封闭式转向开放式，充分运用优势技术及创新思维方法积累破解配方设计密码的智慧。

（1）选做必要有效的试验

① 确定主要性能指标　在诸多应用指标中，只有主要性能指标才对涂料及涂膜性能创新与突破起决定作用，通常确定 2～3 项主要性能指标，安排必要有效的试验，考量主要性能；如果不将应用性能指标分为主次，全面安排试验就会拉响试验质量下降的报警器！

② 选择必做的试验　当数十个试验摆在面前时，最重要的决定不是做哪些试验，而是不做哪些试验。只有学会说"不"，才不会白白辛苦。时间有限，不能浪费在不必要做的试验上，要集中精力做好重要的必做的试验。实践表明，准确地选择必做试验，可避免试验工作误入歧途，不走弯路，提升效率。

③ 调整修正试验　在完成主要性能试验后，有时会对辅助性能带来一定的负面效应，必须对涂料配方中相关组分进行微调细化，寻求并确定主要性能与辅助性能间的最佳平衡点，达到实用效果。

（2）关注试验过程及细节

① 从试验过程及细节中获取信息　涂料配方设计的关键是创新，重点在于对试验过程的研究，对真理的追求比对真理的占有更可贵，关注试验过程及细节比试验结果更有价值，值得配方设计者花大的精力。准确而细心地从试验过程及细节变化中获取信息，启动灵感与智慧、冲破旧框架、开辟新途径。只有在试验中积累更多的丰富的创新资源，才会在头脑中不断产生灵感的光芒，形成一种发现问题、质疑问题及解决问题的敏感及才能。

② 捕捉非常规现象　在试验过程中，有时会观测到异常特性、性能突变和非常规（non normal）现象，不应感到困惑，而应探寻偶然中的必然，通过反复试验并用创造性思维方法解谜。若能呈现出类似的循环重现，正是科学理论的特征或新材料的胚胎。值得提示的是，往往依据非常规现象呈现的效应可打破陈旧的框架，确定新的观念，这就是创立新理论及创造新产品的良机。

③ 做好试验现象的分析　对试验过程及细节变化中产生的各种现象应详细记录，然后对现象产生的原因及其相互关联度

进行认真解析，开放式的深入思考试验条件及涂料各基元组分对试验数据及产生不同现象的贡献程度，综合融汇成新思路，发现新的突破点，将试验现象转变为新的探索试验，制造创新或确证试验方案。当试验推翻了理论以后，才能创建新的理论，理论是不可能推翻试验的。不按常规出牌者可能较循规蹈矩者更有创新力。

（3）营造容忍错误及宽容失败的环境　目前，涂料研发企业正激发涂料配方设计试验者的想象力和创造力，鼓励探索未知并创新涂料产品，需要设计试验者的思维具有多样性及开放性。创新活动包含着极大的不确定性和风险性，探索过程中难免出现判断偏差，产生错误导致失败是正常现象，允许犯错误及宽容失败才是科学的实事求是态度。只要营造一种容忍错误及宽容失败的和谐环境，创新者就会区别于跟随者，一定会解放思想、开拓进取、健康有序地开展研发工作，为创新者提供自由广阔的空间，激励有作为的优秀人才不断涌现。

三、涂料开发应用建议

2012 年我国涂料年产 1272 万吨，其中长三角地区（上海、江苏、浙江、江西及安徽）占 33.41%，珠三角地区（广东、湖南、广西、海南及福建）占 31.71%，环渤海地区（天津、河北、山东、辽宁及北京）占 18.53%，其他地区占 16.35%；涂料产量前三位的广东（245.93 万吨/年）、上海（154.00 万吨/年）和江苏（123.19 万吨/年）占全国涂料总产量的 41.13%。

我国涂料年产量已跨入千万吨时代，为适应涂料市场与发展的新需求，提出涂料的品种、类型、组分绿色化及有生命力涂料产品开发构想如下。

1. 涂料工业发展趋势

（1）涂料工业发展方向　涂料企业向专业化、集团化、规模化方向发展。

（2）涂料产品开发方向　涂料产品向高技术含量、高质量、功能化方向发展，建立科技先导型涂料企业，以自主创新精神为主导，开发具有自主知识产权的品种。调整涂料产品结构，创造涂料知名品牌。

（3）涂料品种开发方向　涂料品种向无溶剂涂料、高固体分涂料、粉末涂料、辐照固化涂料、水性涂料等无污染或低污染型环境友好品种发展。

（4）涂料市场定位　涂料开发应用面临生态环境保护、高技术发展的新要求及功能化、高性能和低成本的重大挑战，围绕着这三个关键问题，涂料市场向全球化方向发展。

2. 涂料品种开发的航向标

开发环境友好涂料是保护生态环境的明智选择。环境友好涂料将成为涂料工业的支柱产品及涂料品种发展的航向标。开发环境友好涂料时，要创新理念、拓展思路、运用优势技术及创新方法，环境友好涂料品种开发建议如下。

（1）无（少）溶剂型涂料　如用于石油化工、食品行业、钢铁领域、电子电力、海洋工程、航空航天及舰船工业等需求的无（少）溶剂型涂料。

（2）粉末涂料　如低温固化、汽车 OEM 罩光、复合型涂料、薄膜化、装饰型涂料、重防腐涂料及超临界流体法制造粉末涂料等品种。

（3）水性涂料　如水性成膜物及水性助剂的开发；工业系统、建筑系统用水性涂料开发应用等。

（4）辐照固化涂料　如 UV 固化粉末涂料、水性 UV 固化材料、光引发剂及电子束固化材料等辐照固化涂料（材料）的开发应用。

3. 涂料类型开发的切入点

随着涂料工业迅速发展，对专用型及功能性涂料的需求相当迫切，其用量快速增长。涂料类型的开发应以专用型和功能性涂料为切入点。

（1）专用型涂料　专用型涂料可重点开发的类型有石油及天然气的采输储用涂料、耐酸雨涂料、高耐候涂料、风核水发电设施用涂料、交通系统用涂料、弹性涂料、紫外线屏蔽涂料、耐磨及防垢等专用涂料。

（2）功能性涂料　应重点开发阻燃涂料、隔热涂料、导电涂料、新型光催化涂料、隐身吸波涂料、生态及健康涂料（如杀灭菌、空气净化、杀虫、保健、多功能复合、吸附并杀病毒）等功能性涂料。纳米助剂的特异效应显示出物质潜在信息和结构潜力，开辟了设计材料（涂料）功能性的新途径，赋予了材料生命力及创新力。

4. 涂料组分的绿色化

强制性国家标准的颁布执行有利于规范涂料市场，确保涂料健康有序的快速发展。应加大宣传力度，动员全民增强识毒能力，清除"身在毒中不知毒、不防毒、不怕毒"的错误认识，不允许含毒害物的涂料产品继续捣乱市场、污染环境、损伤人身健康，迫使其退出市场。

随着人们环保意识增强，对环保法规特别关注，要求涂料产品的 VOC 含量和 HAP 限值都应达标，才会达到环保规范要求，同时涂膜服役过程中不产生二次污染物。

不合格的溶剂型涂料中的甲醛、超量的游离异氰酸酯和胺类化合物等有害残余物会伤害人体、污染环境；挥发到大气中的有机溶剂在日光下产生化学烟雾，它们在氧化物和紫外光作用下生成危及生物生存的臭氧。为避免溶剂型涂料带来公害及资源浪费，必须杜绝在涂料中使用有毒害的组分。

设计涂料配方时，采用无污染、无毒害的成膜物、颜填料及助剂等基元组分，是保护生态环境及营造美好生活愿景的明智决策。开发应用绿色基元组分是涂料工业发展的必然趋势，是实现无污染化的必由之路。

目前，涂料开发应用已进入快车道，实现涂料组分绿色化要求与日俱增，涂料企业应转变思路、主动采取有效措施及对策，为涂料工业健康顺畅的开发应用保驾护航。

5. 开发具有生命力的涂料产品

涂料产品开发时，要永远牢记为市场服务的使命和责任、识民情、迎民意、察民需，有目的的搜集市场信息；将市场急需的涂料品种列为主要任务及主攻目标，确保开发工作有底气、涂料产品接地气；以涂料产品应用实效及受市场欢迎程度作为评定标准，市场认可者，是最能释放潜能的涂料产品，是最具生命力的涂料产品，是会引起轰动效应及最给力的涂料产品。

在涂料工业充满生机活力、焕然一新的大好形势下，涂料界的同仁们应稳妥扎实、不断地发现新的思考点并找到恰切的突破点，为持续开发市场需求的、有生命力及竞争力的涂料产品谱写新篇章。

参 考 文 献

[1] 林安，周苗银. 功能性防腐蚀涂料及应用. 北京：化学工业出版社，2004：159-177，294-349.
[2] 李桂林，马静. 环境友好涂料配方设计. 北京：化学工业出版社，2007.
[3] 李桂林. 高固体分涂料. 北京：化学工业出版社，2005.
[4] 张振，何国. 聚氨酯耐沾污性涂料的研制. 2011防腐蚀性涂料年会暨28次全国涂料工业信息年会. 武汉，2011：124-128.
[5] 涂伟萍. 水性涂料. 北京：化学工业出版社，2006：67-71，122-126，419-423.
[6] 胡新贵，石柏生. 复合偶联剂改性和KH 560改性硅微粉的性能对比试验. 环氧树脂应用技术，2007，24 (2)：25-27.
[7] 倪玉德. 涂料制造技术. 北京：化学工业出版社，2003：446-451，487-504，514-517，715-731.
[8] 郭志超，等. QUV (UVA) 在纯聚酯粉末涂料中应用初探. 现代涂料与涂装，2012 (5)：27.
[9] 刘成楼. 无溶剂环氧抗冲磨防腐涂料的研制. 2011防腐蚀涂料年会暨第28次全国涂料工业信息年会. 武汉，2011：113-117.
[10] 李桂林. 粉体材料在涂料中的应用技术 I. 现代涂料与涂装，2011，14 (6)：18-21.
[11] 陶皓. 纳米助剂在涂料中的应用. 涂料配方设计培训教材，2011：174-184.
[12] 管从胜，王威强. 氟树脂涂料及应用. 北京：化学工业出版社，2004：308-313.
[13] 彭勃，陈健聪. 纳米材料改性环氧树脂结构胶粘结性能的研究. 第十三次全国环氧树脂应用技术学术交流会论文集. 南京，2009：313-317.
[14] 徐峰. 建筑涂料与涂装技术. 北京：化学工业出版社，2001：160-169.
[15] 吴宗汉，等. 导电聚苯胺防腐涂料的研制与应用. 姚江柳等. 有机硅改性聚酯超音速飞机蒙皮漆的研究. 第三次国际防腐及防腐蚀涂料技术研讨会论文集. 珠海，2005：94-98，99-101.
[16] 张富祥，等. 环保涂料在核电站上的应用. 涂料工业，2001，31 (2)：19-21.
[17] 战凤昌，等. 专用涂料. 北京：化学工业出版社，1988：340-341.
[18] 李桂林. 水性涂料开发应用现状与发展对策 (I). 现代涂料与涂装，2010，13 (10)：11-15.
[19] 庞启财. 防腐蚀涂料涂装和质量控制. 北京：化学工业出版社，2003：58-60，147-155，468-480.
[20] 李桂林. 钢质管道外壁防护涂料. 现代涂料与涂装. 2013，16 (10)：26-29.
[21] 李桂林. HP 091快干固化剂合成及应用. 环氧树脂应用技术，2013，30 (1)：26-27.
[22] 叶觉明，等. 钢梁结构长效涂装防护问题探讨. 现代涂料与涂装，2011，14 (7)：53-55.
[23] 节昌澎，陈志超. 水性浸涂漆使用启示. 现代涂料与涂装，2011，14 (7)：58-61.

[24] 吴希革. 环氧粉末涂料在跨海大桥钢管桩防腐的应用. 热固性树脂, 2006, 21 (4): 29-33.

[25] 李桂林. 水和醇对环氧树脂涂膜渗透性的研究. 科学通报, 1987, 32 (17): 1351-1354.

[26] 国家涂料质量监督检验中心, 全国涂料和颜料标准化技术委员会. 涂料常用检验方法讲义. 2008